国家科学技术学术著作出版基金资助出版

塑料精密注射成型原理及设备

杨卫民　著

科 学 出 版 社
北　京

内 容 简 介

本书详细介绍了塑料精密注射成型核心原理及精度控制方法，并在此基础上介绍了精密注射成型加工设备方面的新技术，包括新型二板式精密注塑机、全电动及混合驱动精密注塑机、超高速精密注塑机、熔体微分精密注塑机等，此外，还介绍了改善注射成型制品缺陷的新技术和实用方法。

本书在篇章结构上兼顾学术参考和工业应用两方面的需要而进行详略取舍，在内容上力求比较系统地反映塑料精密注射成型加工领域的核心原理及设备，可作为高等院校相关专业的教材，也可供从事塑料加工的工程技术人员和经营管理者阅读。

图书在版编目(CIP)数据

塑料精密注射成型原理及设备/杨卫民著. —北京：科学出版社，2015
ISBN 978-7-03-045745-5

Ⅰ.①塑…　Ⅱ.①杨…　Ⅲ.①注塑-塑料成型-研究　Ⅳ.①TQ320.66

中国版本图书馆 CIP 数据核字(2015)第 225260 号

责任编辑：牛宇锋　陈　婕 / 责任校对：桂伟利
责任印制：师艳茹 / 封面设计：陈　敬

科学出版社 出版
北京东黄城根北街 16 号
邮政编码：100717
http://www.sciencep.com
中国科学院印刷厂 印刷
科学出版社发行　各地新华书店经销
*
2015 年 10 月第　一　版　开本：720×1000 1/16
2021 年 10 月第二次印刷　印张：21 3/4
字数：430 000
定价：160.00 元
(如有印装质量问题，我社负责调换)

前　言

随着高分子材料的快速发展，塑料已成为现代制造业重要的基础材料，广泛应用于汽车、电子信息、家用电器、生物医学、航空航天和国防军工等诸多领域。例如，手机零部件、液晶屏导光板、光纤连接件、光学透镜等精密塑料制品，由于具有很高的表面质量、尺寸形位公差和光学性能要求，采用普通注塑机和传统注射成型工艺根本无法实现，从而引出了精密注射成型的概念。

众所周知，金属材料主要采用切削成形，依靠边加工边测量，逐步逼近的方法控制零件的加工精度。但是，塑料主要采用注射模塑成型，在数秒之内高效率充模成型完成零件的加工制造，不能沿用切削加工的精度控制方法，而是基于材料PVT特性的模具设计与充膜成型的过程控制。因此，需要从材料成型加工特性出发，深入研究塑料充模成型规律和脱模变形规律，掌握精度控制的原理和方法，发展先进的工艺和装备，从而推动塑料精密注射成型技术的进步。

本书围绕塑料精密注射成型原理和工艺装备的主题，从成型过程压力 P 和温度 T 对塑料比容积 V 的影响规律，即PVT特性这一模塑成型精度控制的核心原理出发，试图比较系统完整地阐明塑料精密注射成型所涉及的科学技术问题和相应解决方案。全书共7章：第1章主要介绍塑料精密注射成型的概念、意义和核心原理等基础知识；第2章主要介绍塑料精密注射成型PVT关系精度控制技术，重点阐述高分子材料的PVT特性在精密注射成型中的应用；第3章为可视化精密注射成型工艺，从加工过程工艺切入，系统介绍塑料注射成型充模过程可视化研究成果，从注射成型典型缺陷的产生成因和解决方案角度说明可视化技术对精密成型工艺的指导作用；第4～7章介绍精密注射成型装备方面的几项创新成果，分别为新型二板式精密注塑机、全电动及混合驱动精密注塑机、超高速精密注塑机、熔体微分精密注塑机。目前，微分注塑机仍处于原理样机研发初期阶段。

本书内容在参阅国内外公开发表研究论文和技术资料的基础上，主要取材于作者从2002年以来带领团队指导博士和硕士学位研究生所取得的阶段性研究成果。对本书原创研究成果有重要贡献的团队老师有杨卫民、关昌峰、张有忱、谢鹏程、焦志伟、丁玉梅、阎华、何雪涛、安瑛、谭晶等，直接以本书内容为研究课题的博士研究生有谢鹏程、王建、焦志伟、张攀攀；硕士研究生有郭峰霞、苟刚、郭小龙、苗利蕾、邵珠娜、王诗强、杜彬、吴廷、周宏伟等。在读研究生鉴冉冉协助作者完成了本书编撰整理的主要工作，此外，参与本书资料整理的学生还有戴坤添、杨优生、褚凡忠、姜李龙、傅雪磊、方春平等。《中国塑料橡胶》高级编辑段庆生先生对本书初稿进行了全面的修改和补充,并在附录中增加了塑料精密成型模具的相关内容。

本书研究成果是在北京化工大学王兴天教授的指导下取得的,实验研究工作得到了宁波海天集团张建国、傅南红、高世权等高级工程师的支持和帮助;相关科研工作得到了国家自然科学基金和科技支撑计划重点项目的资助;本书的出版获得了国家科学技术学术著作出版基金的资助,并得到美国威斯康星大学童立生教授、清华大学于建教授和北京航空航天大学詹茂盛教授等国内外同行专家的支持和鼓励。在此一并向他们表示衷心的感谢!

作者在本书著述过程中反复斟酌,数易其稿,力求系统深入地介绍塑料精密注射成型原理与设备创新知识,特别注意了兼顾学术参考和工业应用两方面的需要,但是因水平所限,书中不妥之处在所难免,还请读者批评指正。

杨卫民

2014年12月于北京

目　录

第 1 章　塑料精密注射成型的核心原理

1.1　塑料精密注射成型的概念和意义

随着宏观经济的发展，我国塑料行业迅速发展。注射成型是所有塑料成型方法中最重要的一种，是一种注射兼模塑的成型方法。注射成型作为塑料制品成型最主要的加工方式，其产品具有重量轻、结构稳定和价格便宜等优点，因而在各个领域均得到了越来越广泛的应用。

注射成型是一种以高速高压将塑料熔体注入已闭合的模具型腔内，经冷却定型，得到与模腔相一致的塑料制件的成型方法。从注射成型机（又称注塑机）的单元操作来看，其动作大致可以表示成如图 1-1-1 所示的基本动作。按照时间的先后顺序可绘制出如图 1-1-2 所示的注射成型机工作过程循环周期图。

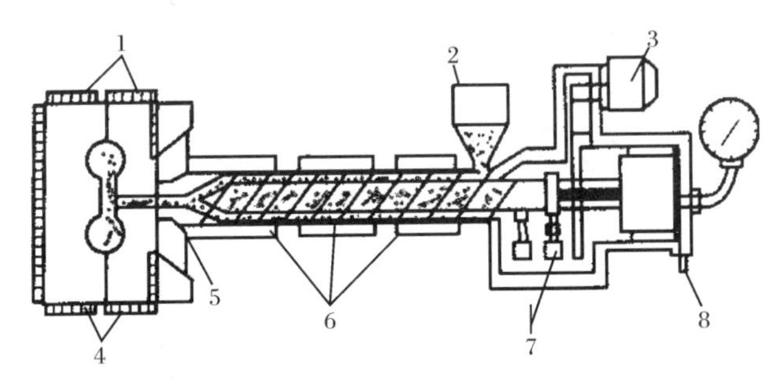

(a) 塑化充模

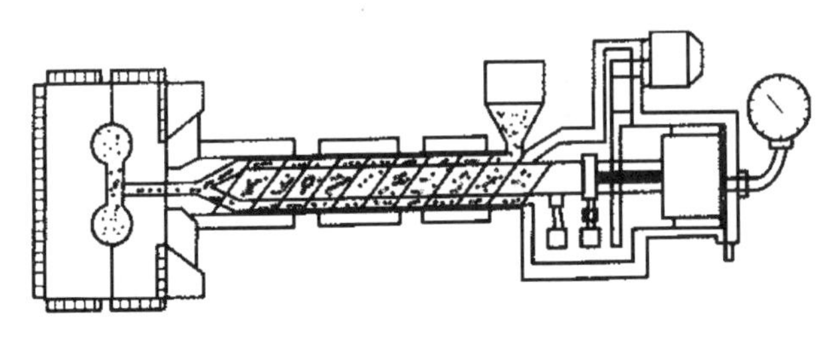

(b) 保压固化

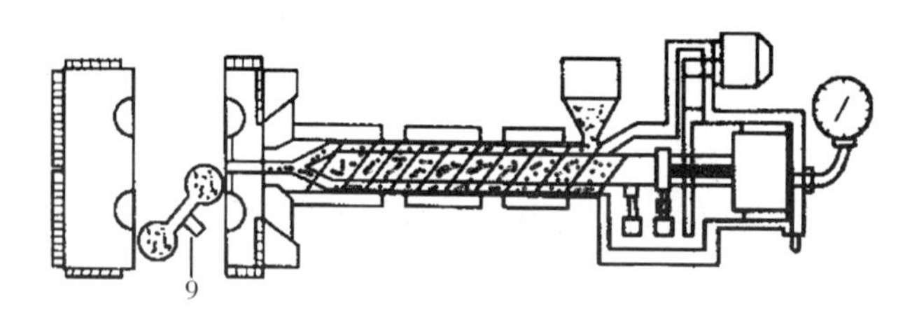

(c) 开模脱出

图 1-1-1　注射成型机基本动作

1-模具加热片;2-加料系统;3-驱动电机;4-模具;5-注射成型机喷嘴;
6-料筒加热冷却装置;7-行程开关;8-注射油缸;9-成型制品

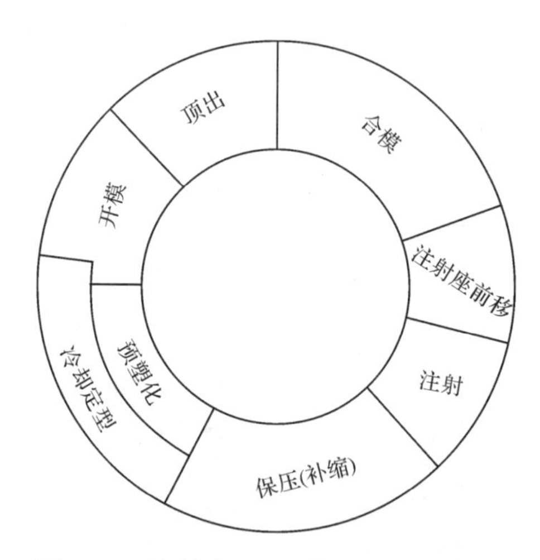

图 1-1-2　注射成型机工作过程循环周期图

二十年来,随着信息技术和自动控制技术的爆发式增长,市场对于注塑件的要求越来越高,需求量也在迅速增加,注射成型因廉价灵活的加工技术受到广泛关注。近年来,诸如微流控芯片等医学诊断技术对精密注射成型制件也提出了新的迫切需求,此类塑件在生产中的重点是满足很高的尺寸公差要求,并在制品的实际使用周期内保持尺寸公差的稳定。迫于市场的使用需求,精密注射成型技术问世。

精密注射成型是与常规注射成型相对而言,指成型制品的精度要求很高,使用通用的注塑机和常规注射工艺都难以达到要求的一种注射成型方法[1]。一般地,精密注塑机有两个指标:一个是制品的尺寸重复误差;另一个是制品的重量重复误差。前者由于尺寸大小和制品厚薄不同难以比较。而后者代表了注塑机的综合水平,一般普通注塑机的重量重复误差在1%左右,较好的机器可达到0.8%;

重量重复误差低于0.5%为精密注塑机，小于0.3%为超精密注塑机。目前普遍采用精密电子秤测量塑件重量的方法，间接测量出塑件重复精度。但是重量重复性只是塑件重复精度的一个侧面，采用该方法测量重复精度忽略了塑件形状、力学性能等因素的重复精度。而聚合物的 PVT(压力-比容-温度)关系能够提供聚合物在加工过程的一些信息数据，以便于从制品成型过程中检测、控制塑件精度。

聚合物的 PVT 关系特性是进行制品注塑成型流动分析、注塑成型制品模具设计和注塑成型过程控制及工艺分析的重要依据。

1.2　高分子材料的 PVT 关系特性规律

高分子材料的 PVT 关系特性描述了高分子材料比容随温度和压力的改变而变化的情况，它作为高分子材料的基本性质，也用来说明制品加工中可能产生的翘曲、收缩、气泡、疵点等缺陷的原因，在高分子聚合物的生产、加工以及应用等方面有着十分重要的作用。高分子聚合物的 PVT 数据提供了注射成型过程中熔融或固态的聚合物在温度和压力范围内的压缩性和热膨胀性等信息。以高分子聚合物 PVT 关系特性为核心的注射成型过程计算机模拟与控制为我国精密注塑机的研制提供了数据、检测、控制等多方面的依据，引领着精密注射成型的发展方向。

图 1-2-1 是无定型聚合物和半结晶型聚合物的 PVT 关系特性曲线图[2]。从图中可以看出，当材料温度增加时，比容由于热膨胀也随之增加；压力升高时，比

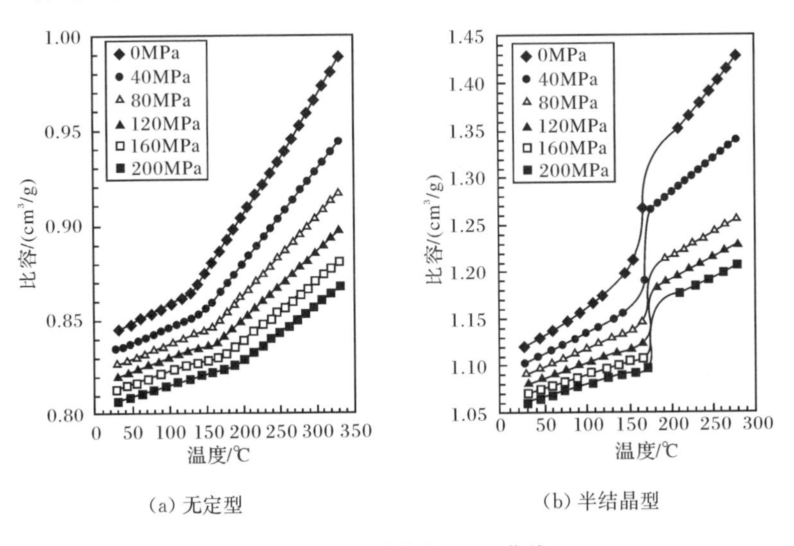

(a) 无定型　　(b) 半结晶型

图 1-2-1　聚合物的 PVT 曲线

容由于可压缩性而随之降低。在玻璃化温度点，由于分子具有更多的自由度而占据更多的空间，比容的增加速率变快，图中可以看到曲线斜率的明显变化，因而也可以通过聚合物的PVT关系特性曲线发现体积出现突变时的转变温度。在温度变化过程中，无论是无定型聚合物还是半结晶型聚合物都会由于分子热运动发生结晶转变或玻璃化转变而产生明显的体积变化，而半结晶型聚合物由于在结晶过程中质点的规整排列，体积会有较大变化。因此，可以看到无定型聚合物和半结晶型聚合物的PVT关系存在很明显的不同。在更高的温度下，半结晶型聚合物在进入熔融状态时，比容有一个突升，这是由于原来结构规则且固定的结晶区受到温度的影响而变得可以随意自由移动造成的。

聚合物PVT曲线图通过比容的变化，给出了塑料在注射成型过程中的收缩特性，由图可看出聚合物的温度、压力对比容的影响，并获得聚合物密度、比容、可压缩性、体积膨胀系数、PVT状态方程等方面的信息[3,4]。对聚合物PVT关系特性的研究，不仅可以用来说明注射成型过程中与压力、密度、温度等相关的现象，分析制品加工中可能产生的翘曲、收缩、气泡、疵点等缺陷的原因，获得聚合物加工的最佳工艺条件，更快捷方便地制定最佳工艺参数，还可以用来指导注射成型过程控制，提高注射成型装备的控制精度，以制得高质量的制品[5,6]。

聚合物PVT关系的应用领域可以归结为以下几个方面[7,8]：

(1) 预测聚合物共混性；

(2) 预测以自由体积概念为基础的聚合材料及组分的使用性能和使用寿命；

(3) 在体积效应伴随反应的情况下，估测聚合物熔体中化学反应的变化情况；

(4) 优化工艺参数，以代替一些通过实验操作误差或经验建立的参数；

(5) 计算聚合物熔体的表面张力；

(6) 研究状态方程参数，减少同分子结构的相互关系；

(7) 研究同气体或溶剂相关材料的性质；

(8) 相变本质的研究。

反映聚合物加工过程中实际情况的聚合物PVT数据能使计算机模拟的粗略结果变得更为精准；聚合物PVT关系特性曲线图描述了熔体比容对温度和压力的关系，是使每次成型的制品总是保持相同的质量的基础。

1.3 塑料精密注射成型的核心原理[9~11]

1. 注射成型过程中聚合物PVT关系特性与压力变化情况

为了保证成型制品质量就需要保证模具中聚合物材料的比容变化。材料成型过程中的最佳压力变化途径能通过 PVT 曲线图得到。聚合物 PVT 关系特性曲线图也能通过一系列不同的数学表达式(聚合物 PVT 状态方程)来表述。以下针对注射成型过程,结合聚合物材料的压力变化情况,对聚合物 PVT 关系特性在整个注射成型加工过程中的变化进行详细的描述。

图 1-3-1 描述了聚合物 PVT 关系特性和模具型腔压力曲线。点 A 是注射成型过程开始的起始点,此时聚合物以熔融状态停留在注塑机机筒中螺杆前端部分。A—C 是注射阶段。点 B 是模具型腔压力信号开始点(此时,模具型腔中的压力传感器首次接触到熔体),之后压力开始增加。点 C 时刻,注射阶段完成,熔融的聚合物材料自由地填充模具型腔,后进入压缩阶段(C—D),模具型腔压力迅速上升至最高值(点 D)。此时,注射压力转为保压压力,进入保压阶段(点 D)。有更多的聚合物熔体压入模具型腔中以继续补充先进入的熔体由于比容减小冷却收缩而产生的间隙。此过程一直到浇口冻结时(点 E)结束,在点 E 时熔体不再能够进入模具型腔。点 E 是保压结束点,也就是浇口冻结点。剩下的冷却阶段(E—F),模具型腔中的熔体保持恒定体积继续冷却,压力也快速降低到常压。这个等体积冷却阶段尤其重要,因为需要通过体积的恒定来获得最小的取向、残余应力和扭曲变形;这个阶段对于成型的尺寸精度具有决定性作用。在点 F 时,模具型腔中制品成型,成型不再受到任何限制,可以顶出脱模,并进一步自由冷却至室温(F—G)。成型制品在 F—G 阶段经历自由收缩的过程。

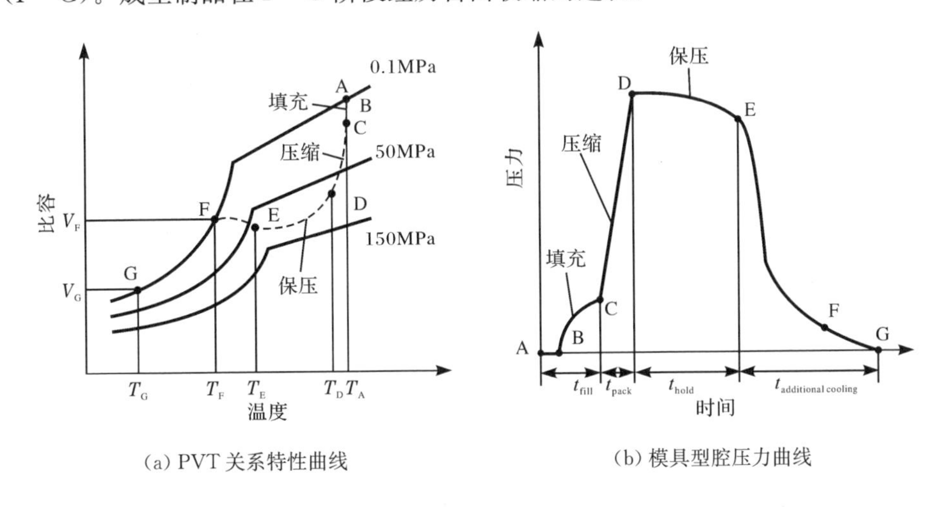

(a) PVT 关系特性曲线　　(b) 模具型腔压力曲线

图 1-3-1　典型聚合物 PVT 关系特性曲线和模具型腔压力曲线

可见,决定最终制品尺寸和质量的就是注射成型过程中保压过程的控制,这也是注射成型过程控制的核心内容。保压过程的控制主要是 E—F 阶段的控制,其对于最终制品的质量有很大影响。由于点 F 在注射成型过程中是不可直接控制的变量，对于点 E 的控制成为注射成型中聚合物 PVT 关系特性控制的核心点。点 E 的控制受到点 D 及 D—E 阶段控制（即转压点和保压过程的控制）的影响。为此，将注射成型过程控制的重点放在保压过程控制上。

2. 基于注塑装备的聚合物 PVT 关系特性控制技术原理

目前，现有的注塑机的控制方式中，都是针对压力（注射压力、喷嘴压力、保压压力、背压、模具型腔压力、系统压力、合模力等）和温度（机筒温度、喷嘴温度、模具温度、模具型腔温度、液压油温等）这两组变量的单独控制，而在提高控制精度方面也是主要集中在压力和温度两个变量的单独控制精度的提高上，并没有考虑到对材料压力和温度之间关系的控制。

基于注塑装备的聚合物 PVT 关系特性控制技术原理，主要是通过控制聚合物材料的压力（P）和温度（T）的关系来控制材料比容（V）的变化，从而得到一定体积和重量的制品。因此，在保证压力和温度两个变量的单独控制精度的条件下，再保证压力和温度之间关系的控制精度，即可在整体上进一步提高注塑成型质量的控制精度。由此即可将"过程变量控制"提高到"质量变量控制"的等级。

注射成型过程保压阶段的控制可分为三个部分，包括注射阶段到保压阶段的 V 用转压点的控制、保压结束点的控制及整个保压过程的控制。正确设定转压点和采用分段保压过程控制，对制品的成型质量非常重要。因此，根据聚合物 PVT 关系控制理论，北京化工大学杨卫民等分别开发了一系列的注塑成型过程控制技术，包括：熔体压力 V/P 转压、熔体温度 V 用转压、保压结束点熔体压力控制、保压结束点熔体温度控制、聚合物 PVT 关系特性在线控制技术-保压过程熔体温度控制和多参数组合式控制；同时，开发了专门的注射成型保压过程控制系统，并进行了相关控制技术的实验研究。

图 1-3-2 是基于注塑装备的聚合物 PVT 关系特性控制技术原理图，其中，P_n 是喷嘴熔体压力，T_m 是喷嘴熔体温度，P_{c_1} 是远浇口点处的模具型腔熔体压力，T_{c_1} 是远浇口点处的模具型腔熔体温度，P_{c_2} 是近浇口点处的模具型腔熔体压力，T_{c_2} 是近浇口点处的模具型腔熔体温度，T_c 是冷却液温度，P_h 是系统油压，S_o 是伺服阀开口大小，Y_r 是螺杆位置，V_r 是螺杆速度。

图 1-3-3 是基于注塑装备的聚合物 PVT 关系特性控制系统流程图。PVT 关系特性控制技术主要集中在注塑成型保压过程控制上，包括 V/P 转压、保压过程、保压结束点、时间信号、螺杆位置信号、压力/温度信号的选择程序等。

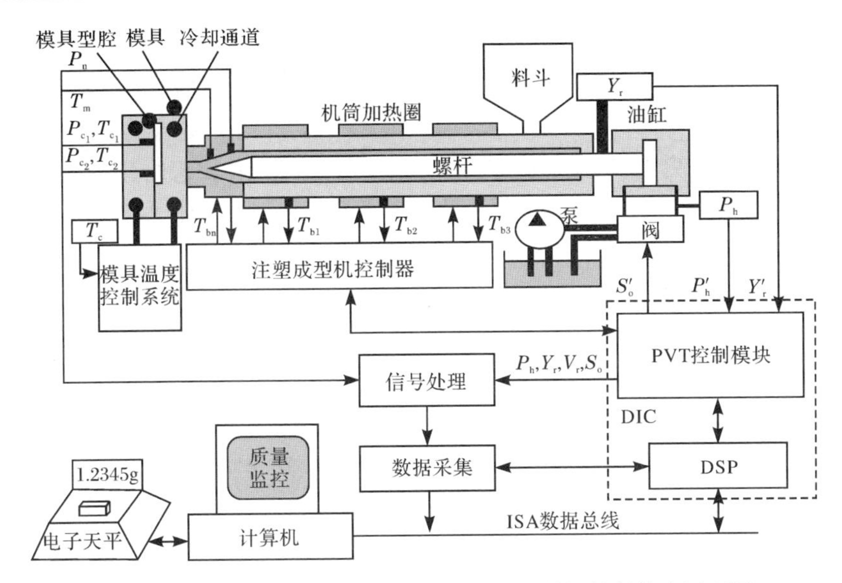

图 1-3-2　基于注塑装备的聚合物 PVT 关系特性控制技术原理图

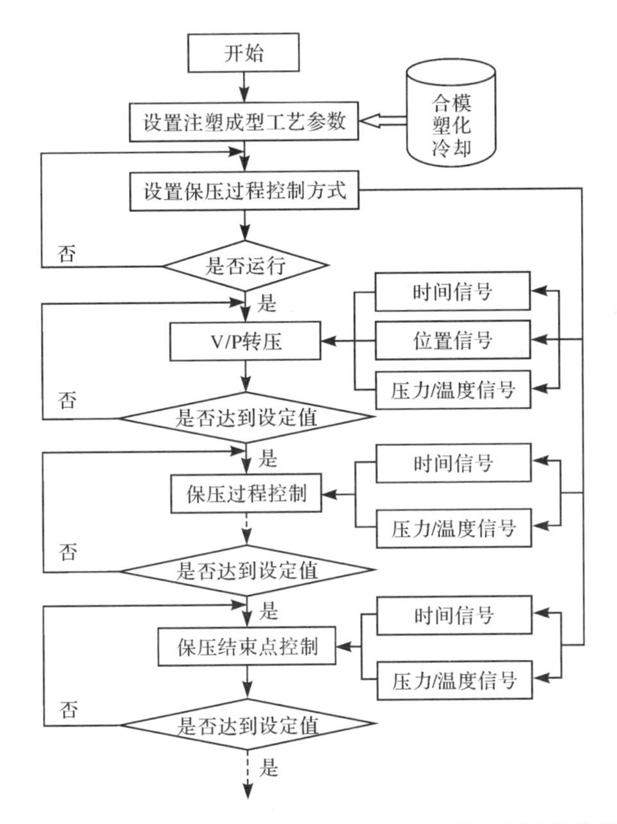

图 1-3-3　基于注塑装备的聚合物 PVT 关系特性控制系统流程图

1.4 塑料PVT关系特性的离线测试方法与仪器

聚合物PVT测试仪(又称膨胀计)是用于测定聚合物比容与压力及温度的函数关系的实验仪器。其实际上是测量体积随温度、压力的变化,原理比较简单,但是在实验实施上比较困难。因为测试需要在高温高压条件下进行,P-V-T的测量和控制要求有比较高的精度,而且系统要有良好的气密性,微量的气体渗入或微量的样品渗出均会给实验结果带来很大影响。因此,测试对仪器的要求很高,一般实验装置很难达到要求。

目前存在两种常规的聚合物PVT关系特性测试实验技术:柱塞圆筒技术和封闭液技术,根据其实现原理可归结为直接加压和间接加压两种测试方法,简称直接法和间接法。其主要区别在于仪器的加压柱塞是否直接与试样相互接触,如图1-4-1所示。

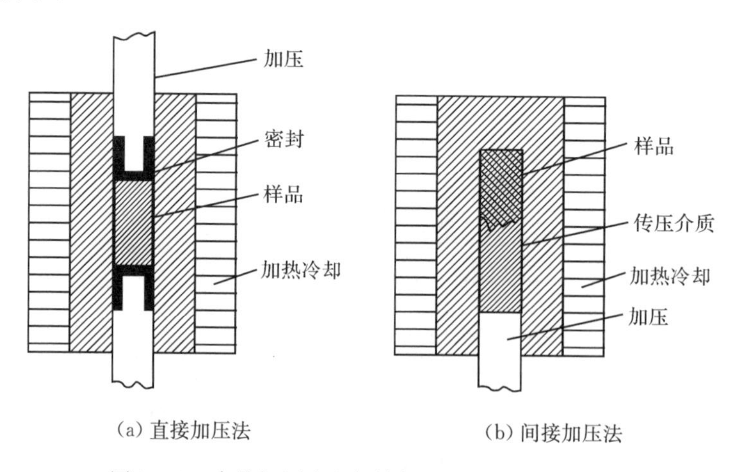

图1-4-1 直接加压法和间接加压法测量原理示意图

所谓直接加压法,就是在测试时,将聚合物样品放入样品室中,将其上下密封,密封后通过柱塞对其进行加压。利用加热冷却系统实现对样品室中样品的加热和冷却操作。压力、温度参数分别通过压力和温度传感器测得。对于被测样品的体积,由于测试腔体的横截面一定,因此相应的体积变化可通过柱塞的直线位移变化而计算得到。

所谓间接加压法,就是在测试时,将测试样品放入样品室内,在样品室内充入液体介质,使样品完全浸在液体介质中,样品浮于液体中,加压动力系统驱动柱塞通过液体对聚合物样品间接进行加压,利用加热冷却系统实现对样品室中样品的加热和冷却操作,压力、温度分别通过压力和温度传感器测得。体积的变化通过位移变化计算得到，位移通过位移传感器测得。

PVT 测试仪除国内由研究单位试验制造外，国外已有工业化产品，如德国 SWO 公司的 PVT-100 分析仪、日本东洋精机公司制造的聚合物熔体 PVT 测试仪等属于直接加压法，以及美国 Gnomix 公司的 PVT 高压膨胀计等属于间接加压法。其相关设备如图 1-4-2 所示。

(a) 德国 SWO 的 PVT-100 分析仪

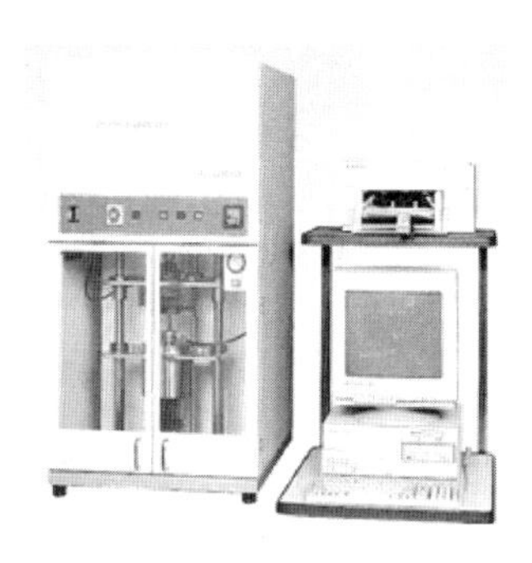

(b) 日本东洋精机的 PVT 测试仪

(c) 美国 Gnomix 的 PVT 高压膨胀计

图 1-4-2　德国 SWO 的 PVT-100 分析仪、日本东洋精机的 PVT 测试仪和美国 Gnomix 的 PVT 高压膨胀计

直接加压法和间接加压法，两者聚合物 PVT 测量的原理没有太大的区别，只是密封的方式不太一样。两者各有优缺点，对直接加压型设备而言，其设备校准简单，重复性和可操作性强，但密封圈和料筒、样本和料筒之间都存在摩擦。对间接加压型设备而言，就不存在摩擦的问题，且密封性及测试精度比直接加压型的设备要好，但仪器的校准就比较麻烦，而且密封介质有一定的毒性。这两种测试方法都测试的是小样品，且实际测试条件和加工条件有较大的差距。因此，一些研究者就以注塑机为基础开发了一些在线测试系统，这些设备与塑件实际加工的条件较为接近，能够获得与实际加工条件相同的 PVT 数据，但整个设备的控制精度要稍微差一些。

1.5 塑料 PVT 关系特性的在线测试方法与仪器

根据前面对聚合物 PVT 关系特性测试技术的总结分析可知，采用常规的聚合物 PVT 关系测试方法的仪器设备都是针对聚合物样品进行的，而且还都存在一个问题：聚合物样品的测试条件与聚合物实际加工工艺过程不一致。因此通过这些技术测试得到的聚合物 PVT 关系特性曲线来指导注射成型工艺参数的制定是不够准确的，将聚合物 PVT 曲线用于模具设计和注射成型模拟分析也就存在差异，尤其是在当今 CAD/CAE/CAM 技术飞速发展的时代，只有采用能够真实反映聚合物加工过程中实际情况的聚合物 PVT 数据，计算机模拟的结果才会准确。当利用注塑成型 CAE 软件进行模拟分析时，如果采用国外提供的聚合物材料性能的数据进行模拟计算，只能得到相当粗略的结果，因此根据我国常用的聚合物材料进行 PVT 关系测试，在此基础上建立聚合物 PVT 数据库就非常有意义。而且，常规的聚合物 PVT 关系测试方法的实施都需要设计专门的实验仪器设备，测试前还要准备好专门的测试样品。这些都给聚合物 PVT 关系特性的测试带来了不便。

本书作者所在团队独创了一种比容积显微测量方法，发明了高于国际水平的聚合物 PVT 在线测试方法及装置，并创建了我国首个工程塑料 PVT 数据库，研究得到了优化理论模型，为高分子材料模塑成型精度控制奠定了科学基础。

基于注塑装备的聚合物 PVT 关系特性测试技术是一种具有发展潜力的测试技术，其可以直接利用注塑成型装备，因此测试数据能够在聚合物成型加工条件下得到。目前，在注射成型机上进行测试的技术已经有很多，包括在模具中安装压力传感器和温度传感器来在线测量模具型腔中压力和温度的一些相关参数的变化；但是测量都是针对注塑机加工过程工艺参数的控制，在聚合物 PVT 关系特性测量方面，基于注塑装备的相关测试技术不多。而且这些测试技术都受到设备本身的限制，目前出现三种利用注塑机/挤出机进行聚合物 PVT 关系特性测试的技术，其都是利用塑化机筒及模具型腔作为样品室，利用螺杆提供压力；这些测试相关的部件都比较大，且基本结构和几何形状都比较复杂，因此，在测试精度和计算精度方面很容易造成误差。而且其体现的测试压力范围都很有限，最高测试压力分别局限在 9.646MPa[12]、96.44MPa[13] 和 28MPa[14,15]；由于测试温度间隔较大，测试结果误差也相对较大。

本节根据现有的测试技术原理分析其优缺点，并提出一种新的基于注塑装备的聚合物 PVT 关系特性在线测试技术。利用这种技术设计制造的测试设备可以直接对注塑成型机模具型腔中聚合物的 PVT 数据进行采集；利用计算机对数据进行处理后即可得到聚合物 PVT 关系特性曲线，测试条件符合工业加工条件。利用此技术可以建立典型商业材料的 PVT 数据库，作为优化相应材料的工业加工参数的基础数据。

聚合物 PVT 关系特性在线测试设备中的测试模具是由原有的实验模具改造而成的，还存在许多不足：

(1) 重量很大，使用起来比较笨重；

(2) 由于模具体积较大，散热面积大，因此温度加热速度太慢，往往要等两个小时以上的时间，也限制了温度的测试范围；

(3) 横截面积偏大，需要合模或锁模力较大，因此测试过程的能量消耗很大；

(4) 密封效果不好，漏料发生较早，因此只能测得聚合物在较低温度范围的比容变化情况。

为此，本书作者创新发明了一种新的聚合物 PVT 关系特性在线测试方法及装备，如图 1-5-1 所示，其中，图(a)为新的聚合物 PVT 关系特性在线测试系统照片，图(b)为系统内部结构图。

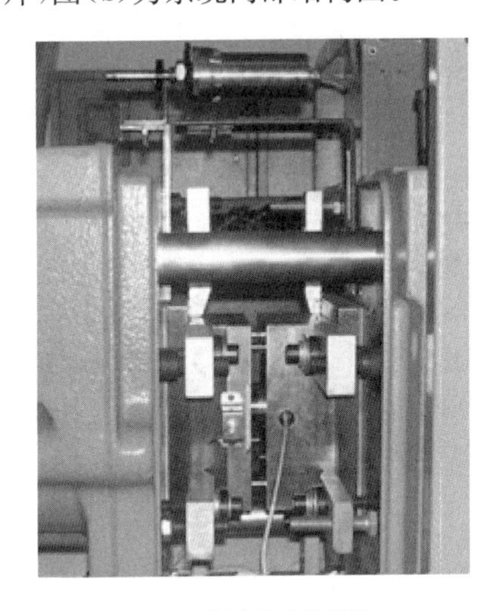

(a) 在线测试系统照片

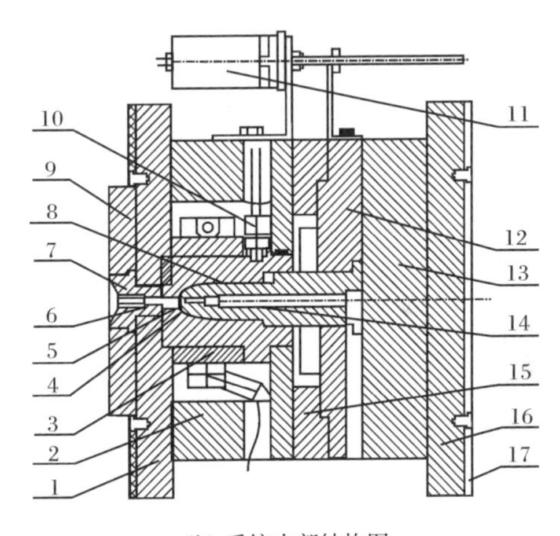

(b) 系统内部结构图

图 1-5-1　作者发明的聚合物 PVT 关系特性在线测试系统

1、16-定模底板；2-静模板；3-加热圈；4-模具型腔；5-压力传感器；6-浇口堵塞；7-浇口套；8-密封圈；9-定位圈；10-热电偶；11-位移传感器；12-动模底板；13-支撑板；14-型芯；15-垫板；17-绝缘隔热板

相对于原来的测试方法，新测试设备的改进结构主要包括以下方面：

(1) 具有位移放大的显微测量功能，测试模具型腔体积更小，长径比更大，以此增加了位移的测试精度；

(2) 采用薄壁圆锥筒试样，温度分布更加均匀，测试模具型腔横截面积很小，测试压力更容易通过注塑成型机的合模力提供，而且压力控制精度更高；

(3) 模具型腔位置被严密地封锁在深处，密封性能更好，因此可以测得聚合物在更高温度范围的比容变化；

(4) 加热采用了大功率的加热圈，加热效果更好，而且由于测试模具的体积变小，又在设计中增加了隔热板，因此散热小，加热速度快；

(5) 在加热圈周围设置了冷却管，可提供快速冷却条件；

(6) 用浇口堵塞代替原来的液压驱动的浇口阀门开关设备，更简单易行；

(7) 设备中的压力传感器起辅助作用，实际测试时也可以不用，直接采用注塑机合模系统得到的压力值即可。

因此，新的测试设备更加贴近注塑机，简化了许多复杂的设计，实施更加方便，而且造价更低。

参考文献

[1] 张友根. 影响注塑制品重量重复精度因素分析研究[J]. 现代塑料加工应用，1994，16(3)：39－41.

[2] Zoller P, Walsh D J. Standard Pressure-Volume-Temperature Data for Polymers [M]. Lancaster: Technomic Publishing Company Inc. ,1995.

[3] 汪琦. 注塑塑料制品的收缩特性[J]. 现代塑料加工应用，1994，6(5)：48－52.

[4] 钱汉英，刘均科，张圣领. 聚合物 PVT 关系测定技术[J]. 中国塑料，1996，10(2)：61－67.

[5] 陈锋. 塑料注射成型的 P-V-T 状态曲线及其应用[J]. 轻工机械，2000，4：5－10.

[6] 刘向明. 注塑机电液伺服系统及 PVT 控制技术[J]. 武汉化工学院学报，1996，18：66－70.

[7] Berry J M, Brostow W M, Hess M, et al. P-V-T relations in a series of longitudinal polymer liquid crystals with varying mesogen concentration [J]. Polymer, 1998, 39: 4081－4088.

[8] Hess M. The use of pressure-volume-temperature measurements in polymer science [J]. Macromolecular Symposia, 2004, 214: 361－379.

[9] 王建. 基于注塑装备的聚合物 PVT 关系测控技术的研究[D]. 北京：北京化工大学，2010.

[10] 陈灿波. 聚合物 PVT 关系测试技术及其应用研究[D]. 大连：大连理工大学，2012.

[11] 杨卫民，王建，谢鹏程，等. 聚合物 PVT 关系测试技术研究进展[J]. 中国塑料，2008，22(2)：81－89.

[12] Nunn R E. Adaptive process control for injection molding [P]: USA, 4850217. 1989.

[13] Chiu C P, Liu K A, Wei J H. A method for measuring P-V-T relationships of thermoplastics using an injection molding machine [J]. Polymer Engineering and Science, 1995, 35: 1505－1510.

[14] Park S S, Park C B, Ladin D, et al. P-V-T properties of a polymer/CO_2 solution using a foaming extruder and a gear pump [J]. Solar Energy Engineering, Transactions of the

ASME，2002，124:86－91.

[15] Park C B, Park S S, Ladin D, et al. On-line measurement of the P-V-T properties of polymer melts using a gear pump [J]. Advances in Polymer Technology, 2004, 23: 316－327.

第2章　塑料精密注射成型的精度控制

2.1　基于塑料PVT特性的精密注射成型模具设计

随着电子、电信、医疗、汽车等行业的迅速发展，对塑料制品的高精度、高性能要求与日俱增，精密注射成型要求制品不仅具有较高的尺寸精度、较低的翘曲变形，而且还应有优异的光学性能等。注射成型是最重要的塑料成型方法之一，如何提高注射成型技术水平，生产出高精度的塑料制品，创造附加值高的产品，模具的设计是重要环节。

在精密注射成型设计中，除了应考虑一般模具设计事项外，还要特别考虑如下事项：①为了得到所要尺寸公差的制品，要考虑适当的模具尺寸公差；②要考虑防止产生成型收缩率波动；③要考虑防止产生成型变形；④要考虑防止产生脱模变形；⑤要使模具制作误差最小；⑥要考虑防止模具精度波动；⑦要考虑维持模具精度[1]。

在精密注射成型中，收缩率的控制是十分重要的。影响收缩率的因素有很多，如高分子材料批次不同、成型加工工艺参数不同、制品结构不同、模具型腔结构不同等。

在模具型腔内高分子材料熔体的流动情况非常复杂，使得在生产过程中需要多次试模来确定生产工艺参数的设置。这个试模过程会影响生产效率和产品质量，而且注塑制品很容易出现翘曲变形、收缩、缩痕等缺陷。因此，需要准确模拟出高分子材料制品的翘曲变形量、密度分布情况和体积收缩量，才能在实际加工得到高质量的高分子成型制品，提高制品的成型周期，从而能够达到更好的经济效益[2]。伴随着科学技术的日益发展，注射成型的计算机数值仿真计算软件能够对聚合物产品的注射生产的整个过程进行仿真研究，然后经过对模拟结果的分析对比研究，对模具结构形状或者产品结构设计加以完善，以提高制品的成型质量及减少原材料的浪费，实现经济效益的大幅度提升。

目前，塑料注射成型CAE软件(如Moldex3D和Moldflow等)提供了许多状态方程以及常用聚合物材料的物性参数，这些材料的物性参数是否与实际生产过程材料的物性参数相同决定了数值模拟结果有无实际意义。聚合物材料的测试参数主要有高分子材料的热膨胀系数、比体积、转化点温度值以及等温压缩系数等，它们对聚合物的应用和加工有着非常重要的指导作用，通过聚合物的PVT关系特性曲线图可以获得相关的信息，因此聚合物材料的PVT特性对聚合物产品的注射成型过程有着非常重要的作用，特别是对于精密注射成型[3]。像Moldex3D和Moldflow等CAE软件都需要应用聚合物材料的PVT物理属性，来仿真分析制件成型时产生的变形和收缩量等缺陷，并指导模具或制品的结构设计和制定最佳的注射成型工艺参数等[4,5]。

因此，将聚合物的PVT关系特性应用于注射成型加工的计算机模拟仿真中，保证了分析软件使用的材料数据库与实际加工的材料的真实性，从而能够根据软件的分析结果来改进模具或制件的结构，做到确实能够提升实际注塑加工产品的质量。PVT特性在模具设计中的作用主要有：

1）指导成型尺寸的计算

模具的成型尺寸是指型腔上直接用来成型塑件部位的尺寸，主要有型腔和型芯的径向尺寸（包括矩形或异形型芯的长和宽）、型腔和型芯的深度或高度尺寸、中心距尺寸等。在设计模具时必须根据制品的尺寸和精度要求来确定成型零件的相应尺寸和精度等级，给出正确的公差值。计算成型尺寸的方法主要有平均收缩率法、极限尺寸法和近似计算法。无论哪一种计算方法，公式中都需要考虑塑件的收缩率等。在设计模具时，所估计的塑件收缩率与实际收缩率的差异和生产制品时收缩率的波动都会影响到塑件精度。这就取决于CAE软件模拟中得到的收缩率的准确性，计算中采用的收缩率与实际制品收缩率越接近，塑件成型尺寸精度越高。

2）指导模具结构的修正

塑料制品在成型过程中可能会出现这样那样的缺陷，如翘曲变形、气泡缩孔、熔接痕、多腔流动不平衡等问题。这些缺陷产生的原因是多方面的，可能是浇口位置或数量不合理、流道布置或流道尺寸不合理等。通过注射成型CAE软件进行模拟，可以直观地反映缺陷，有效地进行修模等。模拟结果越准确，对模具设计的参考意义越大。

本书作者所在团队利用自主研发的高分子材料PVT特性在线测试装置测得PVT聚合物实际参数成功应用到CAE软件模拟中，分别对在线测得PVT参数与CAE软件自带数据库PVT参数进行注射成型CAE模拟，并与实际注射成型样品进行对比，测试样品形状和相关尺寸参数分别如图2-1-1(a)、(b)所示，对比结果如图2-1-2和图2-1-3所示。结果表明，应用在线测得PVT参数模拟得到的制品收缩率与实际情况更加接近，精度更高。

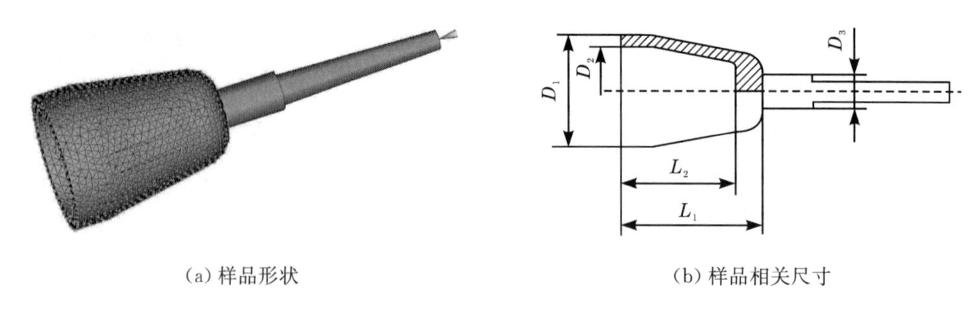

(a) 样品形状　　(b) 样品相关尺寸

图 2-1-1　注射成型样品

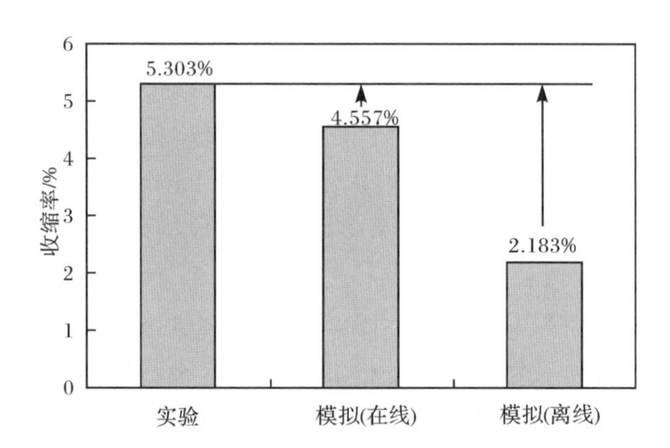

图 2-1-2　收缩试验结果与数值模拟结果的比较

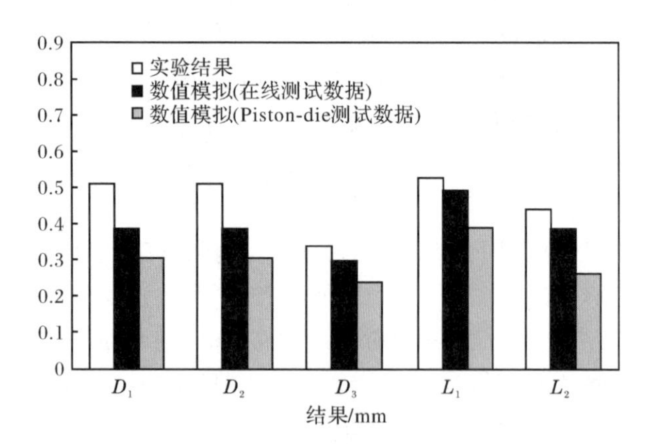

图 2-1-3　翘曲试验结果与数值模拟结果的比较

2.2　基于塑料 PVT 特性的精密注射成型过程控制

2.2.1　塑料注射成型过程控制技术概况

随着工程塑料的迅速发展及其应用领域的不断开拓，注塑机正朝着高速、高效、低能耗和高自动化的方向发展，除了保证模具的设计精度外，还要求注塑机具有完善的自动化控制与调节系统，以确保对注射成型过程的工艺参数实行高重复精度、高灵敏度的可靠控制。

注射成型制品的质量状况，如尺寸误差、表面质量和力学性能等，主要取决于两个方面：一方面是所用物料的性能；另一方面是成型过程的控制技术。表 2-2-1 给出了产生制品质量缺陷的工艺原因[6]。

表 2-2-1　产生制品质量缺陷的工艺原因

缺陷	工艺原因	缺陷	工艺原因
翘曲	熔体温度不适当 模具温度不适当 保压时间过长 成型周期太短	裂缝	熔体温度过低 模具温度过低 保压时间过长 注射速率过低
熔接线和熔合痕	计量过多 注塑压力过高 保压不够 熔体温度过低 注射速率过高 合模不正确	凹陷及缩痕	计量不足 注塑压力过低 熔体温度不适当 模具温度不适当 冷却时间不够 保压时间不够 注射速率小
缺料	计量不足 注塑压力过低 熔体温度不适当 模具温度不适当 塑化能力小	流痕	注塑压力过低 熔体温度过低 模具温度过低 注射速率过低

由表 2-2-1 可以看出，影响制品质量的工艺参数有：①工艺时间（如注塑时间、保压时间、冷却时间和补缩时间等）；②熔体温度与制品温度（主要受塑化部分加热装置和模具温度的影响）；③生产过程各阶段的压力（如塑化压力、模腔压力、残余压力和锁模力等）；④材料性能（如流变特性和热特性等）。

撇开所用物料的性能影响，则注塑过程的工艺参数对制品质量有直接关系。

从注塑机对制品质量控制的理想状态来看，是希望能以制品尺寸、件重、表面质量、物理力学性能等变量为反馈信号直接进行反馈控制。但就目前来说，将这些非电量进行直接测量并转化为电信号的传感器的研制还没有完全成功，因此只能对注塑过程的可控工艺参数进行控制；为了使控制系统不至于太复杂，又必须选择那些与制品质量密切相关的工艺参数进行控制。从上面的分析可知，要获得高质量的制品，必须对温度、压力、速度、时间等关键工艺参数进行控制。

温度控制包括料筒温度、喷嘴温度、熔体温度、模具温度和油温的控制；压力控制包括注塑压力、螺杆头部计量室中熔体压力（背压）、模腔内各处的压力控制，以及如何根据模腔内最大压力值决定从充填到保压的切换时间；速度控制包括：对螺杆推进物料的速度进行控制，以及对螺杆推进的位置与速度进行多级切换[7]。

目前，注塑机采用的控制技术有开环和开环与闭环共用这两种类型[8]。开环技术对发生的控制量的实际值（仪表显示）与给定值之间的偏差不能进行修正，因此只能用作普通注塑机的控制系统。其控制系统有按时间顺序、逻辑顺序和条件顺序三种类型。闭环控制是通过前置反馈系统中的调节器对反馈偏差信号不断地进行处理，最终消除偏差，具有调节控制和抵抗干扰的功能，因而可以实现高精度和高重复精度的生产。精密注塑机对塑件成型质量有重要影响的工艺参数（如注射速度、保压压力、塑化背压、螺杆转速以及料筒温度等）及程序的切换控制采用闭环技术。闭环系统有定值调节系统、程序控制系统和随动系统三种类型。目前用得较多的是定值调节系统，如注射速度定值调节系统、料筒温度定值调节系统。图 2-2-1 为某控制器进行注射速度定值调节控制过程时显示器上显示的图形。

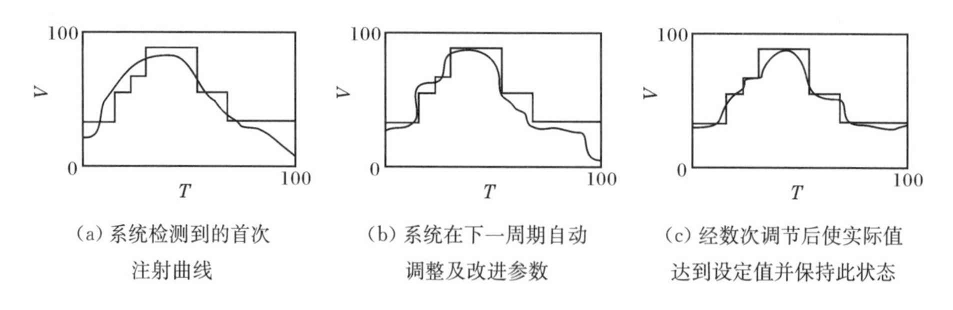

(a) 系统检测到的首次注射曲线　(b) 系统在下一周期自动调整及改进参数　(c) 经数次调节后使实际值达到设定值并保持此状态

图 2-2-1　注塑机控制器对注射速度参数自动调节的图形显示[8]

2.2.2　塑料 PVT 特性在精密注射成型过程控制中的作用

精密注射成型技术的研究涉及注射成型设备、模具、工艺和材料等多个方面，是一项复杂的系统工程。要使注射成型在“精密化、高效化、轻量化”发展方向上有新的突破，首先必须利用先进的实验方法和检测手段深入探究成型过程中高分子材料状态变化的内在规律；与此同时，还需要从注射成型的基本原理出发，开发新的成型加工工艺及控制技术，进一步提高注射成型过程中聚合物熔体参数尤其是 PVT 关系特性的可控性。在注射成型过程中，聚合物材料被加热成熔融态，并在高压高速状态下注射到模具型腔中，经历了从高温、高压到迅速冷却和压力下降的过程，由熔融态转变为固态，同时聚合物材料的各种物性参数也经历了一连串急剧的变化，这都与温度 T、比容 V、压力 P 有很大的关系。特别是聚合物的比容 V 决定着最终成型制品的性能和质量，若最终成型制品的密度太小，则会导致强度不够；若密度不均匀，则会产生残余应力、发生翘曲变形等。

能够使每次成型的制品总是保持相同的质量（即相同的取向、残余应力和收缩率），是注塑成型加工控制的目标。聚合物 PVT 关系特性曲线图是达到这个目标的基础，其描述了熔体比容与温度和压力的关系。聚合物的比容决定了最终注塑成型制品的质量和尺寸。若能够控制聚合物比容的重复性，也就能够控制最终注塑成型制品的质量和尺寸重复精度。因此，只要能够保证成型制品质量与模具中聚合物材料的压力和温度变化途径同 PVT 曲线相关联，就能够很好地达到聚合物成型过程控制优化的目的。

1. 塑料 PVT 特性描述注射成型过程

在注射成型工艺条件下，聚合物材料的成型过程可以通过聚合物 PVT 关系特性曲线图进行描述。无定型聚合物成型过程中，PVT 关系特性的变化描述如图 2-2-2(a)所示：①机筒中的材料在常压（0.1MPa）条件下被加热到熔融温度，材料的比容沿常压（0.1MPa）线从常温（点 A）上升至熔融温度（点 B）；②材料在注射压力作用下瞬时被注入模具型腔中，此过程可以看作一个等温增压的过程，比容在压力作用下降低至点 C，此时的比容值接近常压（0.1MPa）、玻璃转变温度（T_g）条件下的比容值；③材料在模具中冷却，同时保压压力随之变小，此过程可以看作一个等容降温降压的过程，到达点 D 时，压力降低为常压，制品可以被顶出模具型腔，此时温度低于玻璃转变温度（T_g）。随后，制品在常压下继续冷却至室温，返回点 A。理想的情况是在冷却期间浇口处没有材料流动，这样可以生产出无残余应力的制品。

半结晶型聚合物成型过程描述如图 2-2-2(b)所示：①机筒中的材料在常压（0.1MPa）条件下被加热到熔融温度，材料的比容沿常压（0.1MPa）线从常温（点 A）上升至熔融温度（点 B）；此过程将产生近乎 25%的体积增加；②材料在注射压力作用下瞬时被注入模具型腔中，此过程可以看作一个等温增压的过程，比容在压力作用下降低至点 C，其比容仍然比常压（0.1MPa）、常温条件下的比容大很多；③在保压压力下，熔融的材料在模具中开始结晶，体积发生很大变化，需要额外的熔融材料通过浇口进入模具型腔以补充体积的减小（否则制品中将填充不足）；④结晶结束时（点 D），制品冷却为固体，并可以被顶出模具型腔；在结晶温度（点 D）和室温（点 A）条件下的比容值之差即反映了制品的收缩量。

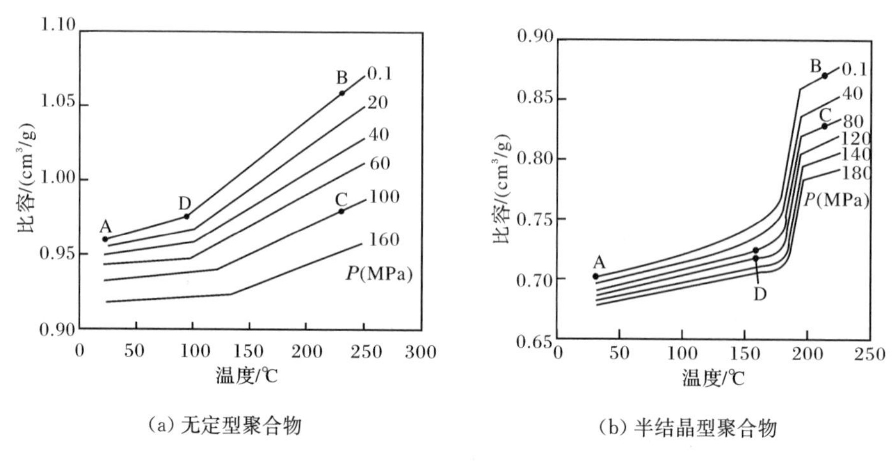

图 2-2-2　无定型与半结晶型聚合物的 PVT 曲线对注射成型过程的描述

可见，在注射成型应用中，掌握这两种聚合物的 PVT 行为非常重要。聚合物在固化期间（填充完成后）：对于无定型聚合物，保压压力随时间降低，而对于半结晶型聚合物，保压压力则保持常数；对于无定型聚合物，浇口在填充完成后即刻冻结，而对于半结晶型聚合物，浇口直到结晶完成后才冻结。相对于无定型聚合物，半结晶型聚合物的成型过程更加复杂，因此，在分析与控制过程中需要特别考虑对于半结晶型聚合物成型的制品和模具设计。

2. 塑料注射成型 V/P 转压控制

在注射成型过程中，高的注射压力用于推动聚合物熔体流动，通过喷嘴、浇口套、流道、浇口最终抵达模具型腔中，并充满约 95%的体积，此为注射阶段；之后，机器驱动螺杆转为低压，熔体通过注塑机的喷嘴完成剩余模具型腔的填充，并继续补充由于制件收缩而空出的容积，直到浇口冻结，此为保压阶段。现今的注射成型机通常采用速度参数控制注射阶段，采用系统压力参数控制保压阶段。因此，螺杆由速度转换为保压压力的时刻点称为 V/P（速度/压力）转压点。

V/P 转压点的控制精度对最终成型制品的质量及重复精度起着关键作用，如果 V/P 转压过早，螺杆减速早，熔体有了充分时间冷却，导致熔体压缩不够，最终使得制品容易顶出，质量轻，甚至产生缩痕等缺陷；如果 V/P 转压过晚，模具型腔压力峰值达到后会持续不下直到转压，导致制品难以脱模，甚至产生飞边等缺陷。因此，注塑成型 V/P 转压点的精确控制是注射成型过程控制技术中的重要部分。

目前，存在许多不同的 V/P 转压控制技术。传统的 V/P 转压控制技术主要包括注射时间转压、螺杆位置转压和系统压力转压。另外，人们还开发了许多新的 V/P 转压控制技术，主要包括模具型腔压力转压、喷嘴压力转压、合模导柱载荷/形变转压、胀模量转压、超声波转压、电容传感器转压等。以下是对不同转压控制方式的详细介绍及分析[4]。

1）注射时间转压

注射时间转压是注射成型机最早采用的转压方式。操作员预先设定注射时间，在机器运行时，当注射时间达到所设定的值时，机器由注射阶段转为保压阶段。由于注射时间转压没有考虑到其他因素(压力、速度、螺杆位置等)，不能限制其他因素的变化带来的体积变化，因此往往导致制品质量变化很大，控制精度很低。

2）螺杆位置转压

螺杆位置转压是目前注塑成型机最常用的转压方式。其利用位移传感器(电位计、光学编码器、LVDT 等)检测注射成型机的螺杆位置，以螺杆位置信号代替原来的注射时间信号，根据所需注射量的多少预先设定好转压时刻的螺杆位置，机器运行过程中，当螺杆位置达到设定值时刻，机器由注射阶段进入保压阶段，此转压方式运行稳定，因此迅速替代了原来的注射时间转压方式。螺杆位置转压的优点是其不受温度和黏度的影响，而且可以采用闭环控制方式提高精度。但是，第一次注射成型周期塑化阶段的变化会对第二次注射阶段的注射量产生影响，而且喷嘴处的流延等现象也会对第二次的注射量产生影响，因此也会引起最终制品质量的变化。

3）系统压力转压

系统压力转压适用于注射单元由液压系统控制的注射成型机，这种控制方式并不常用。其控制过程如下：适时检测注射油压信号，在螺杆注射过程中，当液压系统注射液压缸中的油压达到设定的值时，机器实施转压。系统压力转压可以保证每次注射转压时的油压一致，可以补偿熔体在计量或止逆环作用过程中的变化，补充熔体膨胀时黏度的变化。但当换用一种不同黏度的新材料时，经常导致偏差很大的结果，参数设置没有螺杆位置转压容易，而且油压同熔体之间传递媒介过多，当设置油压值达到的时刻往往在时间上发生延迟，因此，控制精度也并不精确。

4）模具型腔压力转压

为取得最高的精度和重复性能，工程师们考虑采用在模具型腔中设置压力传感器，并以此提供压力信号进行转压的实施。目前，研究证明，模具型腔压力转压的控制方式可以达到最高的重复精度。因为其检测到的模具型腔中压力的变化能够及时反映材料和机器的行为动作。但是，这种转压方式并不常用，因为其需要在制品模具的型腔中设置压力传感器，对于传感器的位置设置也有要求，这就大大提高了模具设计和加工制造的难度，同时提高了整套设备的成本，而且，对于多型腔的模具来说需要更多的压力传感器。目前，模具型腔中的压力传感器有直接和间接两种类型。间接型压力传感器可安装在模具的顶出系统中，通过顶针传递压力，但测试结果显示没有直接型压力传感器效果好。直接型压力传感器需要对模具型腔开孔，设计加工难度大，成本更高。

5）喷嘴压力转压[9,10]

喷嘴压力转压是以喷嘴压力代替模具型腔压力实施转压的控制方式，相对于系统压力转压，其能够更直接地检测熔体压力的变化；相对于模具型腔压力转压，其成本造价低，且能继承模具型腔压力转压的一些优点。但是，由于注射过程时间短，喷嘴压力变化太快，压力信号往往难以及时响应，而且喷嘴压力难以准确反映模具型腔中熔体的压力变化情况，故喷嘴压力转压的控制精度不如模具型腔压力转压。这种转压控制方式并不常用，也不适用于多流道模具型腔。

6）合模导柱载荷/形变转压[11,12]

合模导柱载荷/形变转压方式需要在注射成型机的合模板导柱上设置传感器或应变测试装置，利用导柱应变的变化检测模具型腔压力的变化，可以根据应变信号实施转压。这种方式可以反映模具中近浇口处的压力，简单易行，且成本低，但是由于应变信号变化相对很小，加大了信号放大的难度。

7）胀模量转压

Buja、Wensku 等和 Chen 等研究了胀模量在注射成型中的应用[13~15]。在注射填充至保压的过程中，模具静模与动模之间会有微小的分离量，称为胀模量。通过在模具静模与动模之间设置位移传感器对胀模量进行检测，发现胀模量与制品质量有着密切的关系，保压压力和锁模力对胀模量的影响尤为显著，因此，胀模量也被作为转压信号来控制转压的实施。Wang 等[15~17]对这种转压方式的可行性进行了研究，Chen 等[18,19]还利用此原理结合自适应控制方法来提高注塑成型的控制精度。胀模量转压比较容易实现，只需在合模系统或模具的适宜位置安装位移传感器即可，但是由于胀模量变化微小，而且受到合模系统相关因素的干扰，以胀模量为信号精确实施转压控制还是比较困难的。

8) 超声波转压

近年来，超声波技术的应用日渐成熟，在注射成型中被用来作为转压的控制技术[20,21]。将超声波传感器安装在合适的位置，可以检测到熔融聚合物的到达，并发出转压信号。实验表明，此技术可以得到比模具型腔压力转压和螺杆位置转压更高的重复精度。其优点是超声波传感器可以设置在模具的外表面，不会影响模具的整体设计和加工，但是这种技术的成本较高。

9) 电容传感器转压

Gao 等[22,23]发明了一种电容传感器，它可以在线检测模具中材料的流动情况(包括熔体前端位置和流动速率)。因此，这种电容传感器提供的信号也可以用于实施转压，还可以用于检测浇口冻结时间及过保压等，但这种技术需要特殊的模具型腔，目前还在实验阶段。

虽然 V/P 转压控制技术被研究了许多年，但是至今普遍使用的还是传统的注射时间或螺杆位置转压控制方式。由于这两种控制方式还只限于"机器控制"等级，都没有体现熔体在填充模具型腔过程中的流动行为，因此达不到更好的制品质量重复精度[24]。目前除了传统的转压控制方式外，人们还研究了许多新的转压控制方式，其都能够达到"过程控制"等级，相对于传统的注射时间或螺杆位置转压控制方式，得到的重复精度都有所提高，但是究竟哪种方式更好，还有待论证。

模具型腔转压一直被认为是质量重复精度最好的控制方式。但是 Smith[25]试图找到更好的转压方式，他对系统压力转压、模具型腔压力转压和螺杆位置转压的连续性进行了研究，结果并没有找出更好的转压方式。这是由于他的实验循环次数比较少，并不能很好地进行证明。Sheth 等[26]对模具型腔压力转压进行了研究，得出结论：模具型腔压力转压能够比时间转压和螺杆位置转压得到尺寸精度更高的制品，但是质量重复精度不如螺杆位置转压。Cooney 等[27]研究了模具型腔压力转压和螺杆位置转压控制方式下模具型腔填充不平衡对制品变化的影响，他研究发现：对于多型腔模具，如果型腔填充不平衡现象存在，模具型腔压力转压控制方式没有位置转压控制方式的精度高。Chang[28,29]利用统计方法对五种不同转压控制方式的工艺性能进行了研究，研究表明：在不同的转压控制方式下，制品的平均质量以及质量变化有明显的不同；他推荐转压控制方式的选择顺序是：模具型腔压力转压、系统压力转压、螺杆位置转压、注射时间转压和注射速度转压；其他数据还表明：要得到更好的性能，需要控制好其他相关工艺参数。Lee[30]介绍了一种利用注射成型模拟的方法，用来预测不同转压控制方式下的工艺性能，并将其预测结果同 Chang[29]的实验结果进行了比较，表明注射成型模拟可以用于预测制品质量和尺寸等性质的变化。Huang[24]介绍了一种可以快速有效地找到最佳转压时间的方法，他在检测模具型腔压力变化的同时，引入一个简单的"灰色模型"来实时预测体积填充点，结果发现这种新的转压控制方式可以得到比传统转压控制方式更高的质量重复精度。Kazmer[31]比较了七种不同的转压控制方式，结果表明：在长期的运转循环条件下，由"机器控制"的转压方式（螺杆位置转压、注射时间转压和系统压力转压）得到的制品质量重复精度不如"过程控制"的转压方式（喷嘴压力转压、近浇口流道压力转压、近浇口模具型腔压力转压和远浇口模具型腔温度转压）。

3. 塑料注射成型 PVT 保压过程控制

传统的注射成型保压过程都是根据时间信号进行控制的，这样的控制方式简单易行，现有的注射成型机也大都是采用这种控制方式，这也限制了注射成型机精度的提高。利用聚合物 PVT 关系特性进行注射成型保压过程控制可以提高注射成型机的控制精度，得到质量和重复性更高的制品。要实施注射成型 PVT 保压过程控制，涉及多方面的因素条件，包括机器相关的工艺参数（机筒温度、模具温度、系统压力）、所使用材料的物性参数（熔体压力、熔体温度）和制品的形状尺寸参数等。因此，PVT 保压过程的控制对注射成型机的控制系统及所采用的控制算法有更高的要求。

根据聚合物 PVT 关系特性控制原理可知，PVT 保压过程控制需要满足以下两个方面的要求：①保压阶段的等体积过程控制；②每次循环期间，都能准确地达到保压压力线后的比容值。一些文献对其优化策略进行了开发，发现通过测试熔体和模具温度进行冷却过程计算以实施操作控制的方法是可行的。基于微处理器的机器控制不仅需要优化各个控制参数，而且需要优化每个加工阶段。PVT 曲线图的精确的优化点可以通过调节改变熔体或模具温度单独达到，得到质量一致的制品。

为了得到高精度的最佳 PVT 变化路径，可以通过调节注塑成型机的一系列保压压力值来实现。以下是对意大利 SANDRETTO 注射成型机采用的 PVT 保压过程控制系统的详细介绍，其需要使用一个有效的时间闭路控制系统来执行上述任务[32]。该系统能根据在模具和喷嘴中所测量得到的大量特性数据，不断地调整注射油缸的液压压力，还能根据所使用材料的特点和所成型制品的几何特性做出相应的反应。图 2-2-3 是意大利 SANDRETTO 注射成型机采用的 PVT 保压过程控制系统示意图[32]。图中用压力传感器、温度传感器对模具型腔压力（P_m）、模具型腔温度（T_1、T_2）和喷嘴处的熔体温度（T_m）进行检测，作为反馈信号输入控制装置进行 PVT 逻辑运算，发出指令对液压系统控制元件（比例压力电磁阀）进行比例调节，使注射与保压时的系统油压按 PVT 特性曲线的指令变化，以此在模具型腔获得相应的压力值或压力曲线。

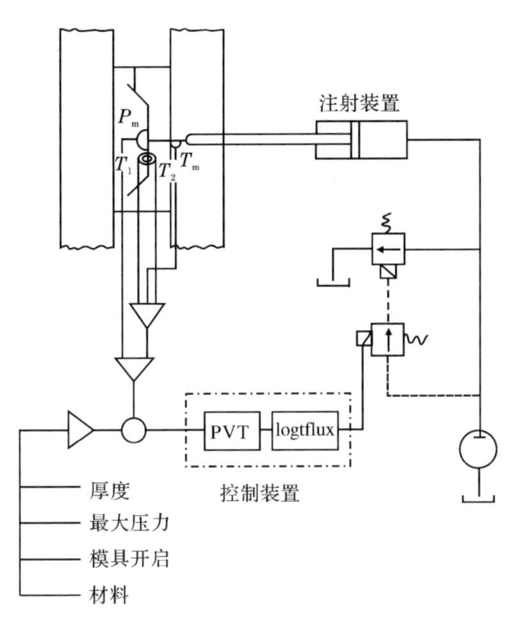

图 2-2-3　SANDRETTO 注射成型机采用的 PVT 保压过程控制系统[32]

此外，关于制品的平均壁厚值、模具型腔内所允许的最高压力、模具打开时制品的平均温度、所使用材料的类型等信息则由操作者输入控制机。上述措施是为了尽可能地按照所使用材料的 PVT 特性曲线，通过控制注射油缸来获得最佳的压力控制。模具型腔中的熔体温度是同时间相关的函数，它是通过传感器进行不断的检测来获得的。油缸中的液压压力能够按照 PVT 特性曲线适时作出调整，以获得相应的模具型腔压力值。注射成型 PVT 保压过程控制的最优化实施需要高尖端的控制装置，以得到该保压曲线所需要的有效闭路控制装置，并用来快速处理大量的数据。SANDRETTO 注射成型机的控制装置实现并配备了这项功能，其优越性可以在生产高精密注射制品中实现，如生产光学用途的 PMMA（有机玻璃）制品等。

上述注射成型 PVT 保压过程控制技术最先是由德国塑料加工研究所（IKV）开发的，在注射成型 PVT 保压过程控制技术的基础上，IKV 后来又开发了 PMT（压力-质量-温度）控制技术，其在假定模具型腔不变的情况下计算了一种理想的保压过程曲线，由于模具型腔体积假定不变，因此聚合物的比容由所注射聚合物熔体的质量决定；其利用一个可控喷嘴来控制注射熔体的质量，利用采集到的其他压力、温度参数和自适应学习控制算法实施对注射和保压压力的控制，最终达到控制制品质量的目的[33]。图 2-2-4 是 PVT 控制和 PMT 控制曲线对照图。这个用于机器控制的策略是否被认可还不确定。下面介绍一些其他涉及聚合物

PVT 关系特性控制技术的研究进展。

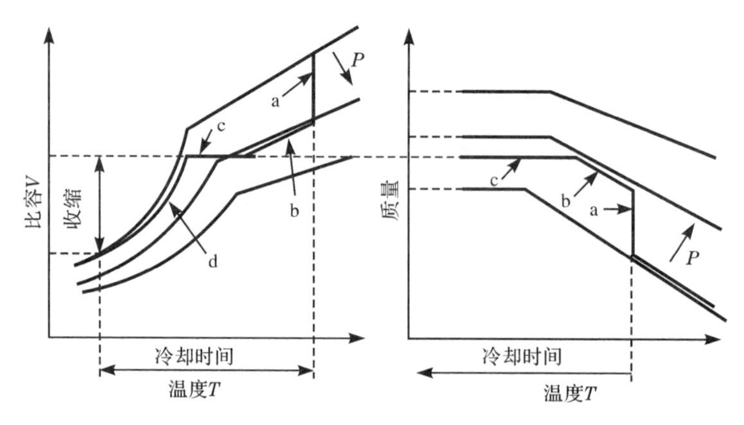

图 2-2-4　PVT 和 PMT 控制对照图[33]

模具型腔压力变化及其可重复性对最终制品的成型质量有重要影响，尤其是制品重量、尺寸稳定度、机械力学行为和表面质量。许多研究表明，模具型腔压力变化曲线可以用于控制保持高质量的制品，并帮助机器控制注射成型工艺过程[34]。同样，其他的研究也表明：能够保持高效率的工艺性能的一种方法就是保证每次注射成型周期中模具型腔压力曲线变化的重复性[35,36]。后来，一些研究者考虑利用温度的变化来提高制品质量。Yakemoto 等[37]描述了一种基于预测模具型腔温度进行自适应保压控制的方法，将温度的变化作为制品质量变化的主要原因，其研究结果表明制品质量同温度的变化有很大的关联性。Sheth 和 Nunn[38,39]研究了自适应控制系统来补偿熔体温度改变对不同循环周期下制品质量的影响，在成型过程中，根据熔体温度（机筒温度）的改变来调节压力以补偿制品质量，以获得更高的制品重复精度。Kamal 等[34]提出了两种通过控制模具型腔熔体压力峰值并预测浇口冻结时刻的模具型腔中熔体温度来控制制品质量的方法，称为 PT（压力-温度）控制和 PWT（压力-重量-温度）控制。可见，研究者开始特别关注熔体温度的变化在注塑成型过程控制中的影响。而之前的研究大多关注熔体压力的控制上，忽略了熔体温度的影响。实际上，将熔体温度考虑进来进行熔体压力的控制体现了聚合物 PVT 关系特性控制的基本原理。因此，虽然以上所描述的各种控制方法的称谓有所不同，但实际上都是一种聚合物 PVT 关系特性控制方法。

模具型腔压力转压的控制方式在大多数国外机型中都有所应用，但是上述提到的聚合物 PVT 关系特性过程控制方法，在现在大多数注射成型机上并没有得到相关应用。由于需要测试模具温度、模具型腔的熔体温度和压力等参数，这对普通制品成型还不够实用，因此这些过程控制技术还没有取得突破性进展。

2.2.3　利用熔体压力进行 V/P 转压控制的实验研究

1. 实验设备及材料

1) 实验设备

(1) 进行的一系列相关的控制实验[4]都主要采用宁波海天集团制造的内循环四缸直锁式二板注塑机(图 2-2-5),型号为 HTK200,螺杆直径为 50mm,锁模力为 200t。这台机器的控制器为开环控制系统,具有注射时间转压和螺杆位置转压等基本的控制功能。虽然开环控制系统的控制精度较低,但却有利于开展过程控制方式精度的研究。

图 2-2-5　内循环四缸直锁式二板注塑机(图片由海天提供)

(2) 为实现所要求的实验用控制模式,同杭州科强智能控制系统有限公司共同开发设计了专门的 PVT 控制模块(图 2-2-6),其可以提供多种控制模式的选择,包括:模具型腔熔体压力转压控制、模具型腔熔体温度转压控制、模具型腔熔体压力保压结束点控制、模具型腔熔体温度保压结束点控制、多参数组合式转压控制和模具型腔熔体温度压力保压过程控制等。

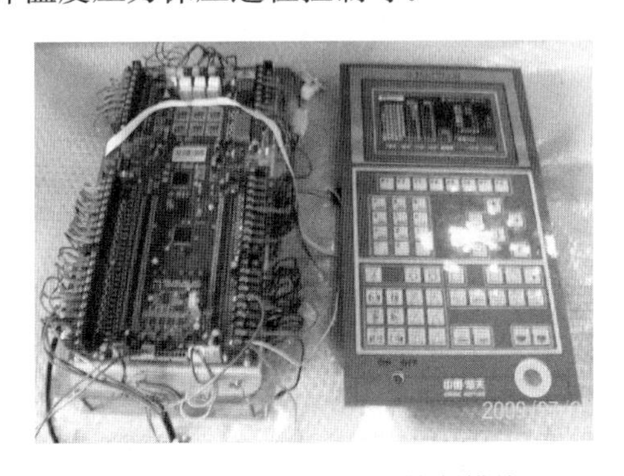

图 2-2-6　注塑机 PVT 控制模块

(3) 采用一种测试模具(蚊香模)，为起到保压作用，取模具型腔长 178mm、宽 100mm 部分，将剩余部分模具型腔堵上，在近浇口点和远浇口点两个位置设置有采集熔体压力和温度信号的熔体压力温度传感器；传感器选用 Kistler 公司的双功能熔体压力温度传感器，型号为 Kistler p-T-sensor6190；模具型腔形状和传感器位置如图 2-2-7 所示。

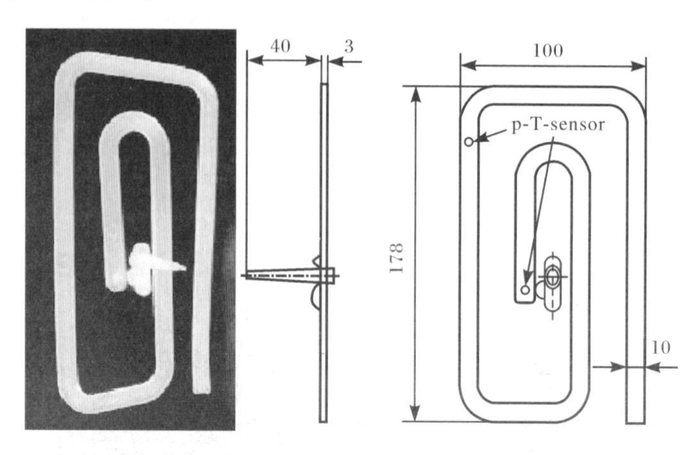

图 2-2-7　螺旋尺样品照片及尺寸图(单位：mm)

(4) 上海好耐电子科技有限公司基于 LabVIEW 软件开发提供了一套注塑成型机动态参数采集分析系统，包括硬件和软件系统。注塑成型机动态参数采集分析系统是基于 USB 总线的动态数据采集分析系统，可以连接 4 路的模具型腔温度/压力、1 路喷嘴温度/压力、1 路热流道压力/温度、4 路的机筒温度/压力、4 路锁模力、8 路绝对压力、1 路功耗、1 路转速、1 路扭矩等共 36 路信号，提供 24V 和 5V 电源给传感器。其通过对传感器输出信号进行采集分析，完成对注塑成型机性能的测试任务。该系统可以自动测量注塑成型机中模具型腔压力与温度、喷嘴压力与温度、锁模力、液压系统压力、注射过程中的螺杆位移、螺杆转速、功率信号及由这些信号计算得出的相关注塑成型机参数等，并通过软件实现数据的存储及处理，可以自动生成试验报告及数据回放。图 2-2-8 是注塑机数据采集系统的组成结构图。

采用 2 路的模具型腔温度/压力和 1 路喷嘴温度/压力来进行试验。除了对模具型腔中设置的两个熔体压力温度传感器(Kistler6190)的信号进行采集外，还在注塑成型机喷嘴处设置了一个喷嘴压力温度传感器 (Klstler4013A05DI) 以便及时获取注塑单元机筒中熔体的压力和温度信息。这两种传感器需要配备有专门的数据信号放大器，型号分别是 5039A 和 4620A。图 2-2-9 显示了整套注塑机动态参数采集系统。

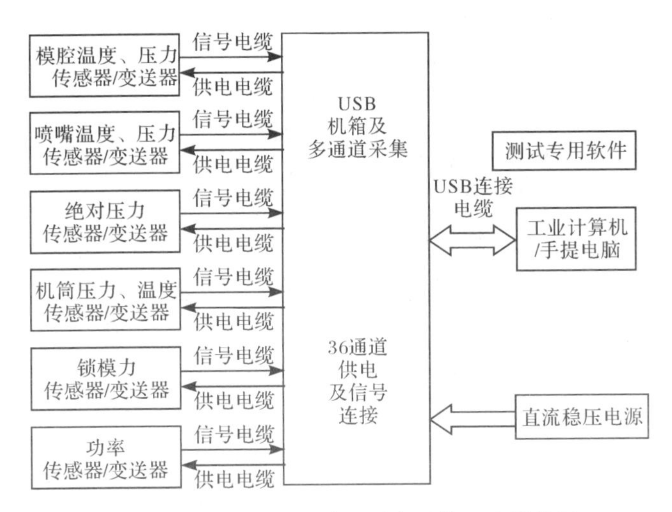

图 2-2-8　注塑机动态参数采集系统组成结构图

图 2-2-9　注塑机动态参数采集系统

(5) 实验选用日本川田机械制造有限公司制造的模温机，型号为 KCO-2003L-KS，控制精度为±0.1℃。

(6) 根据注射成型制品的质量重复精度方面进行研究，制品质量作为主要的检验标准，因为其是反映注射成型保压阶段控制优劣的关键因素。因此需要检测每次实验制品的质量。所采用的测试仪器是上海民桥精密科学仪器有限公司生产的电子天平，型号为 FA2204N，测试精度可达±0.0001g。

2) 实验材料

在熔体压力 V/P 转压、熔体温度 V/P 转压、保压结束点控制和保压过程熔体温度控制实验研究中，采用 PP(聚丙烯)，型号为 F2802，由中国石油化工股份有限公司镇海炼化分公司生产的半结晶型聚合物。

在后面多参数组合式控制技术实验研究中，采用 PP(聚丙烯)，型号 26098C，由 Oman 聚丙烯有限责任公司生产的半结晶型聚合物。

2. 利用熔体压力进行 V/P 转压控制的实验研究

1) 熔体压力转压控制方式

模具型腔熔体压力转压控制方式,其原理是在注射成型制品的模具型腔中设置熔体压力传感器,以检测模具型腔中熔体压力的变化,以熔体压力信号代替原来的注射时间或螺杆位置信号;根据所需注射量的多少预先设定好转压时刻的模具型腔压力,机器运行过程中,当模具型腔压力达到设定值时,机器由注射阶段进入保压阶段,完成 V/P 转压。目前,模具型腔压力转压被认为是精度最高的 V/P 转压控制方式,属于“过程变量控制”等级。但是,由于该方式需要在制品模具的型腔中设置安装压力传感器而并不常用。国外的大部分注射成型机都提供了此控制功能,以备用户生产精密制品时选择使用;而国内的注塑成型机中,并没有提供此控制功能。因此,本节对这种控制方法进行开发研究,使其在国产注塑成型机中实现功能,以提高国产机器的功能性和精密性。

2) 实验参数设置及性能测试

实验中,设定机筒熔体温度为 210℃,注射压力为 6MPa,保压压力为4.5MPa,保压时间为 5s,冷却时间为 15s。为研究比较模具型腔熔体压力转压控制方式,还选用了另外两种常规的转压控制方式,分别是注射时间转压和螺杆位置转压。

为研究模具温度对控制方式的影响,选用控制模具温度和不控制模具温度两种实验条件,为进一步研究设置参数和传感器位置对控制方式的影响,对模具型腔熔体压力转压控制方式进行了多个不同条件的实验内容。实验条件及触发参数值可参见表 2-2-2。

表 2-2-2　不同 V/P 转压控制方式的参数设置(一)

转压控制方式	触发参数值	模具温度
注射时间	1s	不控制
螺杆位置	12mm	不控制
模具型腔熔体压力_1 (近浇口)	17.7MPa	不控制
模具型腔熔体压力_2 (远浇口)	5MPa	不控制
模具型腔熔体压力_3 (远浇口)	10MPa	不控制
模具型腔熔体压力_4 (远浇口)	5MPa	控制为 55℃
模具型腔熔体压力_5 (远浇口)	11MPa	控制为 55℃

针对每种转压控制方式,利用电子天平测量连续 50 个制品的质量,同时利用注塑成型机动态参数采集分析系统记录模具温度、模具型腔熔体压力和温度的变

化情况。

3) 实验结果与讨论

(1) 模具温度的变化。

前五个实验都在没有控制模具温度的条件下进行，模具温度的变化都不相同。图 2-2-10 给出了不同 V/P 转压控制方式实验的模具温度变化曲线。可以看出，随着注射成型周期次数的不断增加，模具温度也逐渐升高，这是由于高温熔体不断进入模具型腔中，热量不断由熔体传递给模具材料，导致模具型腔壁面温度逐渐升高；注塑成型周期时间很短，模具局部升高的部分热量来不及扩散，热量逐渐向整个模具传递，最终导致模具温度逐渐升高。注射成型周期 50 次后，注射时间转压实验的模具温度变化最大，为 9.16℃，模具型腔熔体压力_3 转压实验的模具温度变化最小，为 3.63℃。

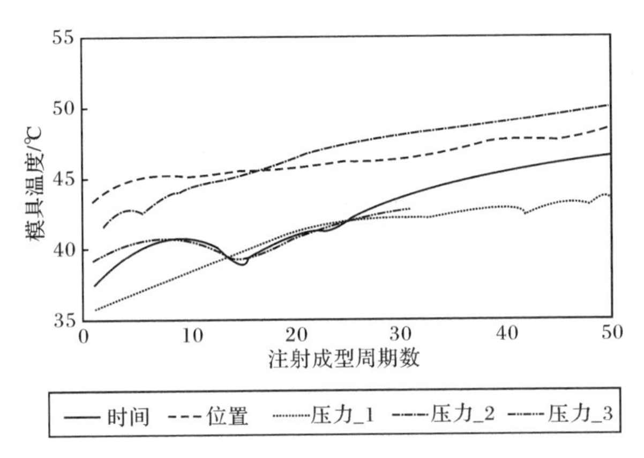

图 2-2-10　不同 V/P 转压控制方式实验的模具温度变化曲线(一)

(2) 制品质量重复精度。

制品质量重复精度可按照以下算法计算：

$$\delta_{\mathrm{m}}=\frac{\sqrt{\dfrac{1}{n-1}\sum_{i=1}^{n}(m_i-\bar{m})^2}}{\bar{m}}\times 100\% \tag{2-2-1}$$

式中：δ_{m}—— 制品质量重复精度，%；

m_i—— 第 i 个制品的质量，g；

$\bar{m}$ —— 制品质量的算术平均值，g；

n —— 制品个数。

表 2-2-3 是不同转压控制方式下得到的制品质量数据统计。图 2-2-11 是不同转压控制方式下的制品质量重复精度的结果。结果表明，在不同转压控制方式下得到的制品质量重复精度有明显的不同。模具型腔熔体压力_4(远浇口-控制模具

温度 55℃)转压得到的制品质量重复精度最高,其次是模具型腔熔体压力_2(远浇口-不控制模具温度)转压得到的。不同转压控制方式下的质量重复精度由高至低排列,分别为:模具型腔熔体压力_4(远浇口-控制模具温度 55℃)>模具型腔熔体压力_2(远浇口-不控制模具温度)>模具型腔熔体压力_5(远浇口-控制模具温度 55℃)>模具型腔熔体压力_1(近浇口不控制模具温度)>模具型腔熔体压力_3(远浇口-不控制模具温度)>螺杆位置>注射时间。实验结果表明,相比另外两种转压控制方式,模具型腔熔体压力转压控制方式具有很大的优势,能够得到较高的制品质量重复精度。

表 2-2-3 不同 V/P 转压控制方式得到的制品质量数据统计表(一)

转压控制方式	平均质量/g	标准差/g	最大值/g	最小值/g	差值/g	差值比率/%	质量重复精度/%
时间	22.9709	0.0778	23.1873	22.8282	0.3591	1.56	0.33884
位置	23.2834	0.0664	23.6229	23.2067	0.4162	1.79	0.28513
压力_1	22.9394	0.0336	23.0180	22.8867	0.1313	0.57	0.14646
压力_2	22.8734	0.0201	22.9124	22.8366	0.0758	0.33	0.08801
压力_3	23.5983	0.0549	23.6603	23.4915	0.1688	0.72	0.23280
压力_4	22.3333	0.0049	22.3423	22.3206	0.0217	0.10	0.02198
压力_5	22.6065	0.0212	22.6685	22.5748	0.0937	0.41	0.09361

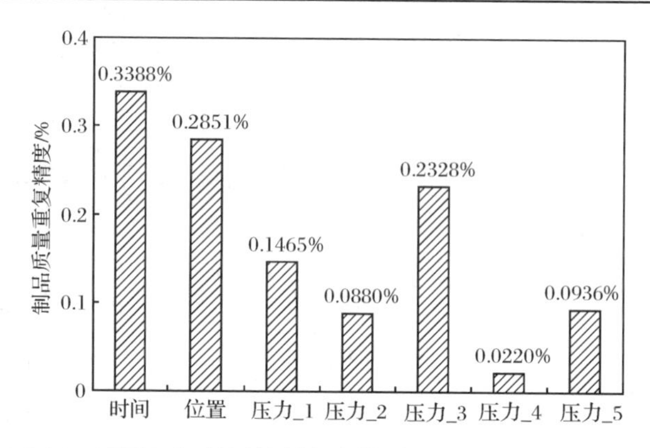

图 2-2-11 不同 V/P 转压控制方式得到的制品质量重复精度(一)

制品质量重复精度不仅受到不同转压控制方式的影响,而且同转压参数的设置和模具温度的控制有关。对于模具型腔熔体压力转压控制方式,压力传感器的位置对控制精度也有影响。实验结果表明,模具型腔压力转压参数值 5MPa 比 10MPa 或 11MPa 的设置更好;模具温度控制可以提高整体的控制精度;远浇口位置设置压力传感器可以使传感器更容易检测到熔体填充位置的变化,因此控制转压的性能更好。0.02198%的质量重复精度说明，模具型腔熔体压力_4(远浇口，控制模具温度55℃)5MPa转压是本节实验中最优的控制方法。因此，在设置好转压压力参数值和压力传感器的位置时，用模具型腔熔体压力转压控制方式可以得到最佳的制品质量重复精度。

(3) 制品质量变化分析。

图2-2-12显示了不同转压控制方式下制品质量的变化曲线。结合图2-2-10和图2-2-12可以看出，随着模具温度的不断升高，在不控制模具温度条件下进行的实验，制品质量都是趋于降低的。这可以通过聚合物PVT关系特性进行解释：根据聚合物的PVT关系特性可知，在注射压力和保压压力恒定的情况下，聚合物熔体温度在经过相同的冷却时间后，由于模具温度升高而变得相对较高，对应的熔体比容增大，即密度变小，在模具型腔体积不变的情况下，注塑制品的质量变小。但是，模具型腔熔体压力_3(远浇口，不控制模具温度)10MPa转压控制方式对应的制品质量变化则是升高的，这是由于转压压力参数设置过高，导致转压过迟而产生过保压造成的，注塑成型周期只有30次。

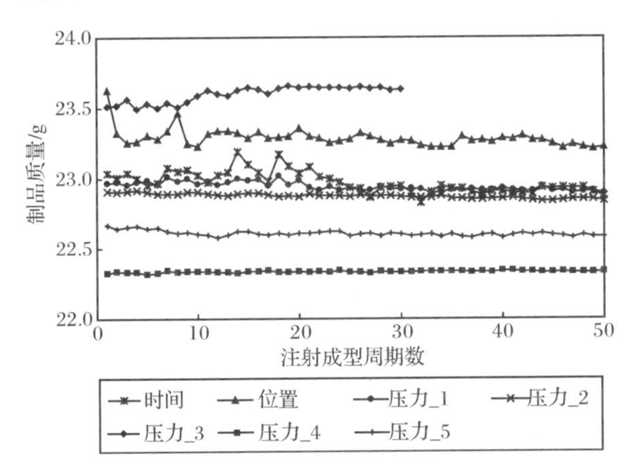

图2-2-12　不同V/P转压控制方式得到的制品质量的变化(一)

当对模具温度加以控制时，制品质量的变化则趋于稳定，尤其是在模具型腔熔体压力_4(远浇口，控制模具温度55℃)5MPa转压控制方式下，制品质量的变化最为稳定，即模具温度对制品质量的变化影响很大，控制模具温度可以提高制品的质量重复精度。

(4) 模具型腔熔体压力和温度变化情况。

图2-2-13反映了采用注射时间转压控制方式下，注塑成型过程中，利用数据采集系统得到的喷嘴、模具型腔近浇口点和模具型腔远浇口点处的熔体压力与温度变化情况。可以看出，熔体压力从喷嘴至模具型腔的变化很明显，远近浇口处

的压力也不尽相同;喷嘴处的熔体温度变化不是很明显,数值显示只有 0.5～1℃的波动,模具型腔中熔体温度的变化则比较明显,远近浇口处的温度也不尽相同。

图 2-2-13～图 2-2-18 反映了不同转压控制方式下成型制品时模具型腔压力和温度的变化情况,从图中可以明显地看出熔体压力和温度在不同转压方式下存在明显的不同。注射时间转压、螺杆位置转压的压力重复性明显没有模具型腔熔体压力_1 转压和模具型腔熔体压力_2 转压的高。注射时间转压的转压时间明显过早,螺杆位置转压时间适中,但重复性不高;模具型腔压力_1 转压的转压时间过晚;模具型腔压力_3 转压的注射压力和保压压力都明显更高。因此,通过模具型腔中熔体的压力温度曲线图可以很好地解释最终的不同结果,还可以用于指导优化工艺参数,提高成型制品质量;而温度的变化都比较明显,也从侧面反映了模具温度控制的重要性。

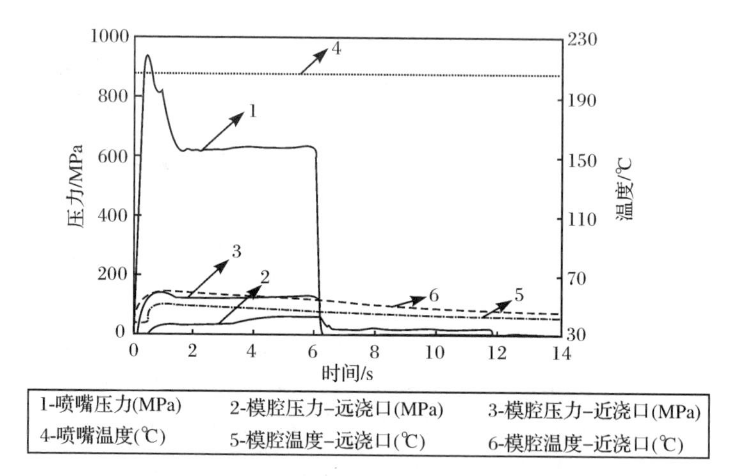

图 2-2-13　注塑成型中熔体压力和温度变化曲线

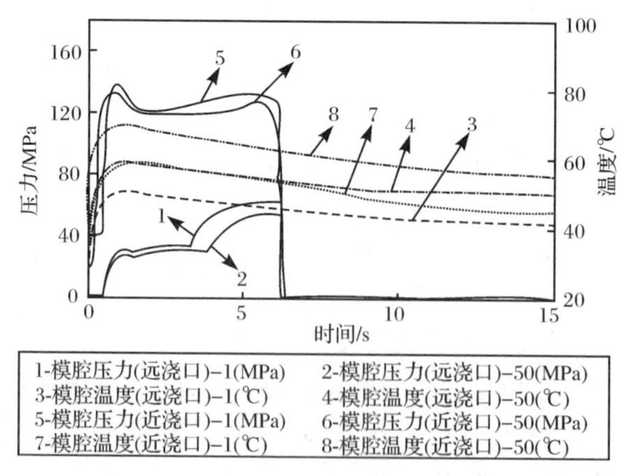

图 2-2-14　注射时间转压方式下模具型腔中熔体的压力和温度变化曲线

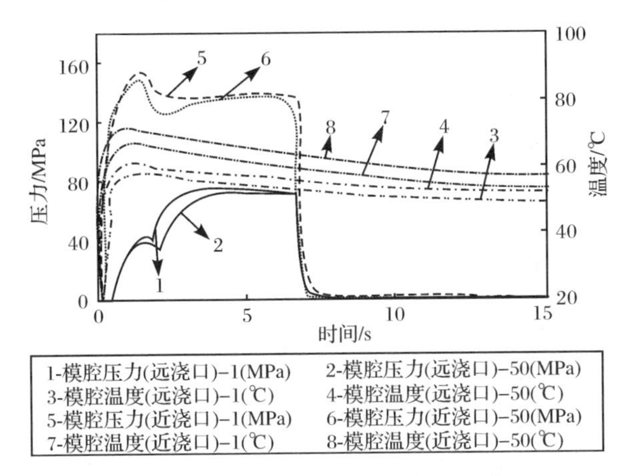

图 2-2-15　螺杆位置转压方式下模具型腔中熔体的压力和温度变化曲线

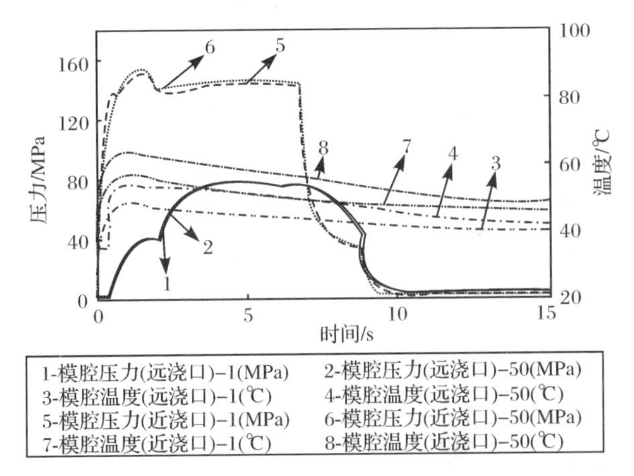

图 2-2-16　模具型腔压力_1 转压方式下模具型腔中熔体的压力和温度变化曲线

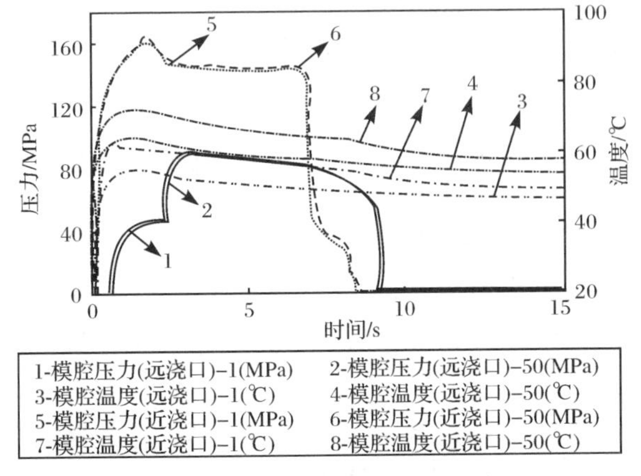

图 2-2-17　模具型腔压力_2 转压方式下模具型腔中熔体的压力和温度变化曲线

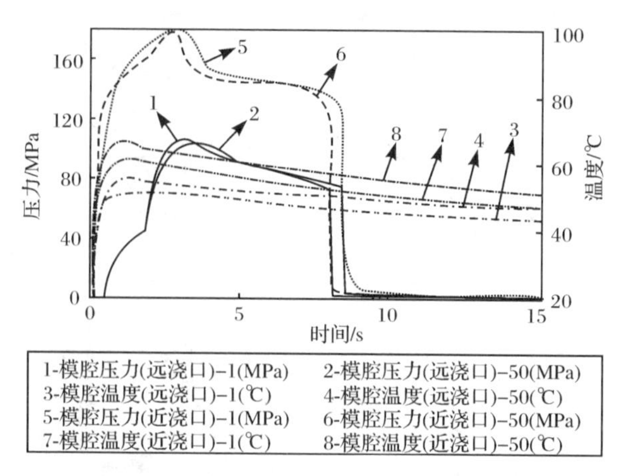

图 2-2-18　模具型腔压力_3 转压方式下模具型腔中熔体的压力和温度变化曲线

总而言之，模具温度对不同 V/P 转压控制方式的精度有一定的影响，在注射时间转压、螺杆位置转压、模具型腔熔体压力转压控制方式下得到的制品质量都随着模具温度的升高而降低；模具型腔熔体压力转压控制方式可以得到最佳的制品质量重复精度，但需要设置好转压压力参数值及压力传感器的位置；远浇口位置设置压力传感器可以使传感器更容易检测到熔体填充位置的变化，因此控制转压的性能更好；模具温度对制品质量的变化影响很大，控制模具温度可以提高制品质量变化的稳定性。

2.2.4　利用熔体温度进行 V/P 转压控制的实验研究

1. 熔体温度转压控制方式

本节提出一种利用模具型腔中的熔体温度进行 V/P 转压的控制方式，即将模具型腔中的熔体温度信号代替熔体压力转压控制方式中的熔体压力信号，实施转压控制。实验设备中的 PVT 控制模块可以实现这种控制方式。

目前，对于模具型腔熔体温度转压控制方式的研究还很少，因为熔体温度在注射成型过程中尤其是在模具型腔中变化是瞬时的，一般的温度传感器难以准确检测。但是近年来随着温度传感器技术的进步，温度传感器的灵敏性得到了大大的提升，于是，注射成型行业的研究者也开始关注利用熔体温度提供信号进行控制的方法。实际上，从聚合物 PVT 关系特性控制原理上分析，利用熔体温度进行 V/P 转压的控制方式是较模具型腔熔体压力转压控制方式更优的控制方法，因为其引入了熔体温度这一重要因素到控制过程中，即通过温度来控制保压压力的起始，从而达到控制比容的目的；而模具型腔熔体压力转压控制方式则忽略了温度这一重要因素的影响，只能算作是一种PV控制方法。另外，利用熔体温度进行V/P转压的控制方式考虑了熔体黏度的影响；模具型腔中聚合物熔体的流动情况主要取决于熔体黏度的变化，在注塑成型过程中唯一可以控制模具型腔中熔体黏度的方法就是控制好流动熔体最前端的位置，利用熔体温度的控制方法便能很好地实现这一点。

2. 实验参数设置及性能测试

主要注射成型工艺设置如下：机筒熔体温度为210℃，注射压力为6MPa，保压压力为4.5MPa，保压时间为5s，冷却时间为15s(与熔体压力进行V/P转压控制的实验相同)。为研究比较模具型腔熔体温度转压控制方式，本节还引用了熔体压力进行V/P转压控制实验中的另外三种不同的转压控制方式的实验结果，分别是注射时间转压、螺杆位置转压和模具型腔熔体压力转压。为进一步研究设置参数和传感器位置对控制方式的影响，对模具型腔熔体温度转压控制方式进行了多个不同条件的实验。

另外，本节除了以制品质量重复精度为检测标准进行研究外，还对制品尺寸重复精度做了检测。而且，为了对不同转压控制方式的转压效果做深入研究，在最后的三组实验中采用了无保压的实验方法，即把保压时间设置为0s，且利用前端无封闭的蚊香式模具型腔。在这种实验条件下，分别选用螺杆位置转压、模具型腔熔体压力转压和模具型腔熔体温度转压三种控制方式进行比较研究。由这种无保压的实验方法最终得到的制品可以更有效地反映注射量的多少。同时，为研究模具温度对模具型腔熔体温度转压控制方式的影响，在最后的模具型腔温度转压控制实验时，增加了模具温度的控制，进而全面考察了此种转压控制方式的性能。不同V/P转压控制方式的实验条件及触发参数值可参见表2-2-4。

表2-2-4 不同V/P转压控制方式的参数设置(二)

转压控制方式	触发参数值	保压过程	模具温度
注射时间	1	有	不控制
螺杆位置	12mm	有	不控制
模具型腔熔体压力(近浇口)	17.7MPa	有	不控制
模具型腔熔体温度_1(近浇口)	60℃	有	不控制
模具型腔熔体温度_2(远浇口)	59.5℃	有	不控制
模具型腔熔体温度_3(近浇口)	52℃	有	不控制
螺杆位置	7.4mm	无	不控制
模具型腔熔体压力(远浇口)	3MPa	无	不控制
模具型腔熔体温度(远浇口)	40℃	无	控制为34.5℃

针对每种转压控制方式，利用电子天平测量连续 50 个制品的质量，同时利用注塑成型机动态参数采集分析系统记录模具温度、模具型腔熔体压力和温度的变化情况。对于无保压实验，利用千分尺对蚊香模制品的后段长度尺寸进行了测量用以研究尺寸重复精度。

3. 实验结果与讨论

1) 制品表面质量

对表 2-2-3 中所列的前六个不同实验得到的制品表面质量进行分析可知，当运用模具型腔熔体温度转压控制方式时，制品的表面质量可以明显的变好，而用其他种类的转压控制方式(包括模具型腔熔体压力转压)得到的制品实际上都有收缩过大的缺陷，这反映了工艺参数设置的问题，同保压时间短也有最直接的关系，还包括注射压力或保压压力过小、转压过早其他因素等。对于模具型腔熔体温度转压控制方式，尤其是采用了模具型腔熔体温度_3(52℃)时，可以获得收缩小、无缩痕、翘曲变形小的良好制品。

2) 模具温度的变化

前六个实验都在没有控制模具温度的条件下进行，模具温度的变化都不尽相同。图 2-2-19 给出了不同转压控制方式实验的模具温度变化曲线。可以看出，随着注塑成型周期次数的不断增加，模具温度也逐渐升高。注塑成型周期 50 次后，注射时间转压方式实验的模具温度变化最大，为 9.16℃，模具型腔熔体温度_3 转压实验的模具温度变化最小，为 2.95℃。

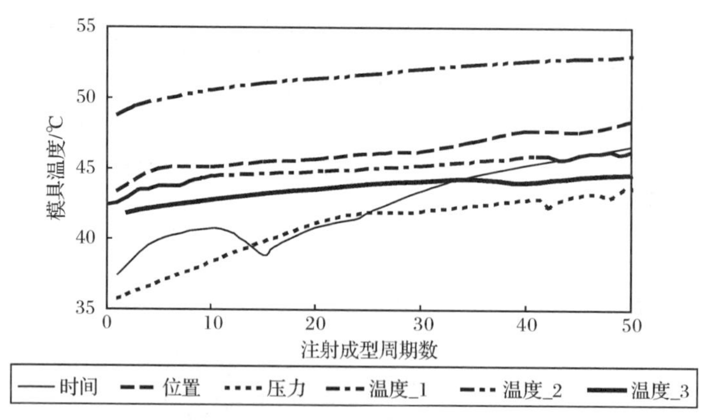

图 2-2-19 不同 V/P 转压控制方式实验的模具温度变化曲线(二)

3) 制品质量重复精度

制品质量重复精度可按照方程(2-1)计算。表 2-2-5 是不同转压方式下的制品质量数据统计。图 2-2-20 和图 2-2-21 是不同转压方式下的制品质量重复精度的结果。结果表明，由不同的转压方式得到的制品质量重复精度有明显的不同。模具型腔熔体温度_3(近浇口，不控制模具温度)转压方式得到的制品质量重复精度最高，其次是模具型腔熔体压力转压控制方式。对前六种不控制模具温度、有保压过程的不同转压控制方式下的质量重复精度由高至低排列，分别为模具型腔熔体温度_3(近浇口)＞模具型腔熔体压力(近浇口)＞螺杆位置＞模具型腔熔体温度_1(近浇口)＞注射时间＞模具型腔熔体温度_2(远浇口)；对后三种无保压过程的不同转压方式下的质量重复精度由高至低排列，分别为模具型腔熔体温度(近浇口，控制模具温度)＞模具型腔熔体压力(近浇口，不控制模具温度)＞螺杆位置熔体(不控制模具温度)。实验结果表明，相比另外三种转压方式，采用模具型腔熔体温度转压控制方式能够得到高的制品质量重复精度。虽然由无保压过程的控制方式得到的制品质量重复精度普遍较低，但能够明显地区分不同转压控制方式的精度等级。

表 2-2-5　不同 V/P 转压控制方式得到的制品质量数据统计表(二)

转压控制方式	平均质量 /g	标准差 /g	最大值 /g	最小值 /g	差值 /g	差值比率 /%	质量重复精度 /%
时间	22.9709	0.0778	23.1873	22.8282	0.3591	1.56	0.33884
位置	23.2834	0.0664	23.6229	23.2067	0.4162	1.79	0.28513
压力	22.9394	0.0336	23.0180	22.8867	0.1313	0.57	0.14646
温度_1	23.2309	0.0764	23.3266	23.0225	0.3041	1.31	0.32877
温度_2	23.4633	0.1667	23.6969	23.0213	0.6756	2.88	0.71030
温度_3	23.7595	0.0269	23.8064	23.6829	0.1235	0.52	0.11320
位置	14.8676	0.0936	15.0960	14.6910	0.4050	2.72	0.62987
压力	15.2943	0.0863	15.4706	14.9828	0.4878	3.19	0.56450
温度	14.5752	0.0275	14.6306	14.5178	0.1128	0.77	0.18834

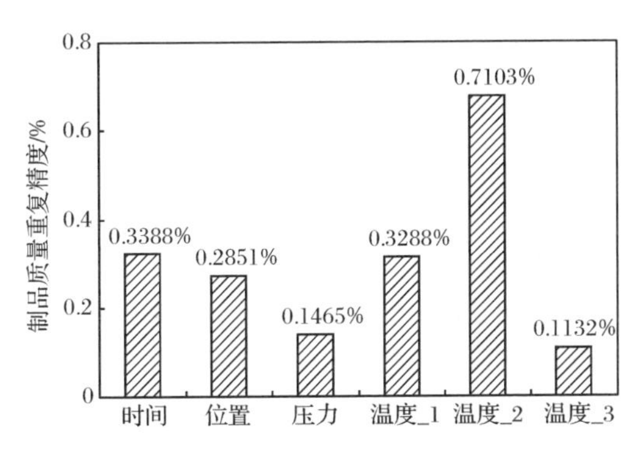

图 2-2-20　不同 V/P 转压控制方式得到的制品质量重复精度(二)

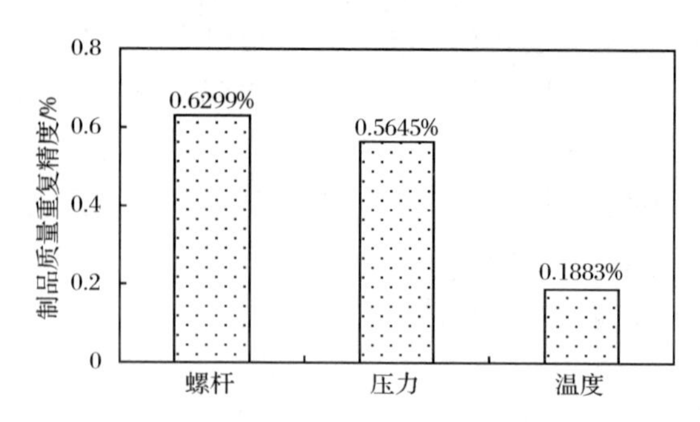

图 2-2-21　不同 V/P 转压控制方式无保压实验方法得到的制品质量重复精度

制品质量重复精度不仅受到不同转压控制方式的影响，而且同转压参数的设置有关。对于模具型腔熔体温度转压控制方式，温度传感器的位置对控制精度也有影响。0.1132%的质量重复精度说明，模具型腔熔体温度_3(近浇口 52℃)转压是本节实验中最优的控制方法。因此，采用模具型腔熔体温度转压控制方式可以得到最佳的制品质量重复精度，但需要设置好转压温度参数值。在本节前六个实验中，由于远浇口点转压温度值设置得过大，不能有效地说明传感器位置的影响因素，因此，在选择用于比较的转压方式中的模具型腔压力转压方式时，选择的是近浇口点模具型腔压力转压的控制方式。

在后三个无保压实验方法中，选用模具型腔熔体温度转压控制方式时，采用了远浇口低转压参数值的设置，说明在远浇口位置设置温度传感器，可以使传感器更容易检测到熔体流动前端位置的变化，从而使控制转压的性能更好。

制品质量重复精度还与模具温度的控制有关系。根据后三种无保压控制实验方法得到的结果可知(图 2-2-21)，在控制了模具温度的条件下，采用模具型腔熔体温度转压控制方式得到的制品质量重复精度比其他控制方式要高出 3～4 倍。

4) 制品质量变化分析

图 2-2-22 给出了不同转压控制方式下制品质量的变化。结合图 2-2-19 和图 2-2-22 可以看出，随着模具温度的不断升高，除了模具型腔熔体温度转压控制方式外，采用其他所有转压控制方式实验得到的制品质量都是趋于降低的。利用线性拟合方程表示，对于注射时间、螺杆位置和模具型腔熔体压力转压控制方式，其斜率分别为－0.0036、－0.0024 和－0.0019，都是负值；然而在模具型腔熔体温度转压方式下，制品质量则呈上升趋势，且变化明显，斜率分别为 0.005、0.011 和 0.0011，其原因也可以通过聚合物 PVT 关系进行解释，模具温度升高使聚合物熔体温度偏高，由于转压信号是通过模具型腔熔体温度进行的，从而延迟了注射压力转保压压力的时间，使得注射量增加，最终增加了制品的质量；由于转压时间延迟增加的制品质量大于由于模具温度升高减少的那部分制品质量，造成制品质量

呈现上升趋势。由此可以推断出模具型腔熔体温度转压方式具有调节制品质量的特殊作用,这是其他转压方式所不具有的。采用模具型腔熔体温度_3 的转压控制方式时,斜率变得很小,仅为 0.0011,而采用另外两种模具型腔温度转压方式时,斜率则明显较大,可知模具型腔熔体温度转压控制方式有补偿制品质量的功能。当模具温度没有控制时,如果转压温度设置不合适,制品质量则呈不断上升的趋势,直到制品质量达到最大值,即完全填满模具型腔,达到收缩率最小。这也可以用来解释不同的转压控制方式得到的制品表面质量不同。模具型腔熔体温度_3 转压控制方式的参数设置则达到或接近能够使收缩率最小所需要的值,因此制品质量变化趋于稳定,也说明模具型腔熔体温度转压控制方式可以指导操作者得到最佳的转压参数设置,得到收缩率最小、质量稳定的制品。

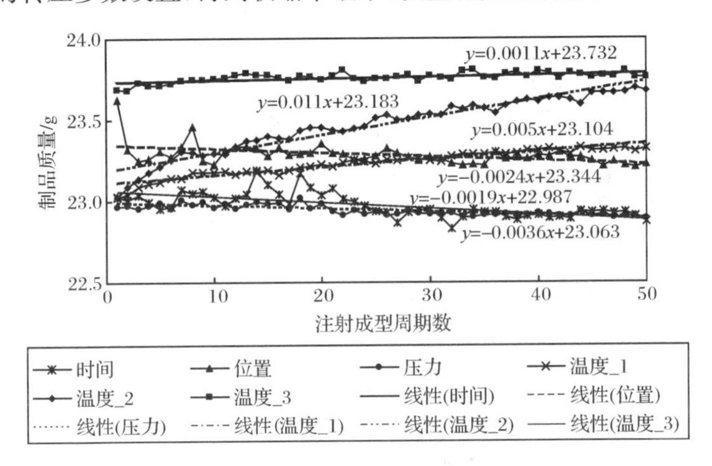

图 2-2-22　不同 V/P 转压控制方式得到的制品质量的变化(二)

图 2-2-23 显示的是无保压过程实验方法中,三种不同转压控制方式的制品质

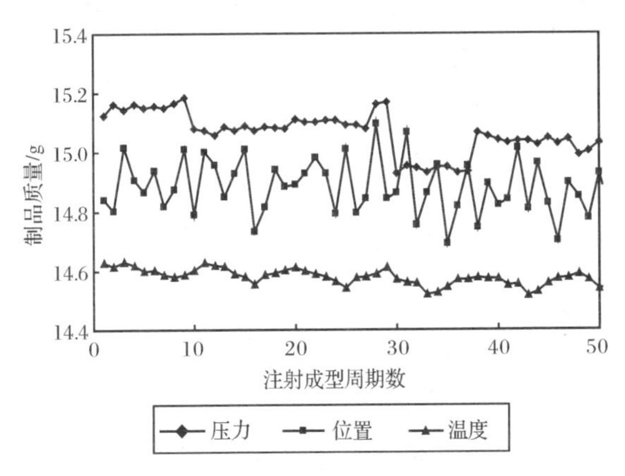

图 2-2-23　无保压实验方法得到的不同转压方式的制品质量的变化

量变化情况。图中可以很明显地看出不同转压控制方式下制品质量变化的不同。由模具型腔熔体温度转压方式得到的制品质量波动最小，其次是模具型腔熔体压力转压，最后是螺杆位置转压。从图中还可以看出，在控制模具温度的条件下，模具型腔熔体温度转压控制方式的制品质量不再有上升的变化趋势，而是更趋于稳定。由于在无保压过程的实验方法中，没有控制蚊香式模具型腔的大小，因此不同转压控制方式下的制品平均质量没有得到控制。

5）制品尺寸重复精度及尺寸变化分析

表 2-2-6 反映了采用无保压过程实验方法得到的制品尺寸（最后一段长度）相关数据及重复精度。图 2-2-24 反映了制品尺寸的变化，结论同制品质量变化分析结论相一致，模具型腔熔体温度转压控制方式可以得到更高的制品尺寸重复精度。

表 2-2-6 不同 V/P 转压控制方式得到的制品长度数据统计表

转压控制方式	平均长度/mm	标准差/mm	最大值/mm	最小值/mm	差值/mm	差值比率/%	尺寸重复精度/%
位置	28.59846	2.969848	33	22	11	38.4636	10.384
压力	22.77538	1.202082	30.3	17	13.3	58.3964	5.278
温度	18.49231	0.565685	21.2	15.9	5.3	28.6606	3.059

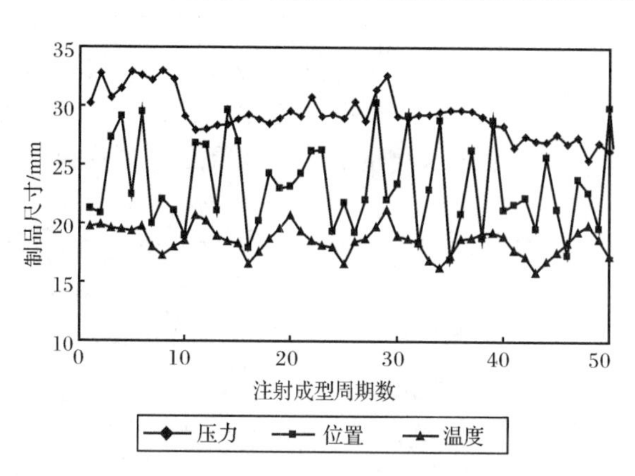

图 2-2-24 无保压实验方法得到的不同 V/P 转压控制方式得到的制品尺寸的变化

6）模具型腔熔体压力和温度变化情况

图 2-2-25 反映了模具型腔熔体温度转压控制方式下成型制品时模具型腔压力和温度的变化情况。从图 2-2-13～图 2-2-18 中可知，在注射时间转压、螺杆位置转压、模具型腔熔体压力转压三种控制方式下，第 1 个至第 50 个模制品成型期间，模具型腔熔体温度的前后变化很大，而模具型腔压力却变化不大。而从图 2-2-25

可以看出，在模具型腔熔体温度转压方式下，模具型腔压力的变化很大，其除了受到模具温度的影响外，主要是转压温度值设置偏低，使得注射时间增加，造成了模具型腔压力的升高。可知，模具型腔熔体温度转压控制方式起到了通过熔体温度信号调节注射保压时间从而调节制品质量的功能。

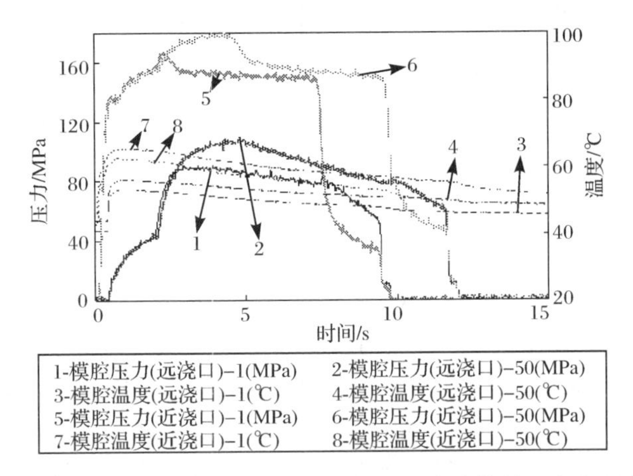

图 2-2-25　模具型腔熔体温度转压方式下模具型腔中熔体的压力和温度变化曲线

总而言之，相比现有的 V/P 转压控制方式，模具型腔熔体温度转压控制方式可以得到更高的制品质量重复精度和尺寸重复精度，但需要选择最优的模具型腔熔体温度转压值并设置好温度传感器的位置；远浇口位置设置温度传感器可以使传感器容易检测到熔体流动前端位置的变化，因此控制转压的性能更好；制品质量的变化受模具温度的影响，常规转压方式下，制品质量随模具温度升高而降低，而在模具型腔熔体温度转压方式下，制品质量反而趋于升高，这主要是由于转压时间延迟使注射量增加造成的；模具型腔熔体温度转压方式受模具温度影响最大，控制模具温度可以提高制品质量的稳定性；模具型腔熔体温度转压方式具有调节制品质量的特殊作用，这是其他转压方式所不具有的；运用模具型腔熔体温度转压控制方式，可以得到最佳的转压温度值，提高制品表面质量，得到收缩率最小的制品。

2.2.5　塑料注射成型保压结束点控制方式的实验研究

1. 注射成型保压结束点控制方式

注射成型 V/P 转压点的控制非常重要，决定了保压过程的起始点，已有大量的文献对其做了研究。通过对聚合物 PVT 关系特性控制技术原理的分析可知，实际上保压过程结束点（即浇口冻结点）的控制决定了聚合物最终形态的比容大小。但是浇口冻结点的控制较 V/P 转压点的控制更困难，而且也往往为研究者所忽略。通常注射成型保压结束点是通过时间信号控制完成的，目前所有注射成型机都是采用了这种方法；本书对注射成型保压过程结束点的控制做了研究，提出了两种新的保压结束点控制方式：模具型腔熔体压力控制保压结束点和模具型腔熔体温度控制保压结束点。这两种新控制方式的实施是分别利用模具型腔熔体压力信号或温度信号代替原来的时间信号，当数据采集到的信号达到了设定值时，控制器输出保压结束信号，注塑成型机转入冷却及塑化阶段。

2. 利用熔体压力进行保压结束点控制的实验研究

1）主要注射成型工艺设置

机筒熔体温度为 210℃，注射压力为 6MPa，保压压力为 4.5MPa，注射时间为 2s，冷却时间为 15s（除去注射时间和保压时间外，其他设置同第 2.2.3 节相同）。为研究熔体压力控制保压结束点的实验，采用注射时间 V/P 转压控制方式，另选用保压时间控制保压结束点的一组实验作对比。另外，为研究制品主流道对最终制品质量测试的影响，做了两组分别保留主流道和切除主流道的两种制品质量测试。其实验条件及触发参数值可参见表 2-2-7。

表 2-2-7　不同保压结束点控制方式的参数设置（一）

保压结束点控制方式	转压时间	触发参数值	模具温度	制品质量检测
时间	2	5	控制为 55℃	保留主流道
模具型腔熔体压力_1（近浇口）	2	5MPa	控制为 55℃	保留主流道
模具型腔熔体压力_2（近浇口）	2	5MPa	控制为 55℃	不保留主流道

开发研制的 PVT 控制模块可分别根据不同信号进行保压结束点的控制，对于两个实验内容，都采用注射时间转压控制方式，其保压结束点触发信号分别设置为：时间 5s、模具型腔熔体压力（近浇口）5MPa。这两组实验都在控制模具温度为 55℃的条件下进行。

2）结果与讨论

针对每种控制方式，利用电子天平测量连续 50 个制品的质量。图 2-2-26 给出了不同保压结束点控制方式下制品质量的变化曲线。由图可知，利用模具型腔熔体压力控制保压结束点的控制方式是完全可行的，但是同时间控制保压结束点的控制方式得到的制品质量变化相比，差别不大。另外，保留主流道和切除主流道两种制品质量的变化也并无多大差别，因此，以保留主流道的制品质量进行检测是可行的。

表 2-2-8 是两种不同保压结束点控制方式下制品质量数据统计。图 2-2-27 是

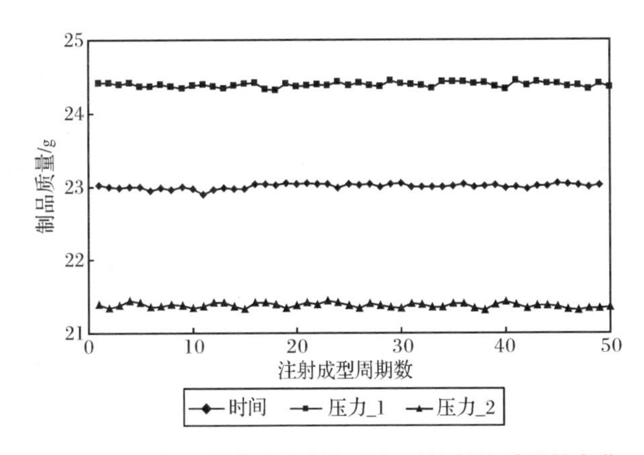

图 2-2-26　不同保压结束点控制方式得到的制品质量的变化(一)

两种不同保压结束点控制方式下制品质量重复精度的结果。可知,利用模具型腔熔体压力控制保压结束点的控制方式得到的制品质量重复精度比常规的时间控制得到的结果稍微高些,但效果并不明显。

表 2-2-8　不同保压结束点控制方式得到的制品质量数据统计表(一)

保压结束点控制方式	平均质量/g	标准差/g	最大值/g	最小值/g	差值/g	差值比率/%	质量重复精度/%
时间	23.0011	0.029973	23.0459	22.8954	0.1505	0.6543	0.1303
压力_1(近浇口)	24.3854	0.03112	24.4407	24.3196	0.1211	0.4966	0.1276
压力_2(近浇口)	21.3788	0.033595	21.4428	21.3177	0.1251	0.5852	0.1571

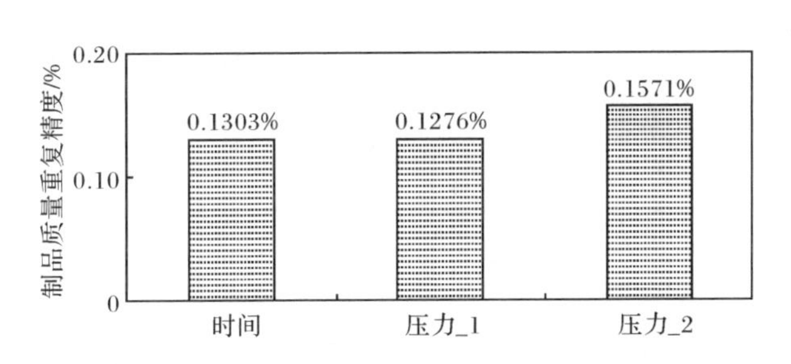

图 2-2-27　不同保压结束点控制方式得到的制品质量重复精度(一)

3. 利用熔体温度进行保压结束点控制的实验研究

利用熔体温度进行保压结束点控制实验时,机筒熔体温度为 210℃,注射压力为 6MPa,保压压力为 4.5MPa,注射时间为 2s,冷却时间为 15s(除去注射时间和保压时间外,其他设置同第 2.2.3 节相同)。为研究此熔体温度控制保压结束点的实验，选用了上一实验中保压时间控制保压结束点和模具型腔熔体压力控制保压结束点得到的实验结果作对比。由于利用了熔体温度信号控制，需要对模具温度的变化做研究，因此选用了不控制模具温度和控制模具温度两种实验内容。另外，还研究了传感器位置（近浇口和远浇口）对控制精度的影响。其实验条件及触发参数值可参见表 2-2-9。

表 2-2-9　不同保压结束点控制方式的参数设置(二)

转压控制方式	转压时间	触发参数值	模具温度
时间	2	5	控制为 55℃
模具型腔熔体压力(近浇口)	2	5MPa	控制为 55℃
模具型腔熔体温度_1 (近浇口)	2	54.5℃	不控制
模具型腔熔体温度_2 (近浇口)	2	45℃	不控制
模具型腔熔体温度_3 (远浇口)	2	51℃	不控制
模具型腔熔体温度_4 (近浇口)	2	80℃	控制为 55℃

针对每种控制方式，利用电子天平测量连续 50 个制品的质量。图 2-2-28 显示了模具型腔熔体温度控制保压结束点实验中模具温度的变化。图 2-2-29 给出了不同保压结束点控制方式下制品质量的变化曲线。

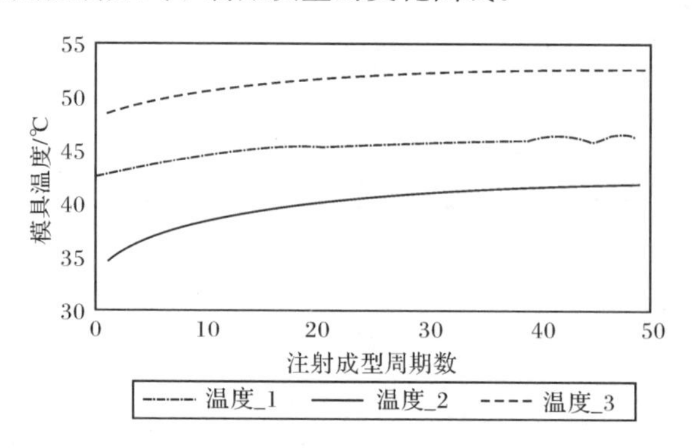

图 2-2-28　不同保压结束点控制方式实验的模具温度变化曲线

由图可知，在不控制模具温度的情况下，利用模具型腔熔体温度控制保压结束点的控制方式得到的制品质量随模具温度的升高呈非线性变化，模具型腔熔体温度_1(近浇口)同模具型腔熔体温度_3(远浇口)的制品质量变化趋势大体一致，在前半段呈非线性递增趋势，后半段基本保持稳定，模具型腔熔体温度_1(近浇口)条件下的制品质量波动性较小；模具型腔熔体温度_2(近浇口)则在前半段呈非线性递减趋势，而在后半段基本保持稳定。

可见，利用模具型腔温度控制保压结束点的控制方式具有一种补偿制品质量

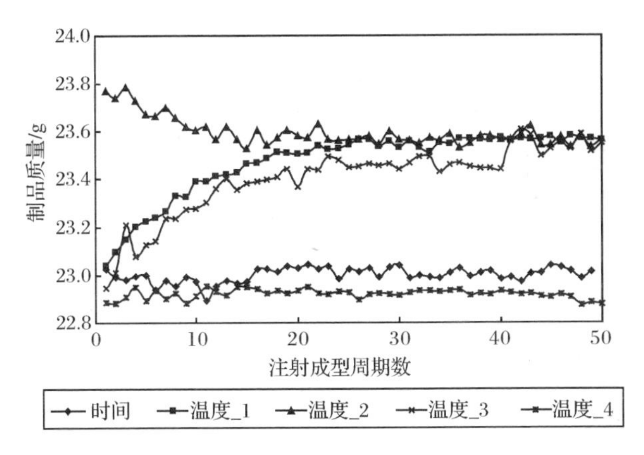

图 2-2-29　不同保压结束点控制方式下制品质量的变化(二)

的特殊功能，是常规的保压时间控制和模具型腔熔体压力控制所不具有的。即使保压结束点触发参数值设置的大小不适合(54.5℃和 51℃设置过高，45℃设置偏低)，利用模具型腔熔体温度控制保压结束点的控制方式可以最终调节得到最合适的制品质量。

另外，对于利用模具型腔熔体温度控制保压结束点的控制方式，温度采集点(即传感器位置)在近浇口处时控制精度更好，因为其可以更容易检测到浇口冻结的时间。当采用了控制模具温度的实验条件时，模具型腔熔体温度_4(近浇口)控制方式下的制品质量变化稳定，且比常规的控制方式波动性更小。

表 2-2-10 是不同保压结束点控制方式下制品质量数据统计表。图 2-2-30 是不同保压结束点控制方式下制品质量重复精度的结果。由图、表可知，在同样控制了模具温度的条件下，利用模具型腔熔体温度控制保压结束点的控制方式得到的制品质量重复精度最高。

表 2-2-10　不同保压结束点控制方式得到的制品质量数据统计表(二)

控制方式	平均质量/g	标准差/g	最大值/g	最小值/g	差值/g	差值比率/%	质量重复精度/%
时间	23.0011	0.029973	23.0459	22.8954	0.1505	0.6543	0.1303
压力_1(近浇口)	24.3854	0.03112	24.4407	24.3196	0.1211	0.4966	0.1276
温度_1(近浇口)	23.4710	0.138983	23.5823	23.0418	0.5405	2.3028	0.5921
温度_2(近浇口)	23.5975	0.060181	23.7872	23.5308	0.2564	1.0866	0.255
温度_3(远浇口)	23.4019	0.147224	23.6095	22.9465	0.6630	2.8331	0.6291
温度_4(近浇口)	22.9206	0.019431	22.9527	22.8750	0.0777	0.339	0.0848

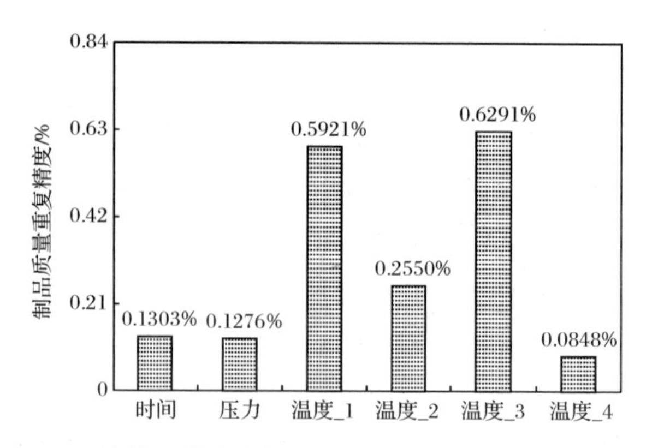

图 2-2-30　不同保压结束点控制方式得到的制品质量重复精度(二)

2.2.6　基于塑料 PVT 特性的在线控制实验研究

1. 塑料注射成型装备 PVT 特性在线控制原理

注射成型中,模腔压力变化及其可重复性对最终制品的成型质量具有重要影响,尤其是制品重量、尺寸稳定性、机械力学行为和表面质量。许多研究表明,模腔压力变化曲线可以用于控制保持高质量的制品,并辅助机器控制注射成型工艺过程。其他的研究也表明,能够保持高效率的工艺性能的一种方法就是保证每次注射成型周期中模腔压力曲线变化的重复性。后来,一些研究者考虑利用温度的变化来提高制品质量。Yakemoto 等描述了一种基于预测模腔温度进行自适应保压控制的方法,将温度的变化作为制品质量变化的主要原因,其研究结果表明制品质量同温度的变化有很大的关联性。Nunn 研究了自适应控制系统来补偿熔体温度来改变对不同循环周期下制品质量的影响。在成型过程中,根据熔体温度(机筒温度)的改变来调节压力以补偿制品质量,以获得更高的制品重复精度。Kamal 等提出了两种方法:PT(压力-温度)控制法和 PWT(压力-重量-温度)控制法,通过控制模腔熔体压力峰值并预测浇口冻结时刻的模腔熔体温度来控制制品质量。

通过对注射成型 V/P 转压点控制和保压结束点控制方式的研究发现,以熔体温度为信号进行注射成型保压起始及结束点的控制不仅可行,而且能够得到最优质量的制品,尤其在模具温度变化影响的条件下,可以起到调节制品质量的作用;另外,在制品表观质量、质量重复精度和尺寸重复精度等方面表现出很大的优势。这些都验证了聚合物 PVT 关系控制技术原理。前面的实验研究主要集中在注塑成型过程中几个关键点的控制上,以这些研究为基础,以下进行过程控制的实验研究。

对于保压过程的控制，分段保压可以较好改善只用单一的压力进行保压引起的制品缺陷。目前，分段保压主要是通过时间进行控制的，当到达设定的保压时间时，保压阶段结束。保压时间的设定由浇口凝固时间决定，但是浇口凝固时间难以检测，因此保压时间的设定多是依靠经验进行，成型大浇口、厚壁制品时补缩时间长，保压时间可长达10～20s甚至更长；成型小浇口、薄壁制品时补缩时间短，保压时间则很短，一般2～5s足够。由于现有的注塑成型过程控制方法无法对制品质量实现定量精确控制，因此难以获得高重复精度的注塑制品。

本节提出一种聚合物PVT关系特性在线控制技术，这是一种利用模具型腔内熔体温度信号控制注塑成型保压过程的方法，其控制装置主要由注射成型机、模具、熔体温度传感器和PVT控制器模块组成。其中，注射成型机同常规注塑成型机相同，包括注塑系统、合模系统和控制系统；熔体温度传感器安装在模具的模具型腔中，用于检测材料熔体充模及保压阶段模具型腔中材料熔体的温度值，接线同PVT控制器模块的温度信号接口相连接；PVT控制器模块的线路同注塑成型机控制系统的注射保压控制部分的线路相连接，其设置有熔体温度传感器信号接口，可根据模具型腔内熔体温度传感器的温度信号按照设定的工艺参数控制保压压力的变化。PVT控制器模块的控制程序包括转压点温度设定程序、保压结束点温度设定程序、分段保压过程中每段保压压力转换的温度及保压压力设定程序、保压压力的控制程序。注射成型机可根据检测到的模具型腔内的熔体温度信号控制转压点、保压结束点的触发，以及分段保压过程中每段保压压力的触发。PVT控制器模块可以设计成外接模块，也可作为注塑成型机控制系统的一部分，相关设备示意图可参见图1-3-2。

2. 塑料PVT特性在线控制的注射成型工艺

聚合物PVT关系特性在线控制技术主要包括以下步骤：①在注射成型加工前，设定好保压阶段控制以外的工艺参数，如包括机筒温度设定和锁模力、开合模、顶出、抽芯、注射参数设定等；②选择模具型腔内熔体温度保压控制方式，利用PVT控制器模块设定需要的转压点温度、保压结束点温度和分段保压过程中每段保压压力转换的温度及其相应的保压压力；③运行机器。

其主要成型工艺过程如下：材料从料斗进入机筒中，通过螺杆的旋转及机筒的加热，材料塑化熔融；注射成型机启动后，合模系统驱动模具合模、锁模；注塑系统驱动螺杆注射，将熔融的材料熔体填充进模具的模具型腔中，当安装在模具型腔中的熔体温度传感器检测到材料熔体的温度达到PVT控制器模块设定的转压点温度设定值时，实施转压，注射阶段结束，保压阶段开始，注射螺杆转换为压力控制，保压压力为设定的分段保压的第一段压力值；当熔体温度传感器检测到的材料熔体温度达到设定分段保压压力转换的第一段的温度时,PVT 控制器模块控制螺杆按照分段保压的第二段压力值进行保压,以此进行随后的保压过程;当模具型腔内熔体温度达到设定的保压结束点温度时,控制保压阶段结束,然后完成冷却塑化、开模顶出等其余工序。

3. 实验参数设置及性能测试

主要注射成型工艺设置如下:机筒熔体温度为 210℃,注射压力为 8.5MPa,冷却时间为 15s(除保压压力和时间设置外,其他同第 2.2.4 节相同)。为研究比较模具型腔熔体温度控制保压过程的控制方式,本节还引用了常规的时间控制保压过程的控制方式进行对比性实验。为体现控制过程,采用了三段不同保压压力。其相关参数设置可参见表 2-2-11。

表 2-2-11 不同保压过程控制方式的触发信号及触发参数值

保压阶段	保压压力/MPa	转变时间/s	转变温度/℃
1	6.5	2	65
2	6.0	7	60
3	5.5	12	55
4	5.0	17	50
结束	0	22	45

开发研制的 PVT 控制模块可分别根据不同信号进行保压过程的控制:对于时间控制方式,V/P 转压点通过注射时间控制,注射时间设置为 2s,按间隔 5s 改变保压压力;对于温度控制方式,V/P 转压点通过熔体温度控制,转压温度设置为 65℃,按间隔 5℃改变保压压力。同时,为研究模具温度对控制方式的影响,没有控制模具温度。

对每种保压过程控制方式,利用电子天平测量连续 50 个制品的质量,利用注塑机动态参数采集分析系统记录模具温度和模具型腔压力、温度的变化情况。

4. 实验结果与讨论

1) 模具温度的变化

图 2-2-31 显示了不同保压过程控制方式实验的模具温度变化曲线。由图可以看出,随着注塑成型周期次数的不断增加,模具温度也逐渐升高。注塑成型周期 50 次后,时间控制方式实验的模具温度变化为 7.60℃,熔体温度控制方式实验的模具温度变化为 3.88℃。

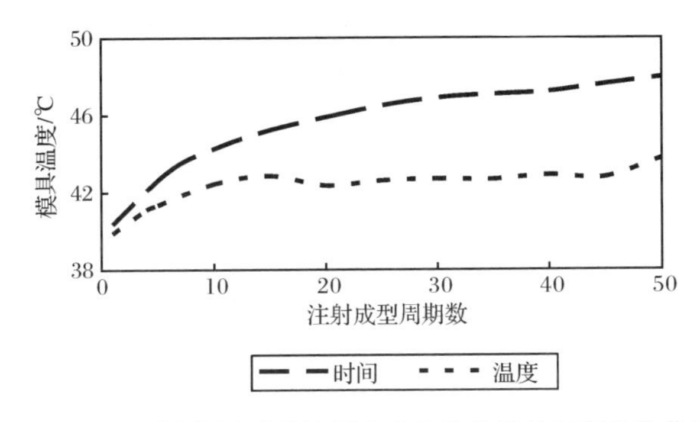

图 2-2-31　不同保压过程控制方式实验的模具温度变化曲线

2）制品质量重复精度

表 2-2-12 是由不同保压过程控制方式得到的制品质量数据统计表。图 2-2-32 是两种保压过程控制方式下制品质量重复精度的结果。利用熔体温度控制方式得到的质量重复精度(0.05494%)比时间控制方式的 (0.19683%)高出很多,结果表明,采用模具型腔熔体温度控制保压过程的控制方式能够得到很高的制品质量重复精度。

表 2-2-12　不同保压过程控制方式得到的制品质量数据统计表

控制方式	平均质量/g	标准差/g	最大值/g	最小值/g	差值/g	差值比率/%	质量重复精度/%
时间	23.5946	0.0464	23.7991	23.5103	0.2888	1.22	0.19683
熔体温度	23.6812	0.013	23.7131	23.6482	0.0649	0.27	0.05494

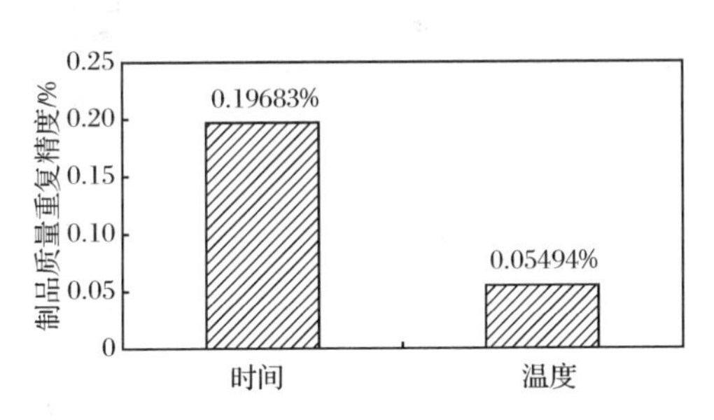

图 2-2-32　两种保压过程控制方式下制品质量重复精度

3）制品质量变化分析

不同保压过程控制方式下制品质量的变化曲线可见图 2-2-33。由图 2-2-31～图 2-2-33 可以看出,随着模具温度的不断升高,保压过程时间控制方式下得到的制品质量都是趋于降低的,其下降线性斜率为−0.0015;但是,保压过程熔体温度控制方式下得到的制品质量则基本保持稳定，线性斜率为－0.0002，约等于0。因此在保压过程熔体温度控制方式下，模具温度对制品质量的影响可以得到调节补偿。

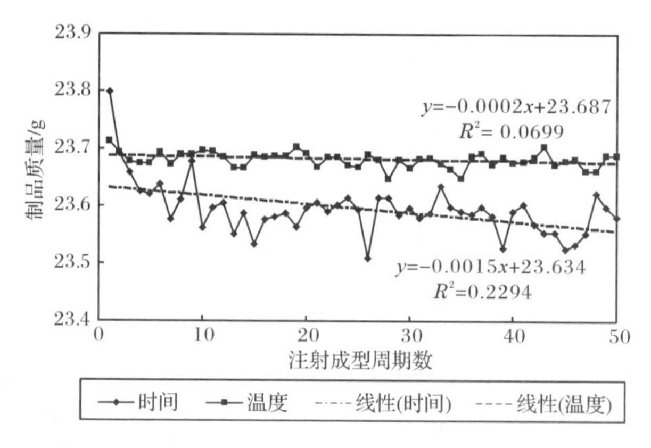

图 2-2-33 不同保压过程控制方式的制品质量的变化

4）模具型腔熔体压力和温度变化情况

图 2-2-34 和图 2-2-35 反映了不同保压过程控制方式下模具型腔中的熔体压力和温度的变化情况，可以看出熔体压力和温度在不同保压过程控制方式下存在明显的不同，也可看出保压时间的明显不同。当采用保压过程时间控制方式，其保压时间几乎没有变化，而采用保压过程熔体温度控制方式，保压时间则存在明显的改变，1 至 50 成型周期前后约有 4s 的时间间隙。这说明保压过程熔体温度控制方式可以调节保压时间，进而调节制品质量的变化；这也是在模具温度没有控制的条件下保压过程熔体温度控制方式得到的制品质量变化不大的原因。

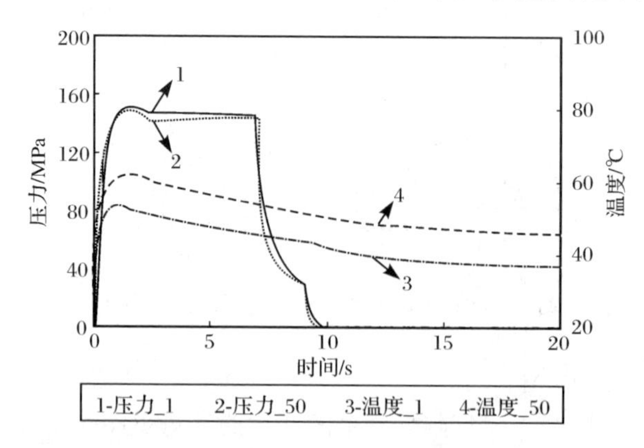

图 2-2-34 保压过程时间控制方式下模具型腔中的熔体压力和温度的变化曲线

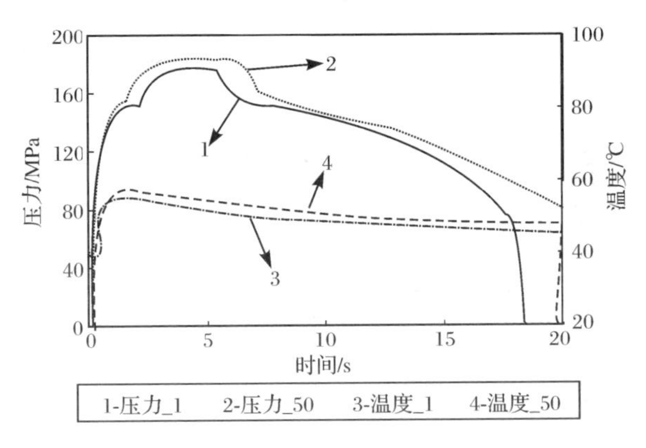

图 2-2-35　保压过程熔体温度控制方式下模具型腔中的熔体压力和温度的变化曲线

5）模具型腔熔体压力和温度关系的变化情况

图 2-2-36 和图 2-2-37 反映了不同保压过程控制方式下成型制品时模具型腔熔体压力和温度关系曲线的对比情况。从图中可以明显地看出，保压过程时间控制方式条件下，注塑成型周期 1 和 50 之间的压力温度关系曲线相差很大，原因是压力和温度分别随时间改变，其之间没有关联性，由于模具温度没有控制，温度的单独变化导致了前后两次压力温度关系曲线之间间隔的产生。而在保压过程熔体温度控制方式条件下，由于保压压力的大小是通过熔体温度进行控制的，即压力和温度关系得到了控制；通过聚合物 PVT 关系特性可知，当压力和温度之间的关系得到了控制，其对应的比容便得到了控制，那么制品的质量也得到了相应的控制；因此，注塑成型周期 1 和 50 之间的压力温度关系曲线相差不大，尤其体现在保压过程阶段。

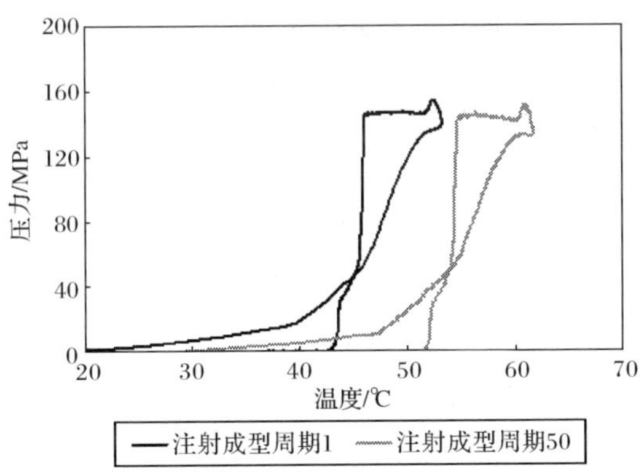

图 2-2-36　保压过程时间控制方式下模具型腔熔体压力温度关系曲线

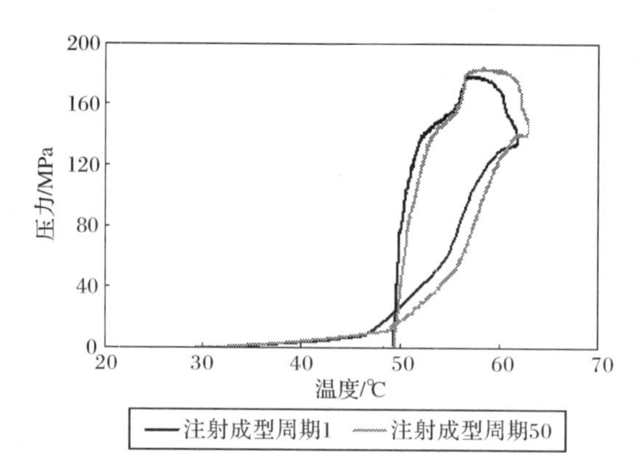

图 2-2-37　保压过程熔体温度控制方式下模具型腔熔体压力温度关系曲线

6) 结论

聚合物 PVT 关系特性在线控制技术即使在没有控制模具温度的条件下也能够得到很高的制品质量重复精度;在这种控制方式下,模具温度对制品质量的影响可以得到调节补偿,其可以调节保压时间,进而调节制品质量的变化;聚合物 PVT 关系特性在线控制技术实现了压力和温度之间关系的控制,其对应的比容便得到了控制,那么最终制品的质量也得到了相应的控制。

5. 优缺点分析

聚合物 PVT 关系特性在线控制技术的优点:

(1) 相对于普遍认为控制精度最高的利用模具型腔熔体压力进行 V/P 转压的控制方式,温度传感器可以比压力传感器做得更小,因此可以放置的位置更广,而且成本比压力传感器低;另外,利用模具型腔压力进行转压点的控制方式时,当所加工材料的黏度发生变化时(黏度随温度的不同而有显著的变化),即使转压点压力设置一定,其反映的材料熔体充模的前端位置也会发生变化,而利用模具型腔内熔体温度进行转压点的控制则能排除黏度变化的影响。

(2) 相对于利用时间控制保压压力结束点的方式,利用模具型腔内熔体温度控制保压压力结束点可以自动检测模具型腔中材料熔体的冻结时间,而无需依靠人工经验或大量的试模,提高了成型精度和加工生产效率,节省了试模成本。

(3) 利用模具型腔内熔体温度控制保压阶段,考虑材料压力(P)和温度(T)之间关系,并对其加以控制,保证了压力和温度之间关系的重复性,从而进一步提高了对材料比容(V)的控制,最终实现制品外观、尺寸精度和质量重复精度的提高。即使在压力和温度两个变量的单独控制精度没有得到保证的条件下,利用 PVT 控制技术提供的控制方法仍能够得到高精度的制品。尤其是其排除了温度这个重要因素对过程控制的影响，即使机筒实际温度或模具温度发生变化，此控制方法也可通过温度调节保压时间而得到质量一致的制品。

它的缺点是需要在模具型腔中设置熔体温度传感器，将会提高模具加工难度和成本。

2.3　塑料精密注射成型多参数组合控制

2.3.1　塑料精密注射成型多参数组合式控制概述

注射成型工艺过程是一个复杂的循环过程，在实际注射成型过程中，影响最终制品质量的因素是复杂的、非线性的。将注射成型过程的分析单独集中在注射压力、注射时间、熔体温度、冷却时间、模具温度等因素上加以研究并不能提高整体性能，因此，需要对这些影响因素之间的关系加以考虑分析，才能更好地提高控制性能。为此，针对注射成型保压的控制，本节提出一种多参数组合式控制技术，即利用多种同保压相关的参数或不同检测点的参数作为输入信号进行注射成型保压的控制。以下针对注射成型 V/P 转压控制，对多参数组合式控制技术进行了实验研究。

2.3.2　塑料精密注射成型常规信号参数组合控制

常规的注射成型 V/P 转压技术主要是注射时间转压和螺杆位置转压两种，也是目前注塑成型机广泛采用的技术。本节将注射时间和螺杆位置两个参数同时作为输入信号，当两个参数都达到设定值时，控制器输出转压信号，机器实施转压。

主要注射成型工艺设置如下：机筒熔体温度为 210℃，注射压力为 6MPa，保压压力为 4.5MPa，保压时间为 5s，冷却时间为 15s。开发研制的 PVT 控制模块可分别根据不同信号以及多信号进行 V/P 转压控制，为对此利用注射时间和螺杆位置双参数转压控制方式的性能进行比较，还分别选用了注射时间转压和螺杆位置转压两种控制方式进行实验，实验中都没有采用模具温度控制。其实验条件及触发参数值可参见表 2-3-1。

表 2-3-1　不同 V/P 转压控制方式的参数设置(三)

转压控制方式	触发参数值	模具温度
注射时间	2	不控制
螺杆位置	12.5mm	不控制
注射时间螺杆位置双参数	2s/12.5mm	不控制

针对每种转压控制方式,利用电子天平测量连续 50 个制品的质量。图 2-3-1 反映了实验中模具温度的变化。图 2-3-2 反映了不同转压控制方式下制品质量的变化曲线。由图可知,随着模具温度的不断升高,三种控制方式下的制品质量均有下降趋势。相对于螺杆位置转压和双参数转压控制方式,注射时间转压控制方式下的制品质量变化波动很大,而螺杆位置转压和双信号转压控制方式之间的制品质量变化略有不同。

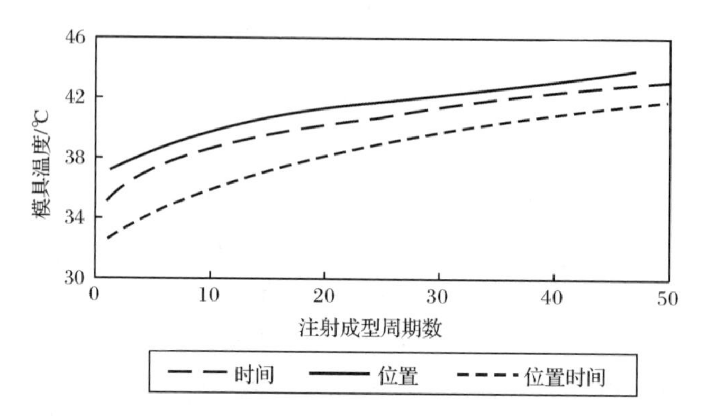

图 2-3-1　不同 V/P 转压控制方式实验的模具温度变化曲线(三)

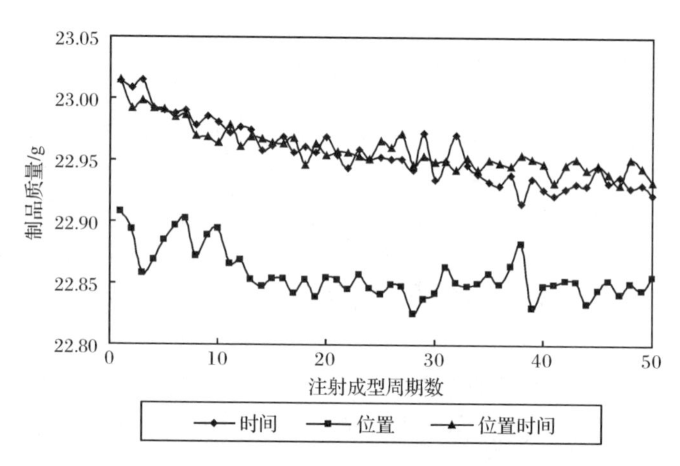

图 2-3-2　不同 V/P 转压控制方式得到的制品质量的变化(三)

表 2-3-2 是不同转压控制方式下制品质量数据统计。图 2-3-3 是不同转压控制方式下制品质量重复精度的结果。采用双参数转压控制方式得到的制品质量重复精度最高,其次是螺杆位置转压控制方式,但双参数控制方式的制品质量重复精度没有比螺杆位置转压方式得到的结果高出很多,可以推断,在双信号的控制方式中,螺杆位置信号起主要控制作用,注射时间信号起辅助控制作用。

表 2-3-2 不同 V/P 转压控制方式下制品质量数据统计表(三)

转压控制方式	平均质量/g	标准差/g	最大值/g	最小值/g	差值/g	差值比率/%	质量重复精度/%
时间	22.95577	0.025328	23.0152	22.9147	0.1005	0.4378	0.1103
位置	22.85729	0.018853	22.9077	22.8257	0.082	0.3587	0.0825
位置时间双参数	22.95907	0.018153	23.0154	22.9304	0.085	0.3702	0.0791

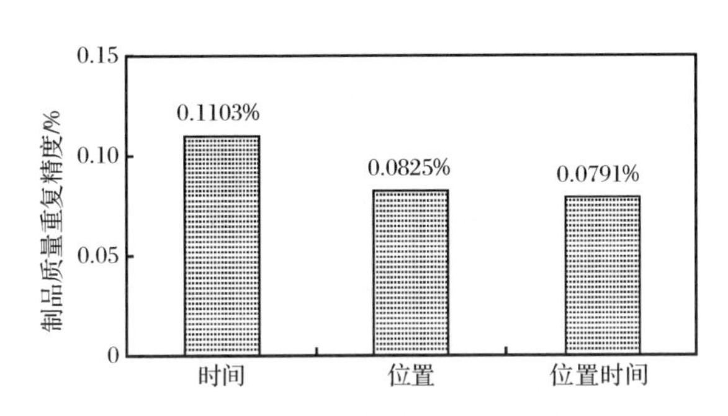

图 2-3-3 不同 V/P 转压控制方式下制品质量重复精度(三)

2.3.3 塑料精密注射成型熔体压力参数组合控制

目前,利用模具型腔压力进行转压的控制技术能够提高注射成型过程控制精度,已经被业内所认同,并已经在许多精密制件的加工中采用。为此,将近浇口和远浇口两个点的传感信号同时引入控制器中,形成熔体压力信号参数组合控制技术,当这两个点都满足所设定的值时,控制器输出转压信号,机器实施转压。

主要注射成型工艺设置如下:机筒熔体温度为 210℃,注射压力为 6MPa,保压压力为 4.5MPa,保压时间为 5s,冷却时间为 15s,实验中都没有采用模具温度控制。为对此利用远、近浇口双参数转压控制方式的性能进行比较,选用了注射时间和螺杆位置双参数转压得到的实验数据,以及第 2.2.3 节中不控制模具温度条件下精度最高的一组模具型腔压力转压(远浇口模具型腔压力 5MPa 转压)的实验数据。为使远、近浇口采集的压力参数值在同一时刻的数据值关系一致,需要利用常规的转压技术先进行多次实验,通过记录得到远、近浇口采集的信号对应值的平均值,然后再利用此平均值进行参数设置。本实验在熔体压力参数组合控制方式中,采用了近浇口 16MPa 和远浇口 5MPa 的参数值。

针对每种转压控制方式,利用电子天平测量连续 40 个制品的质量。图 2-3-4 显示了不同转压控制方式下制品质量的变化曲线。由图可知,随着模具温度的不断升高,制品质量仍都呈下降趋势。

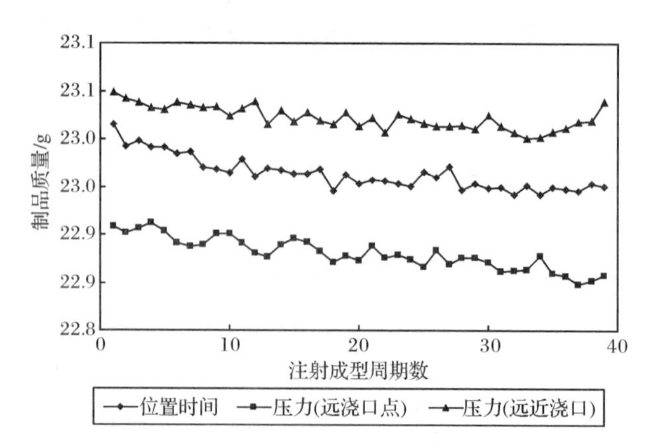

图 2-3-4　不同 V/P 转压控制方式得到的制品质量的变化(四)

表 2-3-3 是不同转压控制方式下制品质量数据统计。图 2-3-5 是不同转压控制方式下得到的制品质量重复精度的结果。采用了远、近浇口压力双参数转压控制方式得到的制品质量重复精度最高，其次是远浇口压力信号转压控制方式，最后才是螺杆位置转压控制方式。因此，采用多参数组合控制技术是可行的，而且可以提高制品质量重复精度。

表 2-3-3　不同 V/P 转压控制方式得到的制品质量数据统计表(四)

转压控制方式	平均质量/g	标准差/g	最大值/g	最小值/g	差值/g	差值比率/%	质量重复精度/%
位置时间双参数	22.96393	0.017333	23.0154	22.9417	0.0737	0.3209	0.0755
远浇口压力	22.88057	0.016353	22.9124	22.8481	0.0643	0.2810	0.0715
远近浇口压力	23.02241	0.011789	23.0486	23.0012	0.0474	0.2059	0.0512

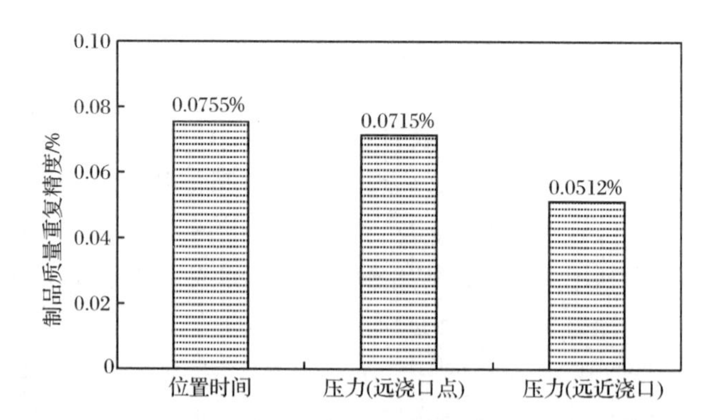

图 2-3-5　不同 V/P 转压控制方式得到的制品质量重复精度(四)

本章从注射成型过程控制技术引入，描述了注射成型过程控制的三个不同等级及其关系，指出了过程变量控制的重要性。以注射成型过程控制技术为基础，提出了基于注塑装备的聚合物 PVT 关系控制技术原理，其主要是通过控制聚合物材料的压力(P)和温度(T)的关系来控制材料比容(V)的变化，从而得到一定体积和重量的制品；在保证压力和温度两个变量的单独控制精度的条件下，再保证压力和温度之间关系的控制精度，即可在整体上提高注塑成型质量的控制精度。由此即可将“过程变量控制”提高到“质量变量控制”等级。

针对国产注塑机控制方式方面的不足，开发了一系列新的注射成型过程控制技术，包括：熔体压力 V/P 转压、熔体温度 V/P 转压、保压结束点熔体压力控制、保压结束点熔体温度控制、聚合物 PVT 关系特性在线控制技术-保压过程熔体温度控制、多参数组合式控制。在国产注塑机上进行了一系列工艺实验，研究了新的注射成型过程控制技术的特点和工艺性能。实验研究表明，新的控制技术不同程度地提高了制品质量和重复精度。此外，还研究了模具温度、传感器位置、参数设置及其影响等，得到结论总结如下：

(1) 在转压控制方式研究中发现，相对于常规的转压控制方式，模具型腔熔体压力转压控制方式可以得到更高的制品质量重复精度。

(2) 传感器位置对模具型腔熔体压力和温度转压方式的控制精度有一定影响，在远浇口处设置传感器能够缩小控制精度误差。

(3) 模具型腔熔体温度转压控制方式具有调节制品质量的特殊作用，能够得到更高的制品表面质量、质量重复精度和尺寸控制精度，但都需要选择设置最优的转压参数值。

(4) 模具温度对注射成型工艺的控制精度(尤其是对以模具型腔熔体温度为信号的控制方式)有很大影响，控制模具温度可以提高制品质量的稳定性。

(5) 保压结束点熔体压力控制方式对提高制品质量重复精度有一定作用，保压结束点熔体温度控制方式则具有调节制品质量的特殊作用，能够得到更高的重复精度。

(6) 传感器位置对保压结束点熔体温度控制方式有一定影响，在近浇口处设置传感器能够缩小控制精度误差。

(7) 结合模具型腔熔体温度转压控制方式和保压结束点熔体温度控制方式的优点，保压过程熔体温度控制方式实现了聚合物 PVT 关系在线控制技术，能够在不控制模具温度的条件下，将常规控制技术得到的制品质量重复精度 0.19683％提高到 0.05494％。

(8) 采用多参数组合控制技术是可行的，而且可以提高制品质量重复精度。

参考文献

[1] 王蕾,于玲. 塑料精密注射成型模具设计要点[J]. 职教与成教,2007,(29):151—153.

[2] 艾方. PVT 数据对在注塑成型模拟中的恰当用途[J]. 模具技术,1997,(4):94—96.

[3] 谢鹏程,多田和美,杨卫民. 高分子材料注射成型 CAE 理论及应用[M]. 北京:化学工业出版社,2008.

[4] 王建. 基于注塑装备的聚合物 PVT 关系测控技术的研究[D]. 北京:北京化工大学,2010.

[5] 郭齐健,何雪涛,杨卫民. 注射成型 CAE 与聚合物参数 PVT 的测试[J]. 塑料设计,2004,4(3):21,22.

[6] Pavlovits Z. Process Control in Ploymer Processing [M]. Amsterdam: Elsevier Science Publishers,1993.

[7] 刘跃军,瞿金平,何和智,等. 聚合物注射成型的过程控制[J]. 工程塑料应用,2001,29(9):18—21.

[8] 阎亚林,彭志平,郑利文. 现代注塑机控制技术的现状与展望[J]. 机械设计与制造,2004,4:106—108.

[9] Malloy R A,Chen S J,Orroth S A. A study of injection to holding pressure switchover techniques based on time, position and pressure [C]. Annual Technical Conference-ANTEC,1987.

[10] Orzechowski S,Paris A,Dobbin C J B. A process monitoring and control system for injection molding using nozzle-based pressure and temperature sensors [J]. Journal of Injection Molding Technology,1998,2(3):141—148.

[11] Ulik J. Using tie rod bending to monitor cavity filling pressure [C]. Annual Technical Conference-ANTEC,1997.

[12] Müller N,Schott N R. Injection molding tie bar extension measurements using strain gauge collars for optimized processing [J]. Journal of Injection Molding Technology,2000,4(3):120—125.

[13] Buja F J. Apparatus for data acquisition and application in an injection molding process [P]: USA,4904172. 1990.

[14] Wenskus J,Miller A B. Method for precision volumetric control of a moldable material in an injection molding process [P]:USA,5063008. 1991.

[15] Chen S,Liaw W,Su P,et al. Investigation of molding separation in thin-wall injection molding [J]. Advances in Polymer Technology,2003,22(4):306—319.

[16] Wang K K,Zhou J,Sakurai Y. An integrated adaptive control for injection molding [C]. Annual Technical Conference-ANTEC,1999.

[17] Wang K K,Zhou J. A concurrent-engineering approach toward the online adaptive control of injection molding process [J]. CIRP Annals-Manufacturing Technology,2000,49(1):379—

382.

[18] Chen Z, Turng L S. Online adaptive injection molding process and quality control [C]. Annual Technical Conference-ANTEC, 2005, 870—874.

[19] Chen Z, Turng L S. Injection molding quality control by integrating weight feedback into a cascade closed-loop control system [J]. Polymer Engineering and Science, 2007, 47(6): 852—862.

[20] Edwards R, Thomas C L, Peterson R. Controlling injection phase/packing phase switchover using an ultrasonic sensor [C]. Annual Technical Conference-ANTEC, 2001.

[21] Edwards R, Diao L, Thomas C L. A comparison of position, cavity pressure, and ultrasound sensors for switch/over control in injection molding [C]. Annual Technical Conference-ANTEC, 2003.

[22] Chen X, Chen G, Gao F. Capacitive transducer for in-mold monitoring of injection molding [J]. Polymer Engineering and Science, 2004, 44(8): 1571—1578.

[23] Fung K T, Gao F, Chen X. Application of a capacitive transducer for online part weight prediction and fault detection in injection molding [J]. Polymer Engineering and Science, 2007, 47(4): 347—353.

[24] Huang M S. Cavity pressure based grey prediction of the filling-to-packing switchover point for injection molding [J]. Journal of Material Processing Technology, 2007, 183(2): 419—424.

[25] Smith J J. Switchover methods [C]. Annual Technical Conference-ANTEC, 1998.

[26] Sheth B, Barry C M F, Schott N R. Improved part quality using cavity pressure switchover [C]. Annual Technical Conference-ANTEC, 2001.

[27] Cooney R, Neill D, Pomorski L. An investigation of part variation in multi-cavity injection molds when using cavity pressure control [C]. Annual Technical Conference-ANTEC, 2001.

[28] Chang T C. Process capability comparison of various switchover modes from the filling to packing stages in injection molding [C]. Annual Technical Conference-ANTEC, 2002.

[29] Chang T C. Robust process control in injection molding-Process capability comparison for five switchover modes [J]. Journal of Injection Molding Technology, 2002, 6(4): 239—246.

[30] Lee B H. Injection molding simulation in dealing with part quality variance and correlation study [C]. Annual Technical Conference-ANTEC, 2006.

[31] Kazmer D. Comparison of seven transfer methods for velocity to pressure switchover [C]. Annual Technical Conference-ANTEC, 2008.

[32] Johannaber F. Injection Molding Machines-A User's Guide [M]. Cincinnati: Hanser Gardner Publications, 1994.

[33] 韩祝滨. 新一代数字自输式保压控制系统 [J]. 国外塑料, 1991, 9(4): 16, 17.

[34] Kamal M R, Varela A E, Patterson W I. Control of part weight in injection molding of

amorphous thermoplastics [J]. Polymer Engineering and Science, 1999, 39(5): 940—952.

[35] Orzechowski S, Paris A, Dobbin C J B. A process monitoring and control system for injection molding using nozzle-based pressure and temperature sensors [J]. Journal of Injection Molding Technology, 1998, 2(3): 141—148.

[36] Gao F, Patterson W I, Kamal M R. Cavity pressure dynamics and self-tuning control for filling and packing phases of thermoplastics injection molding [J]. Polymer Engineering and Science, 1996, 36(9): 1272—1285.

[37] Yakemoto K, Sakai T, Maekawa Z, et al. Adaptive holding pressure control based on the prediction of polymer temperature in a mold cavity [C]. Annual Technical Conference-ANTEC, 1993, 39: 2192—2202.

[38] Sheth H R, Nunn R E. An adaptive control methodology for the injection molding process. Part 1: Material data generation [J]. Journal of Injection Molding Technology, 1998, 2(2): 86—94.

[39] Sheth H R, Nunn R E. An adaptive control methodology for the injection molding process. Part 3: Experimental application [J]. Journal of Injection Molding Technology, 2001, 5(3): 141—151.

第3章　塑料精密注射成型的缺陷分析

3.1　塑料精密注射成型过程的可视化方法

聚合物加工是一门复杂的科学，长期以来大量学者利用数学方法进行相关理论的研究，并得到了丰富的学术成果。但是，由于数值模拟过程中对于物理、热学或其他性质的简化，相关研究结果同实际结果存在一定的出入。于是，可视化技术因其能够如实反映具体过程而成为研究高分子材料加工成型过程的重要手段[1]。

所谓可视化技术，是指对于高分子材料的实际成型过程，由固体到熔融态、混炼和分散、熔体冷却成型等全过程都可直接观察的一种研究方法。目前，可视化技术在挤出、注射和中空成型工艺中都已得到实际应用。

可视化方法是研究高分子材料加工成型过程的重要手段。近20年来它与CAE相辅相成，推动着高分子材料加工成型科学与技术的快速发展。可视化方法对于发现加工成型过程中的某些未知现象，揭示成型缺陷的产生机理等方面有着不可替代的重要作用。

注射成型可视化技术主要有静态和动态两类[2]。

静态可视化是在注射前对物料进行处理，成型以后再分析制品（见图3-1-1）。静态可视化技术以得到的成型制品作为研究对象，一般采用以下两种方法：利用双料筒双色注射成型的着色静态可视化和在物料中混入磁性材料的着磁静态可视化方法。

着色静态可视化方法是在一成型周期中，通过入口切换装置顺次或交替将两种不同颜色的树脂注射到型腔中，利用成型结果中不同颜色的物料分布直观反映整个成型过程。

脉冲着磁显影方式是将磁带记录的原理应用到可视化研究中[3,4]。首先在树脂原料中混入一定比例的磁粉，在注射过程中通过浇口位置铁心产生的脉冲磁场使一部分磁粉着磁，再将制品切片放入磁场检测液中显影实现可视化研究。该方法可对夹层、型腔内阶梯处流动、补偿流动、低速或高速充模过程、纤维取向和流动间的关系、流动前锋的流动状态、半导体封装过程等进行可视化实验分析。但磁粉的加入对树脂性能有所改变，并且实验条件要求苛刻，影响其应用效果。

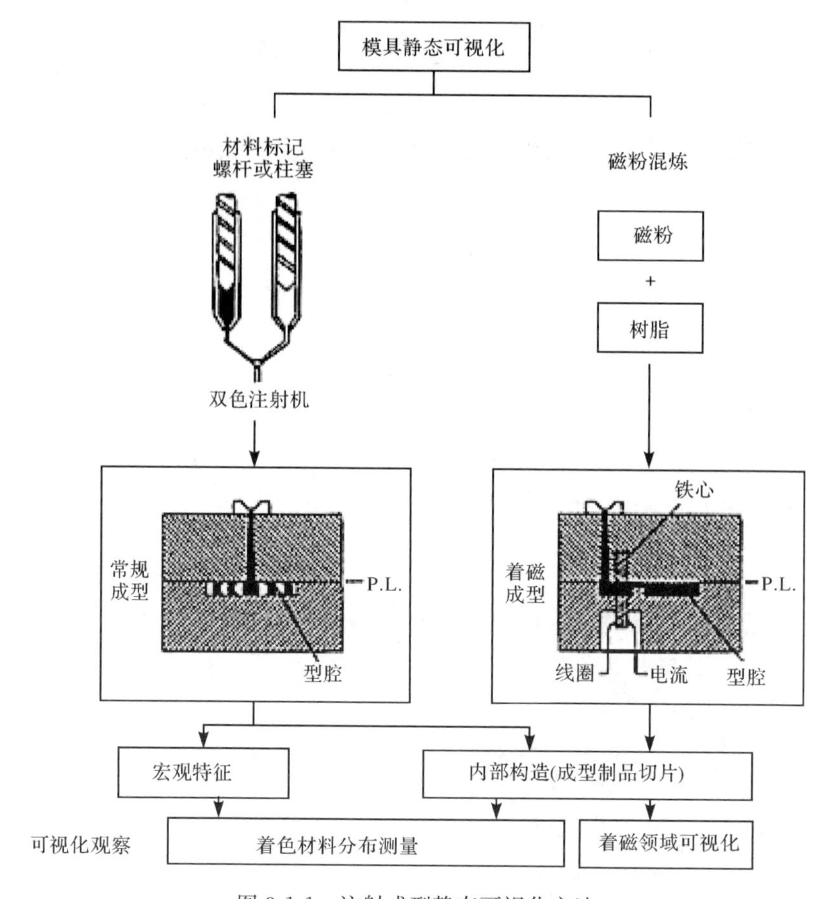

图 3-1-1 注射成型静态可视化方法

动态可视化技术是利用高速摄影机直接拍摄模具内熔体流动，通过专门设计的可视化模具，使光线能够进入到模具型腔中，再通过高速摄影机拍摄熔体充模过程影像(图 3-1-2)。

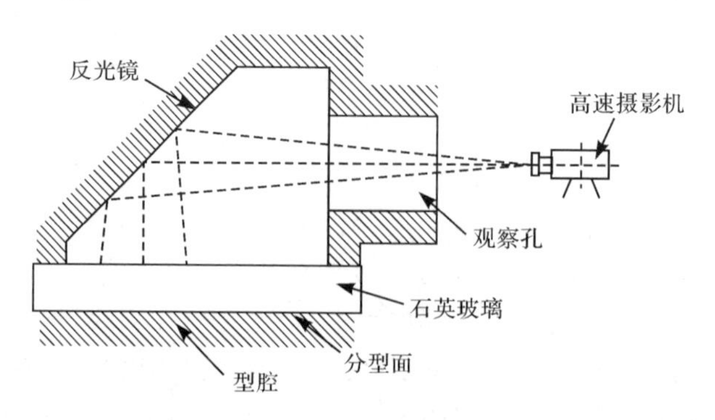

图 3-1-2 动态可视化工作原理图

动态可视化技术改进了静态可视化技术只能通过加工前对材料的处理来追踪加工后物料去处的弊端，使得对物料加工过程的观察从传统意义上的静态化、过程不可知化转变成动态可视化技术中的可记录化、过程可知化。通过实时观察整个注射充模过程可以在一定程度上验证以往的实际加工经验是否和真实情况相符合，同时，还能通过对真实充模过程的观察验证各种模拟软件如 MoldFlow、Moldex3D 等对树脂流动情况模拟的可靠性以及评估模拟中所采用的模型的合理性。

注射成型可视化技术的核心部件是注射成型可视化模具[1,5~8]。已有的注射成型可视化模具主要分为以透射光方式观察与以反射光方式观察两大类。

(1) 以透射光方式观察的可视化模具，如图 3-1-3 所示，型腔的上、下表面都设置透明玻璃窗口。

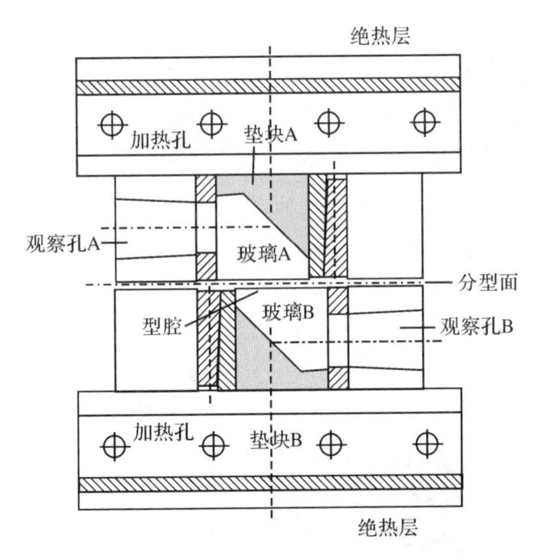

图 3-1-3 以透射光方式观察的可视化模具

图 3-1-3 中，定模侧与动模侧都设置了石英棱镜窗口，照明装置与图像采集装置将分别位于型腔的上、下两侧。当观察窗口采用石英棱镜时，可视化注塑模具的加工难度与制造成本都将大幅度提高，因为在塑料熔体的高压冲击下石英玻璃窗口容易发生碎裂，所以难以避免多次更换石英玻璃窗口的问题。该模具只适于小尺寸的观察窗口。

(2) 以反射光方式观察的可视化模具。由于注射成型可视化模具多用来观察注射成型的充模过程，因此多采用只需要型腔一侧为透明玻璃窗口的反射光观察方式。图 3-1-4 为日本东京大学产学共同研究所设计的一副以反射光方式观察的可视化模具。光线通过石英棱镜进入型腔观察窗口，照亮型腔。照射光线经塑料熔体与金属模腔反射后返回，被摄像装置收集，形成型腔区域内充填情况的图像。

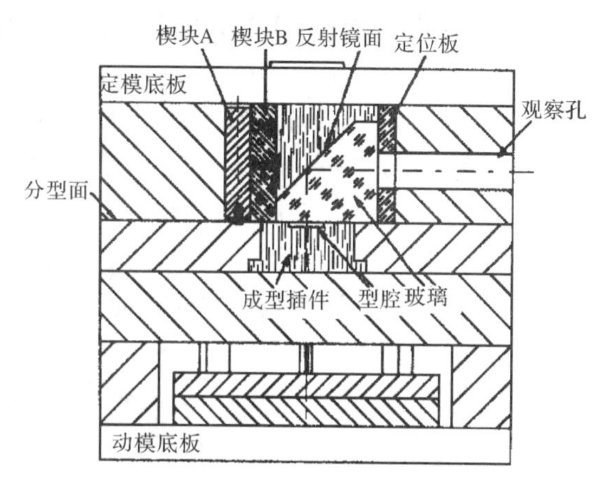

图 3-1-4　以反射光方式观察的可视化模具

图 3-1-4 的可视化模具采用了梯形剖面的玻璃作为观察视窗，形状比较复杂，且玻璃各接触面尺寸精度要求很高，从而使玻璃的加工难度大大增加。同时模具一侧的观察孔尺寸较小，限制了观察区域的大小。

本章中采用的可视化模具在保证可视化功能不受影响的前提下，对原始设计方案作了改进和简化。模具实物图如图 3-1-5 所示，其结构示意图如图 3-1-6 所示。

图 3-1-5　可视化模具图

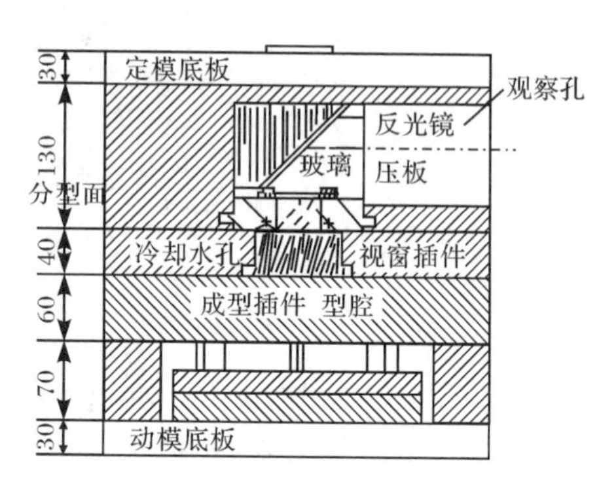

图 3-1-6　可视化模具结构示意图

与原始模具比较，玻璃形状改为长方体结构，降低了玻璃视窗的复杂程度，易于加工，同时观察区域更加开阔，由观察孔进入的照明光源更加充足，原始模具采用在金属表面涂抹反光涂料的方式来实现光线的反射，现行模具中反射座作为单独的一个部件不受其他部件的影响，采用在反射座上固定反光镜的方式，改善了光线反射效果，使收集到的影像更加清晰，最重要的是改进后的可视化模具结构大大简化，成本大大降低。

3.2　塑料精密注射成型熔体充填规律研究

注射加工是塑料工业中最普遍，也是最重要的一种成型方式。在高效化和精密化的迫切要求下，一模多腔的模具形式被广泛采用，而在多模腔的模具设计中就必须考虑充填平衡问题的影响。多模腔注射成型模具中通常将流道系统设计为从注射喷嘴到各个模腔的流道在几何上完全对称的形式，因此也被称为“几何平衡”或“自然平衡”流道系统设计。但实际生产中，即便如图 3-2-1 所示的平衡流道中上下两侧型腔内的充填结果仍然不同。这是注射成型加工界长期以来的一个未解之谜。人们通常将其归因于模具的设计，并发展了多种形式的平衡流道系统，“试模—修模”的过程仍在继续。

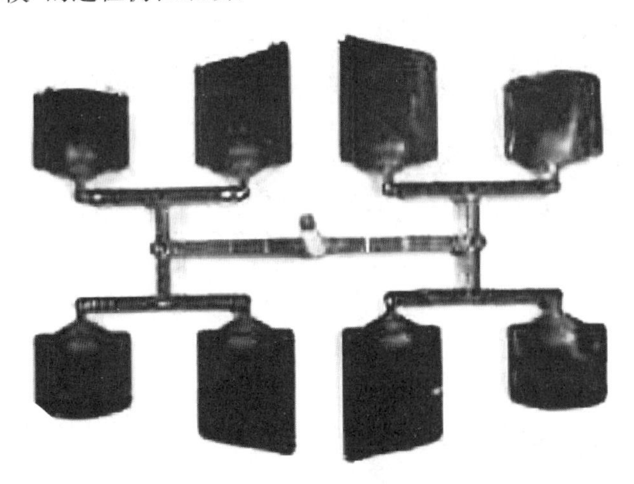

图 3-2-1　多型腔不平衡充填结果

早在 1992 年，日本东京大学的横井秀俊就开始致力于研究多型腔不平衡充填产生机理，并进行了大量的实验研究，但始终没能联系到剪切生热的根源上来[9]。1997 年，Beaumont 通过分析计算得出高速注射时下部充填较快的原因并提出了剪切生热作用的影响问题[10]。但是，对于包括低速注射和超高速注射在内的普遍现象始终没有明确的答案，尤其缺乏直接的实验结果予以佐证。北京化工大学杨卫民教授利用可视化技术对其产生机理进行了深入的研究[11]。大量的实验结果表明：使用具有 H 型流道的同一模具，在高速注射时下部型腔内的充填量比上部型腔多，而在很低的注射速度下其结果相反。由此可知，注射充填平衡问题并非完全取决于模具设计，同时还与注射成型工艺条件有关。更重要的是，必须弄清楚产生这些充填不平衡现象的内在机理。为此,在可视化实验研究结果的基础上,本章从理论分析和 CAE 数值分析两方面进行研究。

3.2.1 流动不平衡的理论分析

众所周知,树脂在充模流动过程中受剪切生热的影响会出现温度升高和黏度降低的情况。圆形截面流道中树脂流动模型如图 3-2-2 所示,其剪切速率为

$$\dot{\gamma}=\left(\frac{3n+1}{4n}\right)\frac{4Q}{\pi R^3} \tag{3-2-1}$$

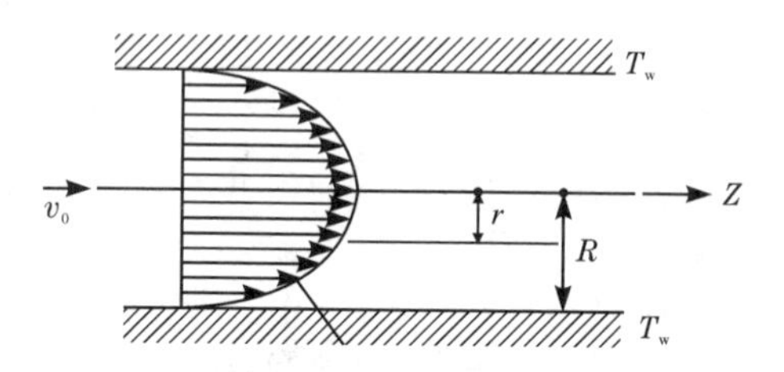

图 3-2-2　圆柱形流道中树脂的流动模型

图 3-2-3 为不同幂律指数的流体在流道中无量纲化的速度 v/U 和剪切速率 $\dot{\gamma}$ 分布曲线簇[12]。当树脂在恒温流道中流动时,温度变化可用方程(3-2-2)来描述[13]:

$$\frac{T-T_w}{T_0-T_w}=\left[1+\frac{3n}{n+1}\overline{kT}\right]\left[1-\left(\frac{r}{R}\right)^{\frac{2n+1}{n}}\right]-\left[\frac{(3n+1)}{2n(n+1)}\overline{kT}\right]\left[1-\left(\frac{r}{R}\right)^2\right] \tag{3-2-2}$$

式中:T——r 处的熔体温度;

T_w——流道内壁温度;

T_0——流道中心处温度;

k——导热系数;

$\overline{kT}$——流道横截面上 kT 平均值;

T_0-T_w——当 $k=0$ 时,流道中心和壁面的温度差;

$T-T_w$——流道 $r=r$ 处和壁面的温度差。

Toor[14]给出了方程(3-2-2)在特定流动条件下的一组温度分布理论结果,如图 3-2-4 所示[14]。式(3-2-3)为图中各个参数的含义。

$$\theta=\frac{T-T_w}{\Delta T_\infty},\quad X=\frac{r}{R},\quad Y=\frac{\alpha Z}{v_0R^2} \tag{3-2-3}$$

式中:α——热导率;

v_0——平均流动速度;

ΔT_∞——z 方向无限长,对 T 没有影响时的 $T-T_w$ 值。

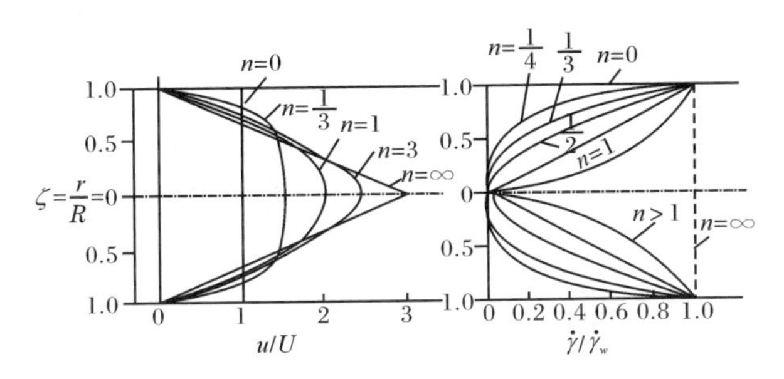

图 3-2-3　流道中速度和剪切速率分布

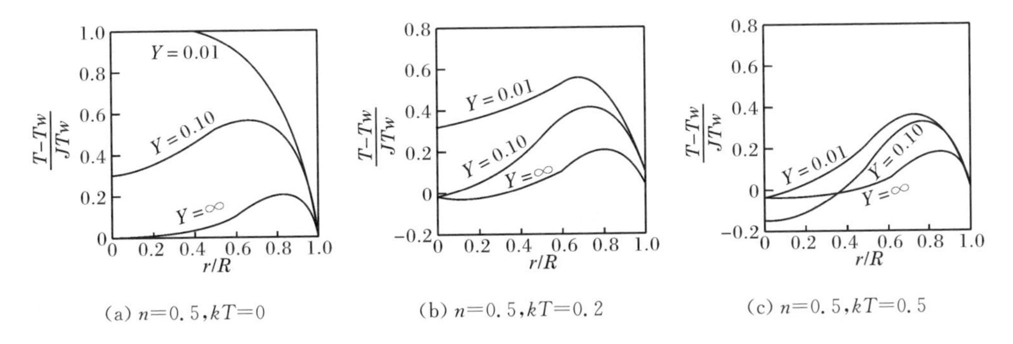

(a) $n=0.5, kT=0$　　(b) $n=0.5, kT=0.2$　　(c) $n=0.5, kT=0.5$

图 3-2-4　流道中熔体温度理论结果分布[14]

Toor 的研究结果表明，如果 Y 值很低(v_0 和 R 都很小)，树脂最高温度出现在流道中心($r/R=0$ 处)，但当 Y 增大时，温度最高点位置移动到靠近流道壁面的地方。图 3-2-5 为 Menges 得到的 PS 树脂在模具流道中的温度分布结果[12]。

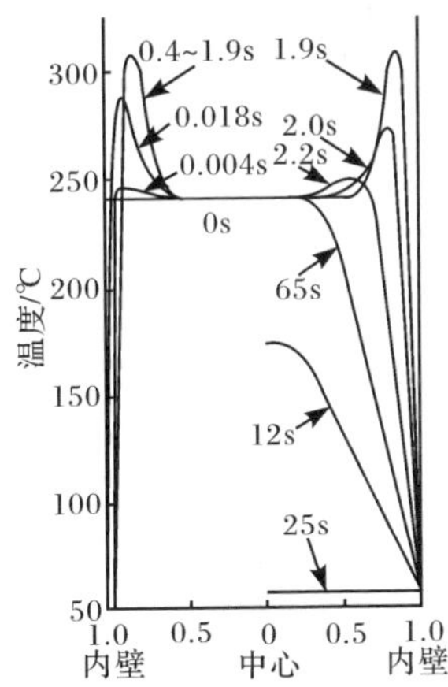

物料：PS；充模速度：13.5cm³/s；熔体温度：240℃；模具温度：60℃

图 3-2-5　流道中熔体温度分布

3.2.2 流动不平衡的假想模型

在上述理论分析的基础上，针对多型腔 H 型流道系统（图 3-2-6）提出如图 3-2-7 所示的不平衡充填假想模型。对该模型的含义说明如下。

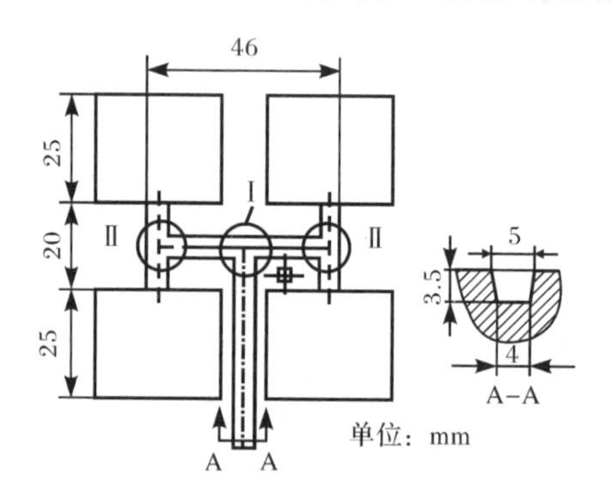

图 3-2-6　多型腔 H 型流道系统示意图

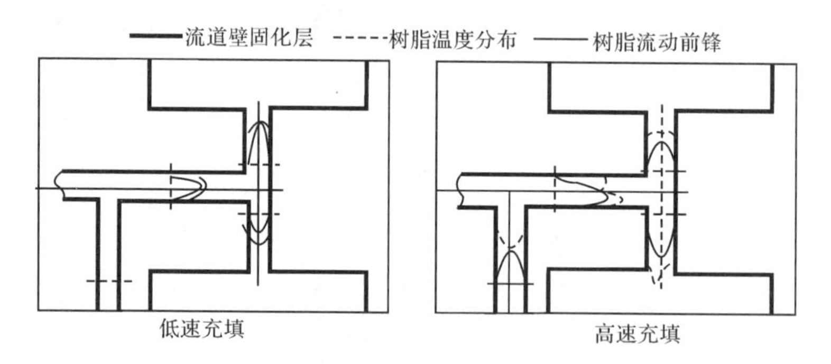

图 3-2-7　多型腔 H 型流道内树脂熔体流动模型

树脂熔体在流道系统中流动时，熔体的温度分布由注塑机塑化过程生成热量、流动剪切生成热量和沿流道壁热传导散失热量三者决定。低速注射时，主流道中熔体剪切生热效果不明显对熔体温度分布贡献不大，流道中树脂由注塑机塑化过程生成的热量占主导地位，加上沿流道壁热传导散失热量的结果，使熔体温度分布呈现由芯部的高温区向流道壁逐渐降低的特点。高速注射时，流动剪切生热效果显著对熔体温度产生较大影响，由图 3-2-5 可知越靠近流道壁则剪切速率越大，剪切生热也越显著。这种剪切生热与树脂在注塑机塑化过程中带来的热量叠加，同时加上沿流道壁热传导散失部分热量的综合结果，致使熔体温度分布呈现如图 3-2-7 中上部几条曲线所示的形态，即在流道壁附近存在突出的高温区，而芯部则是盆地形的相对低温区。

于是在图 3-2-6 所示的多型腔 H 型流道系统中，当树脂熔体流经第一个分岔口Ⅰ时，熔体在流道中心线位置一分为二。低速注射时，到达第一个分岔口之前熔体高温区位于流道中心，熔体分成两部分以后，树脂温度最高部分位置便偏向流道上半部分；高速注射时，到达第一个分岔口之前熔体高温度区靠近流道壁，熔体分成两部分以后，树脂温度最高部分位置便偏向流道下半部分。因此当树脂熔体流经第一个分岔口后，温度分布关于流道中心线变得不再对称，即熔体温度分布的重心不再位于流道中心位置。低速注射的情况下，树脂温度分布重心靠近流道上半部分，高速注射时则刚好相反。

随后，树脂流经第二个分岔口Ⅱ时，温度分布情况更加复杂。低速注射时，上方分流道中树脂流动比下方分流道中的快。而且由于熔体的二次分割，温度分布重心位于流道外侧，因此熔体首先流动到上部型腔外侧区域。在高速注射时，下方分流道中树脂流动比上方分流道中的快。温度分布重心位于流道内侧，因此熔体首先流动到下部型腔内侧区域。

图3-2-7所示的假想模型和以上的分析内容通过动态和静态可视化方法进行了实验验证。为探索应用CAE分析软件在多模腔精密注射成型中取得较好的仿真分析结果，之后还使用Moldflow软件对多型腔H型流道系统的充模过程进行模拟和分析。

3.2.3　多型腔不平衡充填可视化分析

1. 不平衡充填过程可视化实验结果[15]

为了得到熔融树脂在流道中的实际流动过程，采用双料筒供注射成型机进行双色切换注射的方式实现静态可视化研究，同时使用高速摄像机记录熔体注射充模流动的动态过程，分别以$V=2.04\text{cm}^3/\text{s}$，$V=5.1\text{cm}^3/\text{s}$，$V=30.6\text{cm}^3/\text{s}$作为低速、中速、高速注射设定参数。

图3-2-8(a)为图3-2-7中Ⅰ区域的静态充填结果。在三种不同的注射速度下，后切换的红色物料充填至Ⅰ区域时呈现出明显不同的结果。以低速$V=2.04\text{cm}^3/\text{s}$进行注射时，代表后填充的高温红色物料通过Ⅰ区域的分岔口后偏向流道视图上半部分；以速度$V=5.1\text{cm}^3/\text{s}$进行注射时，代表后填充的高温物料通过Ⅰ区域的分岔口后位于流道正中；以高速$V=30.6\text{cm}^3/\text{s}$进行注射时，剪切生热效果明显，代表后填充的高温物料通过Ⅰ区域的分岔口后偏向流道下半部分。

图3-2-8(b)为图3-2-7中Ⅱ区域的静态充填结果。后填充代表高温红色物料通过Ⅱ区域后，以低速$V=2.04\text{cm}^3/\text{s}$进行注射时其明显偏向上半部型腔；以高速$V=30.6\text{cm}^3/\text{s}$进行注射时，高温物料则明显偏向下半部型腔。以速度$V=5.1\text{cm}^3/\text{s}$进行注射时，红色高温物料则对称地流向上下两个型腔。

图 3-2-8(c)为高速摄像机记录的动态可视化结果，用不同时刻的熔体前锋位置表示。动态与静态可视化结果同前述理论分析结果相吻合。无论高黏度还是低黏度的聚苯乙烯在 H 型流道系统中的不平衡流动规律相同。良好的模具恒温冷却条件不能改善流道中熔体的流动不平衡现象。实验结果显示流道中熔体温度分布受剪切生热和冷却过程的影响很大。可视化实验结果从熔体流动规律方面对图 3-2-7 所示的假想模型进行了很好的验证。

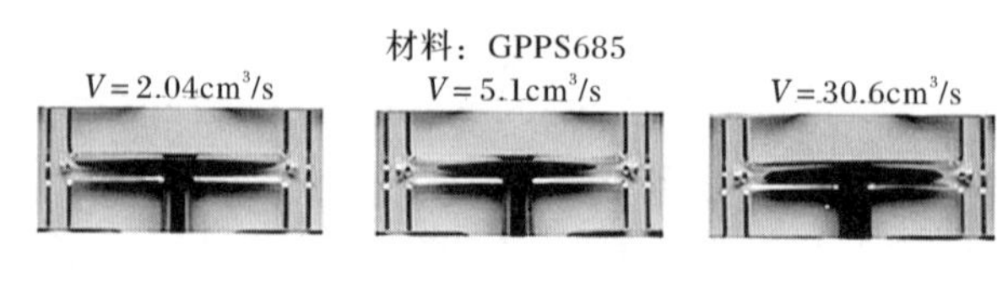

(a) Ⅰ区域内静态可视化试验结果

(b) Ⅱ区域内静态可视化试验结果

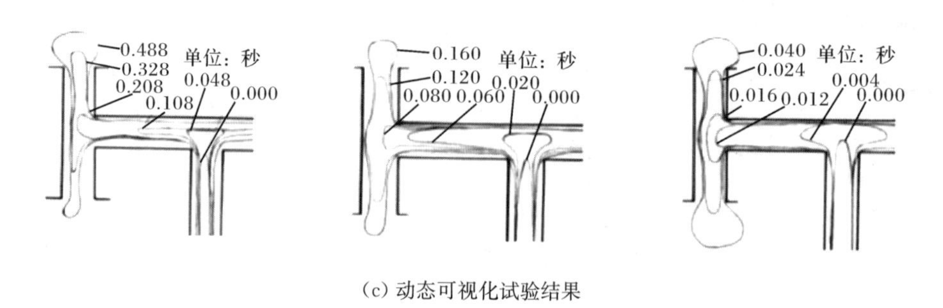

(c) 动态可视化试验结果

图 3-2-8　不平衡充填可视化实验结果

2. 不平衡充填过程熔体温度测量结果

1) 流道截面熔体温度分布的测量

日本东京大学横井秀俊教授利用集成式热电偶测温传感器对喷嘴内流道、模具流道以及型腔内的温度分布进行过实测[16,17]。注射过程中的注射速度、螺杆行程和螺杆转速等成型参数的改变都会影响熔体的温度分布形态，其研究主要探讨流道内注射速度与熔体温度分布之间的关系。实验材料为 PP，在图 3-2-9 所示的喷嘴内圆形流道中对熔体温度进行测量。

注射速度与喷嘴流道内温度分布关系如图 3-2-10 所示。从图中可以发现，低速注射时，剪切生热效果不明显，流道半径方向上温度整体分布情况平稳。由于

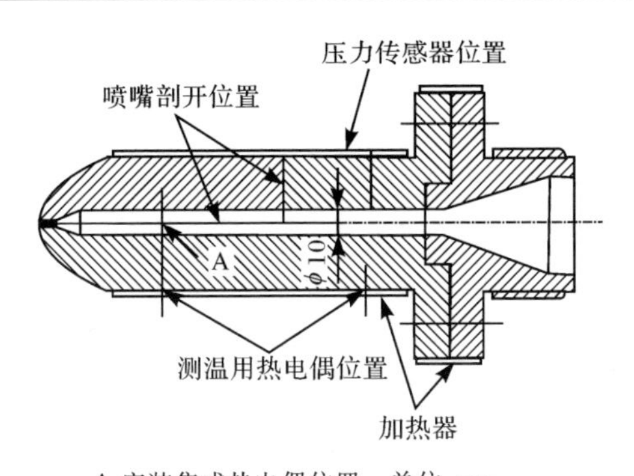

A-安装集成热电偶位置　单位：mm

图 3-2-9　喷嘴流道内温度测量装置剖面图

低速时熔体流过流道的时间相对较长，熔体沿流道壁热传导散失热量较多，因此与高速注射情况相比其整体温度值较低。随着注射速度的提高，熔体流经流道的时间变短，沿流道壁的热传导散失热量减少且剪切生热量增大，因此温度分布值整体较高。同时在流道剖面内靠近内壁位置的温度值由于受剪切生热的影响而升高形成波峰形状，而在距离流道中心 1.8mm 位置处出现最低值，且该点与其他位置的温差值随注射速度的提高而不断增大。由此可知，在圆形截面流道内剪切生热对于温度分布的影响同理论分析模型相吻合。

2) H 型流道中熔体温度的测量[18]

图 3-2-11(a)、(b)和(c)分别是低、中、高三种注射速度下的 H 型流道中温度测量的结果，实验材料为 GPPS679。由图中发现，注射速度 $V=2.04\text{cm}^3/\text{s}$ 时，模具下方分流道树脂温度略低于上方，二者温度差值为－4.1℃。当 $V=3.06\text{cm}^3/\text{s}$ 时，流进上下两个型腔的树脂温度基本相同。注射速度 $V=30.6\text{cm}^3/\text{s}$ 时，模具下

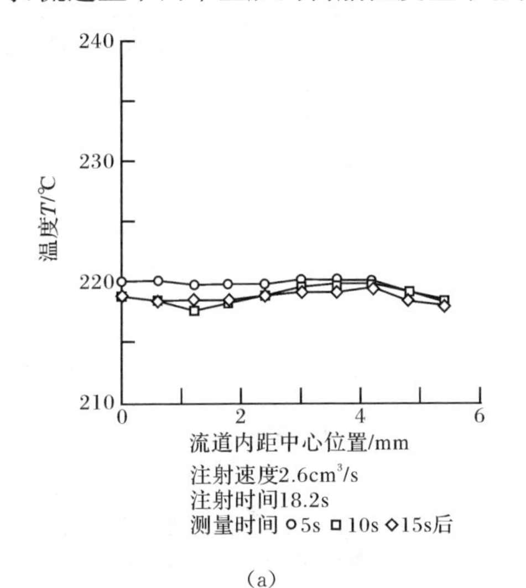

(a)

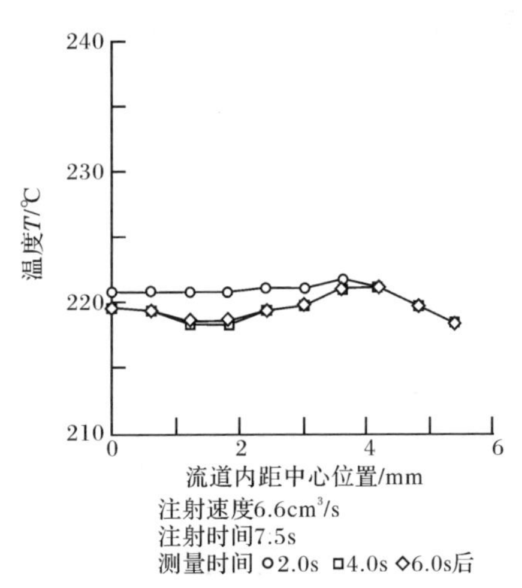

(b)

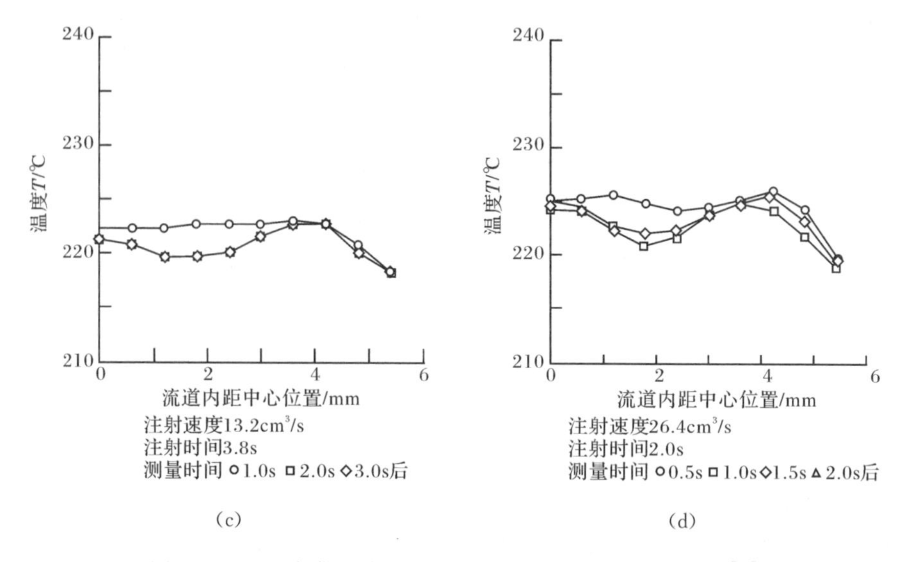

图 3-2-10　对喷嘴流道内温度分布形态与注射速度的关系[16]

方分流道树脂温度明显高于上方，二者温度相差 17.3℃。温度测量结果同理论模型完全吻合。实验材料改用高黏度树脂 GPPS685 进行实验的实验结果同样符合假想模型。

图 3-2-11(d)为使用黏度不同的物料时，模具下方同上方分流道内熔体温差值与注射速度关系图。图中显示温差值随注射速度的提高而不断增大，且差距随注射速度的增加而增大。当注射速度超过 30cm³/m 时，温度差值在 2～4℃变化，说明高速注射情况对熔体温度参数的影响剧烈且趋于不稳定。高黏度树脂 GPPS685 的温差值高于低黏度树脂 GPPS679，黏度变大使其剪切生热效果更为明显。

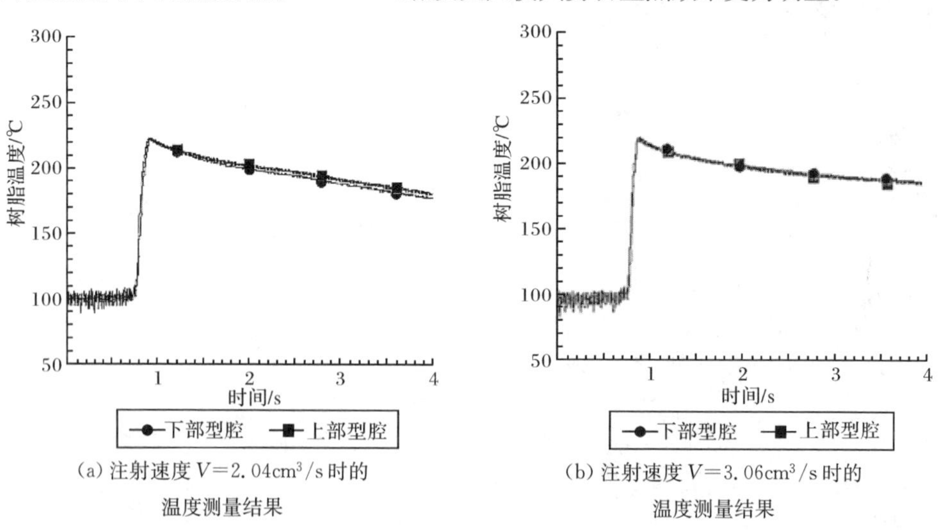

(a) 注射速度 V=2.04cm³/s 时的温度测量结果　　(b) 注射速度 V=3.06cm³/s 时的温度测量结果

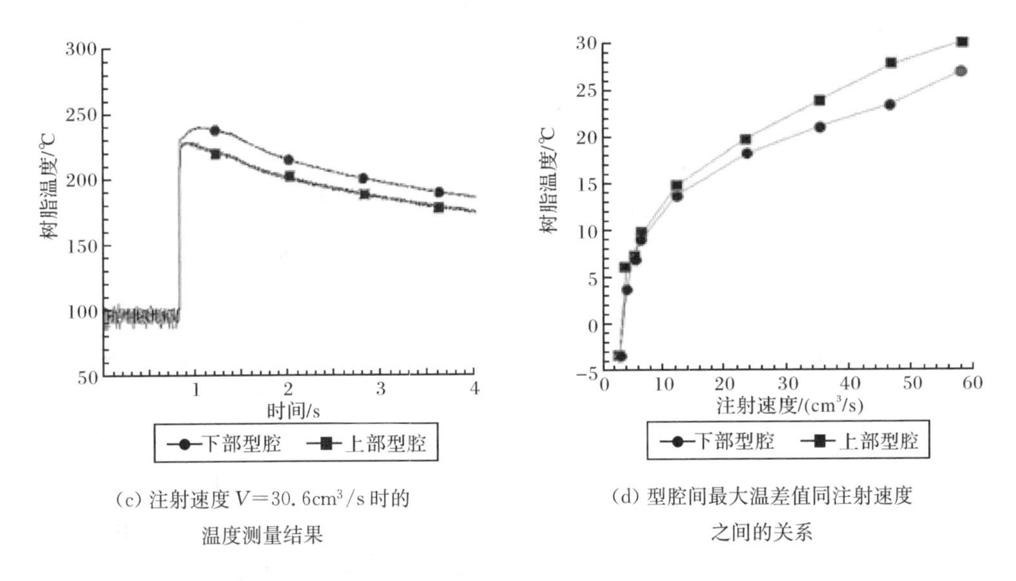

(c) 注射速度 $V=30.6\mathrm{cm}^3/\mathrm{s}$ 时的温度测量结果

(d) 型腔间最大温差值同注射速度之间的关系

图 3-2-11　不平衡充填熔体温度测量结果[19]

实验结果表明，剪切生热过程对于流道中温度分布的影响很大。由剪切生热所导致的流道截面内熔体温度分布形态的变化以及熔体温度经过流道分岔口后的不对称现象，是造成多型腔不均衡充填的最根本原因。

3.2.4　多型腔不平衡充填问题的解决方案

改变流道结构形式不断提高模具精度是目前多型腔中改善流动不平衡最常用的方法。曾有人采用动态进料控制系统控制树脂进入型腔前的流动；Beaumont 研制了一种名为“Runner Flipper”的装置来改善流动平衡[20]，虽然这些措施能达到预期效果，但由此而复杂化的模具结构也使得模具造价高昂，生产成本过高。目前市面上的大多数注射行业商用 CAE 软件也提供改善流动平衡的功能，但以流变平衡理论为基础的 CAE 技术并没有考虑材料特性随成型工艺参数变化的影响，因此也无法得到精确的改善结果。鉴于此，根据流动不平衡产生机理，利用树脂在高速和低速注射情况下相反的充填规律，本章提出了通过采取适当的成型工艺条件，不修改模具流道结构改善流动平衡的“两步注射法”[1]。

两步注射法即在同一注射周期中采取从低速注射切换到高速注射的方式来改善流动平衡的影响。速度切换可以通过以下两种方式实现：一种是直接进行切换；另一种是通过螺杆位置实现速度切换。图 3-2-12 为两步注射法同单一注射速度下的注射样品的比较，图中 A 为直接进行低速到高速切换的注射样品，B 为改变螺杆位置实现速度切换的注射样品；C 和 D 分别为不同单一注射速度下的注射样品。实验结果表明使用两步法注射成型可将上下型腔内树脂充填量差异控制在1%以内,能有效地改善型腔内充填不平衡的现象。

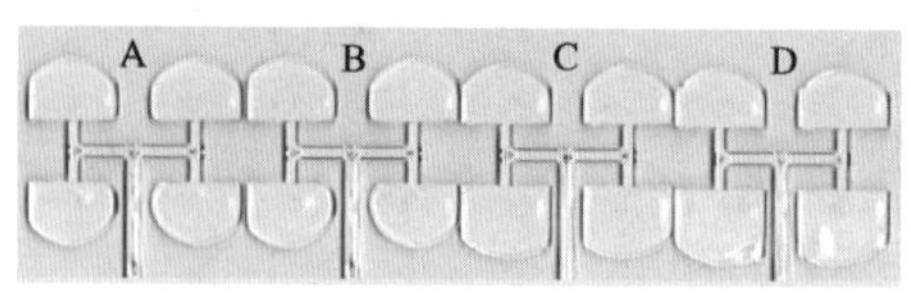

图 3-2-12　两步法注射成型(A、B)同单一注射速度成型(C、D)的注射样品的比较

3.3　塑料精密注射成型典型缺陷产生机理的可视化分析

注射成型是一项涉及模具设计制造、原材料特性、预处理方法、成型工艺和操作技术的系统工程。成型制品质量的好坏不但取决于注塑机的注射计量精度和模具的设计加工技术,还和加工环境、制品冷却时间、后处理工艺等息息相关,因此成型制品难免出现各种缺陷。通过分析各种缺陷的形成机理,可以看出塑料的材料特性、模具的结构及其加工精度、注射成型工艺和成型设备的精密程度这四方面是影响缺陷产生的主要因素。

3.3.1　塑料精密注射成型制品的常见缺陷[21]

一般来说,根据高分子材料注射成型制品的外观质量、尺寸精度、力、光、化学性能等,可以将注射制品的常见缺陷(图 3-3-1)分为三大类:

(1) 外观类,主要包括熔接痕、凹痕、暗斑、分层剥离、喷射、气泡、流痕等。

(2) 工艺类,主要包括充填不足、飞边、异常顶出、流道黏膜等。

(3) 性能类,主要包括应力不均匀(残余应力)、脆化、翘曲变形、密度不均匀等。

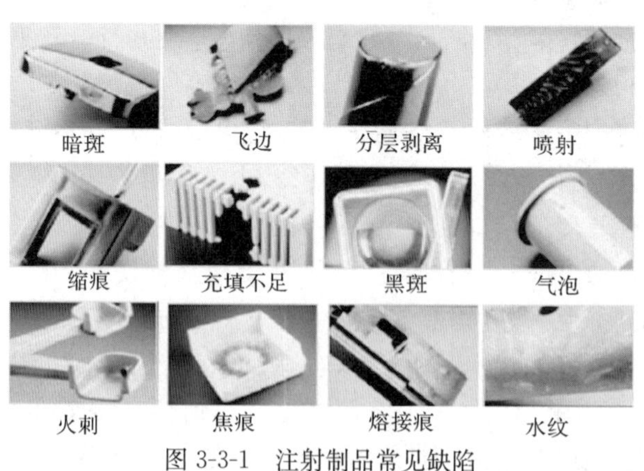

图 3-3-1　注射制品常见缺陷

虽然注射制品缺陷可以分为上述三大类，但是这些成型缺陷都是相互关联的。例如，熔接痕、气泡等的出现往往伴随着残余应力的存在(图 3-3-2)。

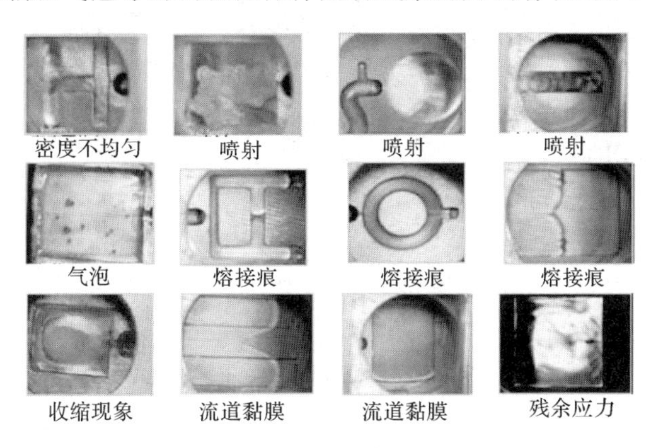

图 3-3-2　常见成型缺陷的可视化结果

3.3.2　塑料精密注射成型典型缺陷的产生机理[21,22]

在塑料制品注射成型过程中，制品的缺陷是由多方面原因造成的。为了方便讨论缺陷的形成原因，本节将从材料、工艺、模具三方面讨论可能造成成型缺陷的原因。

(1) 材料方面：选材不当、原料中混入挥发气体或其他杂质、材料未进行烘干、颗粒不均匀等。

(2) 工艺方面：主要包括四项内容：压力、温度、时间、速度。其中压力方面主要是注射压力、保压压力、背压三个方面影响着成型质量。温度主要是模具的温度、喷嘴的温度、料筒的温度、背压螺杆转速引起的摩擦生热。时间主要包括保压时间、开合模时间、材料的塑化时间这三方面。速度则主要包括螺杆的转速和注射速度。

(3) 模具方面：主要包括浇注方式、浇口的位置和大小、排气性、加工精度等。

本章所采用的注射成型充模过程可视化实验装置是在上述可视化模具的基础上，配备德国阿博格精密注射成型机(Arburg Allrounder 270S 500—60)、美国 GigaView 高速摄像机(最短曝光时间 21μs，最大帧速 17000fps)、影像采集电脑及专业数据分析测试软件系统 IMAGE PRO PLUS 建立的精密注射成型充模过程可视化系统，其中可视化模具可方便地更换型腔成型插件，如图 3-3-3 所示，并以注射成型中的波流痕缺陷为例介绍注射成型可视化技术的应用。

流痕一般分为波流痕和喷射流痕。流痕又称流纹、波纹、震纹，是注射制品上呈波浪状的表面缺陷。通过精密注射成型充模过程可视化系统可研究波流痕产

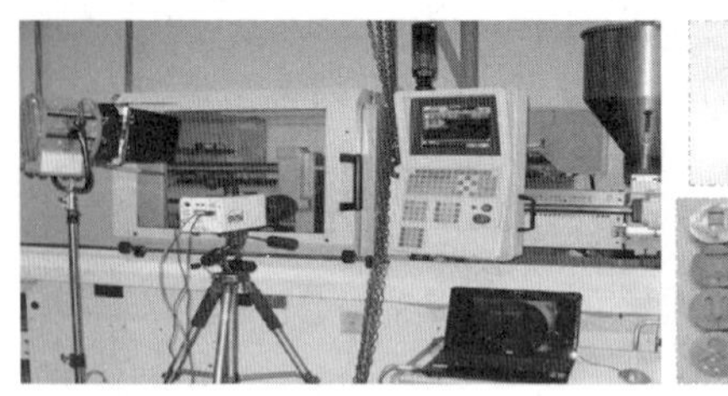

图 3-3-3　精密注射充模过程可视化系统

生的现象和解决措施。制品缺陷如图 3-3-4 所示。实验材料为日本出光 PC 料，牌号 LC1500，NATURALED76366，实验设备为 Arburg Allrounder 270S500—60，工艺参数设定如表 3-3-1 和表 3-3-2 所示。波流痕可视化实验结果如图 3-3-5 所示。

(a)

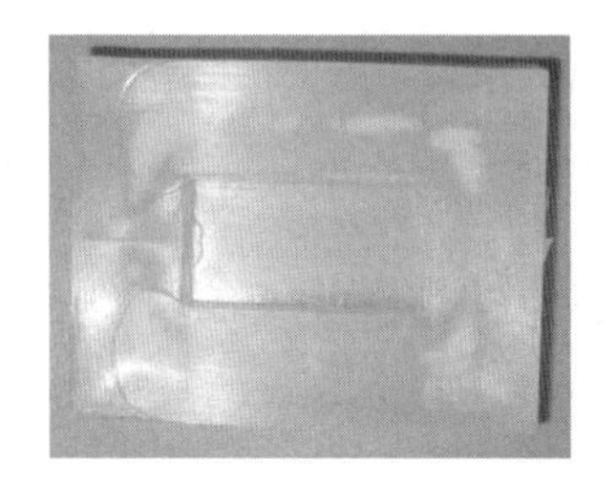

(b)

图 3-3-4　波流痕缺陷

表 3-3-1　矩形型腔料筒温度设定

料筒加料段	料筒后段	料筒中段	料筒前段	喷嘴
45℃	260℃	280℃	290℃	300℃

表 3-3-2　矩形型腔注射保压参数设定

预塑位置/mm	35	保压一段时间/s	0.1
注射速度/(mm/s)	30	保压一段压力/bar	200
注射压力/bar	500	保压二段时间/s	0.1
转压位置/mm	9	保压二段压力/bar	100

从图 3-3-5 中可以看出，熔体流动前锋进入型腔流动相对较快，然后流动逐渐缓慢，注射速度不平稳导致流动不平稳，由于熔体充模时温度高的熔体遇到温度低的模具型腔壁而形成很硬的壳，壳层受到熔体流动力的作用，时而脱离型腔表面而造成冷却不一致，最终在制品上形成波纹状的痕迹。波流痕形成原因示意图

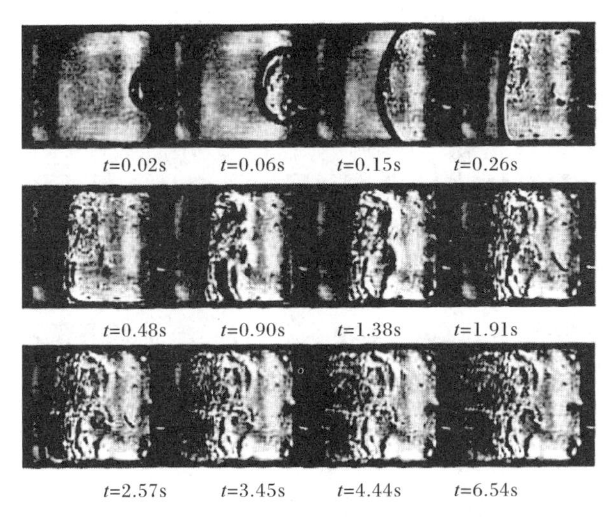

图 3-3-5　波流痕可视化实验结果(PC)

如图 3-3-6 所示。

料筒温度设定如表 3-3-3 所示，注射保压参数设定如表 3-3-4 所示。图 3-3-4(b)中 PP 制品末端有一道很明显的流痕，其可视化实验结果如图 3-3-7 所示。

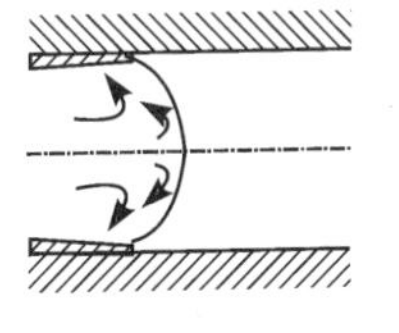

(a) 熔体前沿在模壁附近冷却下来

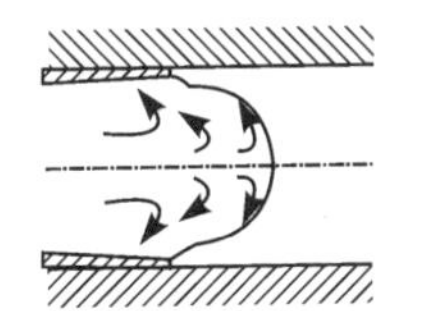

(b) 冷凝的外层前沿阻止熔体前沿直接卷至模壁

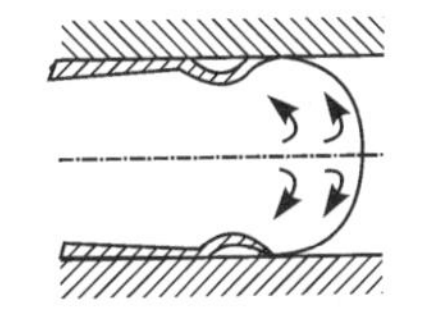

(c) 熔体前沿再度接触模壁，如此反复，形成波纹

图 3-3-6　波流痕形成原因示意图

表 3-3-3　机筒温度设定　　(单位:℃)

料筒加料段	料筒后段	料筒中段	料筒前段	喷嘴
45	190	200	210	220

表 3-3-4　矩形型腔注射保压参数设定

参数	数值	参数	数值
预塑位置/mm	46	保压一段时间/s	0.1
注射速度/(mm/s)	50	保压一段压力/bar	300
注射压力/bar	500	保压二段时间/s	0
转压位置/mm	8	保压二段压力/bar	25

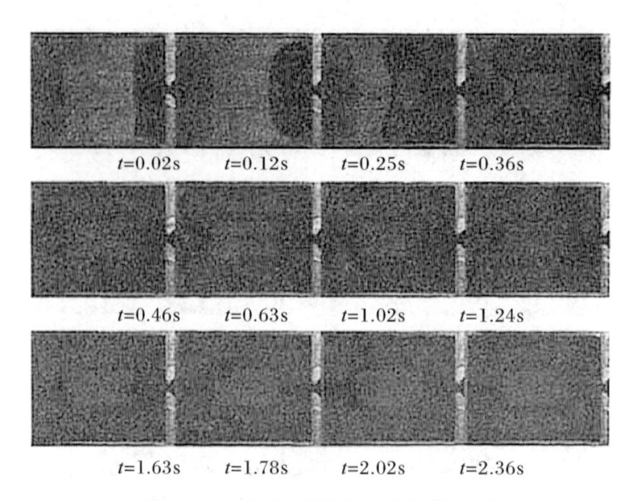

图 3-3-7　流痕可视化实验结果(PP)

从图 3-3-7 中可以看出,熔体在速度压力切换后流动缓慢,保压不足,熔体在速度压力切换位置停留时间长,形成固化层,最终形成波纹。因此速度压力切换不当,保压不足,注射速度过低或者不平稳都有可能导致波流痕。

3.4　塑料精密注射成型工艺优化[21~30]

本节采用精密注射成型可视化实验系统,直观地观察了典型矩形试验熔体充填行为,并研究了制品熔接痕和喷射缺陷的产生机理。通过分析得到模具结构设计、成型工艺参数设置与熔体宏观流动行为及成型缺陷产生过程之间的内在联系,提出解决熔接痕和喷射缺陷的具体措施。通过设计合理的浇口尺寸、位置和形状,降低注射速度和压力可以明显地改善喷射现象。合理地增加浇口的数量和位置,添加排气孔,适当地提高注塑压力和保压压力等措施可以明显地改善熔接痕现象。

1. 矩形型腔中喷射缺陷成因分析及解决措施

(1) 模具方面:熔体喷射现象通常是由于模具浇口位置、类型与尺寸设计不合理造成的。浇口尺寸过小、熔体经浇口至型腔时,由于熔体截面忽然增大,流动不稳,容易产生喷射。

(2) 工艺方面:注射速度、压力及温度等工艺参数设置不合理也是造成喷射现象的主要原因。注射速度、注射压力过大,熔体温度和模具温度过低也易造成喷射。

结合可视化实验,解决喷射现象的主要措施有:

(1) 降低注射速度、注射压力。

(2) 调整优化螺杆速度曲线,使熔体前锋以低速通过浇口,等到熔体流过浇口以后再提高注射速度,可以一定程度上消除喷射现象。

(3) 提高熔体温度、模具温度,以改善物料在充填过程中的流动性。

(4) 设计合理的浇口位置,避免喷射,浇口的位置要合理,尽量避免使其进入深、长、宽广区域,避免发生喷射。

(5) 采用恰当的浇口类型避免喷射,如扇形浇口、膜状浇口、护耳浇口、搭接浇口等。

2. 矩形型腔中的熔接痕成因分析及解决措施

(1) 模具方面:浇口数量、尺寸或位置设计不合理,型腔内排气不良或未设置排气孔,或者由制品设计不合理造成的波前汇合角过小等,都易形成熔接痕缺陷。此外,制品壁厚过小或差异过大、嵌件位置不当时,型腔内熔体前锋由于迟滞现象或充填不均衡同样会造成熔接痕缺陷。

(2) 工艺方面:成型过程中与熔接痕缺陷相关的工艺参数包括压力和温度。注射压力或注射速度设置过低,锁模力过大引起的排气不良等易造成制品熔接痕缺陷。注射机料筒、喷嘴温度设定过低,模具温度过低时则会加剧熔接痕缺陷的可见性。

结合可视化实验,解决的熔接痕的主要措施包括:

(1) 提高注塑压力和保压压力,合理提高熔体温度与模具温度可改善熔接痕缺陷。

(2) 合理设置浇口位置,避免流程过长导致的前锋料流温降过多。避免浇口至型腔时截面突变的设计形式,防止熔体在较高的剪切速率下产生喷射流动或蠕动。

(3) 合理增加浇口数量。对尺寸较大的制品,适当增加浇口数可使熔体充模流程与时间大大缩短,流动中的熔体温度与压力损失减少,减轻熔接痕的可见程度。此外,增大流道或浇口截面积,有利于料流汇合处的熔体分子相互扩散与缠结,改善熔接痕缺陷。

参考文献

[1] 谢鹏程. 精密注射成型若干关键问题的研究[D]. 北京:北京化工大学,2007.

[2] 横井秀俊. 射出成形金型における可視化・計測技術[J]. 精密工学会誌,2007,73(2):

188－192.

[3] Ohta T，Yokoi H. Visual analysis of cavity filling and packing process in injection molding of thermoset phenolic resin by the gate-magnetization method[J]. Polymer Engineering & Science，2004，41(5)：806－819.

[4] 宮内英和，今出政明，等. ツイン・ゲート着磁法による射出成形金型内樹脂流動パターンの可視化[C]//電子情報通信学会総合大会講演論文集. 东京：情報・システム，1998：159.

[5] 张强. 注塑成型过程可视化实验装置的研制[D]. 大连：大连理工大学，2006.

[6] 谢鹏程，杨卫民. 注射充模过程可视化实验装置的研制[J]. 塑料，2004，33(2)：87－89.

[7] 祝铁丽，宋满仓，张强，等. 注塑制品模内收缩可视化模具设计[J]. 塑料工业，2009，37(4)：39－42.

[8] 严志云，谢鹏程，丁玉梅，等. 注射成型可视化研究[J]. 模具制造，2010，10(7)：43－47.

[9] 横井秀俊，植田幸治，岡克典，等. ガラスインサート金型によるランナー内樹脂流動挙動の解析[C]. JSPP'92 Technology，Tokyo，1992.

[10] Beaumont J，Young J. Mold filling imbalances in geometrically balanced runner systems [J]. Journal of Injection Molding Technology，1997，1(3)：133－136.

[11] Yang W M，Yokoi H. A study on filling balance in multi-cavity molds[C]. JSPP'02 Technology，Tokyo，2002.

[12] Xinbonnsha N K. Data Book for Plastics Process [M]. Tokyo：JSTP，1988.

[13] Mckelvey J M. Polymer Processing [M]. New York：John Wiley & Sons Inc，1962.

[14] Toor H L. Heat generation and conduction in the flow of a viscous compressible liquid[J]. Transactions of the Society of Rheology，1957，1：177－190.

[15] 杨卫民，谢鹏程，杨高品. 注射成型多模腔充填不平衡现象的产生机理 I-模具流道系统中熔体流动行为的研究[J]. 中国塑料，2004，18(11)：93－99.

[16] Murata Y，Yokoi H，Ueda Y. Measurement of Melt Temperature Profile inside the Nozzle of Injection Molding Machine by Integrated Thermocouple Sensor[C]//Yokoi H. 生产研究. 东京，1998：165－171.

[17] Yokoi H. Measurement of Melt Temperature Profiles inside a Nozzle by Using Integrated Thermocouple Ceramic Sensor [C]//Yokoi H. 生产研究. 东京，1998：172－175.

[18] 杨卫民，谢鹏程，杨高品. 注射成型多模腔充填不平衡现象的产生机理Ⅱ——模具流道系统中熔体流动行为的研究[J]. 中国塑料，2004，18(12)：81－84.

[19] 楊衛民，横井秀俊. 多数個取りキャビティにおけるランナー部樹脂温度と充填バランスの相関解析[C]. JSPP'03 Technology，2003：271－274.

[20] Beaumont J P. Method and apparatus for balancing the filling of injection molds[P]：USA，6077470. 2000.

[21] 杜彬. 光学级制品的动态内应力可视化实验研究[D]. 北京：北京化工大学，2011.

[22] 杜彬，安瑛，严志云，等. 矩形型腔熔体充填规律的可视化实验[J]. 中国塑料，2010，39(6)：1－4.

[23] 杨卫民，丁玉梅，谢鹏程，等. 注射成型新技术[M]. 北京：化学工业出版社，2008.

[24] Tredoux L, Satoh I, Kurosaki Y. Investigation of wave-like flow marks in injection molding: Flow visualization and micro-geometry[J]. Polymer Engineering & Science, 1999, 39(11): 2233—2241.

[25] Tredoux L, Satoh I, Kurosaki Y. Investigation of wavelike flow marks in injection molding: A new hypothesis for the generation mechanism[J]. Polymer Engineering & Science, 2000, 40(10): 2161—2174.

[26] Uluer O. An Experimental Investigation of Flow Formation During Polymer Melt Flow into the Mold Cavity in Plastic Injection Molding[D]. Ankara: Gazi University, 2002.

第4章　新型二板式精密注塑机

一直以来，研究者对注塑制品成型精度影响的研究都侧重于注射机构及机筒温度控制方面，往往忽视了合模机构的影响[1~8]。

在注射充模时，一定容积的低黏度高温塑料熔体在注射螺杆或柱塞的高速推动下，以很大的动能及过填充的趋势充满型腔，特别是在精密注射成型所要求的高速高压成型条件下产生很大的惯性力与动压力。模具在动压力的作用下将产生胀模力，使模具分型面具有分离溢料的趋势。因此，必须在模具分型面的垂直方向施加足够的模具锁紧力，使模具分型面产生压应力及弹性变形。不难发现，模具弹性变形的大小及其重复精度直接影响注塑制品的尺寸精度与重复精度，而模具弹性变形的大小不仅与自身的模具刚度有关，还与锁模力的大小及重复精度有关，锁模力的大小与重复精度又直接受控于合模机构的性能[9]。因此，合模机构的类型及工作性能对于制品精度有决定性的影响。

4.1　精密注塑机合模机构的主要类型及性能分析

经过几十年的发展，合模机构已发展和衍生出四十多种型式和结构。本节将介绍应用最为广泛的几种合模机构及其优缺点。

4.1.1　三板式合模机构

三板式合模机构主要分为三板肘杆式、三板直压式和三板复合式三种。

1. 三板肘杆式合模机构

按照肘杆机构的类型和曲肘数目，可将肘杆式合模机构分为单曲肘、双曲肘及其他特殊型；按肘杆机构与移模油缸的排列方式，可分为对称型与非对称型；按组成曲肘的连接数，可分为四孔型和五孔型等。其中，具有代表性的五点斜排双曲肘合模机构(图4-1-1)凭借其节能、高效及低成本的优势，长期以来作为标准型式在国内外得到广泛应用[10]。这种合模机构是通过动力系统带动曲肘连杆机构来实现模具启闭的，在启闭模过程中，能够满足工艺所需的慢-快-慢的运动过程；具有力的放大作用，能够通过很小的推力获得较大的锁模力；在曲肘伸直时具有自锁作用而长久地保持锁模力。

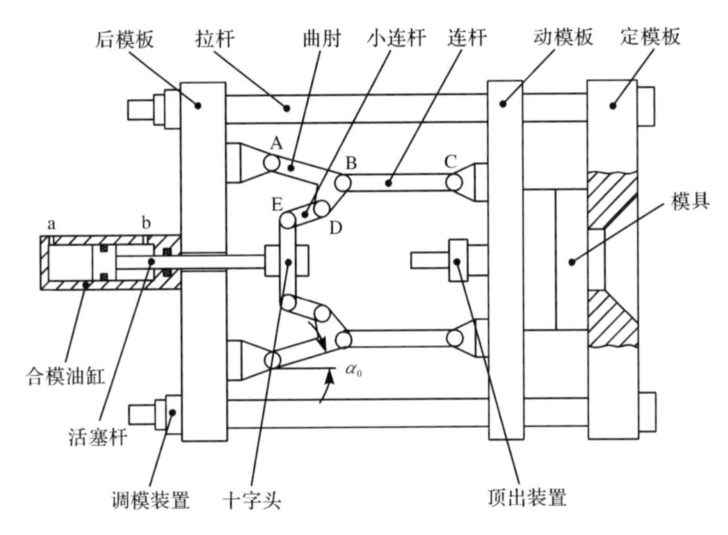

图 4-1-1　五点斜排双曲肘式合模机构

根据驱动肘杆机构的动力不同，三板肘杆式合模机构可分为液压肘杆式和电动肘杆式（图 4-1-2）。

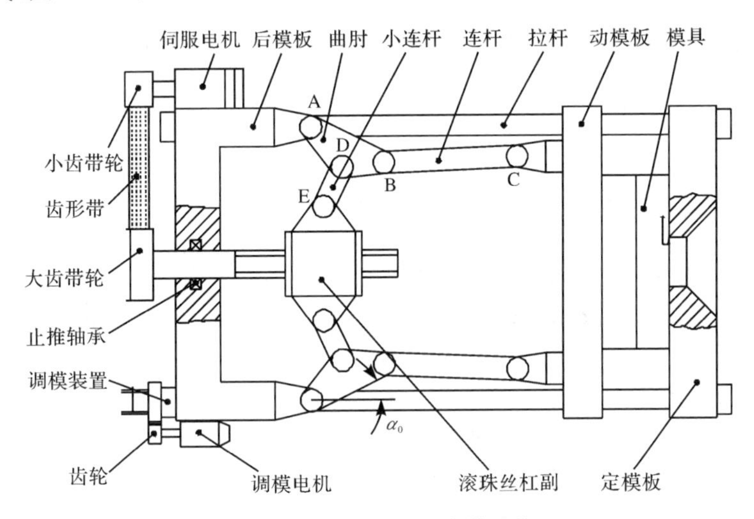

图 4-1-2　电动肘杆式合模机构

液压肘杆式合模机构是通过油缸推动曲肘运动的。电动肘杆式合模机构是用伺服电机、滚珠丝杆来代替液压肘杆式合模机构的液压系统，因此能获得与液压肘杆式合模机构相同的力学特性与运动特征。

电动肘杆式合模机构具有节能、控制精度和重复精度高、效率高和环保清洁等优点。随着高精度薄壁注塑件应用范围和需求量的扩大，以及环保意识的日渐增强，电动肘杆式合模机构以其优越性得到了人们的认可，目前世界各大注塑机生产厂家所生产全电动注塑机均采用这种合模机构。

但无论是液压肘杆式合模机构还是电动肘杆式合模机构都存在结构复杂、加工精度要求高、易磨损、调模困难的缺陷，特别是锁模时，肘杆机构的各种误差直接反映至锁模力上，直接影响模具弹性变形和制品成型，其缺陷正在精密注射成型领域日益凸显。

2. 三板直压式合模机构

三板直压式合模机构可分为三板式全液压合模机构和电动直压式合模机构两种。

三板式全液压合模机构可分为直压充液式、充液增压式、系统增压式和系统增液式等众多形式。由于三板全液压式合模机构能耗大、结构复杂，在实际生产中已很少应用。

电动直压式合模机构如图 4-1-3 所示，合模机构根据伺服电机的正反转和转速通过滚珠丝杠副实现模具的启闭运动和速度切换，模具接触后，根据伺服电机输出的扭矩产生推力而实现锁模。这种合模机构系统刚性大、传动精度高、效率高、节能，但是锁模时无增力机构，滚珠丝杠轴向力大，机械磨损严重，只适合微小机型。

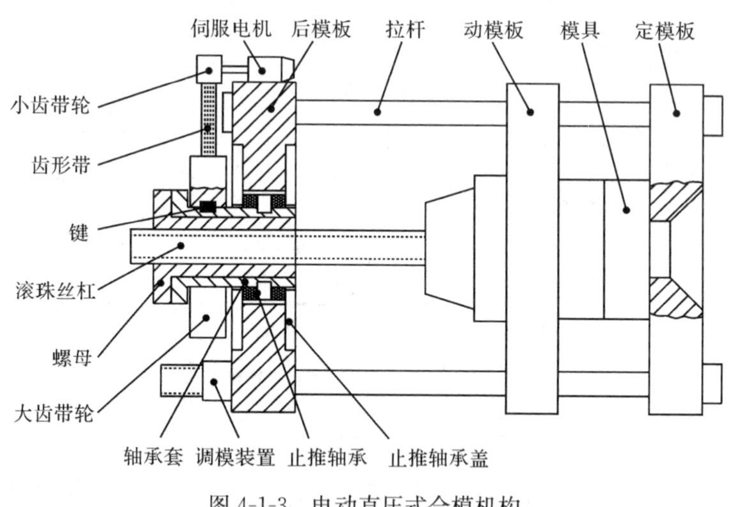

图 4-1-3　电动直压式合模机构

3. 三板复合式合模机构

三板复合式合模机构可分为闸块稳压式、摆块稳压式和转盘稳压式三种，其中闸块稳压式合模机构如今还有少量应用(日精 NS 系列注塑机,如图 4-1-4 所示),其工作原理为:快速闭模时,活塞管 a 口进油,至移模油缸内,推动支柱及其稳压柱塞、动模板实现快速闭模。锁模时,闸块在油缸带动下,闸入支柱定位槽内,然后,锁模油缸 b 口进油,直至达到设定锁模力。启模时,b 口先接回油。支柱在弹簧作用下卸载,闸块油缸进油将闸块退出支柱的定位槽内,移模油缸 c 口进油,实现快速启模,支柱在导向筒内滑动。图 4-1-5 为伺服电机驱动移模的闸块稳压式合模机构示意图。海天天泰系列注塑机(图 4-1-6)采用了这种型式的合模机构。

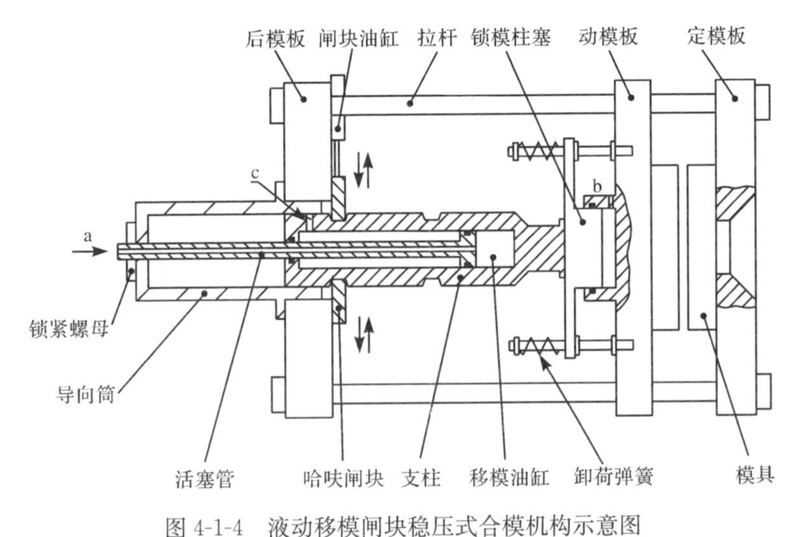

图 4-1-4　液动移模闸块稳压式合模机构示意图

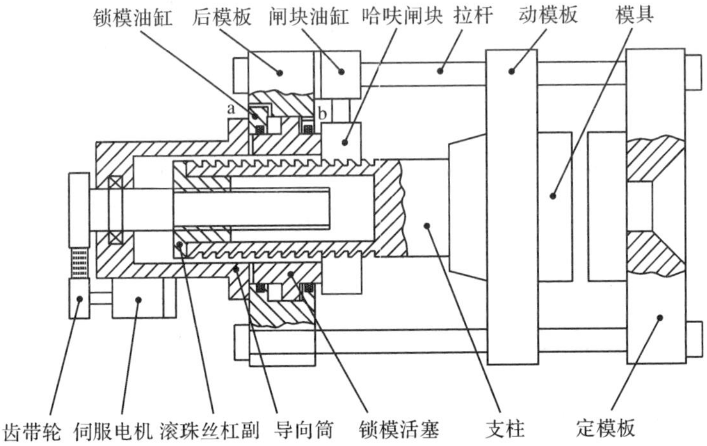

图 4-1-5　电动移模闸块稳压式合模机构示意图

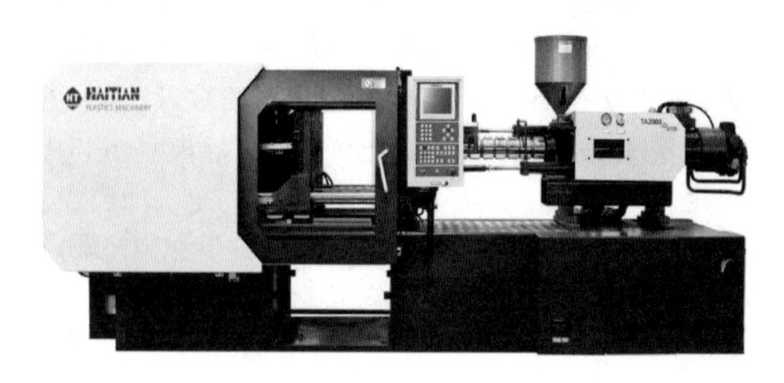

图 4-1-6　电液混合注塑机(图片由海天提供)

三板复合式合模机构具有移模行程大,易成型深腔制品的优点。但是其结构复杂,程序动作定位精度要求高,机械磨损严重;而且由于定位程序动作的存在,使合模机构空循环时间延长。

对三板式合模机构的研究主要集中于以下三个方面:

(1) 肘杆机构的优化。国内外对肘杆机构的优化研究主要集中在以力的放大比和行程比为目标函数来对合模机构结构参数进行优化,由此获得改善的合模机构运动学和动力学特性[11~13]。Huang 等采用遗传算法优化五支点双肘杆合模机构,为获得更平滑的运动曲线和更大的力放大比,前曲肘应尽可能长,曲肘角应接近 20°,最大顶角应接近于 85°[14]。张春伟等提出肘杆式合模结构合模点的概念及其确定方法[15];陈学锋等建立了五点斜排双曲肘合模机构弹性动力学模型,为增加动模板运动平稳性,提高合模过程轨迹精度和合模精度提供了理论依据。钟士培等通过动力学分析软件 ADAMS 建立了注塑机肘杆合模机构的虚拟样机模型,并应用刚柔耦合动力学模型对合模机构进行了柔体动力学的仿真分析[16]。曾翠华等利用 ADAMS 软件对曲肘机构进行动态仿真,采用参数分析方法对影响机构力放大比的因素进行了探讨,由此确定液压系统主要液压元件的参数[17]。周书华等对负后角肘杆机构进行分析表明,对比主流正后角肘杆机构具有更好的力学性能,增力倍数与行程比均提高 12.4%[18]。邵珠娜等设计了以常规电机和伺服电机为驱动源的二自由度混合驱动式合模机构,为全电动注塑机的大型化、超高速化和低成本化发展提供了新的方向[19]。张友根研究了双曲肘斜排七支点合模机构,与双曲肘斜排列五支点合模机构相比,新机构行程比提高一倍,液压驱动节能 35%,系统液压驱动装载功率下降 40%[20]。

(2) 三板肘杆式合模机构模板的优化。周宏伟研究分析了合模过程中动模板质量及机构摩擦力对合模机构性能的影响,结果表明通过降低模板运动惯性和肘杆连接件的摩擦系数是改善机构运动及节能特性的有效措施[21]。台湾昆山科技大学的 Sun 采用自组织算法对定模板作了优化拓扑设计，以减小定模板的弯曲变形挠度。V 形被证明是最佳的拓扑设计，且为商业机型所采用[22]。北京化工大学的徐柯基于固体各向同性材料惩罚法(SIMP)对定模板也进行了拓扑优化，达到了减少材料使用量、提高模板刚度的目的[23]。李竞等也对模板进行了类似的研究[24~29]。刘文耀等开发了注塑机模板的集成设计软件，集成了模板参数化设计CAD、CAE 分析和优化设计等功能，已经在实际工程中得到应用[30]。有限元拓扑优化已经在模板优化中得到了广泛的应用。

(3) 其他。Sasikumar 等对拉杆的过早失效进行了分析。拉杆通常由于疲劳应力而被拉断。断裂通常发生在第一圈螺纹处。引起疲劳断裂的原因主要是四根拉杆受力不均或拉杆材质有缺陷，拉杆不断承受拉弯—压缩的交变载荷作用[31,32]。Lin 等研究了双曲肘五支点合模机构的铰点摩擦问题，研究结果表明在实际工作过程中铰点摩擦不应被忽略[33]。Fung 等对线性同步电机驱动的肘杆机构的铰点摩擦进行了研究，结果表明铰点摩擦力垂直于肘杆法向力且与运动方向相同，在开模开始时总驱动能量的一半以上用来克服库仑摩擦力[34]；他还对四点肘杆机构的动力学和灵敏性进行了分析，并与五点肘杆机构进行了对比，研究得到前者的速度和加速度都大于后者的结果，但是其行程比较小[35]。Lin 等提出了一种参数化的设计方法，可以使五点双曲肘合模机构更为高速且能提供更大移模行程[36,37]。杨雁等提出控制开合模定位精度的迭代学习算法，在保证开合模动作平稳的前提下，可实现较高的定位精度[38]。

4.1.2　二板式合模机构

二板式合模机构相对于传统的三板式合模机构而言，省去了合模装置中的尾板，将锁模力直接作用于固定模具的两块模板上，设备由此可节省大量材料和占地空间，造价低，设备成型精度高。

二板式合模机构主要有复合式和直压式两类。

1. 二板复合式合模机构

所谓复合式合模机构是指要经过机械转换即二次动作才能锁模，也称为机械液压型二板式。典型的二板复合式合模机构如图 4-1-7 所示，其动作过程如下：由与定模板固定的快速移模油缸驱动动模板快速移动，直至模具闭合；此时，动模板与拉杆通过止退定位锁紧装置相对固定，然后再由锁模油缸拉动拉杆将模具锁紧。该锁模机构的特点为在移模过程中拉杆固定，动模板在拉杆上滑动；在锁模时，拉杆与动模板相对固定，拉杆相对于定模板运动，即动板抱杆，前板稳压。除此还有前板抱杆，动板中心稳压等。目前市场上很多二板式注塑机均采用这种类型的合模机构，如ENGEL生产的二板式注塑机（图4-1-8）和海天二板式注塑机（图4-1-9）[39,40]。

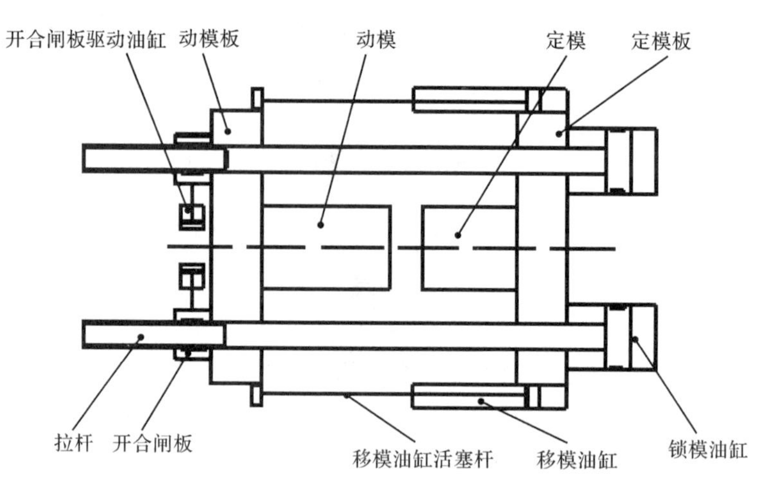

图4-1-7　二板复合式合模机构

图4-1-8　ENGEL生产的复合式合模机构[41]

2. 二板直压式合模机构

二板直压式合模机构主要有无循环式、外循环式和内循环式三种。

无循环式二板合模机构如图4-1-10所示，无循环式合模机构的模具启闭和锁紧都依靠同一个合模油缸实现，合模油缸直径较大，无法较好地协调力与速度的关系。因此，快速开合模需要大功率的油泵，液压油循环量大，能耗极高[39]。

图 4-1-9　海天生产的复合式合模机构[42]

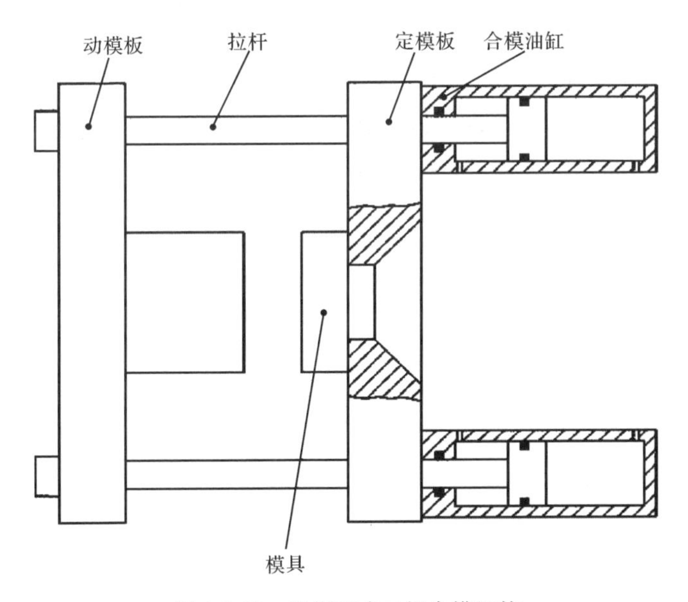

图 4-1-10　无循环式二板合模机构

外循环式合模机构如图 4-1-11 所示，移模通过移模油缸来完成，移模油缸直径小，能满足快速移模的要求；锁模则通过直径较大的锁模油缸来实现。在移模过程中，锁模油缸活塞跟随移模油缸运动，与此同时必须向锁模油缸补充大量油液以防止锁模油缸吸空，因此，所需泵压的油量巨大，黏性耗散增加，能量消耗大。

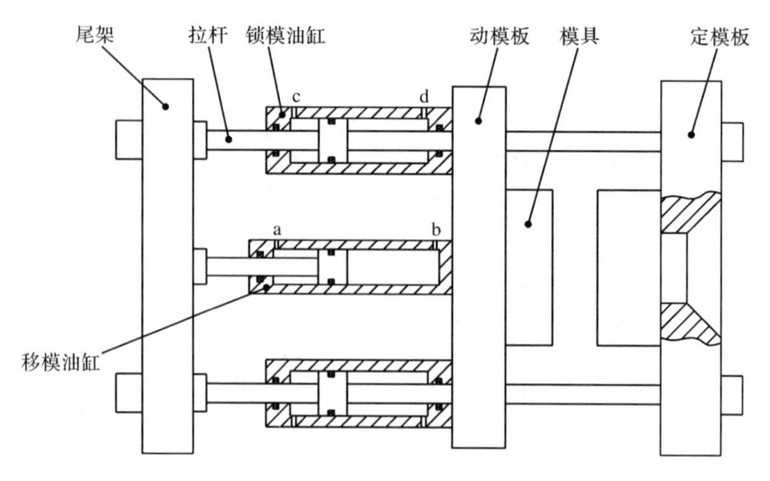

图 4-1-11　外循环式二板合模机构

对于这种型式的合模机构，也可通过液压管路和阀控系统连接锁模油缸的进油口和出油口，使之在移模过程中液压油形成外部差动循环，减少能量消耗。但是，这种外部差动循环的管路通径有限，锁模油缸对移模动作的阻力作用明显。

内循环式合模机构在市场上较少出现，典型代表为德国设备生产商 Krauss Maffei 公司生产的二板式合模机构(图 4-1-12)。

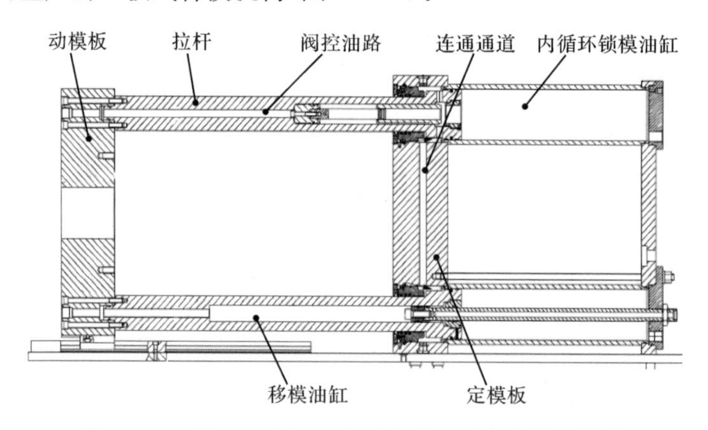

图 4-1-12　Krauss Maffei 内循环式二板式合模机构[43]

该合模装置采用四缸直锁，在一组对角设置的锁模油缸的活塞杆(即拉杆)里设置移模油缸；而另一组对角的锁模油缸为内循环油缸，四个锁模油缸的锁模侧彼此相通。移模时，通过对角设置的移模油缸来实现移模动作，锁模油缸活塞两侧的液压油通过内循环锁模油缸及四个锁模油缸的连通通道实现锁模系统液压油的内部大循环；锁模时，通过阀控油路控制内循环锁模油缸阀芯关闭，四个锁模油缸同时作用实现额定锁模力。Krauss Maffei 内循环二板式合模机构的特点是移模速度快，锁模稳定，节能效果明显；但该合模机构的拉杆结构复杂，不仅加工制造精度要求高、难度大，而且由于在拉杆里开设移模油缸，大大地降低了合模机构的强度和刚度。

综上所述，二板式合模机构具有以下特点：

(1) 二板式合模机构以导轨为支撑导向，替代三板式合模机构以拉杆为支撑导向，拉杆无径向载荷，磨损小。

(2) 相比二板复合式合模机构，二板直压式合模机构在锁模时无二次复合动作，因此其空循环时间短，效率高。

(3) 二板直压式合模机构能够在锁模油缸行程任意位置建立锁模压力，适合成型深腔制品。

(4) 二板式合模机构具有更好的低压模具保护功能和移模速度控制功能。

(5) 相对于三板肘杆式合模机构与二板复合式合模机构，二板直压式合模机构的机械结构更加简单，工作性能更加可靠。

(6) 二板式合模机构的液压回路相对复杂，配备电机功率相对较大，因此，液压回路成本和能耗相对较高。

(7) 二板式合模机构具有全液压合模机构的固有缺点，移模行程随模具高度的增加而减小。

4.2　新型内循环二板式合模机构及其锁模刚度模型

本节介绍了新型内循环二板式合模机构的机械结构、工作原理和液压系统，建立了内循环二板式合模机构的虚拟样机和锁模刚度理论模型，由此得到合模机构系统刚度的影响因素，为四缸直锁内循环二板式合模机构的优化设计和性能研究提供了理论依据。

4.2.1　内循环二板式合模机构的结构及工作原理

通过对现有塑料注射成型机合模技术的性能优劣分析和总结，研发了一种新型的四缸直锁内循环二板式全液压合模机构。在秉承传统二板式合模机构优点的基础上，对其存在的能耗大、结构复杂等问题作了改进。新型内循环二板式合模机构的特点为二板调模、四缸直锁和内循环。图 4-2-1 为新型内循环二板式合模机构的设计思路，具体叙述如下：

(1) 驱动方式与模板数目。

如前所述，二板直压式合模机构具有众多的优点，因此本合模机构采用二板

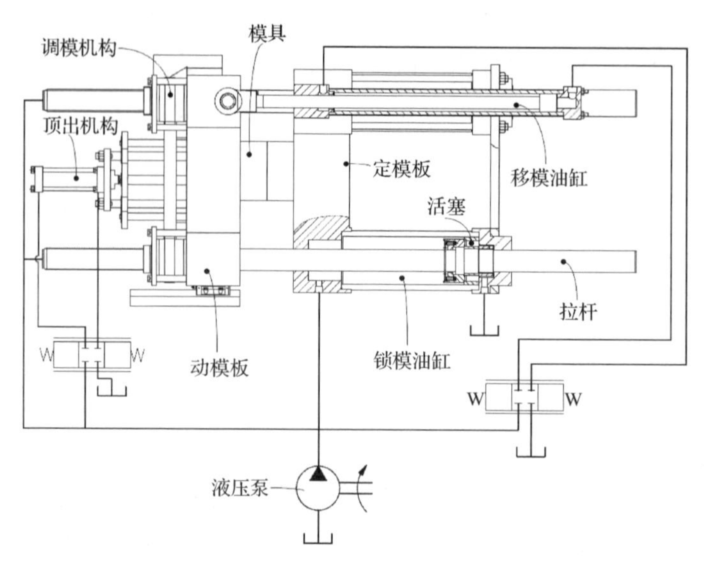

图 4-2-1 内循环二板式合模机构的设计思路

式结构设计,即只具有动模板和定模板(二板);采用液压驱动的直压锁模方式(直锁),锁模前无二次复合动作。

(2) 移模和锁模。

移模运动通过对角设置的两个普通油缸来完成,在满足模具开启力的情况下,移模油缸的直径可以尽量小,这样可以在电机和泵功率恒定时实现相对较高的移模速度。

四个特殊设计的内循环油缸作为锁模油缸来实现模具锁紧。为了减少移模时的模板运动惯性,提高速度可控性,将锁模油缸设置于定模板四角上(四缸)。与此同时,将锁模油缸拉杆与合模机构拉杆整合为一体,简化合模机构结构。

(3) 合模机构的内循环功能。

为达到合模机构移模过程节能的目的,降低锁模油缸对移模运动的阻力,使锁模油缸具有移模过程液压油内部循环的功能(内循环)。考虑在锁模油缸活塞上设置开关阀式结构,在移模阶段,阀处于开启状态,锁模油缸两腔连通,实现活塞两侧液压油的置换;在锁模阶段,阀处于闭合状态且要求密封效果好,在锁模油缸锁模侧施加高压压力实现锁模。开关阀式的结构设计为本技术的创新之处。

(4) 调模机构与顶出机构。

为了解决二板直压式锁模机构移模行程随模具高度的增加而减小的固有缺陷,在动模板上设置调模机构(调模)。调模机构无特别之处,可直接采用现有的齿轮联动调模机构来实现。顶出机构亦无特别之处,可直接选配现有注塑机的顶出机构。

新型内循环二板式合模机构主要包含机械和液压两个模块。

1. 机械结构和工作原理

图 4-2-2 为新型内循环二板式合模机构的三维造型。新型内循环二板式合模机构主要包含两个移模油缸、四个锁模油缸、四条拉杆、两块模板、一套顶出机构和一套调模机构。两个移模油缸设置于定模板对角位置上，四个锁模油缸对称设置于定模板四角。移模油缸与锁模油缸的缸筒分别与定模板连接，活塞杆分别与动模板连接，锁模油缸的活塞杆同时也是合模机构的拉杆。顶出机构与调模机构设置于动模板上。

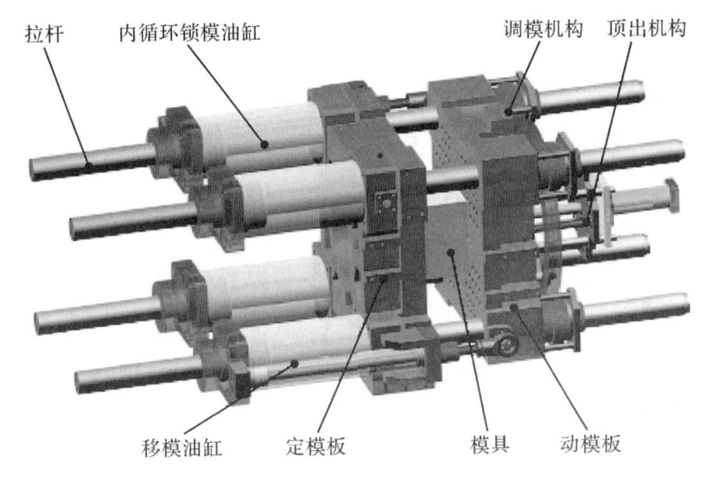

图 4-2-2　新型内循环二板式合模机构的三维造型

拉杆、定模板和锁模油缸构成了合模机构的锁模系统，是本合模机构的核心，其具体结构如图 4-2-3 所示。锁模油缸活塞阀式的结构设计由挡圈、压缩弹簧、滑阀、活塞和锁紧螺母组成。锁模油缸筒一端插入定模板内部，另一端与锁模油缸后盖连接，拉杆穿过其中。挡圈和活塞套于拉杆上且相对固定，滑阀设置于挡圈与活塞之间并可来回往复运动，且滑阀可以与拉杆轴肩形成环形油腔 b，数个压缩弹簧设置在挡圈上使初始位置时滑阀与活塞接触，锁紧螺母对活塞起限位作用。活塞上环向设置有若干个孔，四个锁模油缸通过连通通道彼此相通。

内循环二板式合模机构的工作原理如图 4-2-4 所示。在初始状态，在弹簧压缩力的作用下滑阀与活塞接触，使锁模油缸两腔 c 和 d 隔断。合模开始时，液压油入口 a 施加液压压力，从而使油腔 b 建立压力，在该压力的作用下，滑阀克服弹簧的压缩力向左运动使其与活塞分开，由此在锁模滑阀与活塞之间形成了环形间

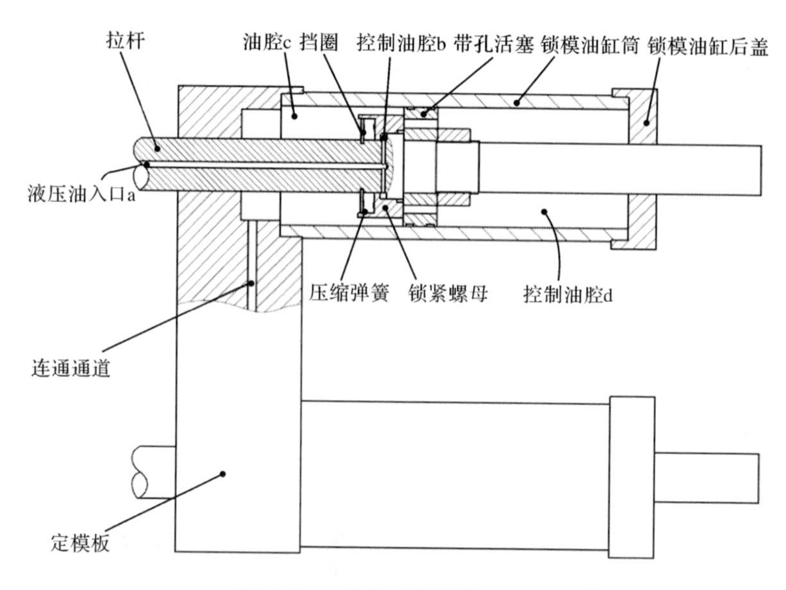

图 4-2-3　锁模系统结构示意图

隙,使得锁模油缸两腔 c 和 d 连通。合模时,移模油缸带动动模板、拉杆及锁模油缸活塞组件移动,锁模油缸中液压油通过环形间隙和设置于活塞上的若干个孔实现内循环。合模到位后,作用于液压油入口 a 的液压压力撤去,在弹簧力的作用下滑阀重新回到了初始位置,滑阀与弹簧接触,使锁模油缸两腔 c 和 d 再次隔断,在油腔 c 处施加液压压力,由此实现模具锁紧。锁模稳压结束后,锁模油缸 c 腔泄压,当压力下降到一定值时,液压油入口 a 再次施加液压压力,使得锁模油缸两腔 c 和 d 连通,模具开模,其运动原理与合模过程相同。

2. 液压系统原理

鉴于注塑机的液压系统类别会因机器型号不同而有差别,下文介绍的内循环二板式合模机构的液压回路只表示要实现预定功能所需的基本元素和技术要点,不代表设备的实际液压回路。例如,对于中大型注塑机,液压回路流量大,因电磁换向阀通径有限,回路通断要依靠电磁换向阀控制的插装阀来实现;而对于小型注塑机,液压回路流量相对较小,电磁换向阀的额定流量能满足其需要,则可直接采用换向阀来控制回路通断。

内循环二板式合模机构的液压回路用于控制机械部分实现移模、锁模、顶出和调模四个功能,主要通过五个功能模块实现:移模液压回路、锁模液压回路、锁模滑阀启闭液压回路、顶出和调模液压回路。本节将重点介绍前三个较为特殊的液压回路、液压系统阀块和电磁铁动作顺序。

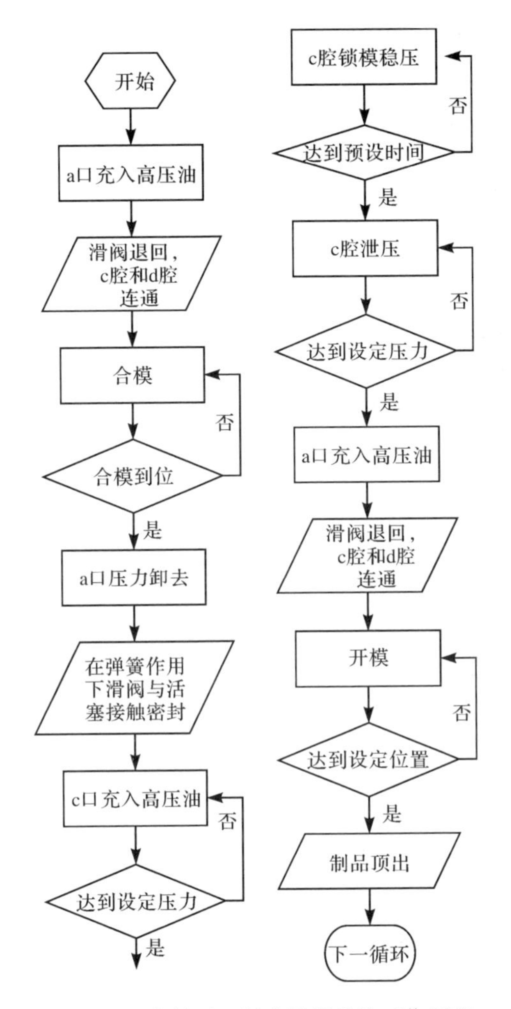

图 4-2-4　内循环二板式锁模机构工作原理

1) 移模液压回路

图 4-2-5 为移模液压回路，用来控制移模油缸的移动与换向。三位四通换向阀 V1 用来控制移模油缸的运动方向，阀 V2 控制开模时移模油缸的差动连接，以保证快速开模。合模时，V1 右位工作，V2 左位工作；开模时，V1 左位工作，V2 右位工作。

2) 锁模液压回路

锁模液压回路如图 4-2-6 所示。该液压回路用来控制锁模油缸系统压力的建立(建压)与锁模完成后锁模油缸压力的释放(泄压)。当二位四通阀 V3 左位工作、二位二通阀 V6 下位工作时，锁模油缸的左腔开始建立高压。当锁模油缸左腔中压力达到设定值时，阀 V3 换向，完成锁模压力建立，实现模具锁紧。阀 V6 的下位具有单向阀的功能，与单向阀 V4 一起，能保证锁模油缸良好的稳压性能。当锁模完成时，阀 V6 变为上位工作。由于阀 V6 入口和出口之间存在巨大的压力差，锁模油缸中的压力流经过 V5 和 V6 回到油箱，锁模油缸中压强降低。因此，阀 V6 的功能是控制锁模油缸压力的释放。如前所述，只有当锁模油缸中压力降低到和控制油腔（图 4-2-3 中 b 所示）中压力基本平衡时，锁模滑阀启闭液压回路才能正常工作。节流阀 V5 的通径对液压系统的工作稳定性有重要影响。如果阀 V5 通径太小，阀中高速的液压流动会产生噪声；如果阀 V5 通径太大，压降太快，易影响机器运行平稳性。阀 V5 通径的确定原则将在 4.3 节作详细介绍。泄压完成后，在锁模滑阀启闭液压回路的控制下，锁模滑阀打开，继续移模过程。

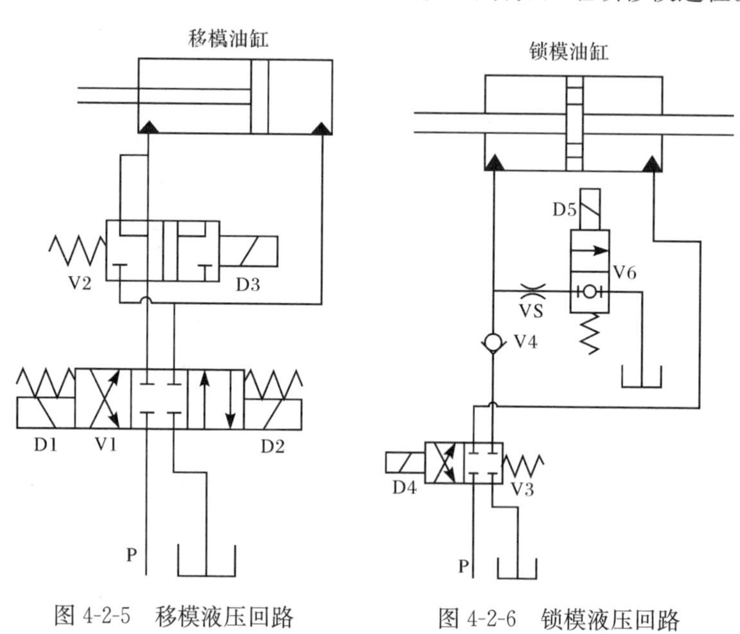

图 4-2-5　移模液压回路　　　　图 4-2-6　锁模液压回路

3）锁模滑阀启闭的液压回路

锁模滑阀启闭的液压控制油路如图 4-2-7 所示。图中 F1 表示蓄能器，用来为控制油腔（图 4-2-3 中 b 所示）提供稳定与恒定的压力。与控制油腔连通油路的通断通过二位四通换向阀 V10 控制。压力传感器 F2 用于测量蓄能器的压力，如果蓄能器 F1 中压力低于设定值，二位四通换向阀 V7 左位工作，蓄能器 F1 被充入高压流体；当蓄能器 F1 中压力达到设定值时，阀 V7 右位工作。蓄能器 F1 中压力设定值要能够保证使锁模滑阀顺利打开。单向阀 V8 用来保持蓄能器中的压力，防止向下泄漏，泄压阀 V9 为蓄能器 F1 提供安全防护功能。

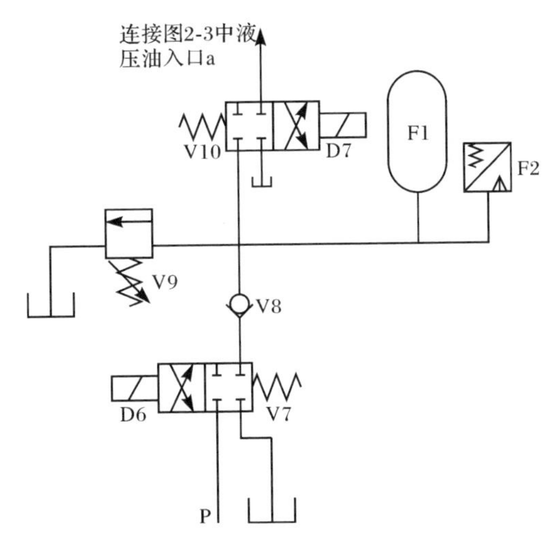

图 4-2-7　锁模滑阀启闭的液压回路

4）液压阀块

在复杂的液压系统中，高度集成的液压阀块是不可或缺的，其特点是可以显著减少管路和连接接头，降低系统的复杂性，增加现场添加和更改回路的柔性，具有结构紧凑、安装维护方便、泄漏少、振动小，利于实现典型液压系统的集成化和标准化等[44]。对于内循环二板式合模机构的液压系统，根据其功能划分与分布位置确定使用三个阀块：合模阀块、顶出阀块和调模阀块，移模液压回路和锁模液压回路集成于合模阀块上，顶出液压回路集成于顶出阀块上，锁模滑阀启闭液压回路和调模液压回路集成于调模阀块上。合模阀块、顶出阀块和调模阀块的三维造型依次见图 4-2-8、图 4-2-9 和图 4-2-10。

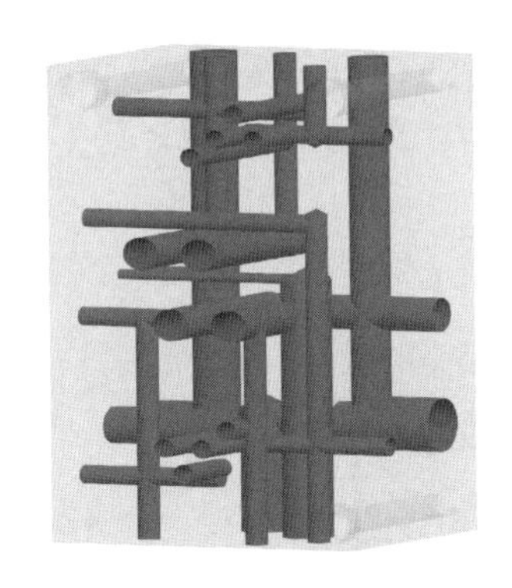

图 4-2-8　合模阀块

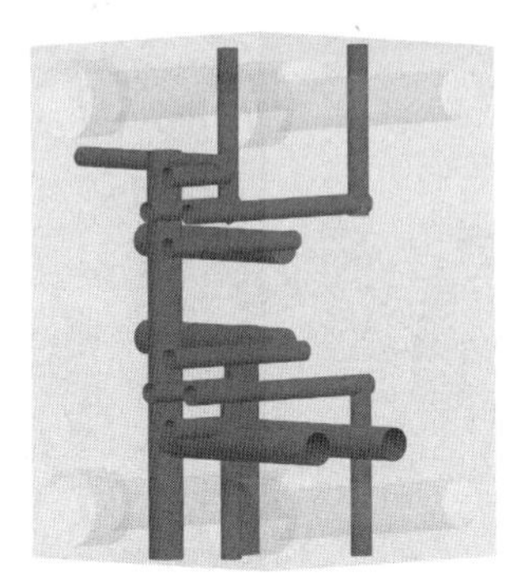

图 4-2-9　顶出阀块

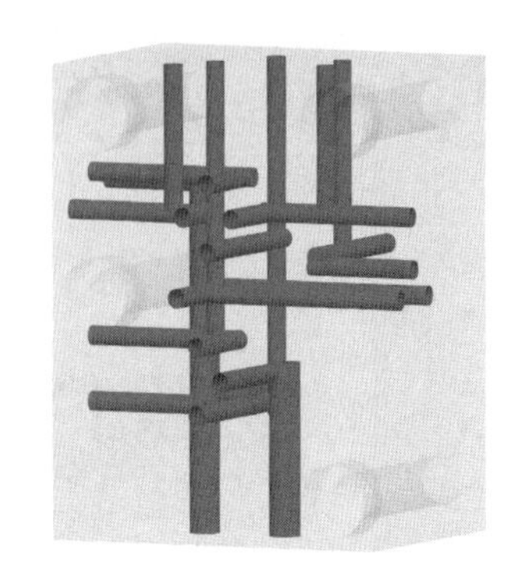

图 4-2-10　调模阀块

5）电磁铁动作表

综合以上所述，内循环二板式注塑机工作时图 4-2-8、图 4-2-9 和图 4-2-10 所示液压回路中各电磁铁动作情况如表 4-2-1 所示。

表 4-2-1　电磁铁动作表

电磁铁代号	关模				高压锁模		锁模稳压	锁模缸泄压	开模							蓄能器
	快速1	快速2	快速3	慢速	1	2			慢速1	慢速2	快速1	快速2	快速3	快速4	慢速	
D1									+	+	+	+	+	+	+	
D2	+	+	+	+												
D3											+	+	+	+		
D4					+	+										
D5								+								
D6																+
D7	+	+	+	+					+	+	+	+	+	+	+	

3. 内循环二板式精密注塑机虚拟样机的建立

虚拟样机技术（virtual prototyping technology，VPT）是一种基于虚拟样机的数字化现代设计方法[45~49]，是产品系列化与参数化设计的基础。注塑机是典型的机、电、液、控一体化的设备，其虚拟样机模型包括注塑机系统产品主模型、机械子系统模型、液压子系统模型、控制子系统模型[50]。图 4-2-11 为锁模力规格为 900kN 的四缸直锁内循环二板式注塑机虚拟样机的机械子系统，其塑化部分采用现有技术成熟的一线式油马达直接驱动螺杆预塑的注塑机构。

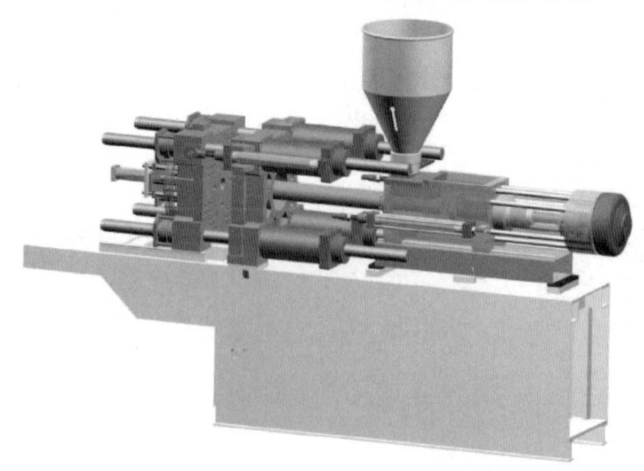

图 4-2-11　四缸直锁内循环二板式注塑机虚拟样机的机械子系统

4.2.2　内循环二板式合模机构的锁模刚度模型

内循环二板式合模机构是由动模板、定模板、拉杆和模具等刚性零件与液压锁模油缸组成复合弹性变形系统。在建立锁模刚度模型时，假设动模板和定模板为刚性零件，分别建立锁模油缸、拉杆和模具的刚度模型，然后根据合模机构锁模形变条件进行刚度集成得到内循环二板式合模机构的锁模刚度模型。

1. 液压弹簧刚度

计算内循环二板式合模机构的锁模系统液压刚性时，假设模具接触时锁模油缸中初始压力为 0，模具锁紧后回油压力为 0。

对于内循环二板式合模机构，锁模时液压系统会为锁模油缸补充额外的液压油，如图 4-2-12(a)和(b)所示。锁模系统由于液压油的可压缩性而具有液压弹簧刚性。锁模系统为一封闭容积的液压回路，以体积为 $V_1+\Delta V_1$ 的液压油为研究对象来计算液压弹簧刚度。为方便计算，将充入油缸的液体体积等效至压力为 0 时的锁模油缸内，如图 4-2-12(c)所示。

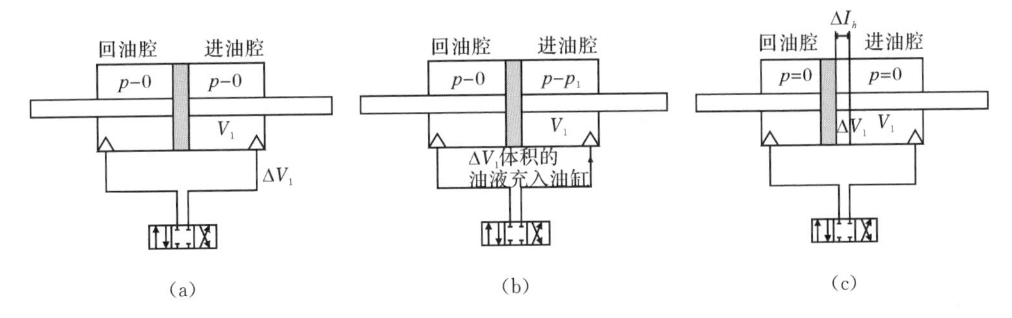

图 4-2-12　锁模系统刚性计算等效模型

根据式(4-2-1)可求得锁模系统的液压弹簧刚度。

$$k_h=-\frac{\Delta F}{\Delta l_h} \tag{4-2-1}$$

式中：k_h——液压弹簧刚度，N/m；

ΔF——锁模力增量，N；

Δl_h——液压油压缩长度，m。

根据假设，模具接触时锁模油缸中初始压力为 0，模具锁紧后回油压力为 0，因此，有

$$\Delta F=P_m=n_h p_1 A_1 \tag{4-2-2}$$

$$p_1=-\frac{K_h \Delta V_1}{V_1+\overline{V}_1} \tag{4-2-3}$$

$$\Delta V_1 = \Delta l_h A_1 \tag{4-2-4}$$

式中：P_m——实际锁模力，N；

n_h——锁模油缸个数；

p_1——锁模油缸进油系统压力，Pa；

A_1——锁模油缸进油腔的活塞有效面积，m^2；

K_h——液压油的体积弹性模量，GPa；

ΔV_1——液压油的压缩体积，m^3；

V_1——进油腔的体积，m^3；

$\overline{V}_1$——进油管的容积，m^3。

将式(4-2-2)～式(4-2-4)代入式(4-2-1)，可得内循环二板式合模机构锁模系统的液压弹簧刚度：

$$k_h = n_h K_h \left(\frac{A_1^2}{V_1 + \overline{V}_1} \right) \tag{4-2-5}$$

由此可知，锁模系统液压弹簧刚度与液压油的体积弹性模量、锁模油缸进油腔活塞的有效面积与进油腔体积有关。

2. 模具刚度

锁模时，模具受压，模具刚度由下式可得

$$k_m = \frac{P_m}{\Delta l_m} \tag{4-2-6}$$

$$\left.\begin{aligned} P_m &= \sigma_m A_m \\ \sigma_m &= E_m \varepsilon_m \\ \varepsilon_m &= \Delta l_m / l_m \end{aligned}\right\} \tag{4-2-7}$$

式中：k_m——模具刚度，N/m；

Δl_m——模具受压变形量，m；

σ_m——模具分型面所受应力，Pa；

A_m——模具分型面有效面积，m^2；

E_m——模具材料的弹性模量，GPa；

ε_m——模具受压应变；

l_m——模具厚度，m。

将式(4-2-7)代入式(4-2-6)，可得内循环二板式合模机构锁模系统的模具刚度：

$$k_m = E_m \frac{A_m}{l_m} \tag{4-2-8}$$

3. 拉杆刚度

锁模时，拉杆受拉，同理可得 n_t 条拉杆整体刚度：

$$k_t = \frac{P_t}{\Delta l_t} \tag{4-2-9}$$

$$\left.\begin{aligned} P_t &= n_t \sigma_t A_t \\ \sigma_t &= E_t \varepsilon_t \\ \varepsilon_t &= \Delta l_t / l_t \end{aligned}\right\} \tag{4-2-10}$$

式中：k_t——拉杆整体刚度，N/m；

Δl_t——拉杆受拉变形量，m；

n_t——拉杆个数；

σ_t——拉杆截面所受应力，Pa；

A_t——拉杆截面有效面积，m^2；

E_t——拉杆材料的弹性模量，GPa；

ε_t——拉杆受拉应变；

l_t——拉杆长度，m。

将式(4-2-10)代入式(4-2-9)，可得内循环二板式合模机构锁模系统的模具刚度：

$$k_t = n_t E_t \frac{A_t}{l_t} \tag{4-2-11}$$

4. 刚度集成

图 4-2-13 为四缸直锁内循环二板式合模机构封闭力线示意图，锁模系统中各部分的刚性必须满足模具锁紧形变条件，如式(4-2-12)所示：

$$\left.\begin{aligned} (l_t + \Delta l_t) + \Delta l_d - (l_h - \Delta l_h) + \Delta l_s - l_s &= l_m - \Delta l_m \\ \Delta l_t + \Delta l_d + \Delta l_h + \Delta l_s + \Delta l_m &= l_s + l_h + l_m - l_t \end{aligned}\right\} \tag{4-2-12}$$

式中：Δl_d——动模板的挠度变形，m；

Δl_s——定模板的挠度变形，m；

l_s——定模板的厚度，m；

l_h——锁模时锁模油缸进油腔的长度，m。

假设动模板和定模板具有足够的刚度，忽略锁模时它们的挠度变形，则有

$$\Delta l_t + \Delta l_h + \Delta l_m = l_h + l_m - l_t + l_s \tag{4-2-13}$$

将式(4-2-1)、式(4-2-6)和式(4-2-9)代入式(4-2-13)得

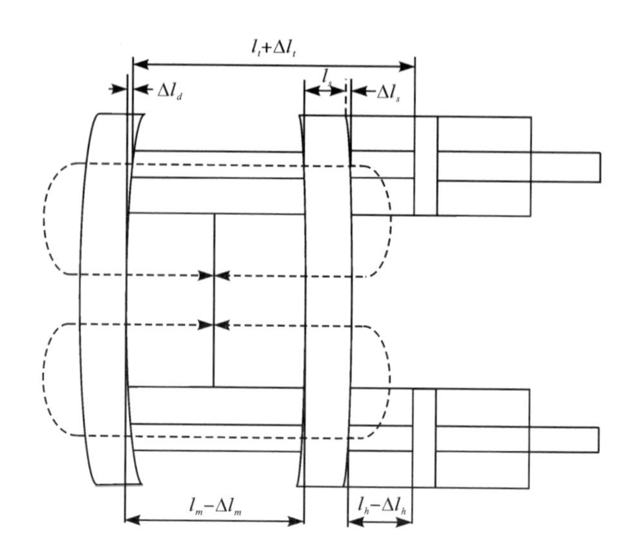

图 4-2-13　封闭力线示意图及变形长度关系

$$P_m=\frac{l_h+l_m-l_t+l_s}{\frac{1}{k_h}+\frac{1}{k_m}+\frac{1}{k_t}} \tag{4-2-14}$$

因此,合模系统的总刚度为

$$K_m=\frac{1}{\frac{1}{k_h}+\frac{1}{k_m}+\frac{1}{k_t}} \tag{4-2-15}$$

将式(4-2-5)、式(4-2-8)和式(4-2-11)代入式(4-2-15)得

$$K_m=\frac{1}{\frac{V_1+\overline{V}_1}{n_hK_hA_1^2}+\frac{l_m}{E_mA_m}+\frac{l_t}{n_tE_tA_t}} \tag{4-2-16}$$

对于四缸直锁内循环二板式合模机构有

$$V_1=A_1l_h \tag{4-2-17}$$

$$\overline{V}_1=k_vV_1 \tag{4-2-18}$$

式中:k_v——进油管与进油腔的体积比。

将式(4-2-17)和式(4-2-18)代入式(4-2-16)得

$$K_m=\frac{1}{\frac{(1+k_v)l_h}{n_hK_hA_1}+\frac{l_m}{E_mA_m}+\frac{l_t}{n_tE_tA_t}} \tag{4-2-19}$$

由式(4-2-19)可知,影响系统刚度的主要因素有锁模时锁模油缸进油腔的长度、锁模油缸活塞的有效面积、液压油的体积弹性模量、模具分型面有效面积、模具材料的弹性模量、模具厚度、拉杆有效长度、拉杆截面积和拉杆材料,这些因素对系统刚度的影响效果如表 4-2-2 所示。

表 4-2-2　内循环二板式合模机构系统刚度的影响因素及效果

影响因素	锁模时锁模油缸进油腔的长度 l_h	锁模油缸活塞的有效面积 A_1	模具分型面有效面积 A_m	模具材料的弹性模量 E_m
影响效果	－	＋	＋	＋

影响因素	液压油的体积弹性模量 K_h	模具厚度 l_m	拉杆有效长度 l_t	拉杆截面积 A_t	拉杆材料的弹性模量 E_t
影响效果	＋	－	－	＋	＋

注："＋"代表该因素越大，系统刚度越高；"－"代表该因素越大，系统刚度越低。

在进行合模机构设计时，可以按照表 4-2-2 对影响系统刚度的各影响因素进行设计，以达到提高合模机构系统刚度的目的，从而保证制品成型精度。

本节介绍了该新型合模机构的设计理念与设计思想，详细地分析了其机械结构、工作原理和对应的液压系统原理，建立了内循环二板式合模机构的虚拟样机；根据内循环二板式合模机构的锁模原理和模具锁紧后的形变条件，推导得到了四缸直锁内循环二板式合模机构的集成刚度模型，讨论了合模系统集成刚度的影响因素及其对系统刚度的影响效果。合模机构系统刚度模型的建立为四缸直锁内循环二板式合模机构的优化设计和性能研究提供了理论依据。

4.3　内循环二板式合模机构液压系统仿真及优化

四缸直锁内循环二板式合模机构的各动作都是通过液压系统驱动和控制的，液压系统的工作性能直接关乎合模机构的工作性能。本节利用工程分析软件 AMESim 仿真研究了内循环二板式合模机构的机械液压耦合系统，研究得到合模机构的运动特性。根据关键零部件的流量压力情况，分析得到影响物理样机运行平稳性的主要因素，并提出相应的优化改进方案，最后采用实验方案验证改进方案的有效性。

4.3.1　内循环二板式合模机构液压系统的仿真分析

AMESim(advanced modeling environment for simulation engineering systems)是法国 Imagine 公司推出的基于功率键合图的建模、仿真及动力学分析软件，现已发展到 AMESim 10.0 版本。它以其强大的仿真和分析能力广泛应用于航天航空、车辆、工程机械、发动机等领域中[51]。本节将利用 AMESim 对合模力规格为 2000kN 的内循环二板式注塑机 CHH200 的合模机构液压系统进行研究。

1. 内循环二板式注塑机合模机构液压机械系统模型

AMESim 软件包含不同领域的模型库：机械库、信号控制库、液压库、液压元件设计库(HCD)、动力传动库、液阻库、注油库(如润滑系统)、气动库(包括管道模型)、电磁库、电机及驱动库、冷却系统库、热库、热液压库(包括管道模型)、热气动库、热液压元件设计库(THCD)、二相库、空气调节系统库。这些库元件都是通过图形方式显示的，各模型元件之间通过物理连接方式直接连接，这使得建立的 AMESim 模型与系统工作原理图几乎一样，因而具有更强的可读性与操作性[52,53]。

1) 基本元件设计

AMESim 软件有专门的液压标准模型库，但是液压元件形式多样，标准库仍无法满足所有的建模要求，因此 AMESim 提供了一个基本元件库设计 HCD (Hydraulic Component Design)。在本书中，CHH200 内循环二板式合模机构的液压系统建模中，插装阀和内循环锁模油缸在标准库中都没有对应的液压模型，这就需要利用基本元件库设计 HCD 来建立元件模型。

(1) 插装阀的模型建立。

插装阀是一种以插装单元为主阀，配以适当的盖板和不同的先导控制阀组合而成的具有一定控制功能的新型液压组件，其以特别适用于高压大流量系统、组合方式灵活的特点在液压系统中得到了广泛应用[54]。

图 4-3-1 为根据插装阀的工作原理建立的模型。模型建立以后需要对这个模型进行校核，标准是模型的特性曲线与实物的特性曲线要基本一致。图 4-3-2 为通径为 16mm 的插装阀实物[55]和插装阀模型的流量特性曲线(在 $v=41\times10^{-6}\mathrm{m^2/s}$和 $t=50$℃下测得)，两条曲线贴合程度很高，特别是在高流量区域两条曲线几乎完全相同，而该区域正好是本模拟插装阀的工作区域，由此确定插装阀模型建立正确，可用于内循环二板式合模机构液压系统的模拟。

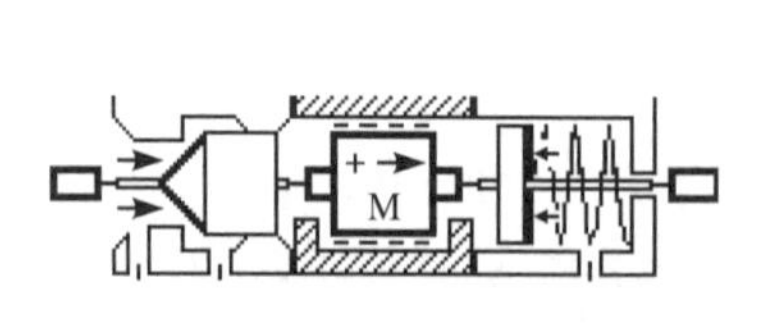

图 4-3-1　插装阀模型

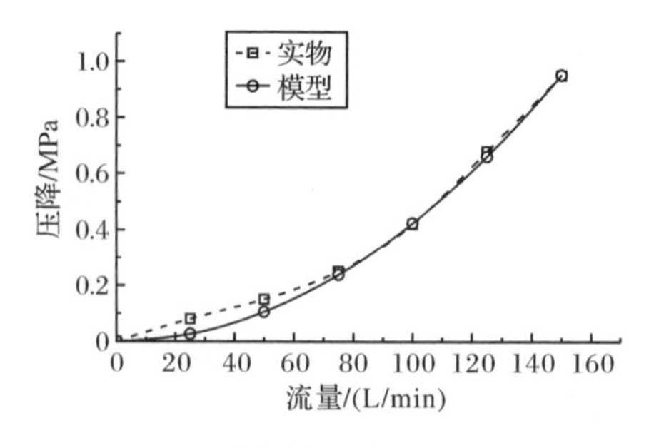

图 4-3-2　插装阀特性曲线(通径 16mm)

(2) 内循环锁模油缸模型建立。

图 4-3-3 为利用基本元件库设计 HCD 建立的内循环锁模油缸的模型。该模型由两个对接的缸体组成，通过并联的大通径二位二通阀来实现油缸两腔油液的循环。由于本章主要研究合模机构液压系统的整体性能，而不注重研究锁模油缸的内循环功能，因此，可以忽略模型中锁模油缸液压油的外部循环对整个液压系统仿真造成的影响。

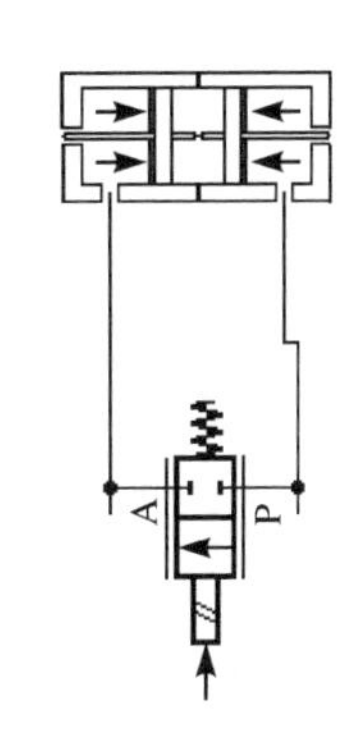

图 4-3-3　内循环锁模油缸模型

2) 液压机械系统 AMESim 模型

根据内循环二板式注塑机 CHH200 合模机构的工作原理及其液压系统的基本原理，并做适当的简化，建立其液压机械系统耦合模型，如图 4-3-4 所示。除插装阀和内循环油缸外，图中各图形的意义见表 4-3-1。

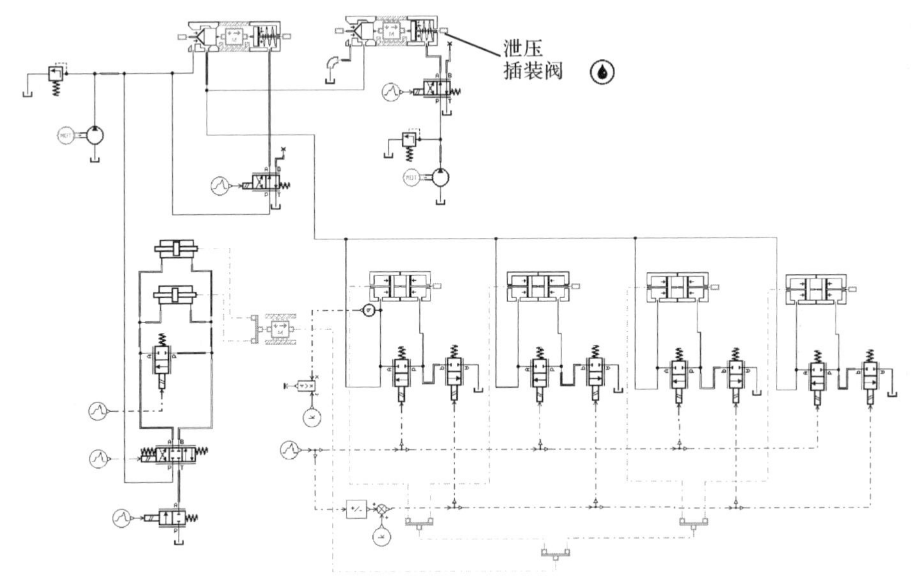

图 4-3-4　内循环二板式注塑机 CHH200 的合模机构液压机械系统 AMESim 模型

表 4-3-1　模型中各图形符号的意义

序号	图形符号	英文名称	意义
1		simple hydraulic relief valve	泄压阀

续表

序号	图形符号	英文名称	意义
2		tank modeled as constant pressure source	油箱
3	MOT	constant speed prime mover	马达
4		ideal fixed displacement hydraulic pump	定量泵
5	A B P T	2 position 4 port hydraulic valve	二位四通换向阀
6		signal source	信号源
7		double hydraulic chamber double rod jack with no orifices at flow	双活塞杆油缸
8	A P	2 position 2 port hydraulic control valve	二位二通换向阀
9	A B P T	3 position 4 port hydraulic closed center valve	三位四通换向阀
10		linear shaft node transferring port 3 velocity and displacement	连接结
11	M	2 port mass capable of one-dimensional motion with friction	质量块
12	p	hydraulic pressure sensor with offset and gain	压力传感器
13		indexed hydraulic fluid properties	液压油性质

续表

序号	图形符号	英文名称	意义
14		reverses the sign of the input	信号取反
15		comparison junction summing both inputs	信号求和
16		constant signal	恒定信号源
17		zero force source	零力源
18		hydraulic bend	液压弯头

2. 参数设置及其仿真

模型建立好后，进入 Submodel 模式，为模型中每个液压元件设置子模型。在 Parameter 模式下为模型设置参数，模型中主要技术参数设置见表 4-3-2。参数设置完成后，进入 Simulation 模式，设置时间步长为 0.0001s，仿真时长 2.5s，开始仿真。

表 4-3-2 模型主要技术参数

项目	技术参数	项目	技术参数
液压油黏度	34.85cP	拉杆直径	90mm
移模行程	300mm	锁模压力	20MPa
插装阀通径	16mm	马达额定转速	2000r/min
动模板质量	500kg	泵排量	62.5cc/r
锁模油缸直径	205mm	移模油缸直径	60mm
内循环阀当量流通面积	4560mm^2	移模油缸活塞杆直径	40mm

注：1cP=1mPa·s。

3. 仿真结果及分析

1) 模板位移

图 4-3-5 为一个循环周期模板运动曲线。图中 a—b 为合模阶段，b—c 为合模到位停留阶段，c—d 为锁模增压阶段，d—e 为锁模稳压阶段，e—f 为泄压阶段，

f—g为开模阶段。从图中可以看出，当合模到位后，在锁模增压过程中，模板会继续向前移动（c—d 阶段）直至达到锁模力，模具锁紧；当锁模保压完成后，c—d 阶段所发生的位移在锁模油缸泄压过程中释放（e—f 阶段）。在实际工作过程中，合模到位后直接锁模，无停留时间，即图中的 b—c 阶段。模拟得到的模板运动曲线符合模板运动规律。

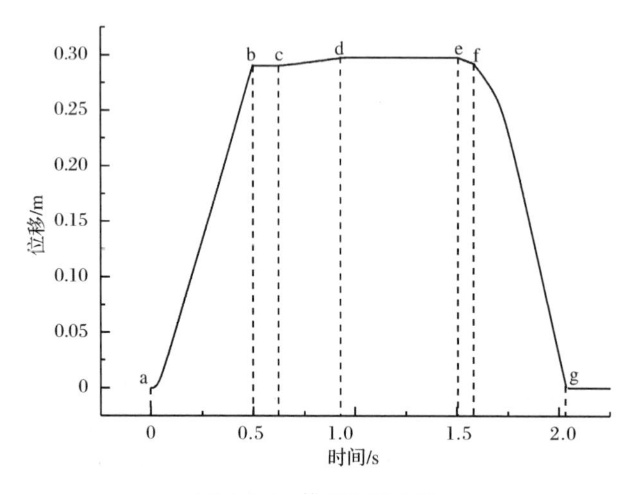

图 4-3-5　模板运动曲线

2）锁模油缸压力

图 4-3-6 为一个循环周期锁模油缸压力曲线。a—b 为合模阶段，b—c 为合模停留阶段，c—d 为锁模增压阶段，d—e 为锁模稳压阶段，e—f 为泄压阶段，f—g 为

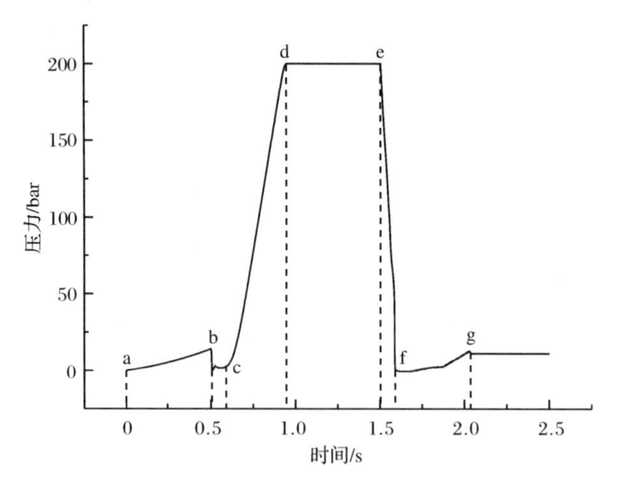

图 4-3-6　锁模油缸压力曲线

开模阶段。在合模阶段 a—b 过程中，锁模油缸为阻力系统，因此锁模油缸中压力会小幅增加。当合模到位后，由于运动的停止而导致锁模油缸中压力会瞬时降低(b—c 阶段)。当锁模保压完成后，泄压插装阀(图 4-3-4 中所示)将锁模油缸中压力瞬时释放，如图中 e—f 阶段。

3) 泄压压力与流量

图 4-3-7 为锁模保压结束后锁模油缸泄压时(e—f 阶段)液压系统中经过泄压插装阀的液压油流量曲线。由图可以看出，在泄压指令发出后，锁模油缸中大量的高压压力流瞬时通过泄压插装阀(液压油的流量峰值)，使锁模油缸中的能量瞬时大量释放，泄压耗时短，保证锁模滑阀顺利打开。但是瞬时能量释放会产生许多危害，如液压冲击、液压振动以及会缩短液压元件的寿命等，这在样机试制完成后的调试过程中表现得非常明显。

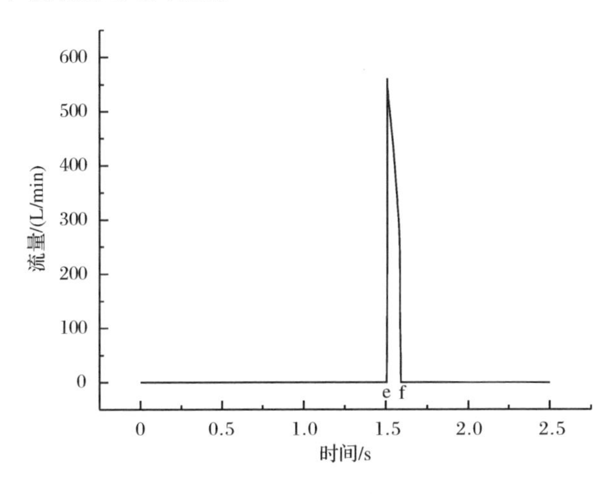

图 4-3-7　泄压时泄压插装阀流量

4.3.2　内循环二板式合模机构锁模泄压油回路优化

1. 锁模泄压液压回路改进方案的提出

液压冲击和液压振动的危害不言而喻。通过对物理样机的观察检测，并结合液压系统的模拟结果分析可知，引起液压冲击和液压振动的原因为泄压时锁模油缸中大量高压压力油的瞬时释放。因此，提出采用节流阀缓慢泄压或比例泄压的方式来取代插装阀快速泄压，通过适当地延长泄压时间来换取机器运行的平稳性。锁模泄压部分液压系统的改进方案如图 4-3-8(b)所示，与之对应的系统模型如图 4-3-9 所示。

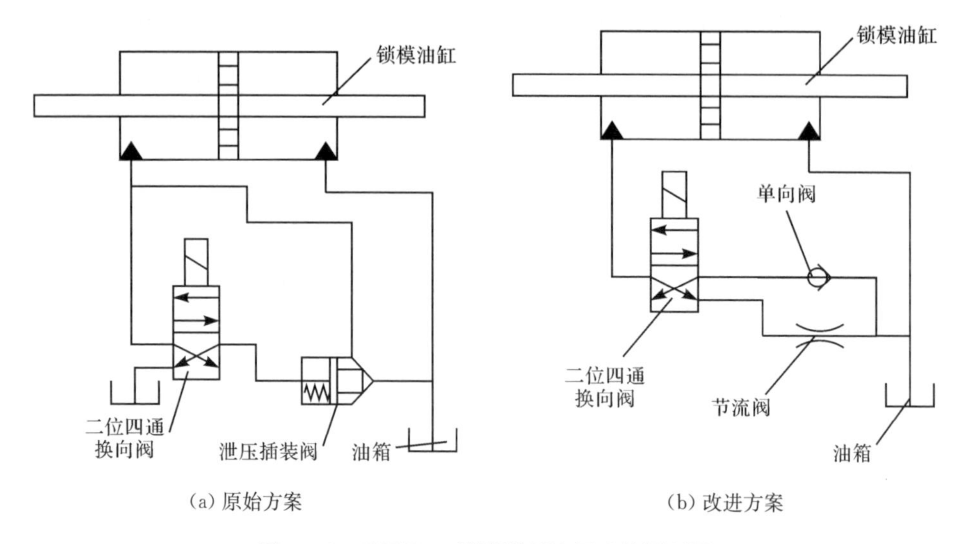

(a) 原始方案　　(b) 改进方案

图 4-3-8　CHH200 锁模泄压液压系统原理图

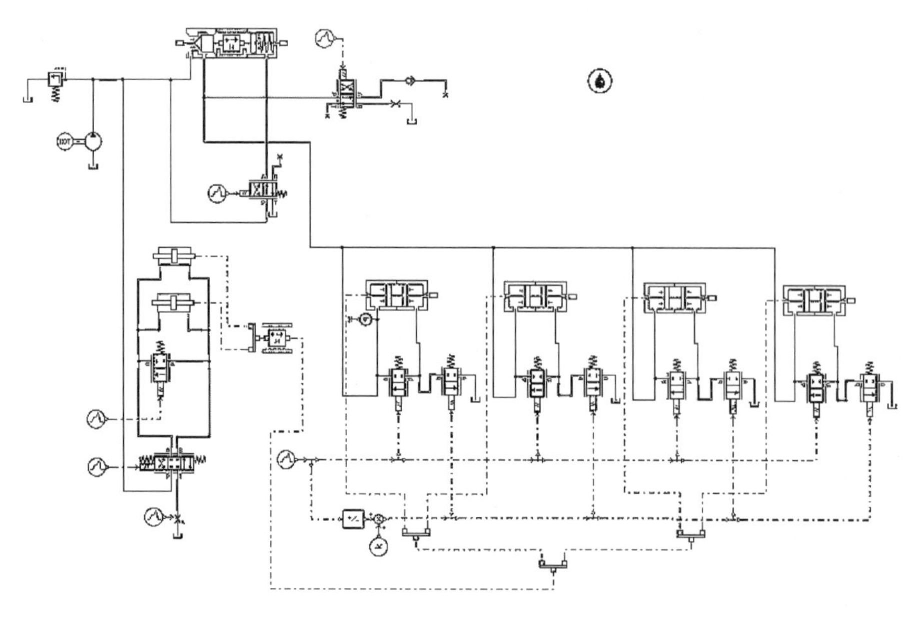

图 4-3-9　改进方案的液压系统建模

在改进方案中，节流阀的泄压速度较原始方案中插装阀的泄压速度慢很多，因此除平稳性外泄压时间是改进方案中重点关注的问题。为了缩短泄压时间，只要将锁模油缸中的压力降低至使滑阀控制油腔的作用力大于锁模油缸中压力和弹簧对滑阀的作用力时即可，而无需继续泄压至零，将这个压力值称作泄压临界值。随着节流阀两端压差的减小，泄压效率会降低。

泄压临界值的确定原理如图 4-3-10 所示。根据力的平衡原理，列出方程如式(4-3-1)所示。

$$\frac{p_s\pi(D_h^2-d^2)}{4}+nF_t=\frac{p_k\pi(D_k^2-d^2)}{4} \tag{4-3-1}$$

式中：p_s——泄压临界值，Pa；

D_h——滑阀的有效直径，m，$D_h=0.18$m；

d——拉杆直径，m，$d=0.09$m；

n——弹簧的数量，$n=4$；

F_t——弹簧的初始作用力，N；

p_k——控制油腔的作用力，Pa，$p_k=32\times10^6$Pa；

D_k——控制油腔的外圆直径，m，$D_k=0.105$m。

根据各结构尺寸计算得 $p_s=3.85\times10^6$Pa。

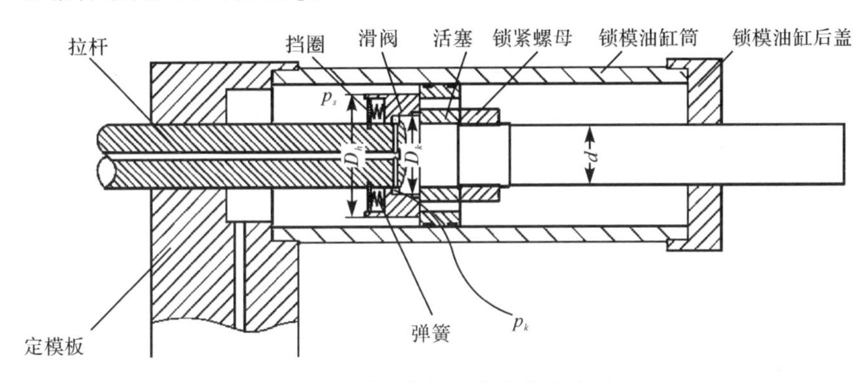

图 4-3-10　泄压临界压力值的确定原理

2. 锁模泄压液压回路改进方案的仿真研究

本节利用模拟手段研究改进方案中节流阀通径和移模行程对泄压过程的影响。该模拟在控制方面与物理样机有如下区别：

(1) 在物理样机的控制器中，泄压时一旦锁模油缸中压力下降到泄压临界值时可自动切换到锁模滑阀打开动作和开模动作；而本模型无法自动切换，需要设置泄压持续时间，对于本模拟，泄压过程从 1.5s 时开始，持续 0.5s。

(2) 对于物理样机，如果锁模油缸中压力不降低到泄压临界值，锁模滑阀就无法正常打开而执行开模动作；对于本模型，由于采用与锁模油缸并联的大通径二位二通换向阀替代内循环锁模滑阀，并且其单独控制，因此，即使锁模油缸中压力未降低到泄压临界值，模型也能够正常开模。

对图 4-3-9 所示模型进行子模型选择、参数设置和仿真，具体过程同 4.3.1 节，不再赘述。

1) 节流阀通径对改进方案泄压过程的影响

既然液压冲击和振动是由泄压时锁模油缸中大量高压压力油的瞬时释放引起的，因此锁模泄压液压系统改进方案中节流阀的通径对液压系统运行平稳性和泄压效率有重要影响。液压冲击和振动关乎系统运行平稳性，通过泄压流量来反映；泄压效率关乎合模机构的空循环周期，通过泄压时间的长短来反映。

图 4-3-11、图 4-3-12 和图 4-3-13 分别为泄压阀通径为 1mm、2mm、3mm 和 4mm 时模板运动位移曲线、节流阀的流量曲线和锁模油缸压力曲线。图 4-3-11、图 4-3-12 和图 4-3-13 中，a—b 为合模阶段，b—c 为合模停留阶段，c—d 为锁模增压阶段，d—e 为锁模稳压阶段，e—f 为泄压阶段，f—g 为锁模滑阀打开泄压阶段，g—h 为开模阶段。

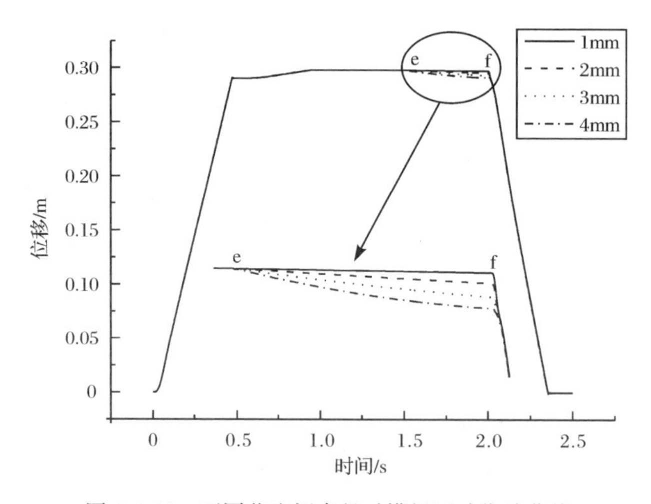

图 4-3-11 不同节流阀直径时模板运动位移曲线

从图 4-3-11～图 4-3-13 中可以看出，节流阀通径对泄压效率有重要的影响，具体影响如下：

图 4-3-11 中不同节流阀通径对泄压效率的影响表现为泄压过程中两模板由锁紧状态所松开的位移不同，节流阀通径越大，松开的位移也就越大，而四种通径的节流阀都不能将由于锁模而发生的位移在泄压过程中完全释放，这说明 0.5s 的泄压时间并不能使锁模油缸中压力泄尽。

图 4-3-12 中不同节流阀通径对泄压效率的影响表现为泄压过程中通过节流阀的流量不同，节流阀通径越大，通过的流量越多（曲线围成的面积），但与此同时，引起液压系统冲击的可能性也就越大。

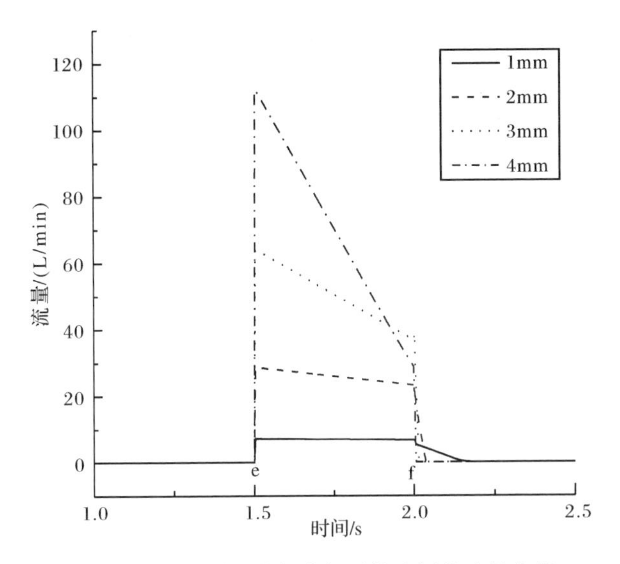

图 4-3-12　不同节流阀直径时节流阀的流量曲线

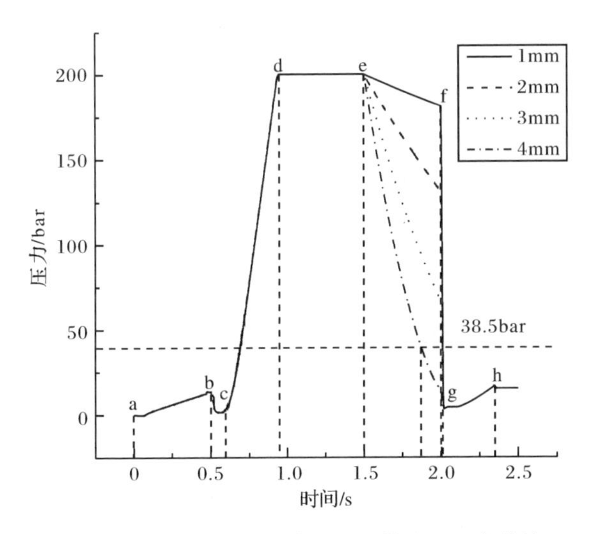

图 4-3-13　不同节流阀直径时锁模油缸压力曲线

图 4-3-13 中不同节流阀通径对泄压效率的影响表现为泄压过程中锁模油缸中压力降低的速度，节流阀通径越大，锁模油缸中压降速度越大，泄压效率也就越高。从图中可以看出，四种通径的节流阀都不能在 0.5s 的泄压时间内将锁模油缸中的压力降低至零，这与不能完全释放由于锁模而发生的位移是相关联的。当泄压节流阀通径为 4mm 时，大约在 1.85s 时刻时，锁模油缸中压力降低至泄压临界值 38.5bar。

通过以上分析可知，与节流阀通径相关的机器平稳运行与泄压效率之间呈现此消彼长的矛盾关系。

2）移模行程对锁模泄压液压回路改进方案的影响

当移模行程不同时，在锁模稳压阶段锁模油缸中高压液压油的体积不同，因而所需卸去的压力流量亦不同。

图 4-3-14 和图 4-3-15 分别为移模行程为 0.1m、0.2m 和 0.3m 时锁模油缸压力曲线和节流阀流量曲线。图中 a—b 为合模阶段，b—c 为合模停留阶段，c—d 为锁模增压阶段，d—e 为锁模稳压阶段，e—f 为泄压阶段，f—g 为锁模滑阀打开泄压阶段，g—h_1、g—h_2 和 g—h_3 为开模阶段。

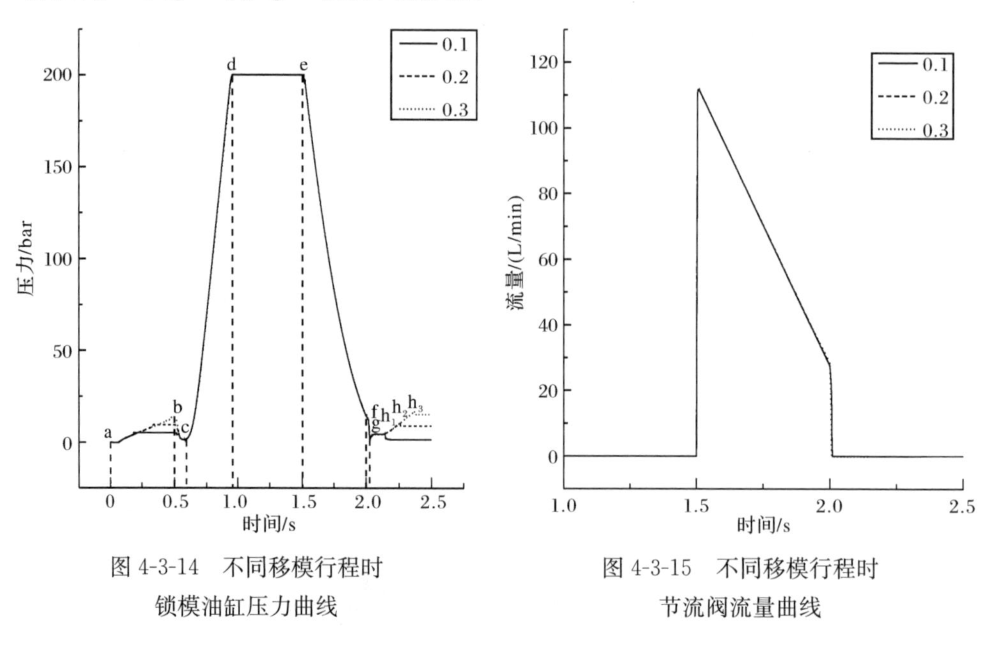

图 4-3-14　不同移模行程时锁模油缸压力曲线

图 4-3-15　不同移模行程时节流阀流量曲线

从图中可以看出，移模行程对泄压阶段压力和流量的影响非常小，以移模行程为 0.3m 时模拟得到的结果适用于不同的移模行程，即无论移模行程怎样改变，当泄压节流阀通径为 4mm 时，均能在大约 1.85s 时刻时，锁模油缸中压力降低至泄压临界值 38.5bar。由此可以得出结论，泄压节流阀通径的确定无需考虑移模行程。

如前所述，与节流阀通径相关的机器平稳运行与泄压效率之间呈现此消彼长的矛盾关系，因此节流阀通径的确定要综合考虑机器的运行平稳性和空循环周期之间的矛盾关系，节流阀通径越大，越有利于缩短空循环周期，但是越不利于机器的平稳运行。节流阀通径的确定原则为：在一定的延长空循环周期容忍度下，节流阀通径应该尽可能地小。

对于通径为 4mm 的节流阀，由图 4-3-12 可以看出，泄压过程通过其的最大流量仅为初始方案泄压流量的 1/5，大大降低了引起液压冲击的可能性；由图 4-3-13 可以看出，大约泄压 0.35s 后，锁模油缸中压力已经降低至泄压临界值 38.5bar，可以切换至开模动作了。而对于节流阀通径为 1mm、2mm 和 3mm 的情况时，泄压速度慢，空循环时间会因此而大大地延长。

综合考虑，对于内循环二板式注塑机 CHH200，泄压节流阀的通径确定为 4mm。

3. 锁模泄压液压回路优化方案的实验评价

按照图 4-3-9 所示液压改进方案对 CHH200 内循环二板式合模机构的液压系统进行改造，其中液压节流阀的通径为 4mm。改造完成后，设备运行平稳，无液压冲击和噪声产生。

合模部分空循环周期是评价改进方案是否成功的另一个重要指标。如果为了机器的平稳运行，而使机器的空循环周期大幅延长，使注塑机运行效率大幅降低，那这样的改造也是失败的。内循环二板式合模机构的空循环周期主要由合模、升压(达到额定压力)、泄压、开模和顶出五个阶段组成。

用示波器(FLUKE 196B，图 4-3-16)对合模机构空循环时间进行测试。测试时，位移分三段设定，每段长度为总行程的“1/4”，“1/2”，“1/4”。压力和流量分别设置为机器平稳运行条件下额定值的 70%。测试结果如图 4-3-17 所示，整个循环时间为 3.6s，其中包括 1.5s 锁模稳压时间，因此其合模机构空循环周期是 2.1s。这与同规格的其他类型全液压合模机构相比具有一定优势。

图 4-3-16　FLUKE 196B 型示波器

本节以液压机械系统数值仿真软件 AMESim 为工具，仿真研究了 CHH200 内循环二板式注塑机合模机构的液压机械系统的运动性能。仿真结果探知了合

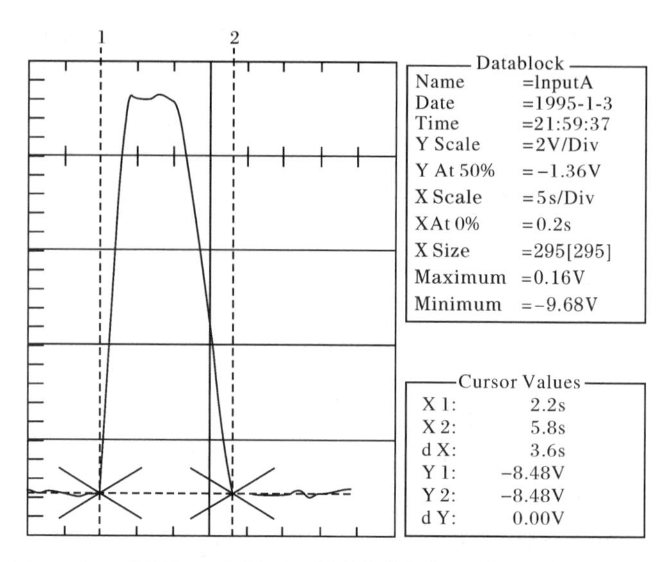

图 4-3-17 CHH200 内循环二板式合模机构空循环时间测试结果

模机构的模板运动规律、锁模油缸压力变化规律和泄压插装阀流量变化规律，由此发现了物理样机调试时产生的液压冲击和振动是由插装阀的瞬时大流量泄压导致的。因此锁模油缸泄压不宜采用大通径阀进行。

根据液压冲击和振动产生的原因，提出了采用节流阀缓慢泄压的液压系统改进方案，并引入泄压临界值的概念及其计算方法，即只要锁模油缸中压力低至该临界值时，锁模滑阀启闭液压回路就可顺利工作，而无需继续泄压至零，延长空循环周期。通过对采用不同通径节流阀的液压系统进行模拟研究发现，机器运行的平稳性与节流阀的通径相关，与泄压效率呈此消彼长的矛盾关系；通过移模行程对泄压过程的影响研究发现，移模行程对泄压过程和泄压流量的影响非常小，泄压节流阀通径的确定无需考虑移模行程。

基于以上研究，得出泄压节流阀通径的确定原则：在一定的延长空循环周期容忍度下，节流阀通径应该尽可能地小。对于内循环二板式注塑机 CHH200 的合模机构，泄压节流阀的通径确定为 4mm。改造完成的样机运行效果和合模机构空循环时间的测定结果表明，本研究可以使合模机构的运行平稳性和运行效率都得到提高。

4.4 内循环二板式合模机构节能机理

根据内循环二板式合模机构的工作原理可知，在移模过程中，锁模油缸内活塞阀式的结构设计，使其中液压油具有内部置换的功能，由此降低了锁模系统对移模运动的阻力，实现了合模机构移模过程节能的目的。同时注意到，在内循环移模过程中内循环的液压油处于一种被动循环的状态，流动的被动性会对锁模液压缸活塞及模板运动起阻碍作用，从而形成了节能与耗能的矛盾系统。

本节首先建立内循环二板式合模机构移模过程的能耗模型，从理论层次阐述其节能机理；其次，在此基础上，为深入理解内循环合模机构移模过程的能耗机理，建立内循环锁模液压缸内部液压油三维流动的数学模型及边界条件，利用计算流体动力学原理，采用动网格技术与有限体积法，并利用 Fluent 中基于压力的求解器进行求解，得到移模过程中内循环液压缸内部液压油压力场及速度场分布，并考虑不同移模速度对它们的影响，由此揭示新型内循环二板式合模机构的节能机理。

1. 内循环二板式合模机构移模过程的能耗模型

1）内循环二板式合模机构移模过程能耗模型的建立

移模原理：根据能量守恒，移模功率应与系统的回油功耗相平衡，即

$$W_p = W_a + W_f + W_o + W_r \tag{4-4-1}$$

式中：W_p——移模功耗，W；

W_a——惯性功耗，W；

W_f——摩擦功耗，W；

W_o——回油功耗，W；

W_r——阻力系统功耗，即锁模油缸液压油内循环阻力，W。

$$\left.\begin{aligned} W_p &= \Delta p_p Q_p \\ W_a &= \sum_{i=0}^{n} m_i v_m \frac{dv_m}{dt} \\ W_o &= \Delta p_o Q_o \\ W_f &= \sum_{i=0}^{n} F_i v_m \\ W_r &= \Delta p_r Q_r \end{aligned}\right\} \tag{4-4-2}$$

式中：Δp_p，Δp_o——移模油缸进、回油系统压力，Pa；

Q_p，Q_o——移模油缸进、回油流量，m^3/s；

Δp_r——阻力系统的压力损失，Pa；

Q_r——阻力系统的流量，Pa；

m_i——运动各构件的质量，kg；

v_m——模板瞬时速度，m/s；

F_i——移模方向摩擦力，N。

将式(4-4-2)代入式(4-4-1)：

$$\Delta p_p Q_p = \sum_{i=0}^{n} m_i v_m \frac{dv_m}{dt} + \sum_{i=0}^{n} F_i v_m + \Delta p_o Q_o + \Delta p_r Q_r \tag{4-4-3}$$

若忽略移模系统惯性力和摩擦力，则有

$$\Delta p_p Q_p = \Delta p_o Q_o + \Delta p_r Q_r \tag{4-4-4}$$

其中

$$\left.\begin{array}{l} Q_o = v_m A_o \\ \Delta p_o = \Delta p_l + \Delta p_b \end{array}\right\} \tag{4-4-5}$$

$$\Delta p_r = 128 \mu l Q_r / A_r \tag{4-4-6}$$

式中：A_o——回油腔活塞面积，m^2；

Δp_l——回油系统压力损失，Pa；

Δp_b——回油背压(油箱入口压力)，Pa；

μ——液压油黏度，s^{-1}；

l——阻力系统液压油流长，m；

A_r——阻力系统液压油流动截面积，m^2。

将式(4-4-6)代入式(4-4-2)中阻力系统功耗公式得

$$W_r = \frac{128 \mu l Q_r^2}{A_r} \tag{4-4-7}$$

将式(4-4-7)代入式(4-4-4)得内循环二板式合模机构移模过程能耗模型：

$$\Delta p_p Q_p = (\Delta p_l + \Delta p_b) v_m A_o + \frac{128 \mu l Q_r^2}{A_r} \tag{4-4-8}$$

2) 内循环二板式合模机构移模过程能耗模型的讨论

阻力系统功耗是移模功耗的重要组成部分，对整机能耗有重要影响。以锁模力为 2000kN 的注塑机为例，对于内循环二板式合模机构，阻力系统液压油流长 l 仅为内循环锁模油缸活塞的厚度 60mm，截面积 A_r 为 4 个锁模油缸活塞上设置的共 48 个直径为 20mm 的孔总的截面积；对于外循环二板式合模机构，阻力系统液压油流长 l 为锁模油缸至液压油箱的管路长度(约 2000mm)，液压油截面积 A_r 仅为管路内径(25mm)，经计算，外循环二板式合模机构的阻力能耗为内循环二板式合模机构阻力能耗的 1000 余倍。因此，内循环二板式合模机构的阻力能耗非常低，可以大大地降低移模阻力。

将式(4-4-5)代入式(4-4-4)得内循环二板式合模机构移模速率公式：

$$v_m = \frac{\Delta p_p Q_p - \Delta p_r Q_r}{(\Delta p_l + \Delta p_b) A_o} \tag{4-4-9}$$

由此可见，移模速率不只是由进油压力和流量决定的，而且与阻力系统压力及流量、移模回油阻力和回油腔的活塞面积有关。

同理，根据能量守恒定律可列出外循环二板式合模机构的能量平衡方程和移模速率公式：

$$W_p = W_a + W_f + W_o + W_r + W_c \tag{4-4-10}$$

$$v_m = \frac{\Delta p_p Q_p - \Delta p_r Q_r - \Delta p_c Q_c}{(\Delta p_l + \Delta p_b) A_o} \tag{4-4-11}$$

式中：W_c——锁模油缸的充液功耗，W；

Δp_c——锁模油缸充液压力，Pa；

Q_c——锁模油缸充液流量，m^3/s。

将内循环二板式合模机构与同规格的外循环二板式合模机构相比，内循环二板式合模机构无锁模油缸的充液功耗，而且其阻力系统压力损失较外循环二板式合模机构的阻力功耗小得多，因此其能耗低。

分析式(4-4-8)和式(4-4-10)，参数 Δp_l、Δp_b、Δp_p、Q_p、Q_r、A_o 相同，而且无 $\Delta p_c Q_c$ 项，$\Delta p_r Q_r$ 又非常小，因此，在移模功耗相同时，内循环二板式合模机构的移模速率可以比同规格的外循环二板式合模机构的移模速率高。

2. 内循环锁模油缸工作特性研究

根据内循环二板式合模机构的工作原理可以发现，在移模过程中，锁模油缸内液压油通过内循环在实现节能的同时，由于其流动的被动性而会对锁模油缸活塞及模板运动起阻碍作用，从而形成了节能与耗能的矛盾系统。锁模油缸内部液压油的流动情况与移模阻力的大小密切相关，直接关乎移模运动的平稳性与能耗特性。由于其部件高速的运动状态和高压的工作状态，难以采用实验的手段直接探知液压油流场情况，因此本节以计算流体力学软件 Fluent 为计算平台，对该新型合模机构移模过程中内循环锁模油缸的内部流场进行数值模拟，以探知油缸内部压力场与速度场分布情况和不同工况条件下它们的变化规律，从而对内循环锁模油缸的节能机理有更形象的理解，为内循环锁模油缸的优化设计提供理论指导。

移模过程中内循环锁模油缸内液压油的流动分析属低黏度流体的可压缩流动分析。在流动过程中，流体的压力和速度等物理量与时间相关，而且流体形状会随时间发生改变，流体中层与层之间存在相互干扰，因此需要采用非定常流动的湍流动网格模拟技术。另外，内循环锁模油缸内部流场的计算为三维问题。

1) 数学模型

(1) 动网格计算模型。

由于锁模油缸活塞在运动过程中油缸内流体形状会发生变化，要对其运动过程进行流场模拟，需要用到三维动网格技术。Fluent 提供了三种动网格运动的方法来更新变形区域内的体网格:基于弹性变形的网格调整、动态的网格层变和局部网格重构。通过对每种动网格更新方法的使用范围分析,确定采用动态网格层变技术进行网格更新。

动态网格层变技术可以指定一个理想的网格高度,运动边界的网格单元层根据其高度来分裂出新的单元层或与邻近的层合并成一个新层。动网格守恒方程为[56]

$$\frac{\mathrm{d}}{\mathrm{d}t}\int_V \rho\phi \mathrm{d}V + \int_{\partial V} \rho\phi(\vec{u}-\vec{u}_s)\cdot \mathrm{d}\vec{A} = \int_{\partial V} \Gamma \nabla\phi \cdot \mathrm{d}\vec{A} + \int_V S_\phi \mathrm{d}V \tag{4-4-12}$$

式中:t——时间,s;

ρ——液体的密度,$\mathrm{kg/m^3}$;

$\vec{u}$——液体的速度矢量,m/s;

$\vec{u}_s$——动网格的变形速度,m/s;

Γ——扩散系数;

S_ϕ——通量的源项 ϕ;

∂V——控制体 V 的边界;

$\vec{A}$——流通面积矢量,$\mathrm{m^2}$。

动边界更新文件为:

```
((moving_you 2 point)
(time 0 2)
(v_x X X))
```

导入以上动边界文件,并将动网格更新边界与区域设置为按照上述动边界文件更新。动边界文件中,X 代表活塞移动的速度,即动网格的速度。

(2) 控制方程。

在移模过程中,锁模油缸中压力较低(低于 1MPa),因此将液压油假设为不可压缩流体。忽略锁模油缸与外界的热交换和液压油的自身黏性发热,内循环锁模油缸内流体的流动为等温非定常黏性流动,按照质量守恒定律和动量守恒定律,流体流动的连续性方程的微分形式为[56]

$$\frac{\partial\rho}{\partial t}+u\frac{\partial(\rho u)}{\partial x}+\frac{\partial(\rho v)}{\partial y}+\frac{\partial(\rho w)}{\partial z}=0 \tag{4-4-13}$$

动量守恒方程的微分形式为

$$\frac{\partial\rho u}{\partial t}+u\frac{\partial\rho u}{\partial x}+v\frac{\partial\rho u}{\partial y}+w\frac{\partial\rho u}{\partial z}=F_x-\frac{\partial p}{\partial x}+\mu\left(\frac{\partial^2 u}{\partial x^2}+\frac{\partial^2 u}{\partial y^2}+\frac{\partial^2 u}{\partial z^2}\right)$$

$$\frac{\partial\rho v}{\partial t}+u\frac{\partial\rho v}{\partial x}+v\frac{\partial\rho v}{\partial y}+w\frac{\partial\rho v}{\partial z}=F_y-\frac{\partial p}{\partial y}+\mu\left(\frac{\partial^2 v}{\partial x^2}+\frac{\partial^2 v}{\partial y^2}+\frac{\partial^2 v}{\partial z^2}\right)$$

$$\frac{\partial \rho w}{\partial t}+u\frac{\partial \rho w}{\partial x}+v\frac{\partial \rho w}{\partial y}+w\frac{\partial \rho w}{\partial z}=F_z-\frac{\partial p}{\partial z}+\mu\left(\frac{\partial^2 w}{\partial x^2}+\frac{\partial^2 w}{\partial y^2}+\frac{\partial^2 w}{\partial z^2}\right)$$

(4-4-14)

式中：u、v、w——速度分量；

x、y、z——坐标分量；

μ——液体的动力黏度；

f_x、f_y、f_z——单位质量流体上的质量力在三个方向上的分量，N。

(3) 湍流模型。

Fluent 包含了丰富而先进的湍流模型，如 Spalart-Allmaras 模型、κ-ω 模型组、κ-ε 模型组、雷诺应力模型(RSM)组、大涡模拟模型(LES)组以及最新的分离涡模拟(DES)和 V2F 模型等。

由于每股通过活塞孔流出的流体都相当于射流，而可实现的 κ-ε 湍流模型能有效地用于自由流(射流和混合层)和腔道流动等，因此选用标准可实现的 κ-ε 模型作为湍流模型。

采用 Realizable κ-ε 模型，其湍流动能 κ 和耗散率 ε 方程为如下形式[56]：

$$\rho\frac{\mathrm{d}k}{\mathrm{d}t}=\frac{\partial}{\partial x_i}\left[\left(\mu+\frac{\mu_t}{\sigma_k}\right)\frac{\partial k}{\partial x_i}\right]+G_k+G_b-\rho\varepsilon-Y_M$$

$$\rho\frac{\mathrm{d}\varepsilon}{\mathrm{d}t}=\frac{\partial}{\partial x_i}\left[\left(\mu+\frac{\mu_t}{\sigma_\varepsilon}\right)\frac{\partial \varepsilon}{\partial x_i}\right]+\rho C_1 S\varepsilon-\rho C_2\frac{\varepsilon^2}{k+\sqrt{\xi\varepsilon}}+C_{1\varepsilon}\frac{\varepsilon}{k}C_{3\varepsilon}G_b$$

(4-4-15)

其中

$$\left.\begin{aligned}C_1&=\max\left[0.43,\frac{\eta}{\eta+5}\right]\\ \eta&=S\frac{k}{\varepsilon}\\ S_{ij}&=\frac{1}{2}\left(\frac{\partial\mu_j}{\partial x_i}+\frac{\partial\mu_i}{\partial x_j}\right)\end{aligned}\right\}\qquad(4\text{-}4\text{-}16)$$

式中：μ_t——液体的湍流黏性系数，s^{-1}；

G_k——由于平均速度梯度产生的湍流能，J；

G_b——由于浮力影响引起的湍流能，J；

Y_M——可压缩湍流脉动膨胀对总的耗散率的影响；

σ_k、σ_ε——湍流动能及其耗散率的湍流普朗特数；

ξ——分子运动黏性系数，s^{-1}。

式(4-4-15)中，C_2、$C_{1\varepsilon}$和$C_{3\varepsilon}$是常数，在 Fluent 中，默认 $C_2=1.9$，$C_{1\varepsilon}=1.44$，$C_{3\varepsilon}=0.09$，$\sigma_k=1.0$，$\sigma_\varepsilon=1.2$。

2) 几何模型

对内循环锁模油缸流体部分进行适当简化,并在CAD三维建模软件中建模(如图4-4-1所示为模型全剖视图)。由于模型具有对称性,为减少计算量,取模型的1/12导入Fluent前处理软件GAMBIT中进行网格划分。内循环锁模油缸活塞运动过程中流体区域会发生较大变形,为保证变形后网格质量,采用结构化网格。为更好地适应模型的复杂结构,采用分区划分网格方式,如图4-4-2所示。在进行网格划分时,对于局部狭小区域加密网格,划分好网格的模型如图4-4-3所示。图4-4-4为活塞运动到不同位置时流体网格动态更新情况。

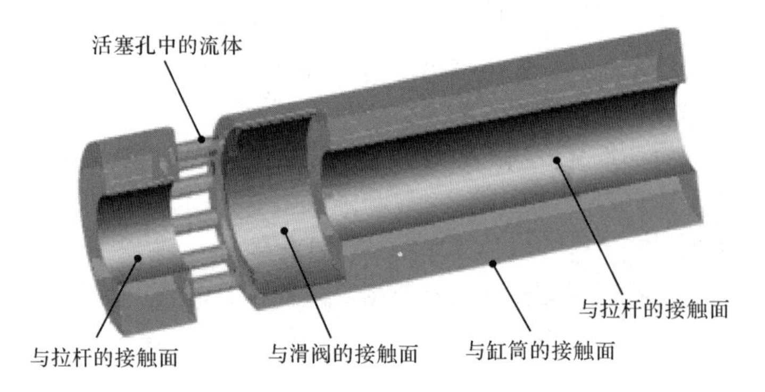

图4-4-1　内循环锁模油缸流体部分模型的全剖视图

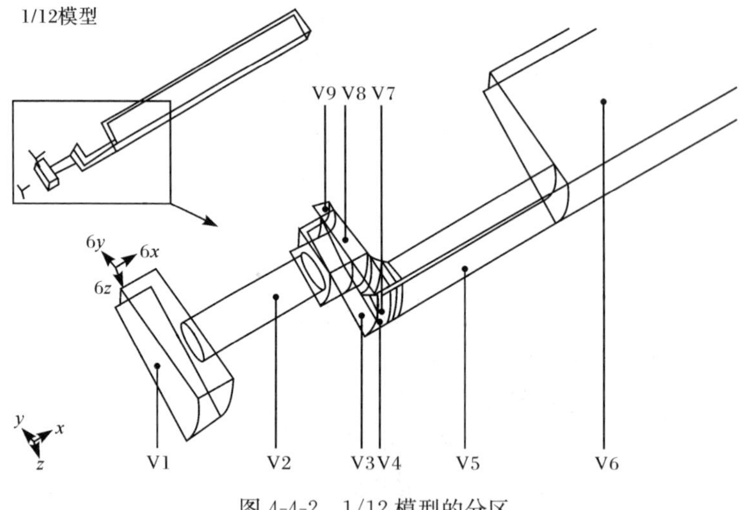

图4-4-2　1/12模型的分区

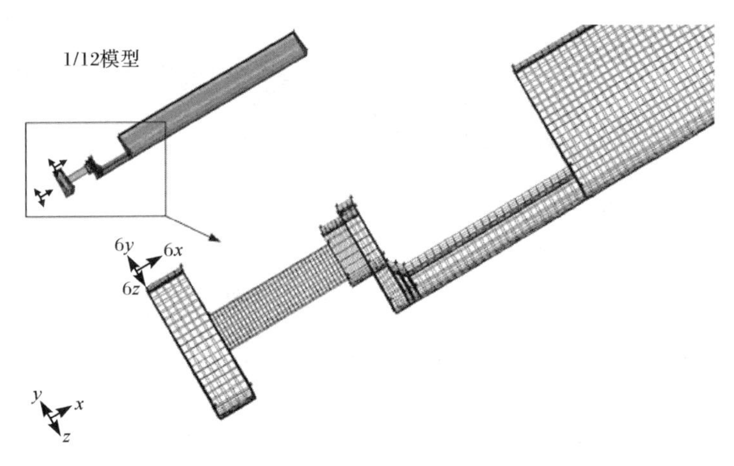

图 4-4-3　1/12 模型网格

3）计算平台及其参数设置

选用大型 CFD 软件 Fluent 模拟研究内循环锁模油缸移模过程的工作机理。

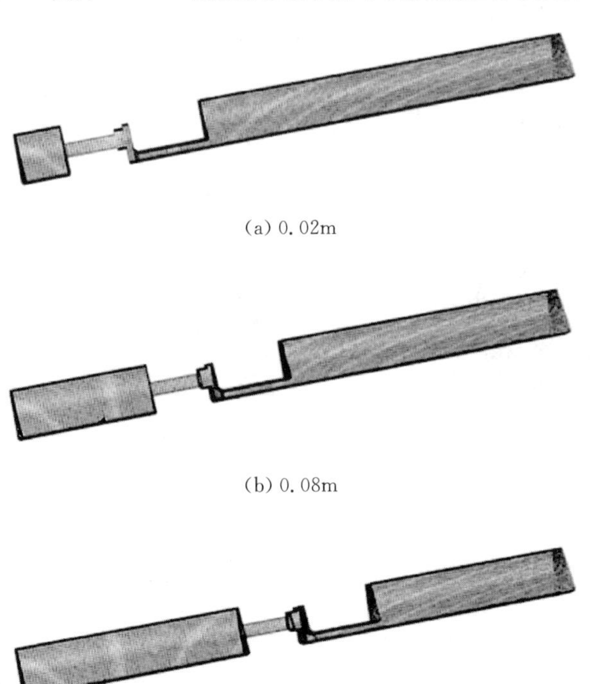

(a) 0.02m

(b) 0.08m

(c) 0.14m

(d) 0.20m

图 4-4-4　不同活塞位移时流体网格动态更新情况

为提高计算效率，减小计算误差，本模拟做如下近似和假设：

(1) 流动过程为绝热过程；

(2) 液压油为可压缩流体，且密度的变化与压力线性相关；

(3) 移模过程中移模速度为定值。

Fluent 软件的计算设置如下：

(1) 求解器的选取。

Fluent 6.3.26 提供了两种类型的求解器：Pressure-Based 和 Density-Based。鉴于 Density-Based Solver 的发展不完善和 Pressure-Based Solver 对可压缩流动的适用性[57,58]，选取 Pressure-Based 作为本模拟求解器。该模拟为非定常流动，选取 Unsteady 进行计算。

(2) 边界设置。

流场区域：采用笛卡儿坐标系，流体在初始状态处于静止状态，所以流场区域的运动性质均为 station。

壁面条件：对称面选取 symmetry 边界类型；流体内部分割面选取 interior 边界类型；其余面选取 wall 边界类型。

(3) 材料属性设置。

如前假设，液压油为不可压缩流体，密度设为 890.0kg · m^{-3}，黏度设置为定值 0.009kg · m^{-1} · s^{-1}。

4) 仿真结果和分析

研究考虑不同移模速度对锁模油缸内压力和速度分布，以及对模板运动的影响情况，并对模拟结果进行深入分析。

(1) 压力场的分布及比较。

图 4-4-5～图 4-4-10 为移模速度分别是 0.1m/s、0.2m/s、0.3m/s、0.4m/s、0.5m/s和 0.6m/s 时在 0.3s 时刻，内循环锁模油缸对称面(油缸中心线与活塞孔中心线所在平面)压力分布云图。在活塞移动方向前方，液压油压力较大，在移动过程中这种压力表现为对内循环锁模油缸活塞和动模板移动的阻力；在活塞移动

方向后方，液压油压力较低，而且呈现一定程度的负压，这是因为在内循环锁模油缸中液压油的体积恒定，在移动方向前端液压油被压缩导致的。

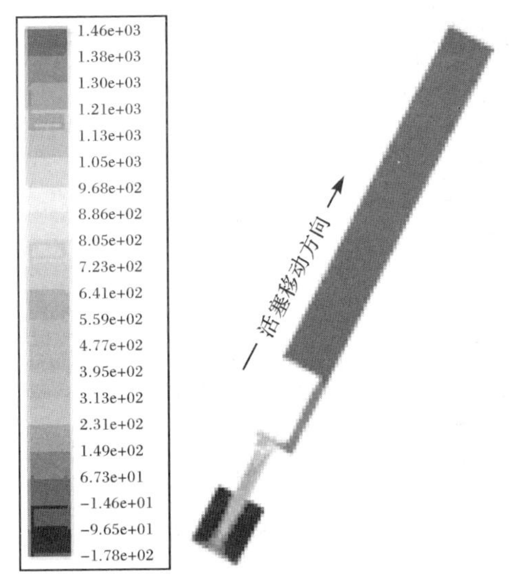

图 4-4-5　移模速度为 0.1m/s 在 0.3s 时内循环锁模油缸内压力分布(单位:Pa)

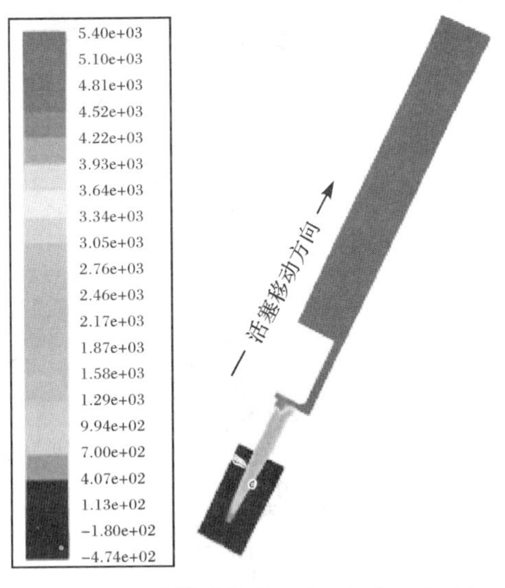

图 4-4-6　移模速度为 0.2m/s 在 0.3s 时内循环锁模油缸内压力分布(单位:Pa)

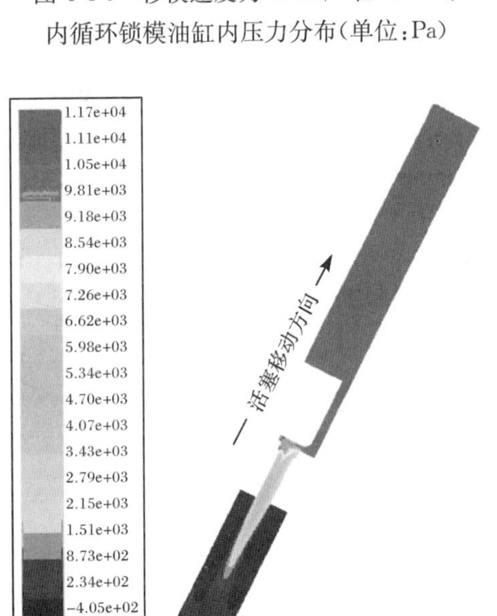

图 4-4-7　移模速度为 0.3m/s 在 0.3s 时内循环锁模油缸内压力分布(单位:Pa)

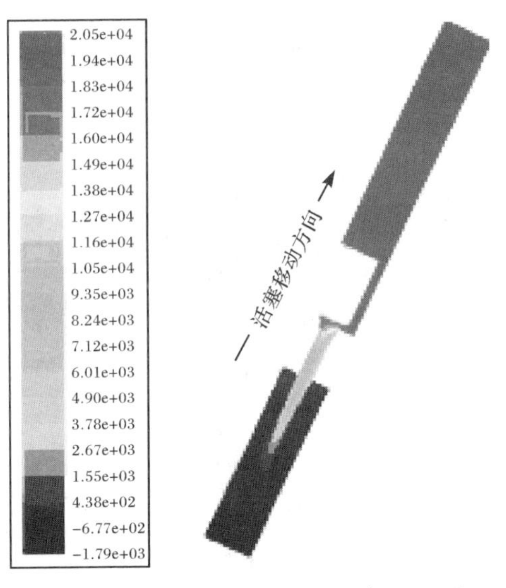

图 4-4-8　移模速度为 0.4m/s 在 0.3s 时内循环锁模油缸内压力分布(单位:Pa)

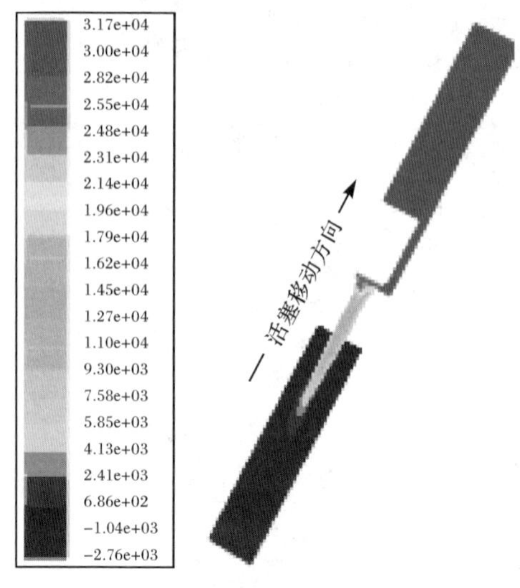

图 4-4-9　移模速度为 0.5m/s 在 0.3s 时内循环锁模油缸内压力分布(单位:Pa)

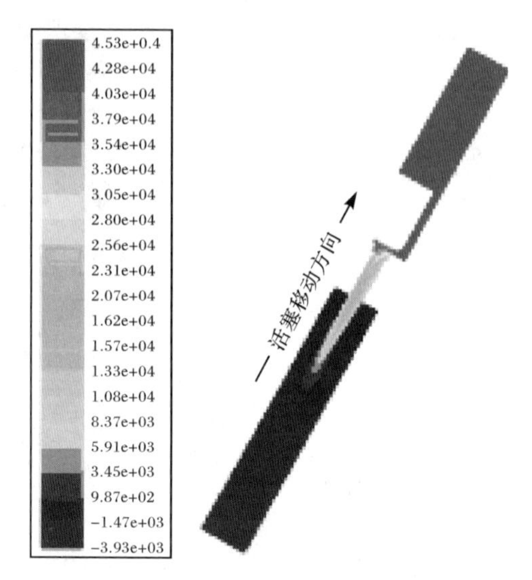

图 4-4-10　移模速度为 0.6m/s 在 0.3s 时内循环锁模油缸内压力分布(单位:Pa)

图 4-4-11 和图 4-4-12 中曲线分别为提取各种移模速度情况下锁模油缸中不同位移时的负压值和最大压力值连成的曲线。由图 4-4-11 可以看出,负压程度随内循环锁模油缸活塞移动速度的增加而明显;由曲线的形状可以看出,随着活塞的移动,移动方向前端被活塞压缩的液压油越来越少,油缸中的负压会逐渐减弱。

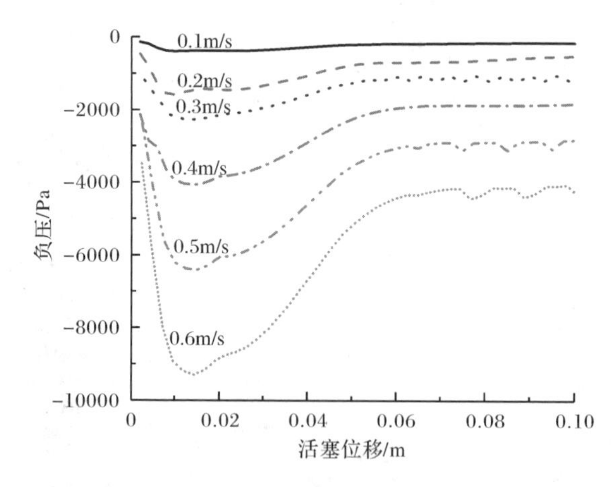

图 4-4-11　不同移模速度时内循环锁模油缸内的负压

由图 4-4-12 可以看出,内循环锁模油缸活塞在移动时所受阻力与移动速度相关,移动速度越大,阻力越大。这是由于活塞移动速度越快,活塞前方液压油体积变化越发剧烈,压力越来不及从连通通道中释放而导致前端压力升高。因此,在锁模油缸活塞设计时,活塞孔的面积应该尽可能地大。

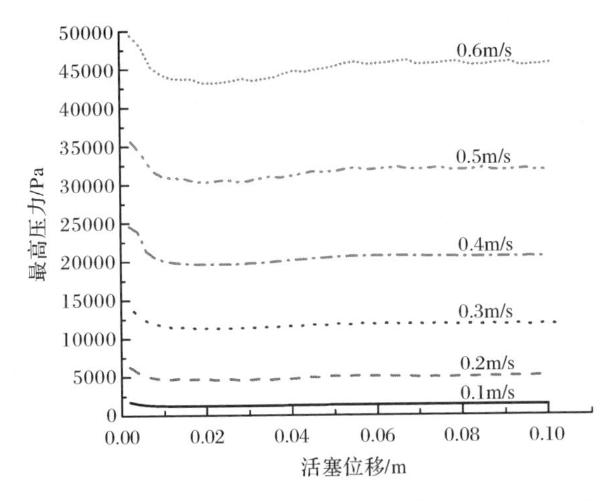

图 4-4-12　不同移模速度时内循环锁模油缸内最高压力

分析单一速度(如 0.6m/s)内循环锁模油缸内最高压力曲线可以发现,移动开始时,液压油对内循环锁模油缸活塞呈现较大的移动阻力,随后移动阻力急剧下降,而后又有一个小的上升,最后趋于平稳。这是由于移动开始时,移动的活塞使活塞前方液压油由静止变为运动,使液压油物理状态发生变化,此时移动阻力会比较大;当液压油运动平稳后,黏性液体对活塞的阻力就会变小、变平稳。

在移模过程中,锁模油缸为移模动作的阻力系统,内循环锁模油缸活塞所受阻力与注塑机的能耗特性直接相关。从图 4-4-12 中可以看出,即使在 0.6m/s 的高速移模情况时,内循环锁模油缸内的最高压力也不到 0.5bar,这说明锁模油缸对移模动作的阻力非常小,由此可知内循环二板式合模机构移模过程的阻力能耗很低,这与上节的理论分析结论一致。

(2) 速度场的分布及比较。

图 4-4-13～图 4-4-18 为移模速度分别是 0.1m/s、0.2m/s、0.3m/s、0.4m/s、0.5m/s 和 0.6m/s 时在 0.3s 时刻,内循环锁模油缸内沿活塞移动方向液压油速度云图。从图中可以看出,在活塞附近速度场明显,而远离活塞的区域液压油几乎没有速度。液压油最大的速度出现在锁模油缸的活塞孔里,速度的方向与移模速度相反,这可以用连续性方程得到合理解释。与此同时,当活塞距油缸后盖较近时,高速的液压流体从活塞孔里流出后喷射到油缸后盖上,流体遇到油缸后盖后向周围扩散反方向流动,产生极大的湍流和较大的液动力。湍流的产生有利于锁模油缸内部液压油的热交换,保证系统稳定运行,这也进一步证实本研究采用

等温流动的合理性。

图 4-4-19 是不同移模速度时内循环锁模油缸内最高流速随油缸行程位移曲线。从图中可以看出，当模板高速移动时(500mm/s 和 600mm/s)，油缸内流体最高速度的波动性较大，这与图 4-4-20 所示的湍流强度曲线相对应。较大的速度波动是由于活塞高速移动时油缸内湍流流动剧烈而导致的。

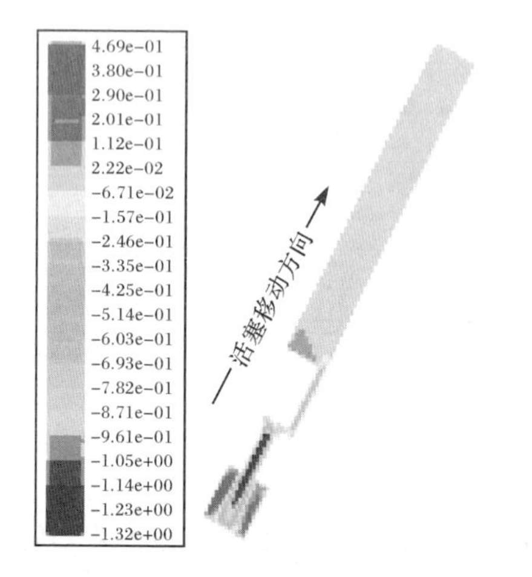

图 4-4-13　移模速度为 0.1m/s 在 0.3s 时内循环锁模油缸内液压油速度场(单位:m/s)

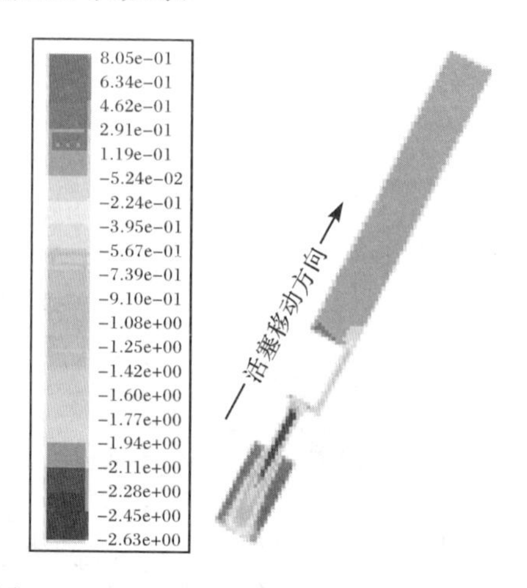

图 4-4-14　移模速度为 0.2m/s 在 0.3s 时内循环锁模油缸内液压油速度场(单位:m/s)

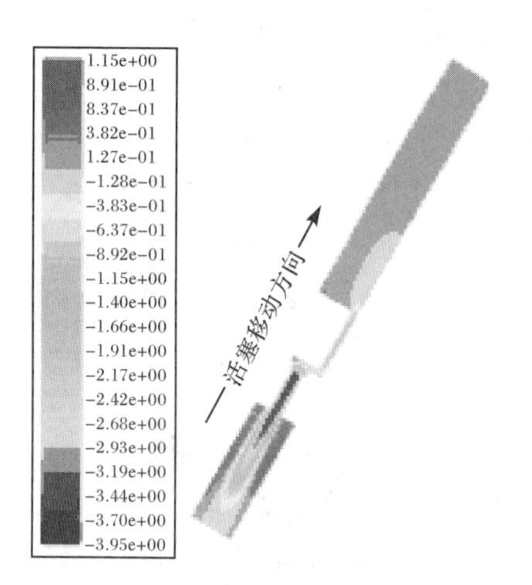

图 4-4-15　移模速度为 0.3m/s 在 0.3s 时内循环锁模油缸内液压油速度场(单位:m/s)

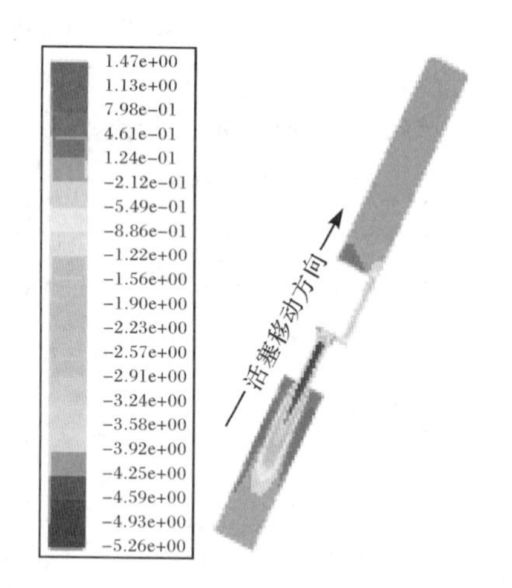

图 4-4-16　移模速度为 0.4m/s 在 0.3s 时内循环锁模油缸内液压油速度场(单位:m/s)

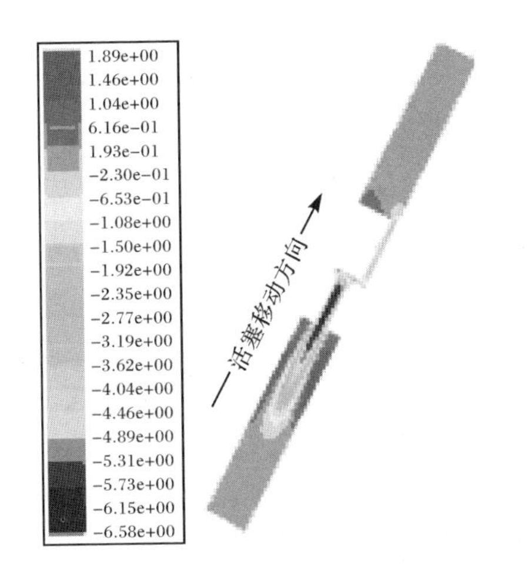

图 4-4-17　移模速度为 0.5m/s 在 0.3s 时内循环锁模油缸内液压油速度场(单位:m/s)

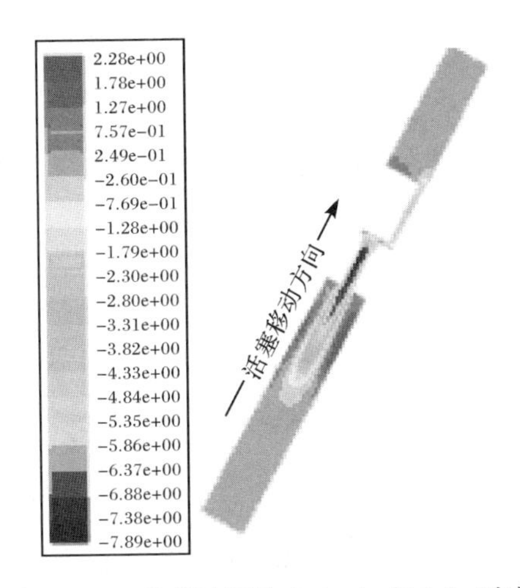

图 4-4-18　移模速度为 0.6m/s 在 0.3s 时内循环锁模油缸内液压油速度场(单位:m/s)

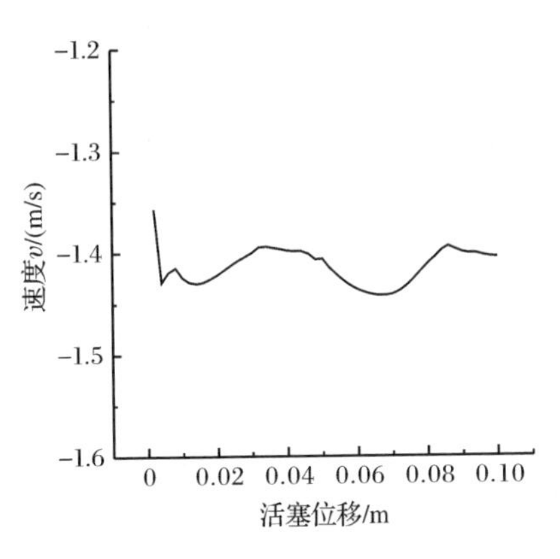

(a) 移模速度为 0.1m/s

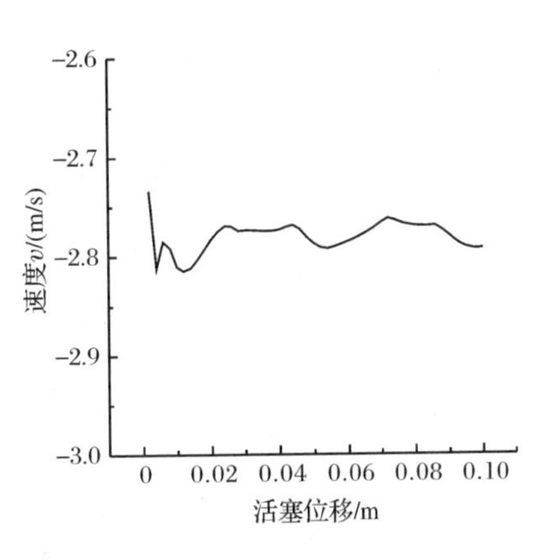

(b) 移模速度为 0.2m/s

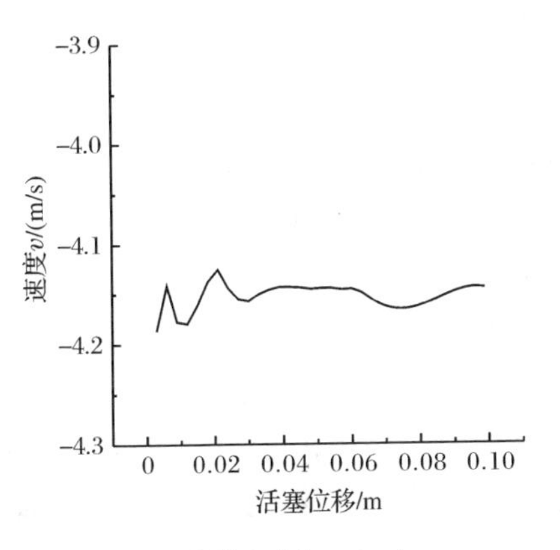

(c) 移模速度为 0.3m/s

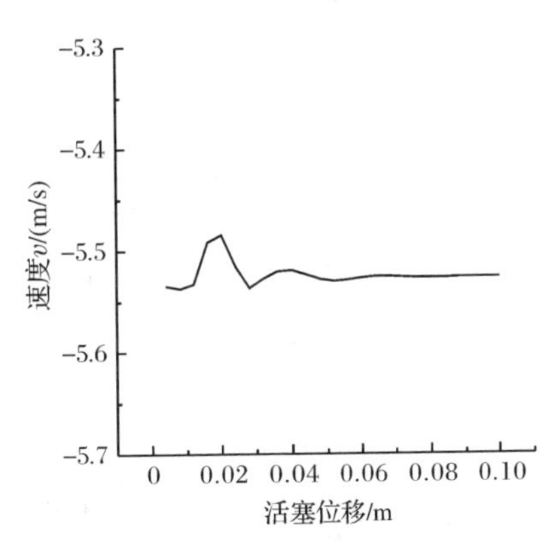

(d) 移模速度为 0.4m/s

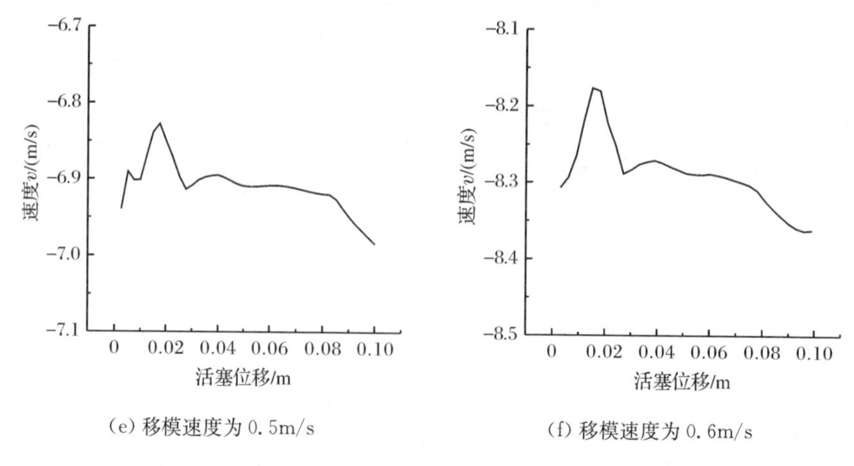

图 4-4-19　不同移模速度时内循环锁模油缸内流体的最高速度

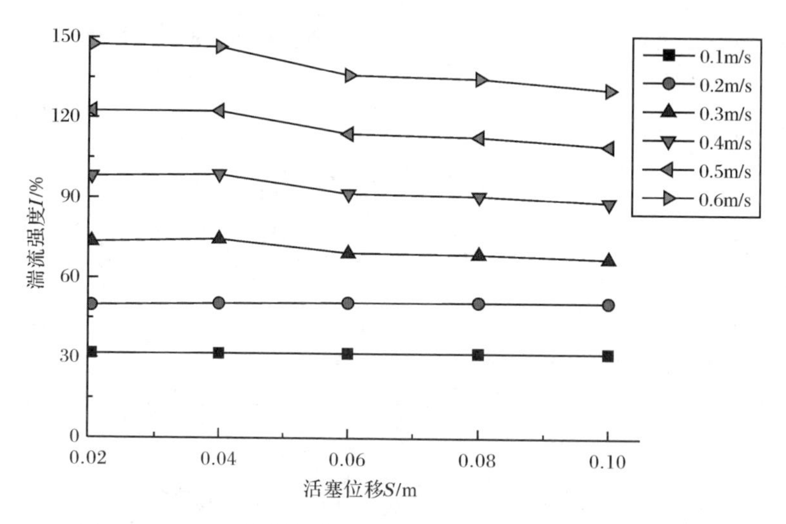

图 4-4-20　不同移模速度时内循环锁模油缸液压油的湍流强度

(3) 负压的处理。

如前所述,内循环锁模油缸活塞在运动过程中,油缸内会出现一定程度的负压,负压的出现会导致油缸发生气蚀现象。气蚀会使运动过程产生振动和噪声,会对油缸内壁产生破坏,因此一定要避免气蚀现象产生。

由于内循环锁模油缸为封闭体系,在移动过程中活塞后方压力下降且不能及时补充油液而导致压力持续下降,产生负压。因此,在进行内循环锁模油缸及其液压系统设计时,必须使锁模油缸回油口与油箱连通,但由于其所通过油量很小,连通管路直径可以设计得很小。对于注塑机 CHH200,锁模油缸回油腔与油箱的连通管路的公称通径为 R/4。

本节根据能量守恒定律，建立了内循环二板式合模机构在移模阶段的能耗模型，得到了移模功耗和移模速度的解析方程，并与外循环二板式合模机构进行了对比。基于 Fluent 软件的 CFD 计算模拟，得到了不同移模速度下内循环锁模油缸内部液压油的压力场、速度场变化结果，探知了二板式内循环合模机构的节能机理和内循环锁模油缸的工作机理。通过以上研究，可以得到如下结论：

(1) 将内循环二板式合模机构与同规格的外循环二板式合模机构相比，内循环二板式合模机构无锁模油缸的充液功耗，而且其阻力系统压力损失较外循环二板式合模机构的阻力压力损失小得多，因此其能耗低，移模速度快。

(2) 在内循环锁模油缸活塞运动时，其前方液压油压力较大，这对活塞运动表现为阻力，其随活塞运动速度的增加而增大，但即使在 0.6m/s 的高速移模情况下，这种阻力也非常小；为进一步降低阻力，活塞孔应设计得尽可能大。

(3) 在锁模油缸活塞后方压力较低，甚至形成负压，容易产生气蚀现象；在进行液压系统设计时，需要使内循环锁模油缸回油腔与油箱相通，以维持压力恒定。

(4) 在内循环锁模油缸活塞附近速度场明显，最高速度出现在活塞孔内，活塞后方湍流运动明显，这有利于内循环锁模油缸内部液压油与外界的热交换，维持油温恒定。液压油的湍流运动随活塞运动速度的提高而增强。

4.5　内循环二板式合模机构锁模特性

合模机构的锁模特性是指合模机构对模具的施力状态，直接关乎注塑机的制品成型精度。合模机构的锁模性能包括两个方面：锁模均匀性和锁模重复性。本节通过模拟与实验相结合的手段对内循环二板式合模机构的锁模特性进行研究，以探究其精密成型机理，并将研究结果与同规格的三板肘杆式合模机构的锁模性能进行比较。

4.5.1　锁模均匀性的研究

锁模均匀性是侧重于评价一个工作循环过程中合模机构的工作性能，主要评价指标为合模机构中关键零部件的受力与变形，特别是与制品成型直接相关的模具型腔变形的均匀性更能反映合模机构的锁模均匀性。采用有限元数值分析方法进行研究。

1. 分析方法及计算平台的选择

1) 分析方法的选择

合模机构的几何形状及受力较为复杂，传统设计方法很难满足其应力和应变的设计要求。目前,有限元分析法已在注塑机设计领域中得到了广泛的应用,但大多数都是针对单个部件进行受力分析得到其应力应变结果[22]。这种方法的不足之处在于:由于无法很好地表示各部件之间存在的相互作用力,因此分析结果存在一定误差,不能精确地反映复杂的整体结构中各部件的应力和应变情况[59～61]。为克服单部件分析的不足,增强分析计算的合理性与精确性,考虑到拉杆悬空跨度大等因素,采用合模机构整体有限元分析研究内循环二板式合模机构的锁模特性。

2) 计算平台的选择

选用 ABAQUS 作为计算平台进行内循环二板式合模机构锁模特性的研究。ABAQUS 是功能最强的有限元分析软件之一,被广泛应用于机械制造、土木工程、隧道桥梁、水利水木、汽车制造、船舶工业、核工业、石油化工、生物医药、军用民用等领域。ABAQUS 已逐步完善,从简单的线弹性静态问题到复杂的高度非线性问题,从单个零件的力学分析到庞大复杂系统的多物理场耦合分析,ABAQUS 都能驾驭[62,63]。

锁模均匀性的研究属于复杂系统的线弹性静态问题。

2. 建模及仿真

选择锁模力为 900kN 的四缸直锁内循环二板式合模机构和三板肘杆式合模机构作为研究对象,分别对两种类型的合模机构进行整体有限元分析,根据分析结果查看合模机构中的主要部件的应力和变形情况,并对结果进行讨论。

1) 三维建模及网格划分

由于注塑机合模机构实际结构和受力情况较为复杂,要考虑所有因素的影响是十分困难的。因此在基本满足实际条件前提下,突出主要因素、忽略次要因素的影响,对合模机构的三维模型和受力情况作如下简化:

(1) 与锁模力对模板、模具和拉杆引起的应力相比,其温度应力相对显得很小,可以忽略不计。

(2) 为了简化计算模型,减小计算量和时间,除去非关键性的零部件,如模板上模具的安装孔、倒角等细微结构影响。

(3) 肘杆机构对模板的载荷以及锁模油缸对模板和活塞的载荷都简化为均布载荷,且直接作用于受力部件上,因此研究中肘杆机构和液压锁模油缸对合模机构锁模性能的影响无法体现。

利用三维建模软件 Pro/E 分别建立四缸直锁内循环二板式合模机构和三板肘杆式合模机构整体三维几何模型,通过 CAD 接口直接导入 ABAQUS 的 ABAQUS/CAE 模块中进行前处理和分析。导入 ABAQUS 后的三维模型如图

4-5-1 和图 4-5-2 所示。本模型的单位为毫米(mm)。

图 4-5-1　内循环二板式合模机构的三维模型

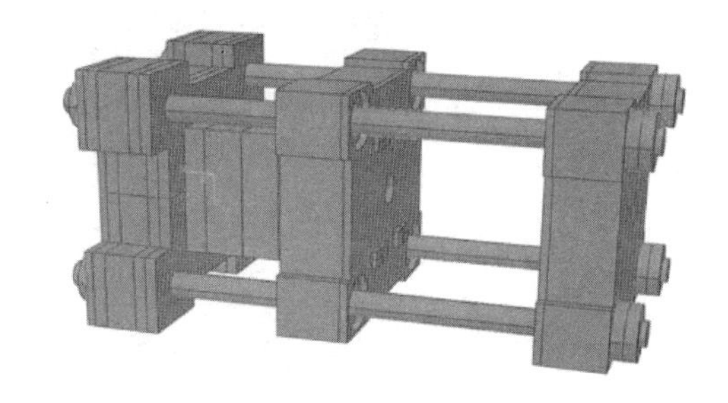

图 4-5-2　三板肘杆式合模机构的三维模型

静模板、动模板、后模板的材料为 QT450-10,模具的材料均为 40Cr,拉杆材料为 38CrMoAlA。各材料特性见表 4-5-1。

表 4-5-1　合模机构零件材料属性表[64]

	材料	弹性模量/GPa	泊松比	密度/($\times 10^3$kg/m^3)
前模板	QT450-10	169	0.257	7.06
动模板	QT450-10	169	0.257	7.06
后模板	QT450-10	169	0.257	7.06
拉杆	38CrMoAlA	210	0.3	7.71
模具	40Cr	211	0.277	7.87

对合模机构各零部件进行分体和智能网格划分,网格类型为六面体网格。划分完毕后,三板肘杆式合模机构的单元数为 74135,内循环二板式合模机构的单元数为 59422。对网格单元质量进行畸变度检测,所有网格单元均满足要求。两种合模机构有限元模型如图 4-5-3 和图 4-5-4 所示。

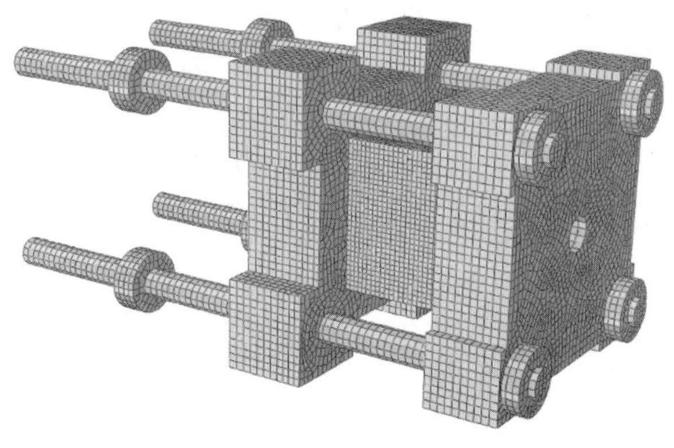

图 4-5-3　内循环二板式合模机构的有限元模型

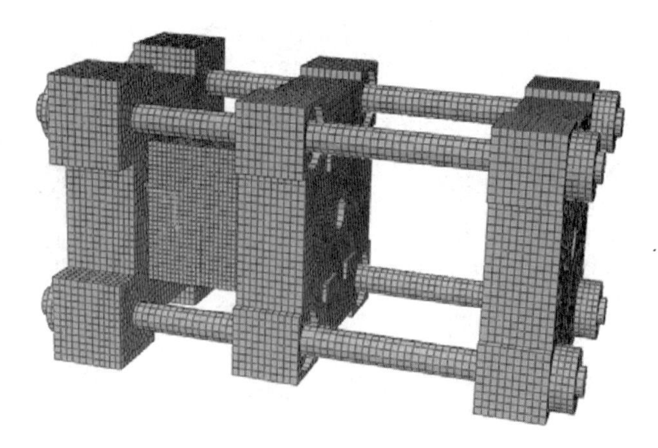

图 4-5-4 三板肘杆式合模机构的有限元模型

2) 分析步的设置

研究拟要进行模具型腔中无胀模压力时(锁模后)的锁模特性研究和模具型腔中有胀模压力时(胀模后)的锁模特性研究,因此在初始步(initial)之后创建两个分析步:锁模力步和胀模力步。

3) 相互作用的设置

相互作用是用于定义装配体各部分之间的相互关系和约束。在研究中,对于两种合模机构,模具分型面之间定义为具有摩擦的面面接触(surface-to-surface),模具与定模板、模具与动模板都定义为绑定约束(tie);对于内循环二板式合模机构,拉杆与动模板之间定义为绑定约束,拉杆与定模板之间定义为面面接触;对于三板肘杆式合模机构,拉杆与定模板、拉杆与后模板都定义为绑定约束,拉杆与动模板之间定义为面面接触。

4) 边界条件及载荷的设置

对于内循环二板式合模机构,定模板固定,将其底部设置为固定约束 Q1;对于三板肘杆式合模机构,定模板和后模板固定,将它们的底部设置为固定约束 Q2 和 Q3。对于动模板,虽然内循环二板式合模机构以滑轨为导向和支撑,三板肘杆式合模机构以拉杆为导向和支撑,但是在实际锁模过程中由于配合公差等原因而可以在微小位移范围内任意移动,因此对内循环二板式合模机构和三板肘杆式合模机构的动模板都不做约束。

根据锁模力和均布载荷作用面积计算得,设置作用于内循环二板式合模机构拉杆上的均布载荷 F1 为 22.42MPa,作用于定模板上的均布载荷 F2 为 14.93MPa;设置作用于三板肘杆式合模机构动模板和后模板上的均布载荷 F3 和 F4 为 70.31MPa。设置作用于型腔内的胀模压力 F5 为 25MPa。边界条件及载荷设置完成后模型如图 4-5-5 和图 4-5-6 所示。

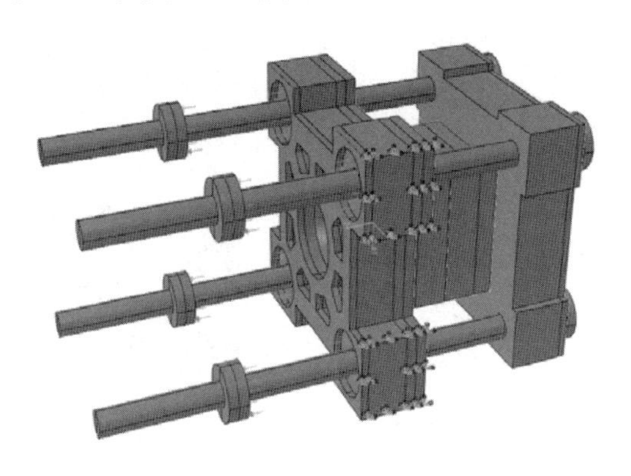

图 4-5-5　内循环二板式合模机构载荷和边界条件示意图

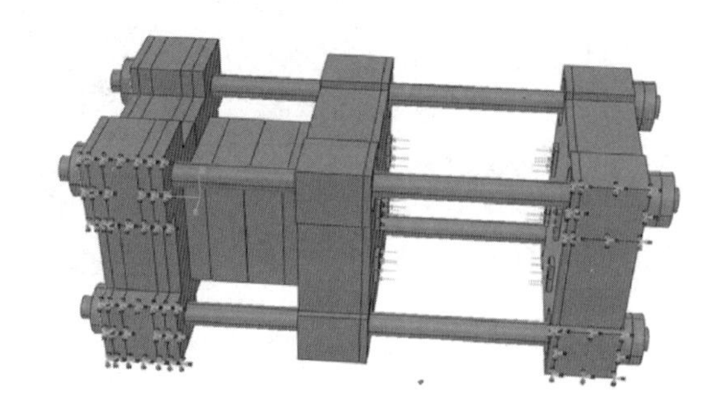

图 4-5-6　三板肘杆式合模机构载荷和边界条件示意图

边界条件和载荷与分析步的对应关系如表 4-5-2 所示。

表 4-5-2　边界条件和载荷与分析步的对应关系

分析步			初始步	锁模力步	胀模力步
内循环二板式合模机构	约束	固定约束 Q1	创建	继续	继续
	载荷	均布载荷 F1	—	继续	继续
		均布载荷 F2	—	继续	继续
		均布载荷 F5	—	—	创建
三板肘杆式合模机构	约束	固定约束 Q3	创建	继续	继续
		固定约束 Q4	创建	继续	继续
	载荷	均布载荷 F3	—	继续	继续
		均布载荷 F4	—	继续	继续
		均布载荷 F5	—	—	创建

3. 分析结果

分别对两个模型进行模拟分析，通过可视化模块(visualization)查看模拟结果。

1) 整体分析

图 4-5-7 和图 4-5-8 分别为锁模结束后内循环二板式合模机构和三板肘杆式合模机构的整体应力云图。从图中可以看出，合模机构各部分受力较为均匀合理，最大应力均小于 45 钢的许用应力(45 钢的屈服应力为 377MPa，零件的安全系数取 3)。

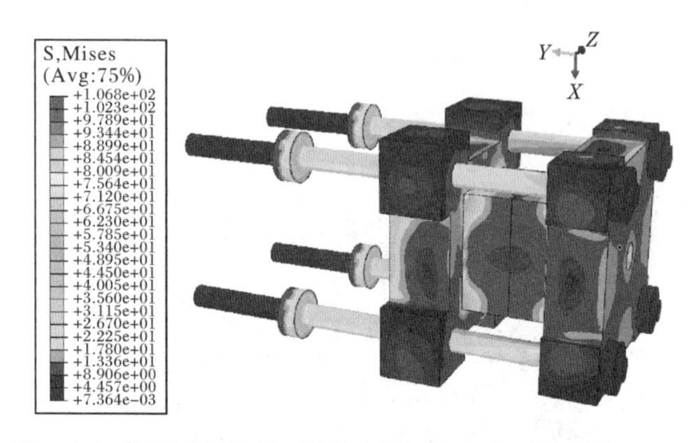

图 4-5-7　锁模后内循环二板式合模机构应力云图(单位：MPa)

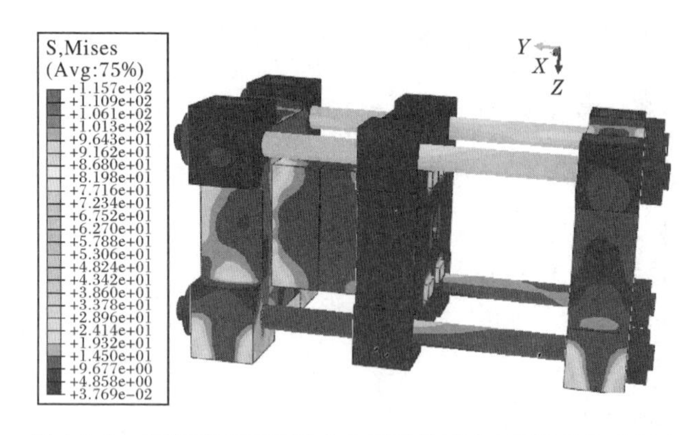

图 4-5-8　锁模后三板肘杆式合模机构应力云图(单位：MPa)

图 4-5-9 和图 4-5-10 分别为内循环二板式合模机构和三板肘杆式合模机构锁模后的位移云图。图中黑色网格框线表示模板的原始位置，云图为模板变形后的位置。从图中合模机构位移情况可以看出各部分的变形情况。对于内循环二板式合模机构，由于定模板上作用有锁模力，且其下端固定，因此合模机构整体呈现

沿 Z 轴顺时针的翻倾趋势;在锁模过程中,模具被压缩,拉杆被拉长,其中上面两条拉杆的尾部受定模板上端变形的影响而向上翘曲。对于三板式合模机构,由于定模板和后模板下端固定,作用于动模板和后模板之间的作用力对合模机构上半部分的影响较大,因此合模机构整体呈现从动模板和后模板之间向外张开的趋势;在锁模过程中,模具被压缩,拉杆被拉长,其中上面两条拉杆的变形大于下面两条拉杆的变形,这是由于上面两条拉杆受力较大导致的。

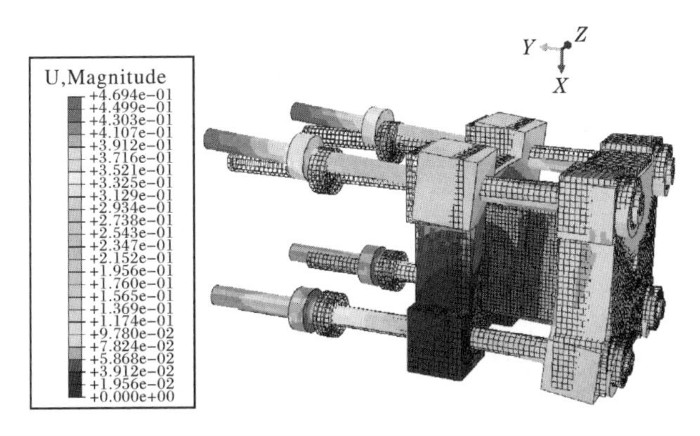

图 4-5-9　锁模后内循环二板式合模机构位移云图(放大 200 倍,单位:mm)

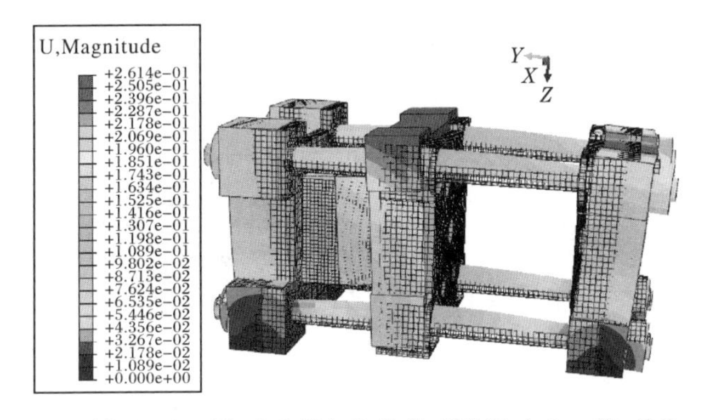

图 4-5-10　模后三板肘杆式合模机构位移云图(放大 200 倍,单位:mm)

2) 模板

由于文献中对三板肘杆式合模机构的模板研究已较多,因此本部分只介绍模板在四缸直锁受力方式下的受力变形情况。

图 4-5-11 和图 4-5-12 分别为锁模后内循环二板式合模机构动模板和定模板的位移云图。对于动模板,模板上半部分产生沿 Y 轴负向的位移,模板下半部分产生沿 Y 轴正向的位移,最大位移发生在模板下部两角上;对于定模板,模板上半部分产生沿 Y 轴负向的位移,模板底部沿 Y 轴方向的位移为 0,最大位移发生在

模板上部两角上。

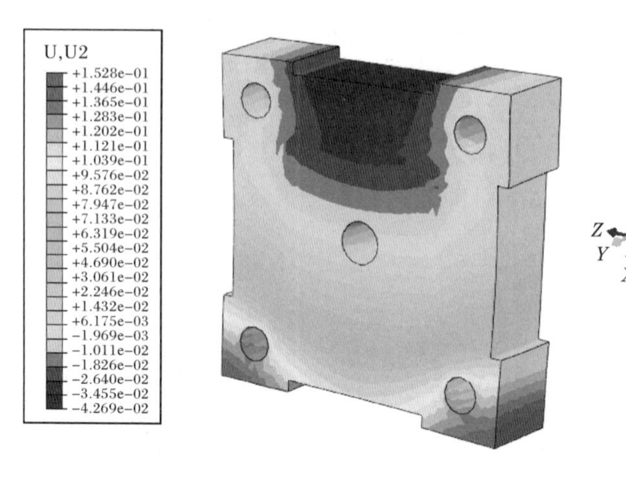

图 4-5-11　锁模后内循环二板式合模机构动模板的 Y 向位移云图(放大 200 倍,单位:mm)

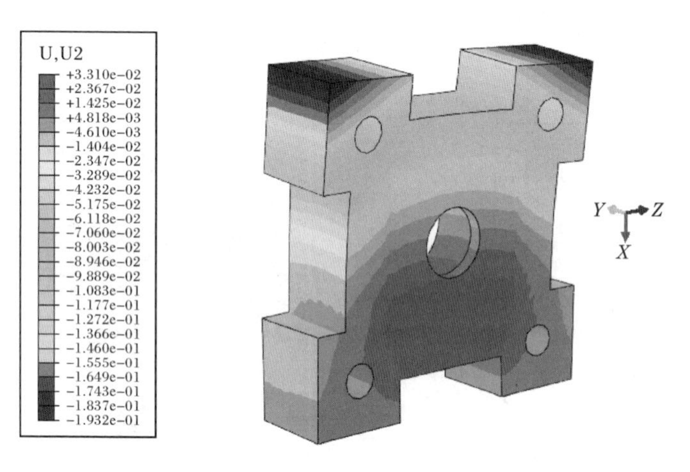

图 4-5-12　锁模后内循环二板式合模机构定模板的 Y 向位移云图(放大 200 倍,单位:mm)

图 4-5-13 和图 4-5-14 分别为锁模后内循环二板式合模机构动模板和定模板的应力云图。从图中可以看出,动模板和定模板的受力较为均匀,最大应力均出现在模板与模具四角接触的位置。

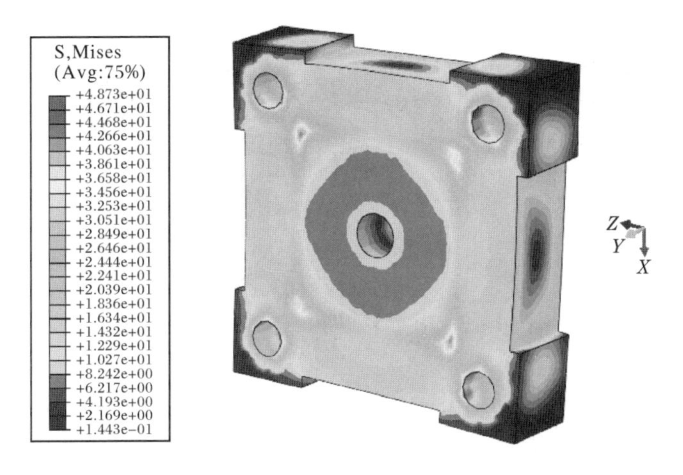

图 4-5-13　锁模后内循环二板式合模机构动模板的
应力云图(位移放大 200 倍,单位:MPa)

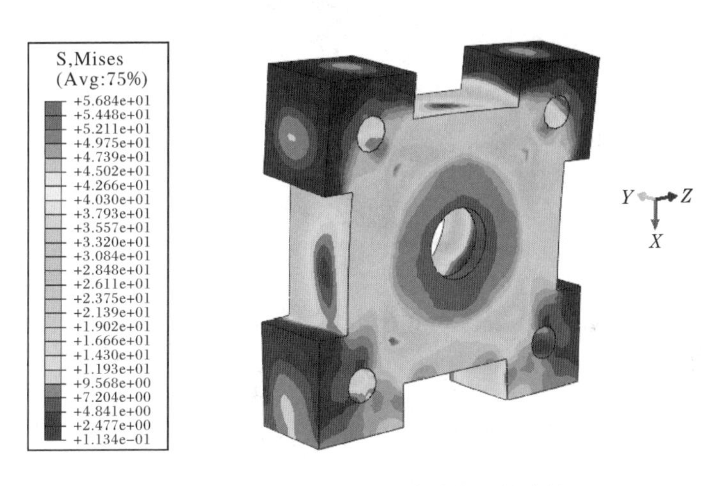

图 4-5-14　锁模后内循环二板式合模机构定模板的
应力云图(位移放大 200 倍,单位:MPa)

3) 拉杆

图 4-5-15 和图 4-5-16 分别为内循环二板式合模机构和三板肘杆式合模机构锁模后的拉杆应力云图。从图中可以看出,与三板肘杆式合模机构的拉杆受力相比,内循环二板式合模机构四条拉杆的受力更为一致。对于三板肘杆式合模机构,拉杆长度相同时,上面两条拉杆较下面两条拉杆偏载严重,因此在实际工作过程中,要通过调整装置对拉杆有效长度进行调整,以实现拉杆受力均一,减小拉杆断裂的可能性。

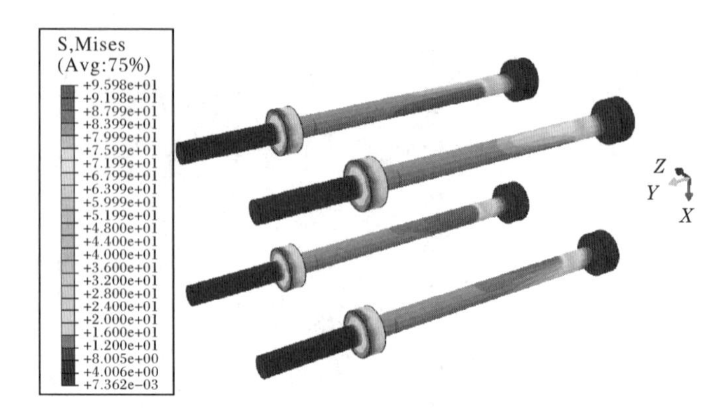

图 4-5-15　锁模后内循环二板式合模机构拉杆的应力云图(单位:MPa)

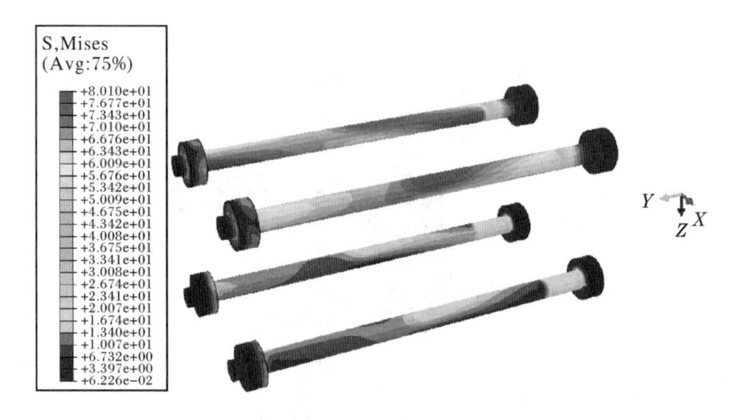

图 4-5-16　锁模后三板肘杆式合模机构拉杆的应力云图(单位:MPa)

4) 模具

以型腔所在的模具动模为研究对象考察合模机构的锁模特性。型腔的形状为圆柱形,直径为 150mm,高为 80mm。

(1) 模具分型面。

图 4-5-17 和图 4-5-18 分别为锁模后内循环二板式合模机构和三板肘杆式合模机构模具分型面的应力云图。从图中可以看出,模具分型面上的应力分布于分型面理论应力 12.45MPa 附近。对于内循环二板式合模机构,模具分型面上的应力分布十分对称,最大应力出现在四个角上,最小应力出现在四边中央,在型腔周围分型面的应力非常均匀;对于三板肘杆式合模机构,模具分型面的应力分布对称性不及内循环二板式合模机构,在型腔周围分型面的应力均匀性差,下部的应力大于上部,这是由于合模机构的受力方式不同导致的。

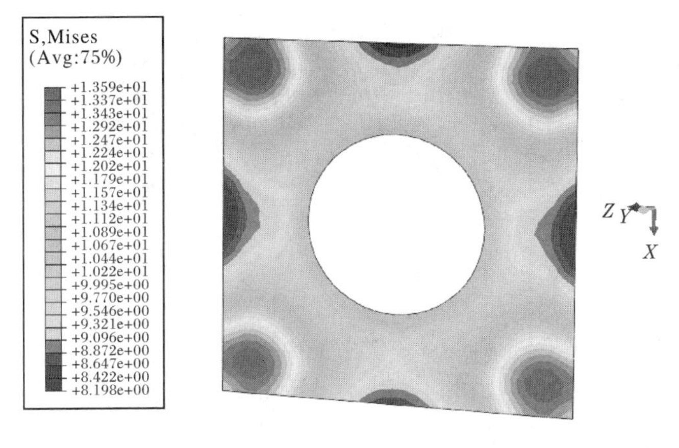

图 4-5-17　锁模后内循环二板式合模机构模具分型面的应力云图(单位:MPa)

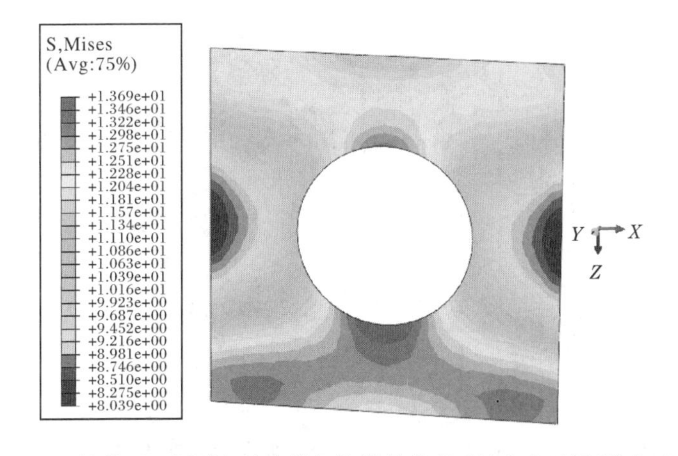

图 4-5-18　锁模后三板肘杆式合模机构模具分型面的应力云图(单位:MPa)

图 4-5-19 和图 4-5-20 分别为施加胀模压力后内循环二板式合模机构和三板肘杆式合模机构模具分型面的应力云图。施加胀模力后,模具分型面所受压力与施加前都变小,而且由于胀模压力的作用靠近型腔处压力较低,远离型腔处压力较高。

(2) 模具型腔轴向应变。

现有文献中对模板优化和合模机构性能的分析一般是通过模板变形的挠度大小进行评价的。在理论情况下,对称而均匀的模板挠度变形所引起的模具型腔变形也是均匀的。在实际工况下,由于模板的制造误差和配合间隙等原因,以模板变形为评价指标而优化设计得到的模板所引起的模具变形却是不确定的,从而影响制品成型精度。另外,模板较大的挠度变形也可能使模具变形均一,从而不

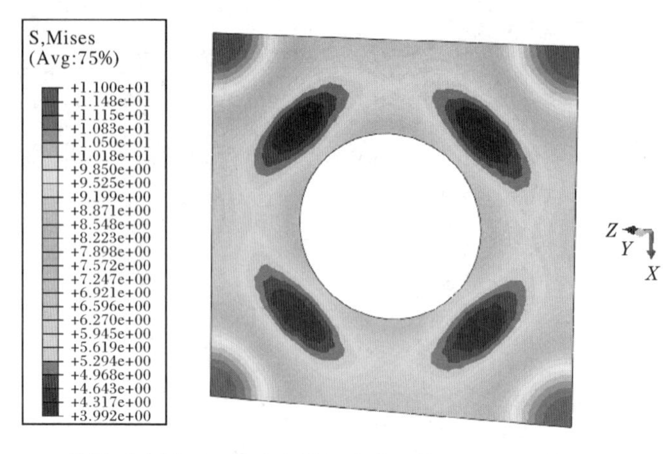

图 4-5-19　胀模后内循环二板式合模机构模具分型面的应力云图(单位:MPa)

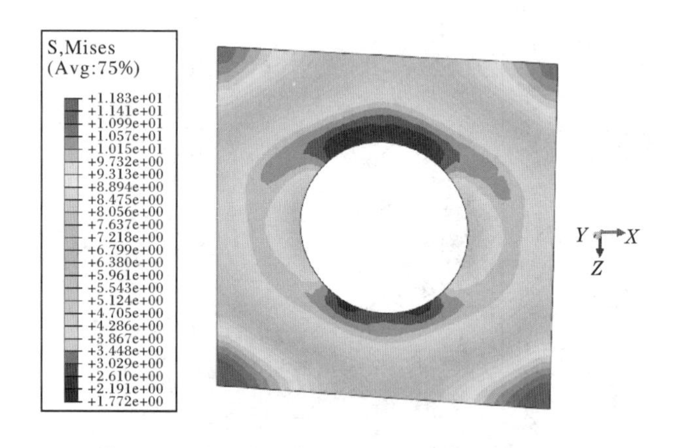

图 4-5-20　胀模后三板肘杆式合模机构模具分型面的应力云图(单位:MPa)

影响制品成型性能。因此在合模机构性能分析时只有以模具型腔变形为评价指标才能更为直接反映合模机构的制品成型性能。本节以模具型腔轴向应变为评价指标研究合模机构的锁模均匀性。

图 4-5-21 和图 4-5-22 分别为锁模后内循环二板式合模机构和三板肘杆式合模机构动模的 Y 向位移云图。从图中可以看出,锁模后模具各部分的位移分布呈现带状分布。为定量研究合模机构的类型对模具型腔变形的影响,选取如图 4-5-23 所示的四条具有代表性的路径为研究对象展开研究。图 4-5-23 中每条路径上有 9 个研究点,路径的起点位于分型面上,路径的终点位于型腔底部。

图 4-5-24 为内循环二板式合模机构与三板肘杆式合模机构在后路径、前路径、上路径和下路径上各点的位移曲线。从图中可以看出,无论是在锁模后还是

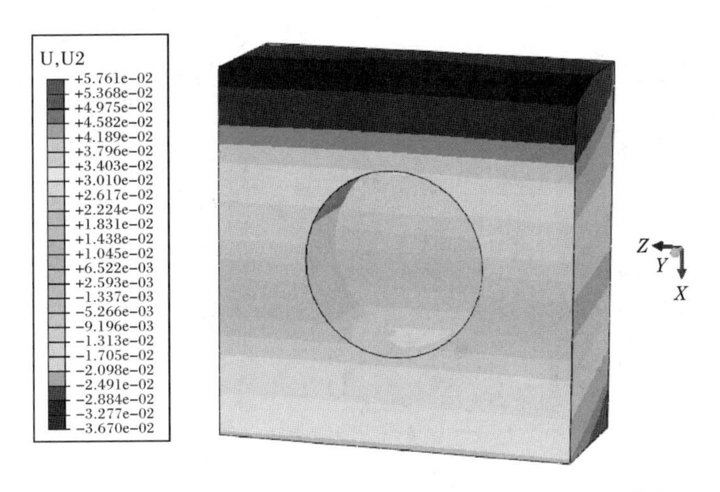

图 4-5-21　锁模后内循环二板式合模机构动模 Y 向位移云图(单位:mm)

胀模后,三板肘杆式合模机构模具型腔各点的位移均比二板肘杆式合模机构型腔各点的位移大,胀模后路径终点的位移变化较路径起点的位移变化明显。

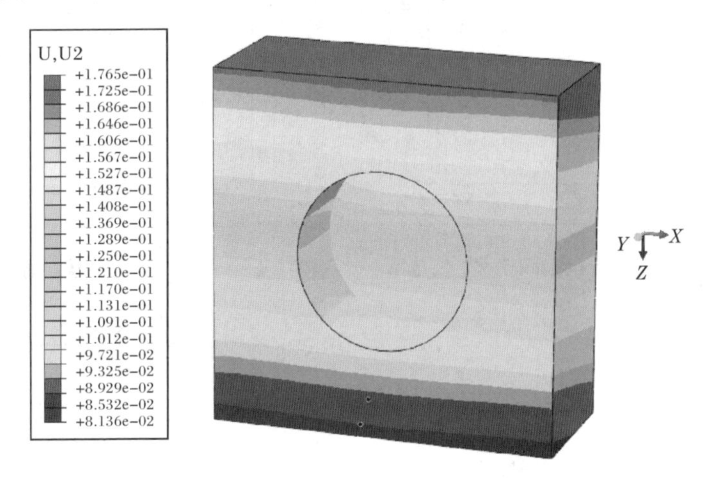

图 4-5-22　锁模后三板肘杆式合模机构动模 Y 向位移云图(单位:mm)

表 4-5-3 为锁模后和胀模后内循环二板式合模机构和三板肘杆式合模机构各路径的平均应变及其不均衡率。从表中可以看出,内循环二板式合模机构的模具型腔应变不均衡率均小于三板肘杆式合模机构的模具型腔应变不均衡率,特别是在胀模后,内循环二板式合模机构的优势表现得异常明显,其应变不均衡率大约仅为三板肘杆式合模机构的 7%。

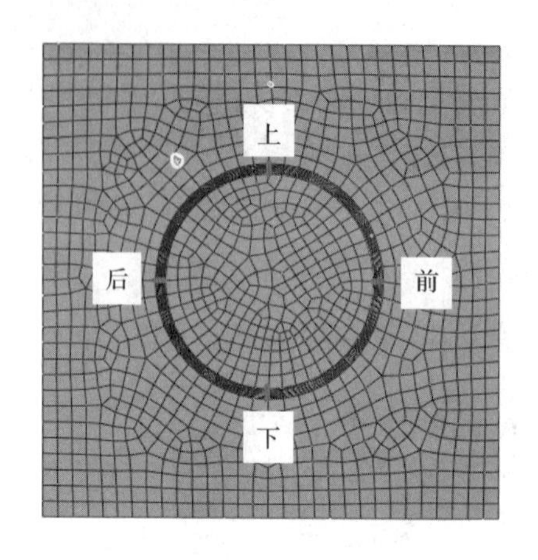

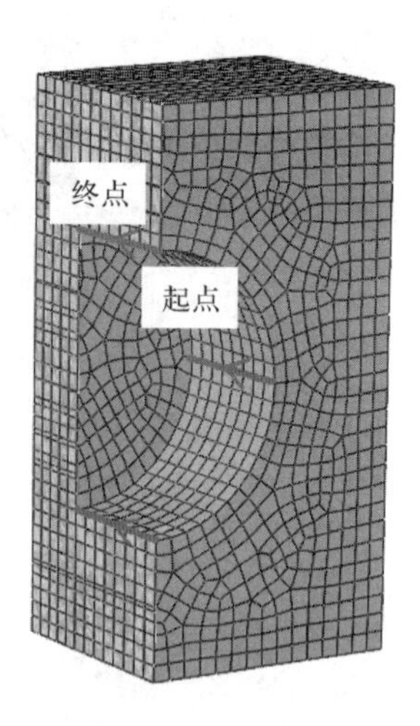

图 4-5-23 型腔圆柱面上的 4 条研究路径

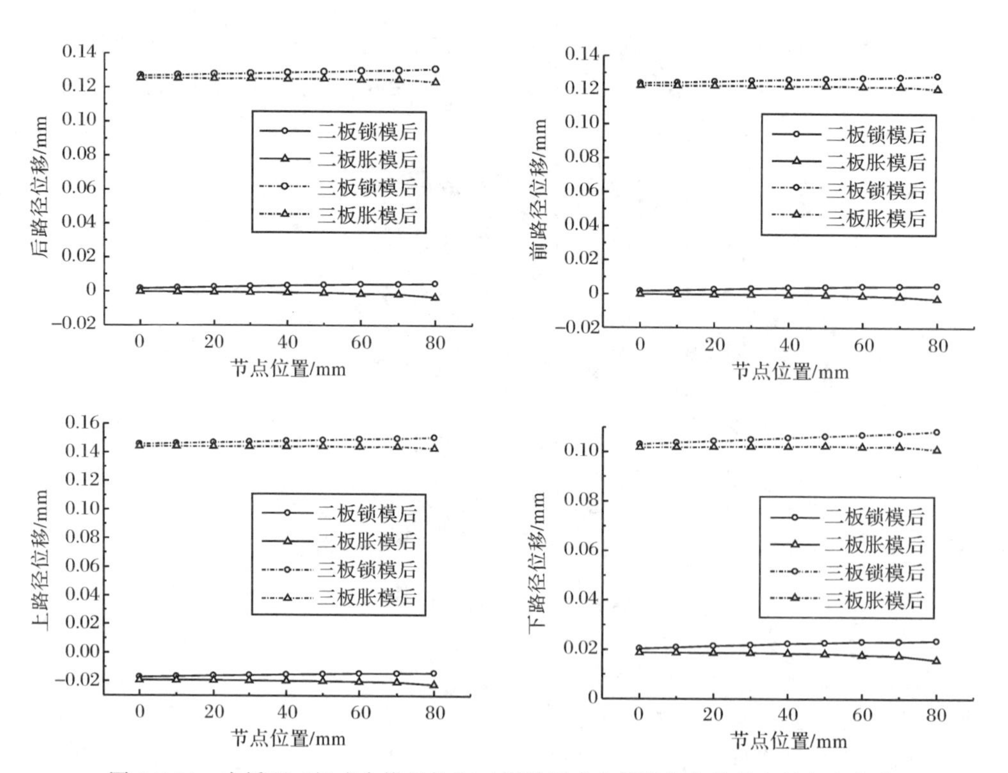

图 4-5-24 内循环二板式合模机构和三板肘杆式合模机构各路径上的各点位移

表 4-5-3　内循环二板式合模机构和三板肘杆式合模机构各路径的平均应变及其不均衡率

机型	路径	锁模后			胀模后		
		模具压缩量/mm	平均应变	不均衡率	模具压缩量/mm	平均应变	不均衡率
二板式	后路径	0.003081	3.852	2.165%	−0.002963	3.704	2.561%
	前路径	0.003036	3.795		−0.002810	3.512	
	上路径	0.003083	3.854		−0.002970	3.713	
	下路径	0.003194	3.992		−0.002898	3.622	
三板式	后路径	0.004355	5.444	9.458%	−0.001881	3.704	38.049%
	前路径	0.004336	5.420		−0.001867	3.512	
	上路径	0.004919	6.149		−0.001062	3.713	
	下路径	0.005249	6.561		−0.000847	3.622	

4. 结果讨论

从以上研究结果可以看出，相对于三板肘杆式合模机构，四缸直锁内循环二板式合模机构具有更加均匀的拉杆受力、模具分型面受力和模具型腔变形，归根结底，这是由于四缸直锁的受力方式决定的。

在实际工作过程中，内循环二板式注塑机的四个锁模油缸进出油口相互连通，在锁模时各缸活塞两侧的压力都分别相同，在拉杆理论受力一致的同时确保了各拉杆为模具提供的实际锁模力完全一致。锁模油缸均衡一致的锁模力可使模板根据模具分型面自适应合模，有效地避免了模具分型面或动定模板之间的不平行误差带来的成型制品误差或溢料，保证优良的成型性能。图 4-5-25 为模具分型面不平行时内循环二板式合模机构自适应合模过程。在油液高压压力下，拉杆会带动动模板沿箭头方向移动直至使模具分型面贴合紧密、受力均匀为止。

肘杆式合模机构(图 4-5-26)结构复杂、加工精度要求极高，在加工过程中无法保证 L2 与 L2′、L3 与 L3′、L1 与 L1′完全相等，在锁模时，肘杆机构的各种误差直接反映至锁模力上，使得模板受力不均，直接影响模具弹性变形和制品成型，难以成型精密产品。肘杆式注塑机遇到模具有适量平行度误差的问题时，会导致模具闭合不好而出现制品误差，出现飞边。若增大锁模力，模具即产生过度变形，可解决飞边缺陷，但制品精度无法保证，而且会降低模具寿命。

4.5.2　锁模重复性的研究

锁模重复性主要用于保证每次成型制品质量的稳定性。本节通过借助实验

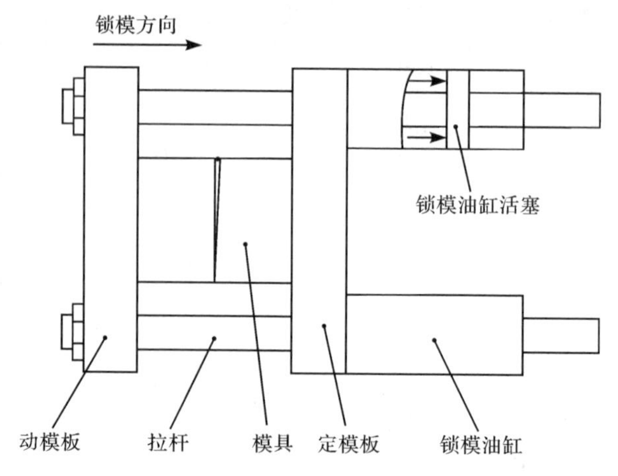

图 4-5-25　内循环二板式合模机构的自适应锁模过程

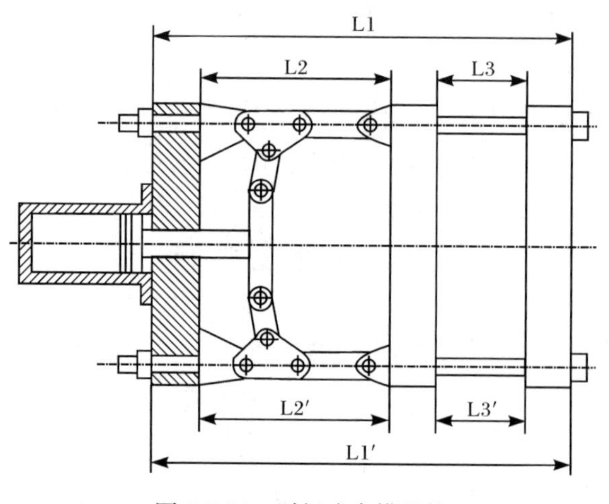

图 4-5-26　肘杆式合模机构

手段检测内循环二板式合模机构的锁模力重复精度来对合模机构的锁模重复性做出评价。

在锁模力重复精度测试的同时可以进行拉杆偏载率的测试。本节对内循环二板式合模机构的锁模力重复精度和拉杆偏载率进行了测试，并与三板肘杆式合模机构进行了对比。

1. 测试设备与仪器

内循环二板式注塑机，CHH200，宁波海天塑机集团有限公司；

三板肘杆式注塑机，200W1/J5，宁波海天塑机集团有限公司；

锁模力测试仪，Monitor DU－4D，SENSORMATE(图 4-5-27)。

图 4-5-27　锁模力测试仪

2. 测试方法

锁模力重复精度和拉杆偏载率的检测按照国家标准(GB/T 25157—2010)《橡胶塑料注射成型机检测方法》[65]进行，也可按照附录 1《精密塑料注射成型机》标准中规定的方法进行。

3. 测试结果

将内循环二板式注塑机 CHH200 和三板肘杆式注塑机 200W1/J5 调至最佳工作状态，连续进行开合模动作 100 次，分别记录每条拉杆的锁模力与总锁模力。锁模力的测试结果如图 4-5-28 所示，计算得到内循环二板式合模机构的锁模力重复精度为 0.18%，高于三板肘杆式合模机构的锁模力重复精度 0.21%，如图 4-5-29 所示。

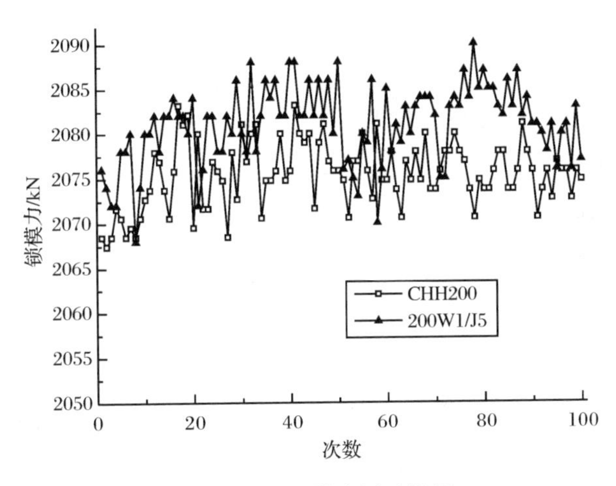

图 4-5-28　锁模力测试结果

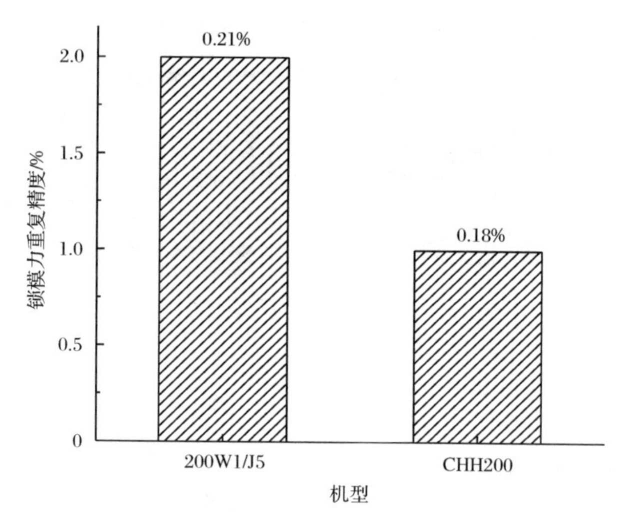

图 4-5-29　内循环二板式合模机构与三板肘杆式合模机构锁模力重复精度的比较

表 4-5-4 为内循环二板式合模机构与三板肘杆式合模机构拉杆偏载率的测试结果。从表中可以看出内循环二板式合模机构的拉杆偏载率远高于同规格的三板肘杆式合模机构，这与图 4-5-27 和图 4-5-28 中拉杆应力的模拟结果是一致的。

表 4-5-4　拉杆偏载率测试结果

机型	CHH200	200W1/J5
第 1 条拉杆 100 次测试的平均锁模力	526.46	550.34
第 2 条拉杆 100 次测试的平均锁模力	507.27	490.20
第 3 条拉杆 100 次测试的平均锁模力	519.14	550.19
第 4 条拉杆 100 次测试的平均锁模力	522.54	490.26
4 条拉杆的平均锁模力	518.85	520.25
拉杆偏载率	1.60%	6.66%

4. 结果讨论

内循环二板式注塑机的锁模力是由液压系统直接提供的，液压系统管路短，压力损失小且稳定。肘杆式合模机构的锁模力是由系统变形提供的(图 4-5-30)，曲肘角决定了锁模力的大小，而曲肘角是通过调模控制的。在锁模状态下，曲肘和模具受压，拉杆受拉，模板变形。由于合模油缸的压力是动压，压力不稳定，导致在合模结束位置冲力不稳定，使曲肘角不稳定，因此锁模力也不稳定，模具变形不稳定,型腔体积变化不稳定,使制品精度降低。内循环二板式注塑机能够排除肘杆机构的加工精度、装配精度、机械磨损、变形和间隙等影响因素,可以长期地保证锁模位置及锁模力的稳定[10,39]。

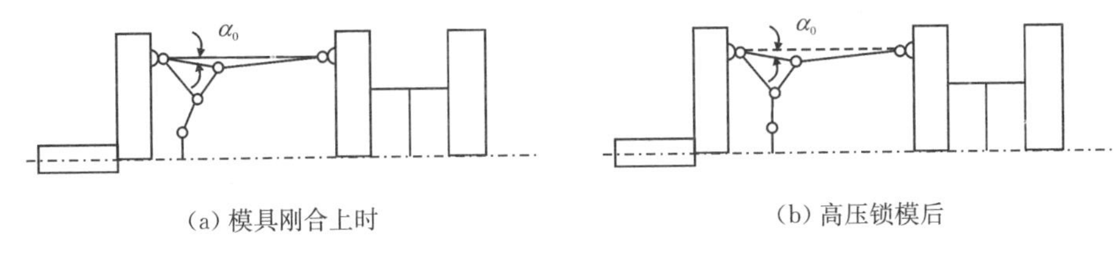

(a) 模具刚合上时　(b) 高压锁模后

图 4-5-30　肘杆式合模机构的锁模过程

本节讨论了内循环二板式合模机构的锁模性能,并与三板肘杆式合模机构的锁模性能进行了对比。合模机构的锁模性能包括两个方面:锁模均匀性和锁模重复性。

研究结果表明,内循环二板式合模机构拉杆的受力均匀性高于三板肘杆式合模机构的拉杆受力均匀性,内循环二板式合模机构的模具型腔应变不均衡率小于三板肘杆式合模机构的模具型腔应变不均衡率,特别是在胀模后,内循环二板式合模机构的优势表现得异常明显,其应变不均衡率仅为三板肘杆式合模机构的7%,这说明了内循环二板式合模机构优异的锁模均匀性。通过对合模机构锁模力重复精度的测试表明内循环二板式合模机构锁模重复性也优于三板肘杆式合模机构。

4.6　内循环二板式注塑机的样机试制及性能评测

本节建立了四缸直锁内循环二板式注塑机 CHH200 的物理样机,在此基础上系列化制造了合模力规格为 900kN 的内循环二板式注塑机 CHH90。根据《精密塑料注射成型机》企业标准和《塑料注射成型机能耗检测和等级评定的规范》,对注塑机 CHH200 和 CHH90 进行性能测试和评价,由此归纳了内循环二板式合模机构的性能特点。

4.6.1　内循环二板式注塑机的样机试制与性能评测

1. 内循环二板式注塑机 CHH200 的样机试制

1) CHH200 的技术参数

内循环二板式注塑机 CHH200 的技术参数如表 4-6-1 所示。

表 4-6-1 内循环二板式注塑机 CHH200 的技术参数

技术参数	数据
型号	CHH200
螺杆直径	50mm
螺杆长径比	20
理论注射容量	412cm^3
注射重量	375(PS)g
注射速率	162g · s^{-1}
注射压力	170MPa
塑化能力	21.6(PS)g · s^{-1}
螺杆转速	0～160rpm
锁模力	2000kN
移模行程	490mm
拉杆内间距	530mm×530mm
最小、最大模厚	200～550mm
顶出行程	140mm
外形尺寸	4.6×1.4×1.8($L\times W\times H$)m
机器重量	6t
泵的额定压力	25MPa
泵的最高压力	32MPa

2) 技术方案

注塑机 CHH200 采用四缸直锁内循环二板式合模机构，其结构和工作原理前已述及，这里不做赘述。其余部分技术方案如下：

(1) 采用一线式油马达直接驱动螺杆预塑；

(2) 单缸注射系统，具有多级压力、多级速度可供选择；

(3) 电气、机械双重安全保护，确保操作者安全；

(4) 采用杭州科强智能控制系统有限公司开发的专用电脑程序控制系统；

(5) 采用瓷板式电热圈，料筒电热速度快、效率高，温度控制采用七段 PID 方式控制，控制精度达到±1℃；

(6) 预塑比例背压调整装置，运行平稳、快速，调整方便；

(7) 采用伺服电机驱动定量泵的动力驱动方式。

3) 物理样机

内循环二板式注塑机 CHH200 的物理样机如图 4-6-1 所示。经过调试和故障排除后，设备运行稳定可靠。

图 4-6-1　内循环二板式注塑机 CHH200 的物理样机

2. 内循环二板式注塑机 CHH200 的性能评测

内循环二板式合模机构的性能测试包括以下方面，其中一些性能测试已在前面述及，为保持测试项目的完整与全面，这里只列出标题而不累述。测试对象为内循环二板式注塑机 CHH200，部分对比测试在三板肘杆式注塑机 200W1/J5 上进行。内循环二板式注塑机 CHH200 和三板肘杆式注塑机 200W1/J5 配备结构与规格完全相同的注塑机构。由于注塑机构采用现有成熟技术，也不是研究的重点，其性能不做测评。

1）锁模力重复精度

测试过程见 4.5.2 节，内循环二板式注塑机 CHH200 的锁模力重复精度为 0.18%，优于同规格的三板肘杆式注塑机 200W1/J5 的锁模力重复精度 0.21%。该指标满足 Q/NHT J017—2010《精密塑料注射成型机》标准对锁模力重复精度的规定。

2）拉杆偏载率

测试过程见 4.5.2 节，内循环二板式注塑机 CHH200 的拉杆偏载率为 1.60%，优于同规格的三板式注塑机 200W1/J5 的拉杆偏载率 6.6%。该指标满足 Q/NHT J017—2010《精密塑料注射成型机》标准对拉杆偏载率的规定。

3）开模位置重复精度

开模位置重复精度的检测按照附录 1 中 6.3.7 规定的方法进行。测量数据如图 4-6-2 所示，计算得内循环二板式注塑机 CHH200 的开模位置重复精度为 0.95mm，符合 Q/NHT J017—2010《精密塑料注射成型机》标准对开模位置重复精度的规定。

4）启闭模最高速度

启闭模的速度是机器重要的技术经济性指标，同时对于泵的选择具有重要参

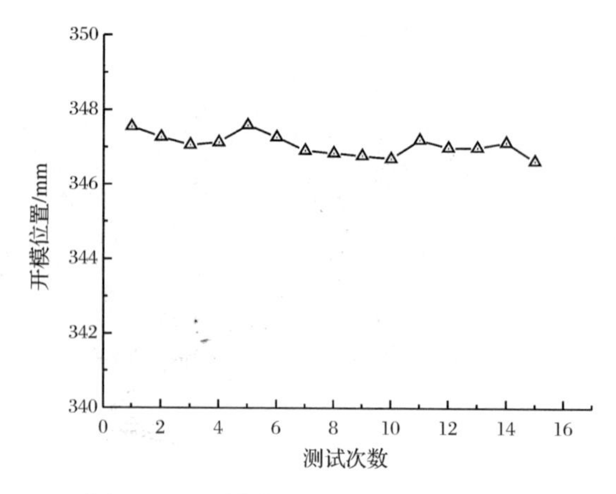

图 4-6-2　开模位置重复精度的测试数据

考意义。此项测试通过位移传感器进行。工艺条件设置时，关模第二段与开模第二段设置为最大值即 99%，对应的压力也相应较大。为了保证平稳运行，其他段流量和压力不宜设置很高。分别在手动条件和全自动条件下进行启闭模动作。开模时，液压系统无差动循环。

根据已选择的泵流量、转速以及移模油缸的尺寸，可以算得启闭模速度的理论值，并与实验值进行比较。所得实验结果如表 4-6-2 所示。

表 4-6-2　启闭模最高速度测试结果

		合模	开模
理论最高速度		0.674m/s	0.374m/s
手动	实际最高速度	0.562m/s	0.308m/s
	理论值与实际值偏差	19.93%	21.43%
全自动	实际最高速度	0.554m/s	0.323m/s
	理论值与实际值偏差	21.66%	15.79%

模板合模速度最高可达 0.562m/s，开模速度最高可达 0.323m/s。启闭模速度可以通过加大泵的排量、转速或在满足启模力的前提下通过减小移模油缸的直径来得到进一步提升。

5）能耗测试

内循环式的锁模油缸能避免注塑机在开合模过程中锁模油缸中液压油的外部循环，因而可以降低注塑机的能耗。

能耗测试依据《塑料注射成型机能耗检测和等级评定的规范》进行。测试原理和测试过程如下：

(1) 将能耗测试仪正确地接入注塑机的电源输入端；

(2) 将注塑机调至最佳工作状态，确保注射成型标准试样(图 4-6-3)无成型缺陷；

(3) 待机器工作稳定后，连续注射成型 50 模，称量其总重量(包括浇道部分)，并记录注射成型这 50 模所消耗的能量；

(4) 注塑机的能耗指数由 50 模所消耗的能量除以 50 模总质量得到，单位为 kW · h/kg。

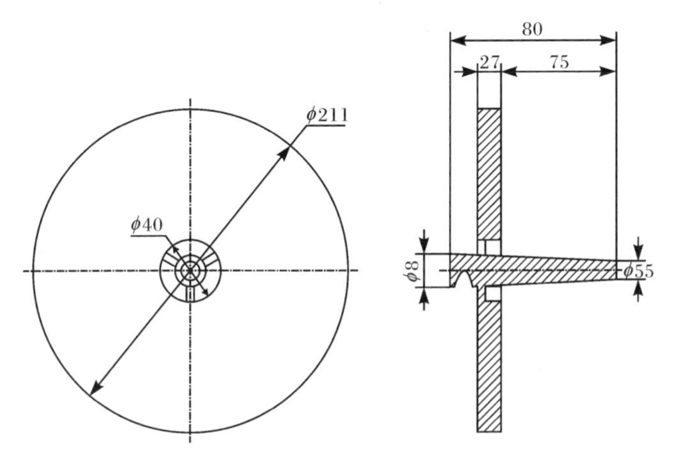

图 4-6-3 能耗测试标准模具的形状和尺寸

材料：聚苯乙烯(GPPS，中国石化广州分公司)；

器具：电子天平(FA2204N，上海民桥精密科学仪器有限公司)；能耗测试仪(3169－20，HIOKI)；

经测试，内循环二板式注塑机的能耗指数为 0.395kW · h/kg。根据《塑料注射成型机能耗检测和等级评定的规范》[66]得，内循环二板式注塑机 CHH200 满足一级节能标准(能耗指数低于 0.4 kW · h/kg)。

6) 空循环周期

合模部分空循环周期的测试见 4.3.2 节。测试结果表明合模机构空循环周期是 2.1s。

7) 锁模整压性能

整压性能用来描述合模机构维持恒定锁模力的能力。在注射成型注射、保压阶段，锁模力的变化对制品的性能会产生影响。在测试中，通过最大锁模力时锁模油缸压力在单位时间内的压力降来描述合模机构的整压性能。测试结果如图 4-6-4 所示。

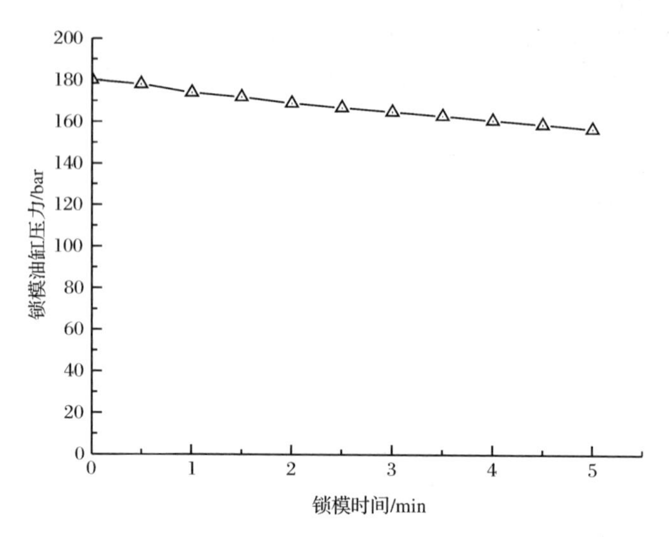

图 4-6-4　内循环二板式合模机构的整压性能

从实验结果可以看出,在 5min 之内,锁模油缸压力下降了 23bar。但是在实际工作过程中,注射和保压的时间很短,因此该机器的整压性能对机器的成型性能不会造成很大影响。

8) 制品质量重复精度

制品质量重复精度的检测按照附录 1 中 6.3.9 的规定进行。测试同时在内循环二板式注塑机 CHH200 和三板肘杆式注塑机 200W1/J5 上进行。尽管内循环二板式注塑机 CHH200 和三板肘杆式注塑机 200W1/J5 所配备的注塑机结构相同,但是为了排除注塑机的不同对制品质量重复精度的影响,对其进行对空注射质量重复精度的测试。对空注射质量重复精度的测试按照附录 1 中 6.3.3 进行,测试结果表明 CHH200 和 200W1/J5 的对空注射质量重复精度分别为 0.112%和 0.113%,由此可见 CHH200 和 200W1/J5 的注塑机构的性能基本相同。

内循环二板式注塑机 CHH200 和三板肘杆式注塑机 200W1/J5 的制品质量测试结果如图 4-6-5 所示。计算得 CHH200 的制品质量重复精度为 0.867‰,200W1/J5 的制品质量重复精度为 1.282‰。内循环二板式注塑机的制品质量重复精度高于三板肘杆式注塑机,根据 Q/NHT J017—2010《精密塑料注射成型机》标准可知内循环二板式注塑机 CHH200 为精密注塑机。

9) 可靠性

内循环二板式注塑机 CHH200 在注塑机构不工作、移模速度为中速、液压油不通冷却水时,合模部分全自动空载运转 15 天,每天连续运转 7～8h,四个锁模油缸外表温度不超过室温、无温升,运转状态良好,未出现任何故障。这说明

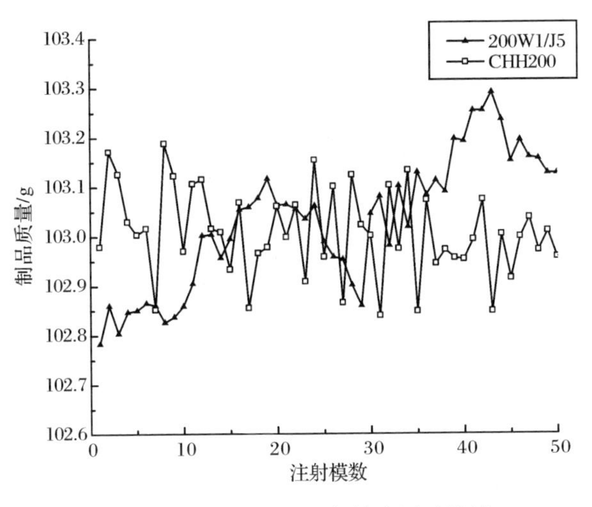

图 4-6-5　制品质量重复精度测试结果

CHH200 四缸直锁内循环二板式合模机构工作性能稳定可靠。

4.6.2　内循环二板式注塑机的系列化

1. 内循环二板式注塑机 CHH90 的样机试制

根据 4.2 节介绍的内循环二板式合模机构的结构及工作原理，在内循环二板式注塑机物理样机 CHH200 的研发经验基础上，又研制了合模力为 900kN 的内循环二板式注塑机 CHH90，并对其进行了性能测试。图 4-6-6 为内循环二板式注塑机 CHH90 虚拟样机的机械模型，图 4-6-7 内循环二板式注塑机 CHH90 的物理样机。CHH90 的驱动配置为变频电机驱动变量泵方式。

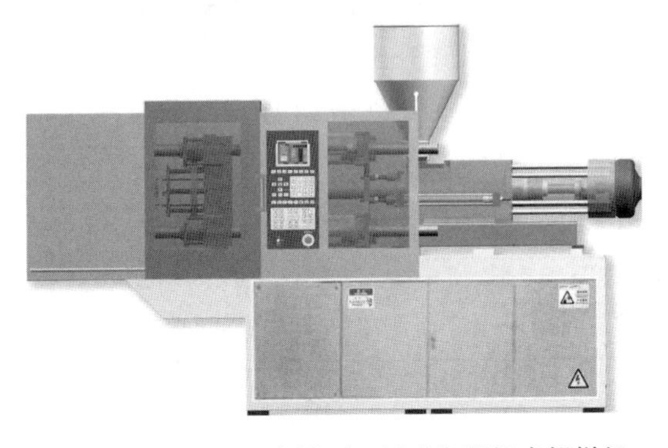

图 4-6-6　CHH90 内循环二板式注塑机虚拟样机

图 4-6-7　CHH90 内循环二板式注塑机物理样机
（由宁波海达塑料机械有限公司制造）

2. 内循环二板式注塑机 CHH90 的性能评测

1）制品质量重复精度

对内循环二板式注塑机 CHH90 进行制品质量重复精度的检测，测试结果得内循环二板式注塑机的制品质量重复精度为 0.88‰，根据 Q/NHT J017—2010《精密塑料注射成型机》标准可知内循环二板式注塑机 CHH90 为精密注塑机。

2）能耗测试

测试结果得内循环二板式注塑机 CHH90 的能耗指数为 0.398kW · h/kg。根据《塑料注射成型机能耗检测和等级评定的规范》[66]得，内循环二板式注塑机 CHH90 满足一级节能标准。

3）空循环周期

CHH90 内循环二板式注塑机合模机构的空循环周期的测试结果如表 4-6-3 所示。从表中可以看出，变频驱动的内循环二板式注塑机合模机构的工作效率优于无论是变频驱动还是伺服驱动的三板肘杆式注塑机。如果将 CHH90 的驱动方式换为伺服驱动，可使其空循环周期进一步缩短。另外，由于驱动方式的不同，使 CHH90 的工作效率不及 CHH200。

表 4-6-3　CHH90 空循环时间的测试结果和与其他类型注塑机的比较

型号	合模机构类型	驱动方式	合模部分空循环周期/s	启闭模时间/s
CHH90	二板直压	变频电机+变量泵	4.1	1.8
HDT90	三板肘杆	变频电机+定量泵	5.3	3.0

续表

型号	合模机构类型	驱动方式	合模部分空循环周期/s	启闭模时间/s
HDT90	三板肘杆	伺服电机＋定量泵	4.2	2.2

3. 内循环二板式合模机构的特点

1) 节材

四缸直锁内循环二板式注塑机零件少，重量轻，体积小。与二板抱合闸块式注塑机相比，内循环二板式注塑机省去了抱合闸块及与其对应的液压系统和固定四根拉杆的支架；与三板肘杆式注塑机相比，内循环二板式注塑机省去了后模板、十字头和肘杆机构，使整机尺寸和质量都大幅度减小。表 4-6-4 为 CHH200 与同规格的其他机型在外形尺寸和重量方面的对比。图 4-6-8 为实地拍摄的 CHH200 与 HTH200(三板肘杆式)的长度对比图。表 4-6-5 为内循环二板式注塑机相对于同规格的三板肘杆式注塑机减少的重量及零件数。

表 4-6-4　CHH200 与同规格的其他机型在外形尺寸和重量方面的对比

机型	长×宽×高/m	重量/t	减少的		
			占地面积	高度	重量
CHH200	4.6×1.4×1.8	6.0	—	—	—
SA2000/700	5.6×1.6×2.1	6.9	28%	14%	13.0%
HTH200	5.3×1.6×2.1	6.8	25%	14%	11.7%
HT200W1/J5	5.2×1.5×2.0	6.9	17%	9.7%	13.0%

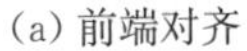

(a) 前端对齐

(b) 长度之差

图 4-6-8　实地拍摄的 CHH200 与 HTH200 的长度对比图

表 4-6-5　内循环二板式注塑机相对于同规格的三板肘杆式注塑机减少的重量及零件数

注塑机锁模力规格/kN	减少的重量/t	减少的零件数
1600	0.8	74
2000	1	46
4500	3.9	84
7800	6.9	91
12500	15.2	90
20000	32	130
33000	70	142

另外，由于调模机构的配备，在缩短锁模油缸轴向尺寸节省材料的同时，特别适用于深孔制品的成型加工，同一规格机器模具适应能力显著提升。

2) 节能

能耗测试表明内循环二板式注塑机 CHH200 和 CHH90 为一级节能注塑机，其节能机理已在第 4.4 节进行介绍。由于内循环锁模油缸的引入，内循环二板式合模机构移模过程无充液功耗，而且阻力能耗极低，成功地解决了直压式注塑机能耗大的问题。

对于外循环二板式合模机构，在高速移模时，锁模油缸中大量的液压油外部循环，使管路摩擦发热和油温升高，由此造成大量的能源浪费，而且移模阻力巨大。在实际生产中，为了保证移模速度，会通过加大管路和阀通径的方法来减小阻力；如果阀的技术参数无法满足，那就必须降低整机的技术参数。

与五点斜排双曲肘三板式合模机构相比，内循环二板式合模机构消除了肘杆机构铰点(约 24 个，见图 4-6-9)之间的摩擦，而且为干摩擦或半干摩擦。与抱合闸块式注塑机相比，模板运动支撑发生在导轨上，而不在拉杆上，减少了受力的运动副数量，摩擦少，节能。

图 4-6-9　三板肘杆式合模机构的铰点

3）高精密

测试结果表明，四缸直锁内循环二板式注塑机 CHH200 和 CHH90 的制品质量重复精度分别为 0.867‰和 0.88‰，高于规格相同的、注塑部分性能相同的三板肘杆式注塑机，达到精密注塑机的标准。这主要归结于内循环二板式合模机构优异的锁模特性。合模机构的锁模特性表现为两个方面：锁模均匀性和锁模重复性，其精密机理在第 4.5 节已详细论述，不再赘述。

4）高效率

合模机构空循环周期的测试结果表明内循环二板式注塑机具有高效率的特点，其主要表现在两个方面：

(1) 模板的运动速度与换向直接通过液压系统来驱动，响应快。

(2) 与抱合闸块式注塑机相比，成型周期中无抱合动作；与肘杆式注塑机相比，无系统的变形过程，使成型周期得到缩短。

5）高性价比

内循环二板式注塑机节省资源和能源效果明显，其合模机构结构简单，零件数量少，种类少，非标准件少，这为产品成本的降低提供了很大的空间。内循环二板式合模机构的核心部件——内循环锁模油缸（图 4-6-10）的组成部分——缸筒、拉杆、滑阀和活塞等全为回转体，设计基准、加工基准与装配基准相同，能有效地降低加工难度和提高装配精度。因此，内循环二板式注塑机具有很高的性价比。

图 4-6-10　内循环锁模油缸的分解图

另外，全液压式的合模机构可以在移模行程范围内的任意位置锁模，模具适应性强，加之调模机构的配备，使内循环二板式合模机构的模具适应性更加广泛，从而提高了设备的性价比。

本节试制了内循环二板式注塑机物理样机 CHH200，在此基础上系列化制造了内循环二板式注塑机 CHH90，并对其性能进行了测试研究。测试结果表明内循环二板式注塑机在锁模性能、制品成型精度等方面优于同规格的三板肘杆式注塑机。在此基础上，系统地对新型合模机构的性能特点进行了总结和归纳，得出四缸直锁内循环二板式注塑机具有模板的运动速度与换向直接通过液压系统来驱动,响应快。与抱合闸块式注塑机相比,成型周期中无抱合动作;与肘杆式注塑机相比,无系统的变形过程,使成型周期得到缩短。全液压式的合模机构可以在移模行程范围内的任意位置锁模,模具适应性强,加之调模机构的配备,使内循环二板式合模机构的模具适应性更加广泛,从而具有节材、节能、高精密、高效率、高性价比的优点。

参考文献

[1] 陈俊,谢鹏程,杨卫民,等. 基于磁致伸缩位移传感器的精密注射成型研究[J]. 中国塑料,2007,21(12):88—91.

[2] 梁志刚,金志明,朱复华. 影响注射成型制品质量的重要部件——止逆环[J]. 塑料工业,2005,33(4):37—39.

[3] Lau K H,Tse T T M. Enhancement of plastic injection moulding quality through the use of the ABLPC nozzle[J]. Journal of Materials Processing Technology,1996,69(1-3):55—57.

[4] Huang S N,Tan K K,Lee T H. Adaptive GPC control of melt temperature in injection moulding[J]. ISA Transactions,1999,38(4):361—373.

[5] 孙锡红,苏兴. 注塑机料筒温度的模糊神经网络控制研究[J]. 工程塑料应用,2009,37(10):67—70.

[6] Lin J,Lian R-J. Self-organizing fuzzy controller for injection molding machines[J]. Journal of Process Control,2010,20(5):585—595.

[7] 周伟安. 精密注塑机闭环电液比例伺服系统设计与控制研究[D]. 杭州:浙江大学,2010.

[8] Yao K,Gao F,Allgöwer F. Barrel temperature control during operation transition in injection molding[J]. Control Engineering Practice,2008,16(11):1259—1264.

[9] 王兴天. 注塑工艺与设备[M]. 北京:化学工业出版社,2010.

[10] 焦志伟,谢鹏程,严志云,等. 全液压内循环二板式注塑机性能特点及锁模精度研究[J]. 塑料,2009,38(6):112—115.

[11] 王国宝,程珩,李福,等. 注塑机双曲肘合模机构的优化设计研究[J]. 工程塑料应用,2011,39(5):87—90.

[12] 任工昌,苗新强,郭志刚. 注塑机双肘杆锁模机构的优化设计[J]. 机械设计与制造,2009,(1):18,19.

[13] 于彦江,尤文林,蔡建平. 双曲肘合模机构的优化设计与运动学仿真[J]. 机床与液压,2008,36(4):293—295.

[14] Huang M-S,Lin T-Y,Fung R-F. Key design parameters and optimal design of a five-point double-toggle clamping mechanism[J]. Applied Mathematical Modelling,2011,35(9):4304—4320.

[15] 张春伟，刘海江. 肘杆式注塑机合模机构合模点配置方法研究[J]. 塑料工业，2008，36(6)：34－37.
[16] 钟世培. 基于 ADAMS 的注塑机合模机构动力学仿真研究[J]. 装备制造技术，2010，(4)：9－11.
[17] 曾翠华，郑荣霞，杨军，等. 液压-机械合模机构三维动态仿真优化设计[J]. 机床与液压，2008，36(8)：139－142.
[18] 周书华，叶晓平. 注塑机负后角型肘杆机构的优化及特性分析[J]. 制造技术与机床，2010，(9)：78－82.
[19] 邵珠娜，安瑛，谢鹏程. 基于 ADAMS 软件的全电动混合驱动式合模机构设计及优化分析[J]. 塑料工业，2010，38(8)：47－49，53.
[20] 张友根. 液压驱动双曲肘斜排列七支点合模机构的分析研究[J]. 流体传动与控制，2011，(4)：14－20.
[21] 周宏伟. 双曲肘五铰链内卷式合模机构的节能研究与优化设计[J]. 中国电子商务，2010，(6)：1110，1111.
[22] Sun S H. Optimum topology design for the stationary platen of a plastic injection machine [J]. Computers in Industry，2004，55(2)：147－158.
[23] 徐柯，金志明. 基于 SIMP 理论的注塑机固定模板的拓扑优化[J]. 现代塑料加工应用，2011，23(1)：57－59.
[24] 李竞，耿葵花. 用变密度法注塑机定模板拓扑优化研究[J]. 机械设计与研究，2008，24(4)：107－110.
[25] 苏嘉朗. 注塑机动定模板有限元分析及其结构优化[J]. 模具工程，2011，(7)：77－80.
[26] 刘旭红，尹辉峻. 注塑机模板的有限元-拓扑优化设计研究[J]. 塑料工业，2008，36(1)：32－35.
[27] 应济，李长勇. 注塑机后模板顺序优化设计研究[J]. 浙江大学学报(工学版)，2006，40(6)：911－937.
[28] 丁东升，汤文成. 注塑机头板的拓扑优化设计[J]. 轻工机械，2007，25(3)：32－35.
[29] 刘少玉，曹衍龙，梁学裕，等. 注塑机前模板的拓扑与参数化优化设计[J]. 机械设计与制造，2010，(10)：229－231.
[30] 刘文耀，应济. 注塑机模板集成设计软件开发[J]. 塑料工业，2010，38(6)：35－39.
[31] Sasikumar C，Srikanth S，Das S K. Analysis of premature failure of a tie bar in an injection molding machine[J]. Engineering Failure Analysis，2006，13(8)：1246－1259.
[32] 朱立志，夏域. 注塑机拉杆断裂分析与质量控制探讨[J]. 石油和化工装备，2006，9(6)：16－18.
[33] Lin W Y，Hsiao K M. Investigation of the friction effect at pin joints for the five-point double-toggle clamping mechanisms of injection molding machines[J]. International Journal of Mechanical Sciences，2003，45(11)：1913－1927.
[34] Fung R F，Wu J W，Chen D S. A variable structure control toggle mechanism driven by a

linear synchronous motor with joint coulomb friction [J]. Journal of Sound and Vibration, 2001, 247(4): 741—753.

[35] Fung R F, Hwang C-C. Kinematic and sensivity analyses of a new type toggle mechanism [J]. JSME International Journal, 1997, 40(2): 360—365.

[36] Lin W Y, Hsiao K M. Study on improvements of the five-point double-toggle mould clamping mechanism [J]. Proceedings of the Institution of Mechanical Engineers, Part C: Journal of Mechanical Engineering Science, 2004, 218(7): 761—774.

[37] Lin W Y, Shen C L, Hsiao K M. A case study of the five-point double-toggle mould clamping mechanism[J]. Proceedings of the Institution of Mechanical Engineers, Part C: Journal of Mechanical Engineering Science, 2006, 220(4): 527—535.

[38] 杨雁，王云宽，宋英华. 基于迭代学习的注塑机开合模机构定位控制研究[J]. 中国机械工程，2008，19(18)：2152—2155，2165.

[39] 王兴天. 内动直锁双模板式合模机构[P]：中国，00238617.8，2001.

[40] Jiao Z W, Xie P C, An Y, et al. Development of internal circulation two-platen IMM for thermoplastic polymer[J]. Journal of Materials Processing Technology, 2011, 211(6): 1076—1084.

[41] 恩格尔推出新型 ENGEL duo 500 pico 注塑机[EB/OL]. http://www.newmaker.com/news_61573.html，2008.

[42] 海天天虹系列注塑机[EB/OL]. http://www.haitian.com/index.php?article_id=448&clang=2，2010.

[43] Scheuerer S. Hydraulics manual for injection molding machines of the C-range [Z]. München: Krauss Maffei Kunststofftechnik, 1998.

[44] 韩云武，杨仁勇，丁耀飞. WY1.5 型液压挖掘机液压阀板的改进设计[J]. 机械管理开发，2008，23(5)：85，86.

[45] 李瑞涛，方湄，张文明. 虚拟样机技术的概念及应用[J]. 矿山机械，2000，6(5)：11，12.

[46] 谭建荣. 虚拟样机与企业信息化技术及其在注塑机行业中的应用[C]//PPTS2005 塑料加工技术高峰论坛论文集[C]. 北京，2005：24.

[47] 席俊杰. 虚拟样机技术的发展与应用[J]. 制造业自动化，2006，28(11)：19—22.

[48] 陈伟文. 注塑机可视化虚拟设计平台的开发[J]. 轻工机械，2006，24(4)：1—3.

[49] 熊光楞，李伯虎，柴旭东. 虚拟样机技术[J]. 系统仿真学报，2001，13(1)：114—117.

[50] 胡斌. 虚拟样机技术及其在注塑机设计中的应用[J]. 轻工机械，2007，25(5)：4—7.

[51] 李兴华，朱瑞林. 基于 AMESIM 的 WL3200T 压机的液压仿真[J]. 化工装备技术，2009，30(2)：60—63.

[52] Marquis-Favre W, Bideaux E, Scavarda S. A planar mechanical library in the AMESim simulation software. Part I: Formulation of dynamics equations[J]. Simulation Modelling Practice and Theory, 2006, 14(1): 25—46.

[53] Marquis-Favre W, Bideaux E, Scavarda S. A planar mechanical library in the AMESim simu-

lation software. Part II: Library composition and illustrative example[J]. Simulation Modelling Practice and Theory, 2006, 14(2): 95—111.
[54] 董敏，赵静一，吴晓明. 二通插装阀系统动态特性的仿真与研究[J]. 液压气动与密封，2001，(1)：34—37.
[55] 成大先. 机械设计手册[M]. 北京：机械工业出版社，2002.
[56] 江帆，黄鹏. FLUENT 高级应用与实例分析[M]. 北京：清华大学出版社，2009.
[57] 周俊波，刘洋. FLUENT 6.3 流场分析从入门到精通[M]. 北京：机械工业出版社，2011.
[58] 朱红钧. FLUENT 流体分析及仿真实用教程 [M]. 北京：人民邮电出版社，2010.
[59] 周雄新，欧笛声. 注塑机拉杆与模板的有限元分析[J]. 广西工学院学报，2007，18(4)：60—63.
[60] 郭峰，陆国栋，凌征琦，等. 二板注塑机合模机构整体结构有限元分析[J]. 机械工程师，2010，(7)：49—51.
[61] 徐光菊，朱胜鹃，赵翼翔. 基于 ANSYS 的注塑机结构分析及动模板优化设计[J]. 机电工程技术，2010，39(3)：48—50.
[62] 刘展. ABAQUS6.6 基础教程与实例详解[M]. 北京：中国水利水电出版社，2008.
[63] 庄茁，由小川，廖剑辉，等. 基于 ABAQUS 的有限元分析和应用[M]. 北京：清华大学出版社，2009.
[64] 朱森第，方向威，吴民达，等. 机械工程材料性能数据手册[M]. 北京：机械工业出版社，1995.
[65] GB/T 25157—2010. 橡胶塑料注射成型机检测方法[S]. 2010.
[66] 20091020. 塑料注射成型机能耗检测和等级评定规范[S]. 2009.

符号说明

k_h	液压弹簧刚度，N/m
ΔF	锁模力增量，N
Δl_h	液压油压缩长度，m
P_m	实际锁模力，N
n_h	锁模油缸个数
p_1	锁模油缸进油系统压力，Pa
A_1	锁模油缸进油腔的活塞有效面积，m^2
K_h	液压油的体积弹性模量，GPa
ΔV_1	液压油的压缩体积，m^3
V_1	进油腔的体积，m^3

$\overline{V_1}$	进油管的容积,m^3
k_m	模具刚度,N/m
Δl_m	模具受压变形量,m
σ_m	模具分型面所受应力,Pa
A_m	模具分型面有效面积,m^2
E_m	模具材料的弹性模量,GPa
ε_m	模具受压应变
l_m	模具厚度,m
k_t	拉杆整体刚度,N/m
Δl_t	拉杆受拉变形量,m
n_t	拉杆个数
σ_t	拉杆截面所受应力,Pa
A_t	拉杆截面有效面积,m^2
E_t	拉杆材料的弹性模量,GPa
ε_t	拉杆受拉应变
l_t	拉杆长度,m
Δl_d	动模板的挠度变形,m
Δl_s	定模板的挠度变形,m
l_s	定模板的厚度,m
l_h	锁模时锁模油缸进油腔的长度,m
k_v	锁模油缸进油管与进油腔的体积比
p_s	泄压临界值,Pa
D_h	滑阀的有效直径,m
d	拉杆直径,m
n	锁模油缸弹簧的数量
F_t	锁模油缸弹簧的初始作用力,N
p_k	控制油腔的作用力,N
D_k	控制油腔的外圆直径,m
W_p	移模功耗,W
W_a	惯性功耗,W

W_f	摩擦功耗，W
W_o	回油功耗，W
W_r	阻力系统功耗，W
$\Delta p_p, \Delta p_o$	移模油缸进、回油系统压力，Pa
Q_p, Q_o	移模油缸进、回油流量，m^3/s
Δp_r	阻力系统的压力损失，Pa
Q_r	阻力系统的流量，m^3/s
m_i	运动各构件的质量，kg
v_m	模板瞬时速度，m^3/s
F_i	移模方向摩擦力，N
A_o	回油腔活塞面积，m^2
Δp_l	回油系统压力损失，Pa
Δp_b	回油背压（油箱入口压力），Pa
μ	液压油黏度，s^{-1}
l	阻力系统液压油流长，m
A_r	阻力系统液压油流动截面积，m^2
W_c	锁模油缸的充液功耗，W
Δp_c	锁模油缸充液压力，Pa
Q_c	锁模油缸充液流量，m^3/s
t	时间，s
ρ	液体的密度，kg/m^3
$\vec{u}$	液体的速度矢量，m^3/s
$\vec{u}_s$	动网格的变形速度，m^3/s
Γ	扩散系数
S_ϕ	通量的源项 ϕ
∂V	控制体 V 的边界
$\vec{A}$	流通面积矢量，m^2
μ_t	液体的湍流黏性系数，s^{-1}
G_k	由于平均速度梯度产生的湍流能，J
G_b	由于浮力影响引起的湍流能，J

Y_M	可压缩湍流脉动膨胀对总的耗散率的影响
σ_k、σ_ε	湍流动能及其耗散率的湍流普朗特数
ξ	分子运动黏性系数，s^{-1}
u、v、w	速度分量
x、y、z	坐标分量
f_x、f_y、f_z	单位质量流体上质量力在三个方向上的分量，N

第5章　全电动及混合驱动精密注塑机

5.1　全电动精密注塑机概述

全电动注塑机是指不利用传统的液压油作为工作介质，也就是不采用液压缸和油马达作为驱动元件，而直接利用交流伺服电机（永磁式伺服电机或感应式伺服电机）配以滚珠丝杠（或滚柱丝杠）、齿形带以及齿轮等元器件来驱动合模装置、塑化装置和注射装置等各个机构的运动，实现精确控制的新一代的注塑机。全电动注塑机的基本结构图如图5-1-1所示。

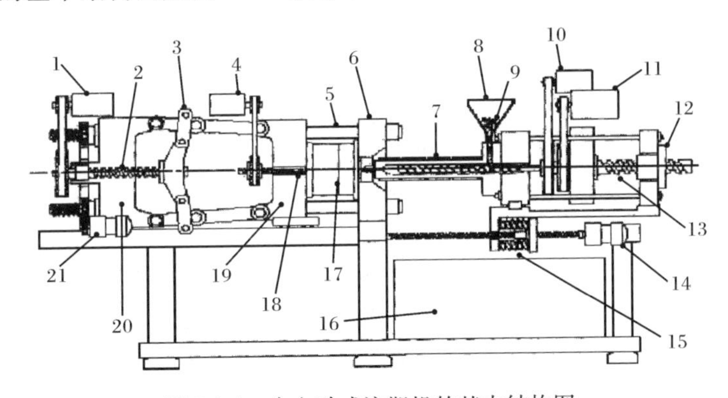

图5-1-1　全电动式注塑机的基本结构图

1-模开闭伺服电机；2-模开闭滚珠丝杠；3-连杆；4-推顶器伺服电机；5-拉杆；6-固定模板；7-螺杆和料筒；8-料口；9-树脂；10-螺杆旋转伺服电机；11-射出伺服电机；12-压力检测传感器；13-射出滚珠丝杠；14-喷嘴接触齿轮电机；15-喷嘴接触机构；16-CNC控制装置；17-模具；18-推顶杆；19-可动模板；20-后台板；21-模厚调整齿轮电机

5.1.1　全电动精密注塑机的优缺点

全电动注塑机由于不采用液压油作为工作介质，因此会带来一系列的优点：首先是没有液压注塑机的油污染问题，因而电动注塑机会更清洁、更环保；再者就是系统的控制精度不再受液压油的影响。液压油的油温波动会严重影响到液压注塑机控制精度，因而在液压注塑机中必须有独立的油温控制模块，但由于即使最先进的油温控制模块也不可能使液压油保持恒温，因而系统在工作过程中液压油必然会在一定范围内波动，从而影响到液压注塑机的控制精度。

全电动注塑机不需要液压油来工作，因此就可以完全避免以上提到的问题。还有，全电动注塑机的驱动元件是伺服电机，可以实现执行元件的精确位移控制，控制精度比传统的液压式注塑机要高出好几倍，因而在精密注射成型和一些传统液压式注塑机难以加工的场合更能发挥优势。全电动注塑机采用伺服电机作为驱动元件除了可以提高控制精度外，还在节能方面体现出优势来，如图 5-1-2 所示。由图可明显看到，全电动注塑机避免了多次能量转换的损失，因而也就能实现节能的效果。

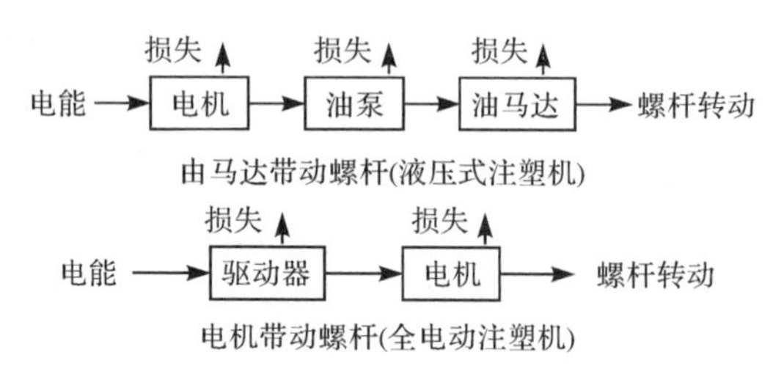

图 5-1-2　全电动注塑机与液压式注塑机塑化过程比较图

全电动注塑机的具体优点总结如下：

(1) 精确度高(精度高、重复性高)：伺服电机作为动力源，由滚珠丝杠和同步皮带等组成结构简单而效率很高的传动机构，它的重复精度误差是 0.01%。

(2) 节省能源：可将工作循环中的减速阶段释放的能量转换为电能再次利用，从而降低了运行成本，比相应的液压驱动注塑机能耗降低 50%以上，连接的电力设备仅是液压驱动注塑机所需电力设备的 25%。

(3) 精密注射控制：使制品接近需要注入原料的极限，熔胶螺杆位置由数字精密控制，减少了背压，大大降低了模腔内张力，特别适合光学元件、医疗器具、食品行业等对精度和洁净度要求高的塑料产品。

(4) 改善环保水平：由于使用能源品种的减少及其优化的性能，减少了污染源，降低了噪声，为工厂的环保工作提供了更良好的保证。

(5) 降低噪声：其运行噪声低于 70 分贝，大约是液压驱动塑胶注射成型机噪声的 2/3。

(6) 节约成本，使用成本低：此机去除了液压油的成本和引起的麻烦，没有硬管或软喉，无需对液压油冷却，大幅度降低了冷却水成本等。

(7) 生产周期短，成型效率高：如在 2002 年上海国际塑料机械展览会上，日本 NISSEI 公司展出一台 ES200 全电动注塑机，一个产品生产周期只需 0.63s，合模时间 0.1s，开模 0.13s，注射 0.05s，加料时间 0.25s，整个周期全自动连续进行，这预示着注塑将向电动、高速方向发展。

(8) 速度控制范围宽、响应性好：伺服电机高低转速相差近 1000 倍，而且从高速向低速转换平滑，具有非常高的响应特性，特别适合在小型制品、短注射行程的场合使用。

另外，全电动注塑机是 20 世纪 80 年代才发展起来的，仍然属于新生事物，由于技术不成熟等原因，就不可避免地存在一些问题，如开发成本过高、使用寿命不长(存在滚珠丝杠受磨损的问题)、合模力有限和注塑机尺寸规格小等。但近些年来，随着科学技术的发展，伺服电机的应用技术日臻成熟，价格也不断下降，全电动注塑机存在的一些问题将得到圆满的解决。

5.1.2　全电动精密注塑机的应用

全电动注塑机以低能耗和高精度为突出优点，其应用领域非常广泛。全电动注塑机除了可以用来加工一般注塑件外，在精密注射成型和一些利用传统的液压式注塑机难以加工的场合具有明显优势。下面将列举一些全电动注塑机的应用场合。

1. 嵌件成型

嵌件成型指在模具内装入预先准备的异材质嵌件后注入树脂，熔融的材料与嵌件接合固化，制成一体化产品的成型方法。嵌件成型品在日常生活中比比皆是，广泛应用于汽车、电子、医疗和消费用品的部件工业化生产领域。由于嵌件成型工艺自身的特点，使得适用于嵌件成型的注塑机的控制精度显得尤为重要。注塑机、模具、自动化装置的有效组合和如何在短时间内发挥功能，是决定自动嵌件成型系统的关键。决定嵌件成型率、生产性和成型成本条件的有金属嵌件品的精度、嵌件的形状、模具是否有利于嵌件成型和成型品形状等多种因素和技术诀窍。

由日本住友公司研发的全电动注塑机的新 SR 系列注塑机是带旋转台的立式注塑机，专门为生产嵌件、再注射部件设计的。这种注塑机安装有 5 台伺服电机，在必要时才产生制动力，如此可有效利用能源。5 个机械运转步骤包括塑化、注射、合模、顶出以及平台旋转，它们都由这些伺服电机控制。据住友公司介绍，这种注塑机注射量精度平均值偏差幅度低于 0.02%，重复性很高。由于该型注塑机能够同步进行嵌件和制品的加工处理，还有高速旋转平台，因此其成型周期很短。注塑机上的电动齿轮驱动平台旋转 180°用时不到 1.6s，并且采用一个机械制动装置来重复定位。此外，SR 系列还有比其他厂商同规格的注塑机可减小 30%的运行轨迹和空间，比液压立式注塑机降低 50%的电能消耗，并且对冷却系统的要求较低等优点。

2. 光学部件制造

注射塑料光学部件市场需求正在不断增长。在汽车、通讯器材、传感器、医疗器械以及消费品领域,塑料光学零部件已经得到广泛的应用,现在已拓展到生物技术和环境技术领域,并保持持续发展的趋势。与玻璃制品工艺相比,用注射塑料工艺制造的光学部件的主要优点在于,有很大的自由设计空间,复杂的几何图形部件也能注塑成型,如连接器、螺丝连接或者成套组件均能直接注为一体,成型周期短和自动化程度高,且有低成本优势。光学纯度、透光率和折光率是选择制造光学零部件材料的因素,这就限制了加工工艺的选择范围。

基于这些因素以及对精确度和可重复性的要求,必须选择一套适合生产系统,尤其是注塑机的选择。重复性是指在生产过程中无需进一步调整就能确保每个制品的质量偏差极微。德国巴顿菲尔(Battenfeld)公司出品的 EM 系列全电动注塑机是由全数字伺服电机驱动,运动十分精确。另外,这种注塑机还具有注塑周期短和运行成本低等优点。EM 系列全电动注塑机最近已有锁模力 55～176t 的型号。EM 1000/350 Unilog B4 型注塑机是一种可用于生产光学零部件的注塑机。在合模装置的侧面安装有 5 点位双肘杆装置,其对夹紧压力的控制具有可重复性。与模塑区相分离的中央润滑装置,精密地对各个肘杆触点和驱动轴进行润滑。即使在有滑动分瓣和抽芯装置的模具内,模具复杂锁紧机械装置也在高精度控制下起作用。这种 B4 型注塑机上的模具锁紧机械装置还安装有多向定位压力曲线控制系统。注塑装置内安装有两台同步电机。螺杆加料段设有传感器,进一步改善了对真实压力的控制。可对模内冷却定型数据实施直接传输,无需作任何调整,由此缩短了定型时间。而且,伺服液压驱动系统对模具赋予高的喷嘴接触压力。类似上述标准的运行方式,能缩短成型周期。当驱动能缓慢下降阶段,伺服电机亦能提供高能补偿。由于没有油冷却步骤,注塑机的能耗相对减少,至少节省 20%,而使用巴顿菲尔公司的合模装置则可节能最高达 50%。

3. 精密注射成型(如光盘的注射成型)

光盘的注射成型过程属于精密注射成型,一般精密注塑机有两个指标:一是制品尺寸的重复误差;另一个是制品重量的重复误差。前者由于尺寸大小和制品厚薄不同难以比较,而后者代表了注塑机的综合水平。一般普通液压式注塑机的重量重复误差在 1%左右,较好的机器可达到 0.8%,低于 0.5%为精密机,小于 0.3%为超精密机,据以前资料报道国际最高水平为小于 0.15%。2004 年德国科德塑机博览会上,德国 Arbug 公司宣布其最新式注塑机质量重复精度可达到 0.07%。而全电动注塑机的重复精度误差可达到 0.01%,这正是全电动注塑机可在精密注射领域大展拳脚的原因所在。

日本东洋机械技术研制开发超高精度全电动注塑机ST50discPRO-H，它专门用于DVD光盘的生产。该机器的主要特征有：①采用新开发的4TD系统（4条转向拉杆），在连续运转的过程中，一边完成成型工序，一边可改变成型机的参数来调整光盘的厚度，实现了周期内变动厚度为5μm以下；②注塑机构采用双电机驱动，使用低惯性，高转矩伺服马达，实现了快速充电，光盘的光学特性比以往的机器加工的提高了两倍；③锁模机构采用固定flatenfree的方式，减少了上下板厚度差的偏差；④采用一种新型控制系统PLCS-11，其处理能力相当于以往机器的5倍，可以稳定、快速控制驱动装置——伺服马达，且减少了光盘的重量误差。

4. 多色多组分注射成型

多色多组分注射成型（multicolour and multicomponent injection moulding）是指在一个制造工序或一个生产单元把若干种塑件组合成多功能部件，它应用了颜色效果，并将不同材料的特性相结合。多色多组分注塑成型是一种特别的注射成型工艺，也是具有广泛应用前景的一种注射成型新技术。它对注塑机的控制要求非常高，因而全电动注塑机在此领域也有用武之地。

多色多组分成型注塑机以德国Ferromatik Milacron公司的全电动Elektra的改良系列为代表。这家德国公司在Fakuma展览会上展示了一种小型155双色注塑机。注塑机的夹紧装置内安装了带有22型腔的旋转平台，可以模内装配生产家用电器的开关盒。该注塑机另有一个立式全电动注塑装置，令人感兴趣的是它既可作液压式也可作杂混式注塑机，作为一种单色的改进型注塑机。

5. 微注射成型

微型注塑技术是一种可在工作表面上造出微细结构的工艺，从而为成品提供不同的功能，如不吸水的特性、减少流动阻力、导光性等。实施微型注塑技术需要特殊的加工及模具技术及高精度的注塑机。随着医疗技术领域对微型器械需求的不断增长，微型部件的成型同时给模具制造商和注塑机制造商带来挑战，这是因为质量可靠的微型部件要求有精确和反复的注料分量。加工的塑料颗粒要确保每粒直径不超过1.5mm，以保证进料和熔融物料均匀。因此要获得高质量的熔料，必须配备专用的注塑机和塑料粒。

德国Ferromatik Milacron公司推出一种直径为14mm的螺杆，它对塑化控制、熔体均匀以及最小注射量的控制都有很好的效果。在Fakuma展览会上这种螺杆安装在Ferromatik Milacron公司的Elektra型全电动注塑机上演示，采用4型腔模具，生产一个质量为0.694g的听力助听器。这种小直径螺杆的塑化长度足以保证生产这类小零件产品的品质如一。日本日精公司推出了合模力达 3t 的 Elject AU3E 型全电动注塑机，安装有专为加工工程塑料(如聚甲醛)等的专用螺杆，并装有一个 8mm 直径的柱塞。日精公司也生产 Eljeet ET5 型全电动注塑机，其合模力是 5t，针对生产 0.5～5g 的注塑料制件。这种注塑机设计成宽拉杆结构，可容纳一个 150mm×150mm 的模具，采用直接压力合模装置，据说可以延长模具的使用寿命。

5.1.3　全电动注塑机的发展状况

全电动注塑机是 20 世纪 80 年代发展起来的新生事物，虽然它的发展历程仅有短短二十多年，但由于它具有低能耗、高精度和环保等诸多优点，得到了世界各国注射成型机生产商的青睐，很快成为当今主流新型注塑机中最具代表性的注塑机。下面简要介绍一下全电动注塑机的发展历程和现状，以及发展趋势。

1. 全电动注塑机的发展历程

全电动注塑机最初于 1982 年由德国 Battenfeld 公司首先发布，但将全电动注塑机商品化，使其全面进入塑料加工行业的却是日本的注塑机生产商。从过去到现在，日本一直都是全电动注塑机生产大国。全电动注塑机于 1983 年由日本的日精树脂(Nissei)公司率先商品化，当时的产品型号为 MM5、MM10 和 MM15；此后，在 1984 年日本塑料工业展览会上，法那克公司、东洋机械金属公司和新泻铁工所分别展出了 AUTOSHOT 系列、TU 系列和 MD 系列的电动式注塑机。

在全电动注塑机的生产领域，日本一直是处于领先的地位。在 2000 年以前，世界各国(除日本)基本上还是以液压式注塑机的研发为主。而我国由于尚未掌握生产全电动注塑机的核心技术，在 20 世纪之前在这方面的进展一直都是空白。

2. 全电动注塑机的国内外现状

目前全球全电动注塑机的生产厂家主要有日精树脂工业、法那克、东洋机械金属、三菱重工、住友重机械工业、奥格马、川口铁工、松下电器产业、辛辛那提·米拉克朗、巴登菲尔德等，其中最大、最成功的制造商是法那克公司，年产量约为 2000 台，且在全世界销售的 15～300t 机种已超过 10000 台。

从 2003 年美国 NPE 展中展出的注塑机机种来看，全电动注塑机占其总数的 37%，较 2000 年的 NPE 展提高了 11%；其中美洲、欧洲和日本均有大幅提高，而亚洲(除日本外)还以油压式为主，约占参展数量的 84%，技术相对落后。从全球注塑机技术发展趋势看，日本的注塑机制造商以精密注射及高循环速度(短循环周期)为技术目标,发展全电动注塑机;而欧美的注塑机制造商则以油压计量与电动组合的混合式机型和多色多组分注射成型的复合化技术为发展重点。同时,Milacron、Engel 和 Battenfeld 等公司也发展全电动注塑机。

我国的注塑机起步较晚,目前国内已取得一定进展的有海天机械有限公司的 HTD88 全电动注塑机、东华机械有限公司的 Zeus 系列全电动注塑机以及海天机械制造有限公司的 HTD800 全电动伺服控制注塑机等。其中海天公司研发的 HTD800 型全电动注塑机目前已率先通过专家鉴定,投入实际生产使用中;该公司的第二代全电动注塑机也已实现大批量生产。国内注塑机生产厂家虽已在该领域有所突破,但还远未形成产业化、规模化,技术上与国际先进国家(如日本)还存在较大差距。

与传统的油压式注塑机相比,全电动注塑机有节约能源、清洁、噪声低、速度范围控制宽、响应性和重复性好、精度和成型效率高等优点,但是全电动注塑机也有其不足的一面,缺乏比价优势(销售价格为油压式的 3～5 倍),且机械部件传动的磨损将导致注射精度的降低、后期维修相对不便及维护成本较高等缺陷,因此,研究如何综合各方面因素提高注塑机的性能成为了今后发展的一个重要方向,而混合驱动的研究与应用也将成为注塑机发展的必然趋势。

5.2　混合驱动式合模机构的研究进展

在 20 世纪 90 年代,英国利物浦科技大学的 Jones 和 Tokuz 提出了“混合驱动(hybrid machine)”思想。该思想是将传统机构和可控机构的优点特点联系起来产生一种新型混合驱动机构,该机构具有交叉性和创造性,并且兼有传统机构和可控机构的优点,以具体形式体现混合驱动机构思想[1,2]。此外,Jones 和 Tokuz 建立了完整的系统模型和实验方案,对混合驱动机构的特性做了定性的分析,证明了机构理论的可行性。为了验证混合驱动机构的性能及其特点,二人于 1992 年对全伺服驱动和混合驱动两种方案进行研究,并进行结果比较,得出结论:全伺服驱动机构输出的运动精度高、柔性大,能够实现多种较为复杂的运动规律。

为了解决混合驱动机构实现的间歇式运动对伺服电机功率影响大这一问题,Greenough[3] 与 Jones 采用二自由度七杆机构作为研究对象,设计变量定为七杆机构的杆件尺寸,目标函数为伺服电机的功率最小化,优化结果显示伺服电机功率降低到一半。Herman[4] 的混合驱动机构研究对象为一差动轮系,计算机模拟结果显示:相比较于只使用伺服电机驱动的系统,在采用混合驱动的系统中,伺服电机的最大输出功率和力矩到 30%。Connor[5～7] 的研究对象为一种实现轨迹合成的混合驱动五杆机构,他用遗传算法优化研究给定轨迹的混合驱动五杆机构的尺度综合。Seha[8]通过混合驱动五杆机构的输出运动代替变廓线凸轮来进行分析研究。

国内学者对于混合驱动机构也进行了深入的研究，东南大学程光蕴等[9]的研究对象是含移动副的混合驱动五杆机构，他们的研究结果证明该杆件结构能实现精确的输出轨迹。武汉科技大学孔建益[10～12]提出受控机构学的概念，该概念与混合驱动机构相似，他的理论是通过计算机控制一个或多个原动件，可以实现机构的智能和精确的理想化输出运动，但是该理论的局限性比较大。上海交通大学的周洪[13,14]、周双林[15～17]对混合输入型机电系统的设计、建模和控制进行了研究，并对五杆机构进行了优化研究。天津大学的刘建琴[18]进行了混合驱动的弹性连杆机构创成轨迹精度控制的理论与实验研究，研究过程中改变曲柄的长度可以实现降低弹性连杆机构的动态响应和运动轨迹的误差动态补偿的效果，并且通过曲柄长度的优化，创新性地实现平面四杆机构的轨迹，并通过实验加以验证。张新华[19]的论文名称为“实现轨迹创成的混合驱动可控机构分析与综合”，内容包括研究半柔性混合驱动机构和全柔性混合驱动机构的可动性条件、曲柄存在条件、运动耦合性、奇异点位置等，并对再现成组运动规律进行了尺寸综合。

在国外，将混合驱动机构应用在压力机上已经有了一定程度的发展[20]。国内也在压力机领域对混合驱动七杆机构展开研究。天津大学陆永辉[21]首先提出将混合驱动理论引入到压力机领域，采用逆运动学分析原理，反推出伺服电机理想运动规律，然后以机构尺寸为设计变量，以伺服电机速度波动最小为目标函数进行优化。卢宗武[22]初步建立了可控压力机混合驱动机构的设计框架，为可控压力机的研究奠定了基础。李辉[23]对混合驱动压力机的可行性进行了分析，包括正运动学分析和优化设计；在考虑各构件惯性力的条件下，列出各构件的力和力矩平衡方程，建立混合驱动压力机的动态静力分析模型并进行动态静力分析，求解得到常规电动机、伺服电动机的平衡力矩、运动副间的作用力及其运动规律曲线。上海理工大学陈先宝[24]将混合驱动五杆机构应用于新型设计，并对其进行尺寸分析和优化设计，通过优化伺服电机功率最小化，解决了剪切速度同步性的问题，有效提高了剪切质量。

5.2.1 混合驱动式合模机构的设计

本节主要介绍全电动混合驱动式合模机构的设计。图 5-2-1 为目前已有的全电动肘杆式合模机构工作原理图，该机构中支角 E 固定不动，伺服电机通过螺纹丝杆驱动肘杆机构的支角 A 沿水平方向运动，支角 A 的运动驱动整个机构实现动模板 D 的水平直线运动，即移模及锁模运动。

图 5-2-2 是全电动混合驱动式合模机构示意图，图中将混合驱动理论引入到

图 5-2-1 所示的全电动肘杆式合模机构。

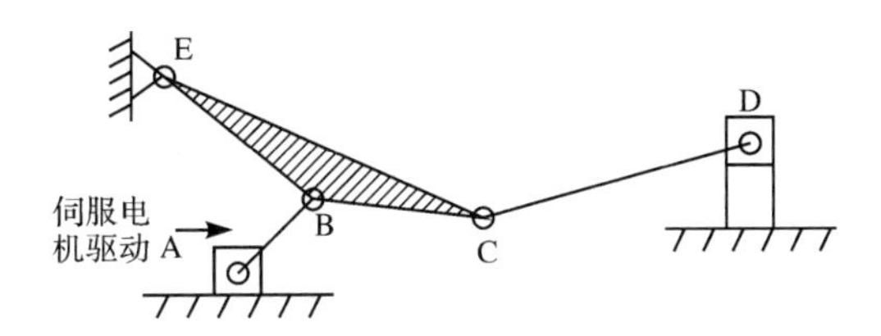

图 5-2-1　现有全电动肘杆式合模机构工作原理图

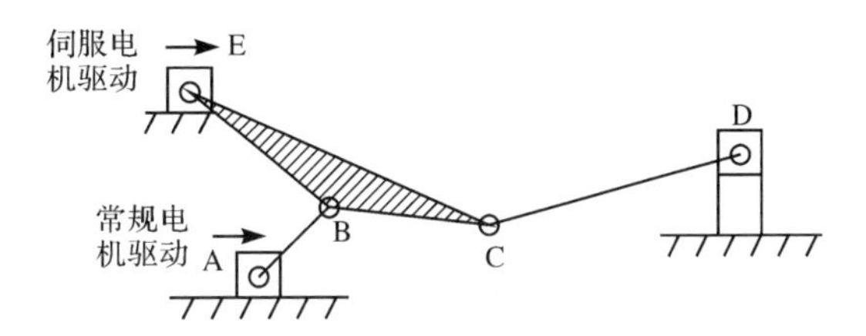

图 5-2-2　全电动混合驱动式合模机构工作原理图

1. 工作原理

全电动混合驱动式合模机构的工作原理是:如图 5-2-2 所示,全电动混合驱动式合模机构包括两个动力源,原单自由度的肘杆机构已转变成二自由度机构。伺服电机通过螺纹丝杆驱动肘杆机构的支角 E 做变速直线运动,该支角的直线运动带动肘杆原动杆件 EBC 转动。常规电机通过螺纹丝杆驱动肘杆机构支角 A 做恒速直线运动,该支角的直线运动带动肘杆原动杆件 AB 转动,通过该二自由度的混合驱动机构实现动模板的理想移模、锁模过程。在移模过程中,常规电机提供主动力,伺服电机提供可控输出及自动调模;锁模过程中常规电机提供主锁模力。两种动力源驱动运动通过二自由度的肘杆机构实现精密、高速和高锁模力输出。由于整个移模及锁模过程主动力是由常规电机提供的,而伺服电机主要是发挥其可控性作用,实现自动调模和可控高速输出,所需要的伺服电机功率小,成本低。

2. 机构位置及速度解析

对全电动混合驱动式合模装置位置及速度进行解析推导,已知机构的几何尺寸和两个驱动源的速度及原始位置,推导机构中动模板的位置及速度解析式,即已知各杆件 L_{AB}、L_{EC}、L_{BE}、L_{BC}、L_{CD} 的长度值及根据长度值推导出的∠BEC、∠EBC、∠BCE 的角度值,如图 5-2-3 所示,伺服电机通过螺纹丝杆带动的支点 E 的速度为 V_E,常规电机通过螺纹丝杆带动的支点 A 的速度为 V_A,A、E 原始坐标

(X_{A0},Y_{A0})、(X_{E0},Y_{E0})，动模板 D 的纵坐标 Y_{D0}。

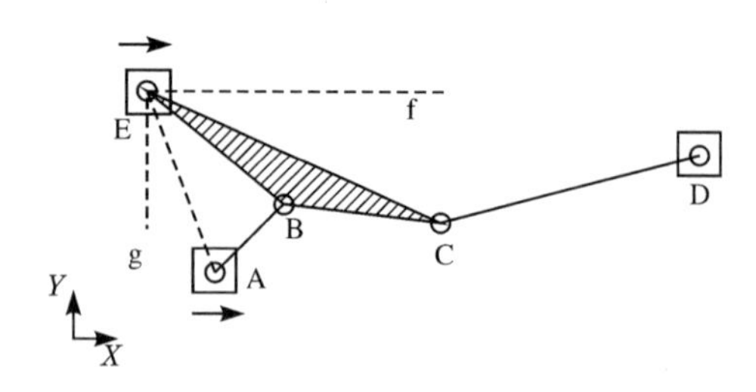

图 5-2-3 混合驱动式合模机构解析图

通过以上条件，求解动模板 D 的位置 X_D、速度 V_D 和加速度 a_D。

5.2.2 混合驱动式合模机构的性能仿真分析

当今科技发展迅速，计算机辅助设计技术也越来越广泛地应用于各个设计领域。如今，该技术已经突破了二维图纸电子化的框架，转向以三维实体建模、动力学模拟仿真和有限元分析为主线的虚拟样机制作技术（virtual prototype technology，VPT）。VPT 的主要内容是指在产品设计研发过程中，利用计算机技术创建样机整体虚拟模型，并针对样机在投入生产使用后的各种工况进行仿真分析，预测出产品整机的运动及受力情况，并根据仿真分析结果改进产品设计，提高产品性能，从而实现系统的最佳设计方案[25~27]。

为了利用 VPT 提高产品设计效率和质量，本节基于 ADAMS 软件建立全电动混合驱动式合模机构的三维实体模型和力学模型，然后，利用软件分析系统性能，得到整机各个杆件及模板之间的运动情况、受力情况，为全电动混合驱动式注塑机的设计和制造提供参考数据。根据模拟的数据不但可以在计算机上修改设计缺陷，设计不同的仿真试验设计方案，而且可对整个模型进行修改，并比较分析多种设计方案，寻求系统最佳工作性能的相关参数。

1. ADAMS 虚拟样机软件

ADAMS 软件（automatic dynamic analysis of mechanical system）是由美国 Mechanical Dynamic Inc. 公司研发的集建模、求解、可视化于一体的虚拟样机软件，目前是世界上使用范围最广、最负盛名的机械系统仿真分析软件[25]。ADAMS 软件可以创建并准确地模拟复杂机械系统的虚拟运动，并且对多种参数方案进行分析和比较，直至获得最佳的方案，从而较大程度地减少了物理样机成本及试验次数，提高了产品设计质量，大幅度地降低了产品研制费用和周期。该软件 90 年代才开始在我国的机械制造、汽车工程、航空航天、铁道车辆、工业机械、兵器、石油化工等领域得到应用，为各领域中的科学研究、产品设计做出了贡献。

机械系统动力学仿真分析软件 ADAMS 可以直接创建完整的机械系统几何模型，也可使用从其他 CAD 软件（如 Pro/ENGINEER，Solidworks）导入的样机几何模型；然后，在几何模型上施加运动、力或者力矩等驱动；最后需要对机械系统进行运动学及动力学分析，真实地预测机械结构的真实工作性能，并可实现系统结构的优化设计。与过去需要很长时间才能完成的样机构建和测试相比较，利用 ADAMS 软件仅需要几个小时就可以完成工作，并且能在物理样机建造前，就可以预知各种设计方案的样机工作性能，在很大程度上提高了设计者的工作效率[28]。

ADAMS 软件虚拟样机设计过程如图 5-2-4 所示。

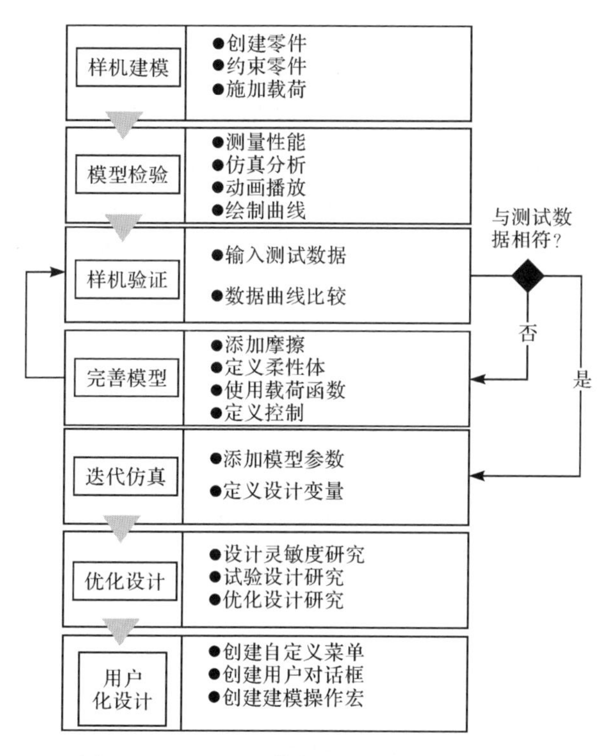

图 5-2-4　ADAMS 软件的虚拟样机设计流程

2. 全电动混合驱动式合模机构仿真分析

1) 模型建立

全电动注塑机混合驱动式合模机构建模尺寸是参考现有注塑机肘杆式合模

机构设计的,示意图如图 5-2-5 所示。

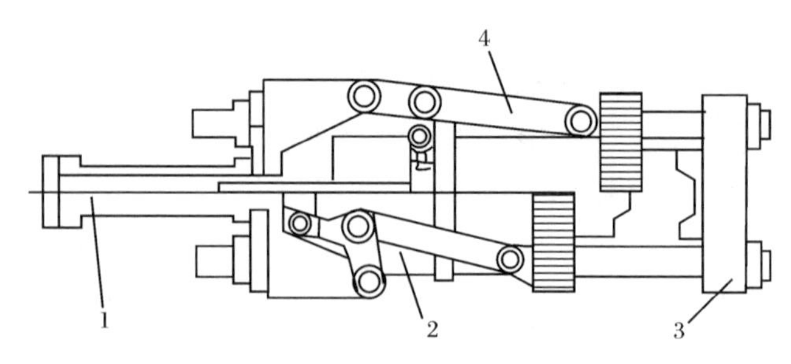

图 5-2-5 现有合模机构示意图

1-移模油缸;2-开模状态的肘杆位置;3-定模板;4-闭模状态的肘杆位置

肘杆式合模机构为对称结构,为了简化计算,只需在 ADAMS 软件中建立合模机构的 1/2 样机模型。首先在 ADAMS 中设置环境变量,包括设置单位(长度的单位为 mm, 质量的单位为 kg ,力的单位为 N 等),定义直角坐标系,定义重力及其方向为竖直向下,设置图标比例及工作格栅等;然后创建设计点:Point—A、Point—B、Point—C、Point—D、Point—E,分别对应合模机构中的 A、B、C、D、E 五个铰接点,五点初始坐标如表 5-2-1 所示,根据铰接点坐标建立 1/2 虚拟样机模型,如图 5-2-6 所示。

表 5-2-1 铰接点坐标

铰点坐标	横坐标 X/mm	纵坐标 Y/mm
Point—A	115.5	−127.5
Point—B	118	−40
Point—C	210	−28
Point—D	439	−58.333
Point—E	0	0

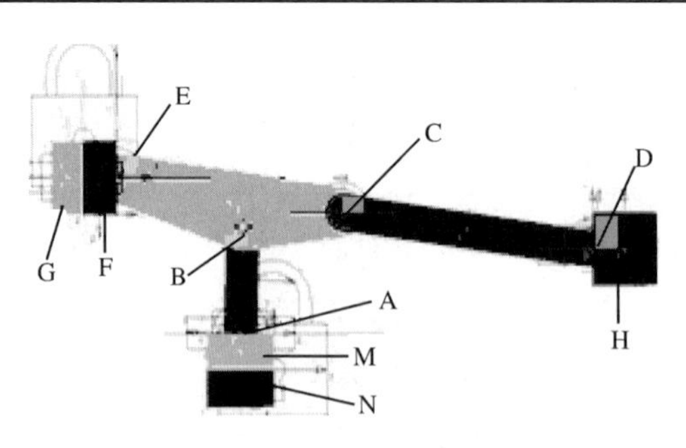

图 5-2-6 1/2 虚拟样机模型

滑块 G 代表伺服电机驱动的螺纹丝杆；滑块 F 代表螺纹丝杆驱动的支角；滑块 N 代表常规电机驱动的螺纹丝杆；滑块 M 代表螺纹丝杆驱动的支角；滑块 H 代表动模板；滑块 G 与地面之间移动副连接；滑块 F 与地面之间移动副连接；滑块 G、F 之间是锁住连接；滑块 N 与地面之间移动副连接；滑块 H 与地面之间移动副连接；滑块 M、N 之间是锁住连接；滑块 F、板 BCE 之间是转动副连接；滑块 M、杆 AB 之间是转动副连接；滑块 H、杆 CD 之间是转动副连接；杆 AB、板 BCE 之间是转动副连接；杆 CD、板 BCE 之间是转动副连接。

2) 参数化

参数化机制是 ADAMS 软件中的重要机制，用户可以通过该机制在不考虑模型内部间关联变动的前提下实现模型的修改和优化。ADAMS/View 提供了强大的参数化建模功能，根据分析需要，将相关的参数值设置为可以改变的设计变量。在分析过程中，只要改变样机模型中这些变量的值，样机模型就会自动重建。软件还可以根据程序预先设置的一系列可变参数，自动进行系列仿真分析，可以观察到不同参数值下样机的变化情况，可获得最危险的工况以及最优化样机。

ADAMS/View 提供了如下所示的四种参数化方法：

(1) 点坐标参数化。在建模过程中，将点坐标参数化后，可通过修改点坐标值，实现与参数化点相关联的几何形状、位置和驱动等的自动修改。

(2) 设计变量参数化。定义设计变量，建立设计变量与模型之间的关系，通过设计变量，方便地修改模型中的已设置为设计变量的对象。

(3) 运动方式参数化。将运动方式进行参数化，从而快捷地设定模型的运动方程和轨迹。

(4) 表达式参数化。表达式参数化是模型参数化应用最广泛的一种途径，可以定义对象间的复杂关系。

由于该合模机构的模型是依附于设计点建立的，因此对模型的参数化只需要将机构的形状参数转化到设计点的坐标参数，然后将设计点的坐标参数化就可以实现模型的参数化，各设计点具体参数值如表 5-2-2 所示。

表 5-2-2　坐标参数值

铰点	Loc_X	Loc_Y
Point-A	DV_5	−127.5
Point-B	DV_3	DV_4
Point-C	DV_1	DV_2
Point-D	DV_6	−58.333
Point-E	0	0

3) 运动学仿真

在合模机构的移模过程中，伺服电机和常规电机驱动机构两个支点直线运动，利用伺服电机的可控性实现动模板的慢—快—慢的理想运动速度。设置 0～1s 为开模时间，1～1.2s 为顶出制品时间，1.2～2.2s 为合模时间，2.1～2.2s 为锁模力作用时间。

(1) 运动学计算公式[29]。

机械系统自由度为零时，进行机构的运动学分析，研究系统的位置、速度。因为加速度和约束反力，所以只需要对系统的约束方程进行求解即可：

$$\Phi(q,t_n)=0 \tag{5-2-1}$$

通过约束方程的牛顿-迭代求得任一时刻 t_n 的位置：

$$\left.\frac{\partial\Phi}{\partial q}\right|_j \Delta q_j=-\Phi(q_j,t_n) \tag{5-2-2}$$

式中：$\Delta q_j=q_{j+1}-q_j$，j 表示第 j 次迭代。

可以对约束方程进行一阶、二阶求导，得到 t_n 时刻速度和加速度：

$$\left(\frac{\partial\Phi}{\partial q}\right)\dot{q}=-\frac{\partial\Phi}{\partial t} \tag{5-2-3}$$

$$\left(\frac{\partial\Phi}{\partial q}\right)\ddot{q}=-\left\{\frac{\partial^2\Phi}{\partial t^2}+\sum_{k=1}^{n}\sum_{t=1}^{n}\frac{\partial^2\Phi}{\partial q_k\partial q_l}\dot{q}_k\dot{q}_l+\frac{\partial}{\partial t}\left(\frac{\partial\Phi}{\partial q}\right)\dot{q}+\frac{\partial}{\partial q}\left(\frac{\partial\Phi}{\partial t}\right)\dot{q}\right\} \tag{5-2-4}$$

通过带有乘子的拉格朗日方程确定 t_n 时刻约束反力：

$$\left(\frac{\partial\Phi}{\partial q}\right)^{\mathrm{T}}\lambda=\left\{-\frac{\mathrm{d}}{\mathrm{d}t}\left(\frac{\partial T}{\partial\dot{q}}\right)^{\mathrm{T}}+\left(\frac{\partial T}{\partial q}\right)^{\mathrm{T}}+Q\right\} \tag{5-2-5}$$

式中：q——广义坐标列表；

λ——约束反力及作用力列阵；

Φ——描述约束的代数方程阵列。

Q——广义力阵列；

T——系统动能。

(2) 运动学仿真分析。

a. 逆运动学分析

为了达到动模板理想的运动速度输出，首先设定该理想动模板速度 V_D 输出曲线，然后设定由常规电机驱动的螺纹丝杆的移动速度 V_A，将这两种速度作为激励，通过二自由度肘杆机构反推伺服电机所驱动的螺纹丝杆的速度 V_E，见图5-2-7。

设定动模板的理想开模速度函数 V_D(图 5-2-8)为

IF(time−1：−650 * sin(3.14 * time)，0，0)

设定常规电机(主电机)带动的螺纹丝杆的开模速度函数 V_A(见图 5-2-9)为

IF(time−0.05:−5000 * time, −250, IF(time−0.95: −250, −250, 5000 * time−5000))

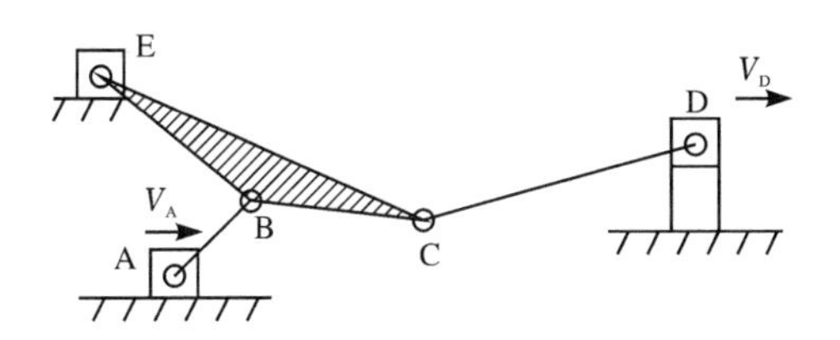

图 5-2-7　肘杆机构逆向运动

对机构进行逆运动学模拟,但是模拟仿真失败。原因是该机构在进行逆运动学运动过程中会达到一种特殊位形,即机构的奇异点。奇异点一般是指机构的瞬时运动无法确定或机构无法运动的点。在奇异点和奇异点附近,机构的精度、刚度以及运动学和动力学性能都变得很差,甚至机构会遭到破坏。

分析证明,在杆件尺寸和位置已经确定的情况下,通过逆运动学分析反推伺服电机的理想速度曲线的方案是不可行的,因此,本节的重点是给定伺服电机的驱动速度直接进行正运动学分析。

b. 正运动学分析

为了达到动模板理想的运动速度输出,首先设定伺服电机驱动的螺纹丝杆的移动速度 V_E,然后设定由常规电机驱动的螺纹丝杆的移动速度 V_A,将这两种速度作为驱动源,通过二自由度肘杆机构推导出理想动模板速度 V_D,如图 5-2-8 所示。

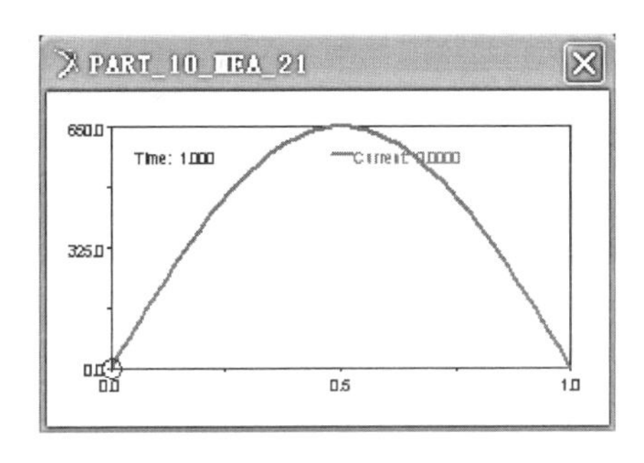

图 5-2-8　开模速度曲线

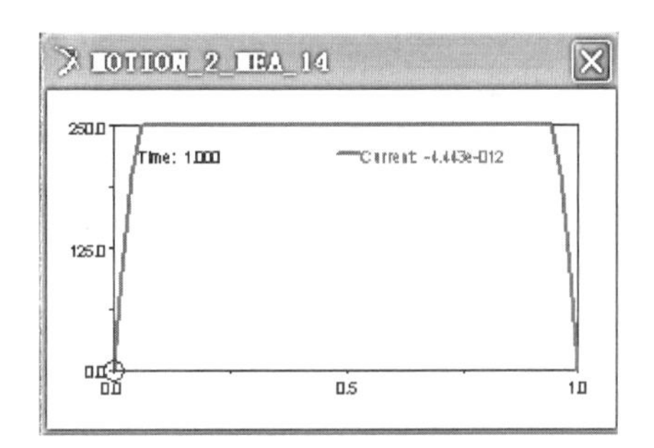

图 5-2-9　主电机驱动的速度曲线

在主电机驱动的螺纹丝杆的移动速度保持不变的情况下,如图 5-2-9 所示,通过不断试验和修改伺服电机驱动的螺纹丝杆的移动速度,直到动模板的速度接近于理想化。由于最终得到的伺服电机速度曲线形式比较复杂,采用 SPLINE 样条函数拟合出伺服电机驱动的支点 F(图 5-2-6)的速度、位移曲线,如图 5-2-10 所示,其中实线为速度曲线,虚线为位移曲线。根据常规电机的实际运动情况,给出主电机驱动的支点 M(图 5-2-6)的速度、位移曲线,如图 5-2-11 所示,其中实线为速度曲线,虚线为位移曲线。将图 5-2-10 和图 5-2-11 所示的速度作为合模机构的两个驱动速度,通过二自由度肘杆机构作用实现了动模板 H(见图 5-2-6)的理想运动,其速度曲线接近于正弦曲线,如图 5-2-12 所示。

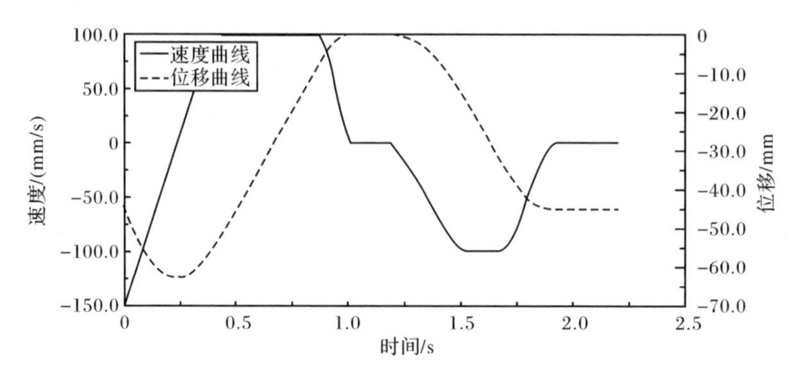

图 5-2-10　伺服电机驱动的支点 F 的速度和位移曲线

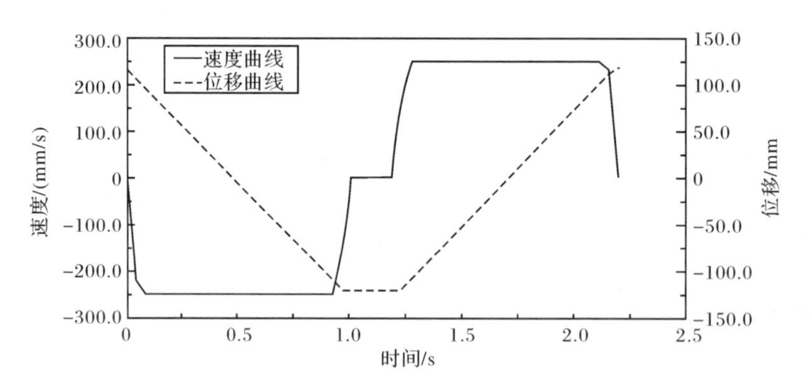

图 5-2-11　主电机驱动的支点 M 的速度和位移曲线

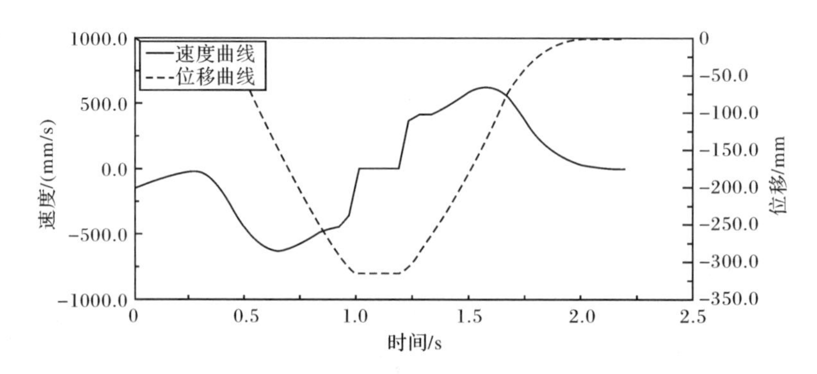

图 5-2-12　动模板速度和位移曲线

运动学分析结果表明，在支点F处施加图5-2-10所示的开合模速度曲线，在支点M处施加图5-2-11所示的开合模速度曲线，通过二自由度的肘杆机构，可以获得动模板的开合模速度曲线，如图5-2-12中实线所示。0～1s为开模过程，运动形式是先慢-后快-再慢；1～1.2s为顶出阶段速度为0；1.2～2.2s为开模过程，运动形式是先快后慢，该运动与理想的注塑机动模板运动形式相一致。结果说明，设计的全电动混合驱动式合模机构在常规电机输出速度恒定的情况下，不需要改变肘杆尺寸，仅通过改变伺服电机的输出就可以实现动模板的柔性输出。

4) 动力学仿真

(1) 动力学计算公式。

ADAMS程序采用拉格朗日乘子法创建系统的运动方程[30]：

$$\rho \frac{\mathrm{d}}{\mathrm{d}t}\left(\frac{\partial T}{\partial \dot{q}}\right)^{\mathrm{T}} - \left(\frac{\partial T}{\partial q}\right)^{\mathrm{T}} + \varphi_q^{\mathrm{T}}\rho + \theta_{\dot{q}}^{\mathrm{T}}\mu = Q \tag{5-2-6}$$

完整约束方程　$\varphi(q,t)=0$　(5-2-7)

非完整约束方程　$\theta(q,\dot{q},t)=0$　(5-2-8)

式中：T——系统动能；

q——系统广义坐标列阵；

Q——广义力阵列；

ρ——对应于完整约束的拉氏乘子阵列；

μ——对应于非完整约束的拉氏乘子阵列。

$$F(q,u,\dot{u},\lambda,t)=0 \tag{5-2-9}$$

$$G(u,\dot{q})=u-\dot{q}=0 \tag{5-2-10}$$

$$\lambda_{j+1}\phi(\dot{q},t)=0 \tag{5-2-11}$$

式中：q——广义坐标列阵；

$\dot{q}$——广义速度列阵；

λ——约束反力及作用力列阵；

F——系统动力学微分方程及用户定义的微分方程；

ϕ——描述约束的代数方程阵列；

j——迭代次数。

(2) 动力学仿真分析。

受力条件：2.1～2.2s是肘杆伸直，靠杆件变形能提供锁模力的过程，参照已有合模机构合模力900kN，则设置1/2全电动混合驱动合模机构中模板受到反作用力为45kN，假定该力的变化是线性的，函数表达式为：

IF(time－2.1：　0,0,450000 * time－945000)

在该受力条件下及SPLINE函数拟合的驱动速度激励下，得到伺服电机驱动的螺纹丝杆在开合模过程中的受力曲线如图 5-2-13 所示；主电机驱动的螺纹丝杆在开合模及锁模过程中的受力曲线如图 5-2-14 所示。

分析动力学仿真结果(图 5-2-13 和图 5-2-14)可知：在开合模及锁模过程中，伺服电机驱动的螺纹丝杆受力绝对值小于 120N，常规电机驱动的螺纹丝杆受力绝对值大于 4000N。由作用力和反作用力原理可知，在移模及锁模过程中，伺服电机输出功率较小，主要起到可控输出的作用，而常规电机输出功率大，主要提供锁模力，实现了高成本的伺服电机和低成本的常规电机的混合驱动。

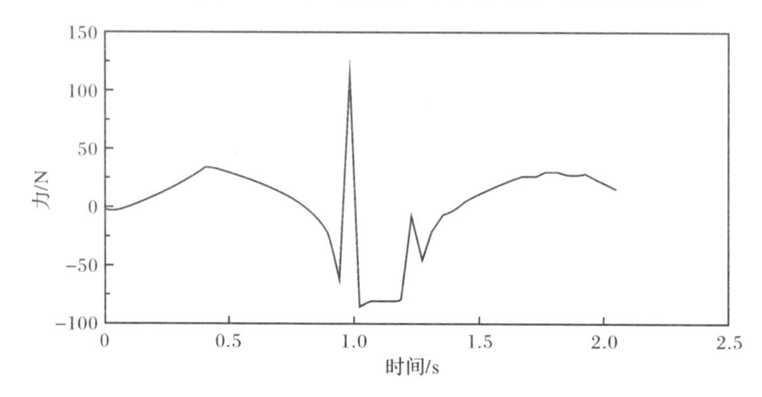

图 5-2-13　伺服电机驱动的螺纹丝杆受力曲线

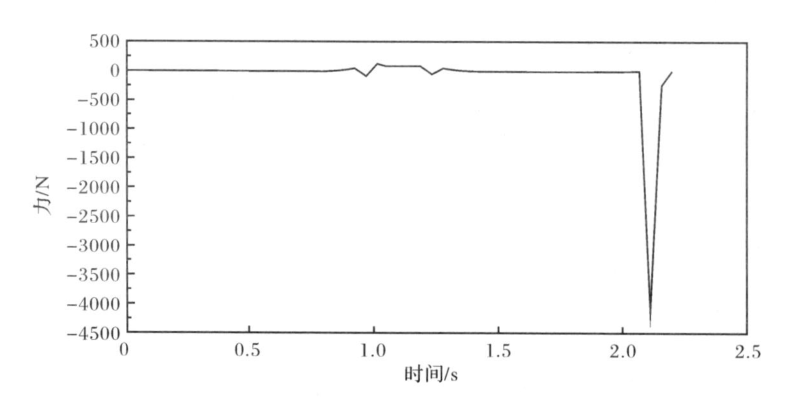

图 5-2-14　主电机驱动的螺纹丝杆受力曲线

本节参照现有注塑机合模机构结构尺寸对全电动混合驱动式合模机构进行三维建模并参数化。为了获得理想的动模板速度曲线，进行多次仿真模拟，利用 SPLINE 样条函数拟合出伺服电机的速度曲线；对全电动混合驱动式合模机构进行运动学和动力学分析，运动学仿真结果显示：全电动混合驱动式合模机构在主电机输入功率恒定的情况下，仅需调整伺服电机的输出功率即可实现动模板慢快慢的理想化输出；动力学仿真结果显示：在锁模过程中，伺服电机驱动的螺纹丝杆受力绝对值为 120N，远远小于常规电机驱动的螺纹丝杆受力绝对值 4000N，说明在混合驱动过程中，伺服电机的输出功率较小，主要起调节作用，常规电机的输出功率较大，主要起提供强大锁模力的作用。伺服电机和常规电机混合驱动的二自由度合模机构为全电动精密注塑机的设计及其大型化和低成本化发展提供了创新性思路。

5.2.3　混合驱动式合模机构的性能优化

参考上节中的分析结果可知，利用混合驱动式合模机构可以实现动模板的理想速度运动曲线(图 5-2-12)。本节应用 ADAMS 系统自带的参数化模块对设计的全电动混合驱动式合模机构进行优化设计，在工况约束条件内实现速度的最大化和杆件的优化尺寸。

ADAMS 软件自带的参数化分析模块主要是用来分析各个设计参数的不同取值对虚拟样机性能的影响大小，根据影响程度对样机进行针对性的参数修改，达到优化目的。参数化分析方法有三种：设计研究分析(design study)、试验设计(design of experiments)和优化设计(optimization)。本节采用设计研究分析技术和优化设计技术对该混合驱动式合模机构进行优化。

1. 设计研究分析

设计研究分析是指每次只分析一个设计参数的变化对样机的影响。在参数设定范围内，系统每次自动地取一个不同的设计参数值进行仿真分析，最后以报表的形式显示设计研究分析的数据结果。这些数据结果包括：虚拟样机随着设计参数的变化状况，在设定参数变化范围值内得到的最佳设计参数值，设计参数的灵敏度。

以动模板速度曲线的测量值为研究目标分别对每个参数化的设计变量进行设计研究分析。图 5-2-15 为参数 DV_1 的设计研究分析对话框，其中 JOINT_19_MEA_9 代表动模板速度测量值曲线；DV_1 为设计变量；5 代表设计变量的水平数量，如 DV_1 变化范围为 200～220，水平数量为 5，则设计研究过程中使用的变量值分别为 200、205、210、215、220。

完成设计研究分析之后，观察每个变量对动模板速度的敏感值，进行列表分析，如表 5-2-3 所示。由表可知，参数 DV_1、DV_5 和 DV_6 的敏感度较高，其中 DV_1 呈现负相关性。在移模过程中，对于动模板速度影响较大的参数分别为肘杆间铰点 C(图 5-2-6)的横坐标 X_C、铰点 A(图 5-2-6)的横坐 X_A、动模板与肘杆连接点 D(图 5-2-6)的坐标 X_D。

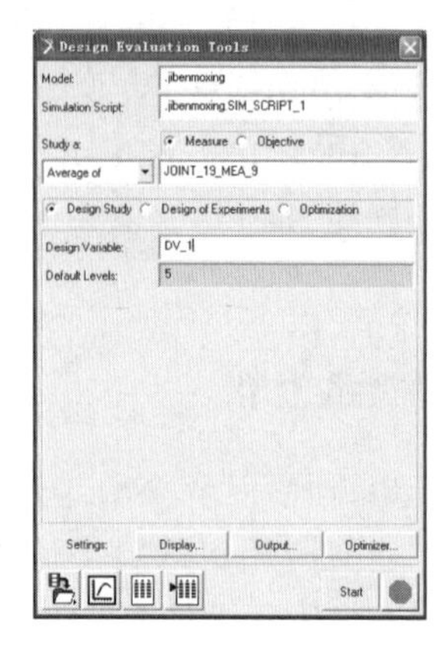

图 5-2-15　参数 DV_1 设计研究对话框

表 5-2-3　各参数敏感值

设计变量名称	初始值(点坐标/mm)	初始值的敏感度
DV_1	210	－1.7830
DV_2	－28	－0.62151
DV_3	118	0.99125
DV_4	－40	0.32022
DV_5	115.5	1.18550
DV_6	439	1.82260

2. 优化设计分析

优化设计是指在优化设计过程中,需要在满足各种约束条件和变量变化的范围内,系统自动选择设计变量,再由求解程序求取目标函数的最优值。

1) 数学模型的建立

优化方法的统一表述形式,通过数学模型表达为:

目标函数:$\min\limits_{x\in R^n} F(\bar{x})$

约束条件:$g_u(\bar{x})\geqslant 0,\quad u=1,2,\cdots,m$

$h_v(\bar{x})=0,\quad v=1,2,\cdots,p<n$

由 n 个实变量$(x_1,x_2,\cdots,x_n)$构成 n 维欧氏空间 R^n,在满足约束条件 $g_u(x_1,x_2,\cdots,x_n)\geqslant 0$ 和 $h_v(x_1,x_2,\cdots,x_n)=0$ 的条件下,求得一解 $x^*=(x_1^*,x_2^*,\cdots,x_n^*)$,使目标函数 $F(\bar{x})=F(x_1^*,x_2^*,\cdots,x_n^*)$实现最小值。

2) 优化条件的确定

目标函数:从全球注塑机技术发展趋势看,效率的提高即代表效益的提高,注塑机制造商需要以超高速(短循环周期)为技术目标,发展全电动注塑机,所以选取合模机构的开合模速度曲线为目标函数,以达到移模速度提高的目的,同时,也能实现肘杆机构的结构优化。

设计变量:根据表 5-2-3 中各参数的灵敏度值可知,参数 DV_1、DV_5 和 DV_6 的敏感度较高,为了简化计算量,选择参数 DV_1、DV_5 和 DV_6 为设计变量。这三个设计变量的原始值及取值范围如表 5-2-4 所示。

表 5-2-4　设计变量原始值及变化范围

设计点	设计变量	原始值	上限值	下限值
铰点 C 横坐标 X_C	DV_1	210	220. 5	199. 5
铰点 A 横坐标 X_A	DV_5	115. 5	121	109
铰点 D 横坐标 X_D	DV_6	439	483	395

3) 优化分析

首先在 Design Evaluation 中使用 Optimization 对 DV_1、DV_5 和 DV_6 在其可变范围内进行优化设计;优化之后,设计变量值如表 5-2-3 所示,动模板的速度曲线如图 5-2-16 所示。

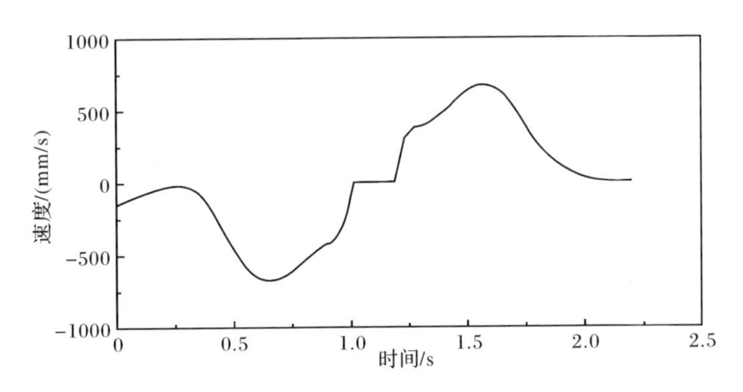

图 5-2-16　动模板 H 的速度优化曲线

结果验证:利用上述优化得出的数据对混合驱动式合模机构虚拟样机进行修改,之后再次对虚拟样机进行运动学仿真分析。结果表明优化后的合模机构在开合模、锁模过程中满足设计要求,运动平稳且无干涉现象。

由表 5-2-5 可知,DV_1 由 210mm 增加到 214mm,DV_5 由 115. 5mm 增加到 116. 5mm,DV_6 由 439 减少到 427mm;由图 5-2-12 和图 5-1-16 比较可知,动模板速度曲线优化后,最大速度由 627mm/s 增加到 677mm/s,增加了 50mm/s,工作效率提高;图 5-2-6 中的 C 点坐标由(210,−28)变化到(214,−28),图 5-2-6 中 D 点坐标由(439,−58. 333)变化到(427,−58. 333),肘杆 CD 的长度由 231mm 减小到

215.1mm,合模机构更加紧凑。

表 5-2-5 设计变量的优化值 (单位:mm)

设计变量	DV_1	DV_5	DV_6
优化之前	210	115.5	439
优化之后	214	116.5	427

结果证明,全电动混合驱动式合模机构经过优化之后,实现了动模板运动速度的提高和合模机构体积的减小。

本节对全电动混合驱动式合模机构进行了设计研究分析,确定了各个坐标参数对整个虚拟样机性能影响的程度,即灵敏度的大小;为了简化计算量,选取灵敏度值较大的参数为设计变量,即 DV_1、DV_5、DV_6,进行优化设计,获得设计变量的最佳值,动模板速度增加 50mm/s,从而缩短运动周期;根据优化后的坐标参数值,计算机构杆件的长度,肘杆 CD 缩短近 16mm,整个合模结构更加紧凑;参照优化后的参数重新建模进行验证,证明了优化结果的可行性和优越性,其优化设计内容为肘杆式合模机构的优化研究和注塑机的超高速化设计提供了理论参考。

5.2.4 合模系统模板的结构优化分析

模板是注塑机合模系统中的重要组成部分,其重量占到整个注塑机重量的50%以上。在当今的模板生产行业中,高效、节能已经成为企业发展的目标,如何才能在保证模板质量的同时节省原材料,降低生产成本,已成为一个亟待解决的问题。

本节参考已有文献,采用有限元分析软件 ANSYS 对注塑机模板进行拓扑优化、优化设计相关的研究[31~40]。通过拓扑优化技术,试图得到材料的最佳分布趋势,即筋板的分布位置。利用优化设计技术对模板的设计参数进行优化调整,在满足约束条件下使目标函数最小化(模板体积),从而达到模板体积减小、成本降低的目的。

1. ANSYS 介绍

ANSYS 软件是在 1970 年由美国匹兹堡大学力学教授 John Swanson 开发的,已经经历 40 多年的发展,不断地汲取计算方法和计算机技术的进步加以完善和巩固。该软件是第一个通过 ISO 9001 质量认证的大型分析设计类软件,是美国机械工程师协会(ASME)、美国核安全局(NQA)及近二十种专业技术协会认证的标准分析软件。目前,ANSYS 已经成为世界仿真技术交流的主要分析工具。

ANSYS 软件包括:结构分析、热分析、流体分析、电磁场分析、声场和耦合场分析。用户广泛地涵盖了航空航天、能源、交通运输、机械工程、水利建筑等各个领域[41]。

2. 模板优化

目前，ANSYS 软件的高级分析技术中主要包括三种优化分析技术，分别是基于参数化设计(APDL)的设计优化技术、拓扑(几何形状)优化技术和变分设计技术[42]。本节应用拓扑优化技术和设计优化技术对注塑机模板进行优化设计。

1) 拓扑优化

先对现有筋板式模板进行有限元分析，得出应力和应变云图。但是，不能确定现有模板中的筋板分布是否合理，为了获得更加合理的筋板分布，利用拓扑优化技术对模板简化模型进行形状优化，获得新的材料走势，即筋板分布图。最后，对拓扑优化之后的模板重新建模、分析，并对优化前后的结果进行比较。

(1) 模板有限元分析。

a. 模板建模

模板的建模方式有两种：一种是通过三维绘图软件(Pro/ENGINEER 或 Solidworks等)，绘制模板的三维图，然后再导入 ANSYS 软件中；另一种是直接在 ANSYS 软件中采用布尔运算原理进行模板建模。方法一容易产生网格不匹配等问题，因此采用第二种方法，直接利用 ANSYS 软件对注塑机模板进行建模和有限元分析，主要步骤如下所示：

第 1 步，预定义。模板材料 QT50027，屈服强度 $\sigma=350$MPa，弹性模量 $E=1.73\times10^6$MPa；泊松比 0.3，密度 0.718×10^3kg/m^3。

第 2 步，假设条件。为了节省时间、精力和保证网格质量，忽略部分次要的工况因素，简化模板及其工况情况，假设条件如下所示：①忽略模板因温度而引起的应力作用，因为该应力数量级较小；②忽略安装螺孔、细微倒角等小孔的影响，简化计算模型，保证网格质量，减低计算量；③模板所受载荷平均分布在受载区域。

第 3 步，模型建立。在 ANSYS 软件中利用布尔运算，对现有筋板式模板建模，如图 5-2-17 所示。

b. 模板的有限元分析

模型建立之后，需要选择实体单元类型对模型进行网格划分。

第 1 步，网格划分。选用三维实体单元 Solid92 划分网格。

第 2 步，约束。模板的四个拉杆孔处加全位移约束。

第 3 步，加载。以模板中心为圆心，在以 250mm 为半径的圆面上加压，压力值为 10MPa。

运用 ANSYS 工程软件，按位移求解方式对模板进行线性静力分析，可得到模

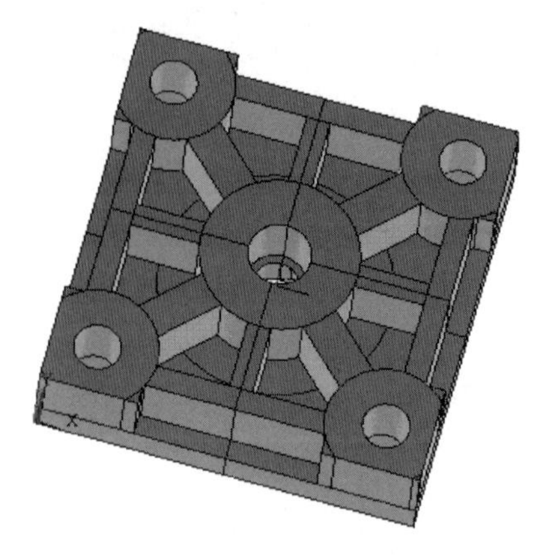

图 5-2-17　现有模板模型

板的应力云图和应变云图，分别见图 5-2-18 和图 5-2-19，模板体积 $V=0.10413\times10^9\,mm^3$，局部最大应力为 $0.148\times10^3\,MPa$，模板最大形变为 0.115mm，应力和变形的分布图与实际工作相吻合。

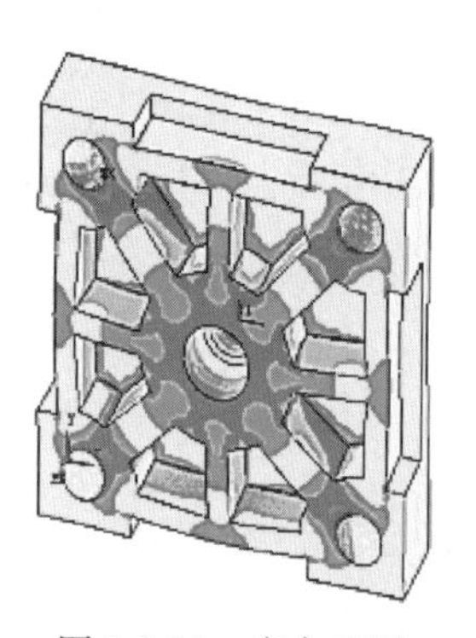

图 5-2-18　应力云图

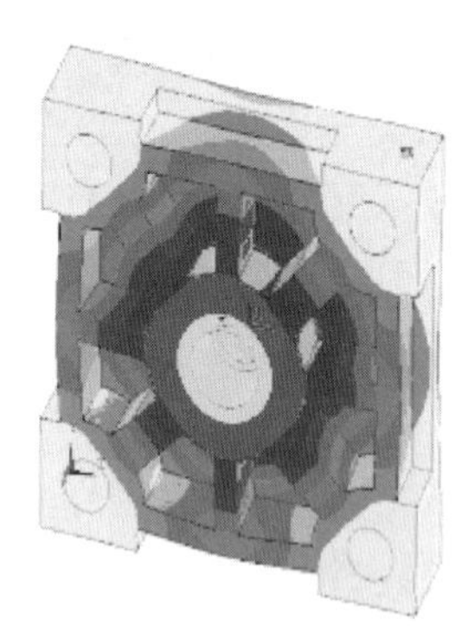

图 5-2-19　应变云图

(2) 模板拓扑优化分析。

所谓拓扑优化技术是指形状优化技术，有时也称外形优化。该优化的目的是寻求承受单载荷或者多载荷的物体的最佳材料分配方案，这种优化在拓扑优化中表现为“最大刚度”设计。与传统优化设计的不同为：拓扑优化中的目标函数、状态变量和设计变量都是系统默认的，用户只需要给出物体结构参数(模型结构、材料属性、载荷、约束等)和要省去材料的比例。拓扑优化的目标函数是在满足结构的约束条件下，减少结构的变形能。变形能的减少意味着结构刚度的加强。

a. 简化模板模型

拓扑优化是在有限元基础上的多次数值计算迭代过程，计算复杂，数据巨大，因此要在考虑主要矛盾的同时忽略次要矛盾，简化模型，利于收敛。因此，对已有模板实际尺寸进行简化，简化成为 413mm×413mm×220mm 的长方体板体，见图 5-2-20。

b. 拓扑优化过程

ANSYS 实现拓扑优化的步骤：

第 1 步，定义拓扑优化问题。定义拓扑优化问题同定义其他线性问题相同，给定材料特性：材料呈弹性、各向同性。

E(弹性模量)$=1.73\times10^{6}$MPa

PRXY(泊松比)=0.3

第 2 步，选择单元类型。选择三维实体单元：四面体 10 节点 Solid92。

第 3 步，指定优化区域。根据实际工况选择模板 A 区域为优化部分，B 区域为非优化部分，见图 5-2-20。

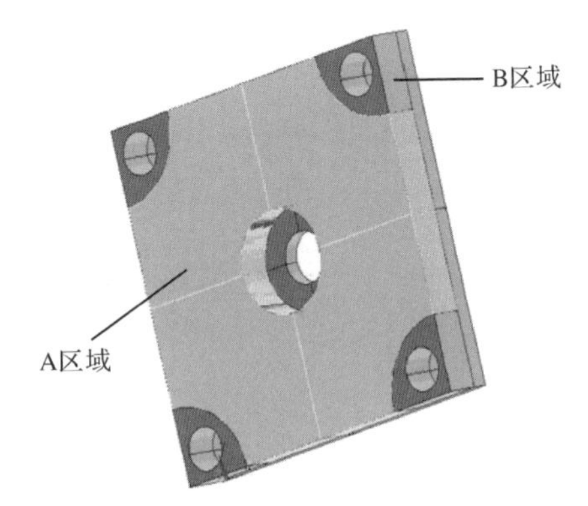

图 5-2-20　长方体板体模型

第 4 步，定义和控制载荷。定义中间 $D=500$mm 的圆面局部压力为 10MPa，4 个拉杆的位置为全位移约束边界条件。

第 5 步，定义和控制过程。拓扑优化过程包括两部分：定义优化参数和进行拓扑优化。优化参数：包括要省去材料的百分比 60%，收敛的公差 0.0001，进行 15 次迭代。

第 6 步，查看结果。查看单元伪密度分布图(图 5-2-21)，图中显示出筋板的分布趋势呈 X 形，即模板的拓扑目标函数随迭代次数的变化曲线如图 5-2-22 所示，迭代次数为 10 时，模板体积趋于稳定，目标函数收敛。

(3) X 形模板有限元分析。

从优化模板的单元伪密度分布图可以明显地看出模板非实体区域的位置及数量，从中可以“抽象”出加强筋的结构形状 X 形。根据单元伪密度图 5-2-20 绘制优化之后的三维实体图(图 5-2-23)，通过软件计算 X 模板体积 $V=0.0950481\times10^{9}\text{mm}^{3}$。

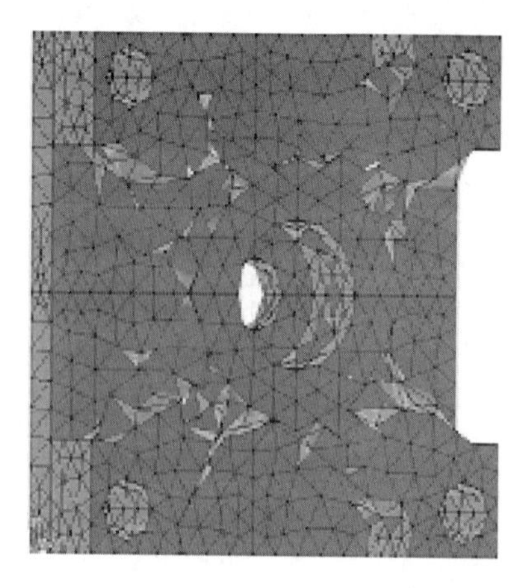

图 5-2-21　单元伪密度分布图

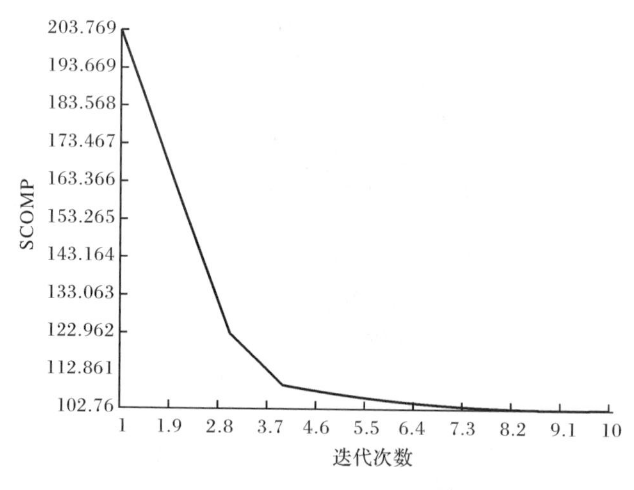

图 5-2-22　目标函数的迭代曲线

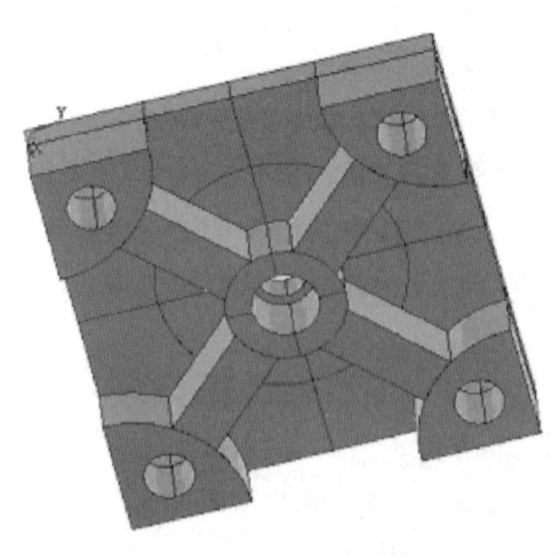

图 5-2-23　优化后模型

对该模型进行有限元分析，具体设置如上节，在此不做重复。计算过程按位移求解方式，对模板进行线性静力分析，得到动模板的应力和应变云图分别如图 5-2-24 和图 5-2-25 所示，其局部最大应力为 0.137×10³ MPa；模板最大形变为 0.110mm。

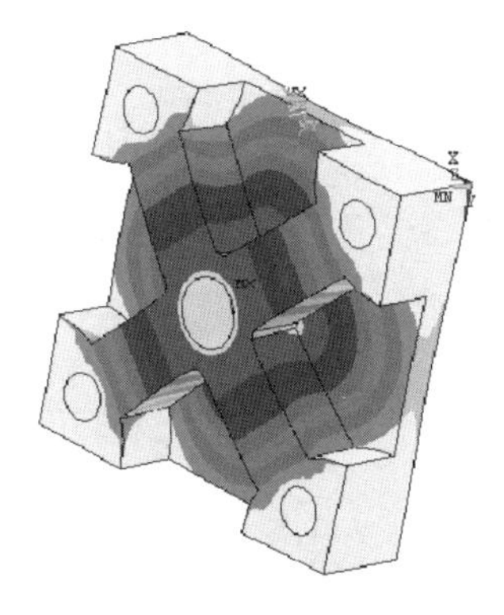

图 5-2-24　应力云图

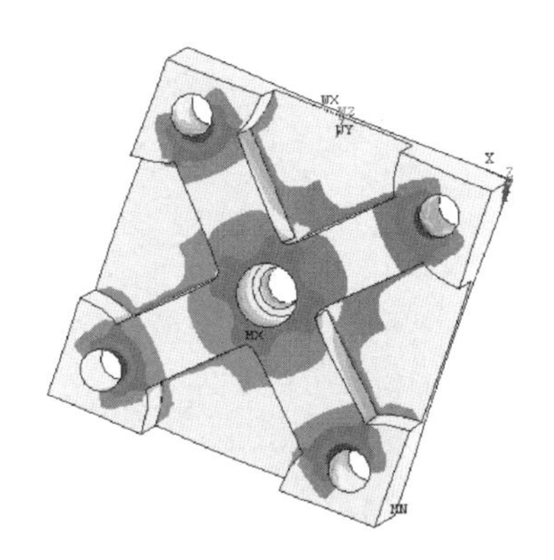

图 5-2-25　应变云图

拓扑优化之后的模板与优化之前的模板进行结果比较，如表 5-2-5 所示。由表 5-2-6 可知，拓扑优化之后的模板应力减少 7.43%；形变减少4.35%，刚度略有增加；体积减小 8.74%，重量降低幅度比较明显，实现了结构轻量化的优化目标。

综上可知，本文使用结构拓扑优化方法得到的 X 形模板实现了模板材料走势最佳、刚度提高和费用降低的理想状态；同时，说明该方法不但可以针对性地解决实际工程问题，而且为模板设计提供了新的设计途径。

表 5-2-6　结果比较图表

	局部最大应力/MPa	局部最大形变/mm	模板体积/mm³
优化之前	0.148×10³	0.115	0.10413×10⁹
优化之后	0.137×10³	0.110	0.0950481×10⁹
优化前后对比	−7.43%	−4.35%	−8.74%

2) 设计优化

(1) 设计优化技术概述。

设计优化技术是一种寻求最优设计方案的技术，它可以满足所有设计要求，而且所需要的支出（如重量、体积、面积、应力、费用等）最小，因此，该技术是一种效率最高的方案。

a. 数学模型

设计优化技术是通过构建优化模型，运用各种优化方法，通过在满足设计要求的条件下的迭代运算,求得目标函数的极值,得到最优设计方案。

优化问题的数学模型可表示为

$$\min F(X) = (x_1, x_2, \cdots, x_n) \tag{5-2-12}$$

$$\text{find } X = (x_1, x_2, \cdots, x_n)^{\mathrm{T}} \in R \tag{5-2-13}$$

$$\text{s. t. } g_i(X) = g(x_1, x_2, \cdots, x_m) \leqslant 0, \quad i = (1,2,\cdots,m) \tag{5-2-14}$$

$$h_j(X) = h(x_1, x_2, \cdots, x_n) = 0, \quad j = (1,2,\cdots,n) \tag{5-2-15}$$

式中:$F(X)$——目标函数(重量、体积、方差最小等);

X_n——设计变量(宽度、高度等几何尺寸);

$g_i(X)$,$h_j(X)$——约束条件(应力、变形等);

m,n——状态变量的个数。

b. 优化设计过程

ANSYS 优化设计基本过程包括:ⓐ利用 APDL 的参数技术和 ANSYS 的命令创建参数化分析文件,用于优化循环分析文件,包括:在前处理器 PREP7 中建立参数化模型,在求解器 SOLUTION 中求解,在后处理器 POST/POST26 中提取并指定状态变量和目标函数;ⓑ进入优化设计器 OPT,执行优化设计分析过程,包括:指定分析文件;声明优化变量,包括设计变量、状态变量和目标函数;选择优化工具或循环方法(零阶方法或一阶方法),还可以采用用户自己的外部优化程序;指定优化循环控制方式;进行优化分析;ⓒ查看设计序列结果(OPT)和后处理(POST1/POST26)。

(2) 创建参数化分析文件。

a. 模型基本信息

模板基本材料参数设置如上节设置,模板强度极限 σ_b=500MPa,安全系数取 2.5,许用应力为$[\sigma]$=200MPa。注塑机模板为对称结构,为了降低计算量,取 1/4 模型为研究对象,如图 5-2-26 所示。

b. 分析文件的建立

基于 APDL 参数技术和 ANSYS 命令流建立参数化分析文件,该文件中包括参数化的模板模型、参数化的求解过程、状态变量及目标函数的指定。

(3) 执行优化分析。

a. 声明优化变量

进入优化设计器,指明上述的分析文件,并声明优化变量。

设计变量:在注塑机模板优化分析过程中发现,筋板宽度、模板厚度是影响模板应力、变形和体积的重要因素,选取宽度 B_1,B_2 和厚度 Z_1,Z_2 参数为设计变量。

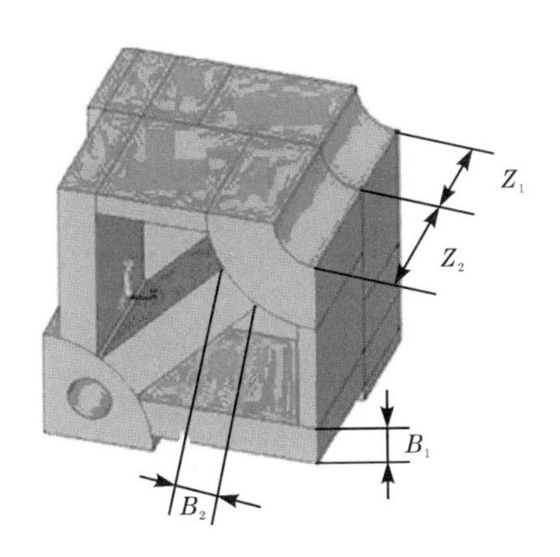

图 5-2-26 1/4 模型图

在数学上，设计变量表示为由其分量组成的向量：

$$X=[x_1,x_2,x_3,x_4]^{\mathrm{T}}=[B_1,B_2,Z_1,Z_2]^{\mathrm{T}}$$

约束条件：ⓐ应力约束：模板结构的最大应力必须小于所用材料的许用应力，即

$$\sigma_{\mathrm{t}}\leqslant[\sigma]=200\mathrm{MPa}$$

ⓑ位移约束：规定模板的最大位移小于等于 0.1mm，即

$$\delta_{\mathrm{t}}\leqslant 0.1\mathrm{mm}$$

目标函数：模板优化目标是在保证使用性能的前体下，以整个模板结构重量最轻、结构造价最低为追求目标，对于密度均匀的模板，即以体积为目标函数，用于评价设计优劣的标准，

$$V_{\mathrm{t}}=\min f(x)$$

b. 约束条件及载荷

考虑到模板的强度主要由筋板宽度和模板厚度决定，选择筋板宽度(B_1，B_2)和模板厚度(Z_1，Z_2)作为设计变量，设计变量的初始值及取值范围分别为

$$B_1=70\mathrm{mm},\quad 50\mathrm{mm}\leqslant B_1\leqslant 70\mathrm{mm};$$

$$B_2=90\mathrm{mm},\quad 70\mathrm{mm}\leqslant B_2\leqslant 90\mathrm{mm};$$

$$Z_1=150\mathrm{mm},\quad 60\mathrm{mm}\leqslant Z_1\leqslant 150\mathrm{mm};$$

$$Z_2=200\mathrm{mm},\quad 120\mathrm{mm}\leqslant Z_2\leqslant 200\mathrm{mm}$$

将图 5-2-25 中所示的简化模型进行有限元建模，采用 Solid45 单元进行扫掠方式网格划分，生成有限元模型，如图 5-2-27 所示。模型共包括 27642 个节点，22982 个六面体实体单元。

因为取模板四分之一为分析模型，所以需要在对称面上加对称约束。该模板承载为 60t，承载圆面直径为 600mm，在四分之一圆面上施加面载荷 $P=21.25\mathrm{MPa}$。

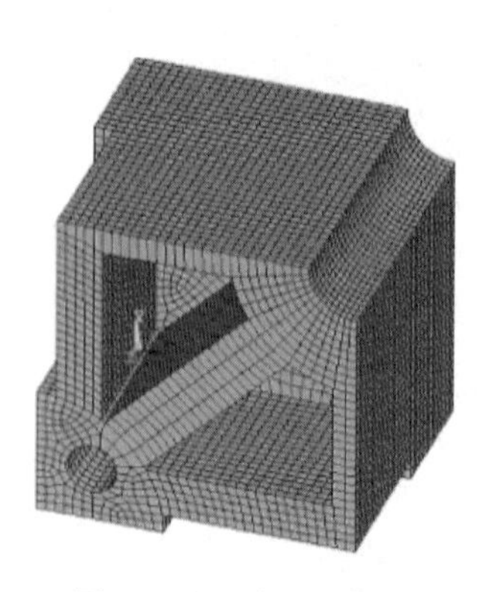

图 5-2-27　有限元模型

c. 一阶优化算法

现有文献中的参数化设计过程普遍采用了基于连续非约束最小化技术(SUMT)的子问题近似法，该方法属于零阶方法。本节使用了一阶优化方法(firtst-order optimization)。与零阶方法相比，一阶优化方法是基于目标函数对设计变量的敏感程度，使用状态变量和目标函数对设计变量的一阶偏导数，精度较高[43]。在每次迭代中，梯度计算(用最大斜度法或共轭方向法)确定搜索方向，并用线搜索法对无约束问题进行最小化[43]。

对优化迭代步 j，引入一个搜索方向$\vec{d}^{(j)}$，则下一步的设计变量值就为

$$\vec{v}^{(j+1)}=\vec{v}^{(j)}+s_j\vec{d}^{(j)} \tag{5-2-16}$$

式中：s_j——线搜索参数，对应于搜索方向$\vec{d}^{(j)}$上最小步进值，它使用黄金分割比和局部的平方拟合技术来得到，其范围限制由如下公式给出：

$$0\leqslant s_j\leqslant S_{\max}/100\times s_j^* \tag{5-2-17}$$

式中：$S_{\max}$——最大可用步进量，它是在当前迭代步下由程序计算出，而 s_j^* 是设置的步进缩放尺寸。

搜索方向$\vec{d}^{(j)}$是程序由最大斜度法或共轭梯度法计算出来的。在初始迭代($j=0$)时，先假定无约束目标函数的负梯度方向为搜索方向，即

$$d^{(0)}=-\nabla Q(x^{(0)},q)=d_f^{(0)}+d_p^{(0)} \tag{5-2-18}$$

式中

$$q=1,\quad d_f^{(0)}=-\nabla Q_f(x^{(0)}),\quad d_p^{(0)}=-\nabla Q_p(x^{(0)})$$

而对于其他任一步($j>0$)，利用 Polak-Ribiere 的递归公式来确定其收敛方向，即

$$d^j=-\nabla Q(x^{(j)},q_k)+r_{j-1}d^{(j-1)} \tag{5-2-19}$$

$$r_{j-1}=\frac{[\nabla Q(x^{(j)},q)-\nabla Q(x^{(j-1)},q)]^{\mathrm{T}}\nabla Q(x^{(j)},q)}{|\nabla Q(x^{(j-1)},q)|^2} \tag{5-2-20}$$

如果所有的优化变量约束都满足 $P_x(x_i)=0$，则 q 能作为因子提到 Q_p 外面，即

$$Q_p(x^{(j)},q)=qQ_p(x^{(j)}) \tag{5-2-21}$$

d. 收敛判定

假设 F_j、X_j 和 F_{j-1}、X_{j-1} 分别为目标函数、设计变量第 j 次迭代和第 $j-1$ 次迭代的结果，F_b 和 X_b 分别是当前的最优目标函数和其相应的设计变量值。如果满足 $|F_j-F_{j-1}|\leqslant\tau$ 或者 $|F_j-F_b|\leqslant\tau$，τ 为目标函数的公差，那么认为迭代收敛，迭代停止。假设 $|X_j-X_{j-1}|\leqslant\tau$ 或者 $|X_j-X_b|\leqslant\tau$，那么也认为设计变量的搜索已经趋近于收敛，迭代停止。

e. 一阶优化分析

在一阶优化过程中，采用多次迭代得出不同的设计序列，查看序列结果可得到 10 个优化序列，见表 5-2-7，最佳序列号为 SET10（* 表示最优序列）。优化后还可以得到模板的体积、变形量及应力收敛图，分别如图 5-2-28、图 5-2-29 和图 5-2-30 所示。

表 5-2-7　迭代次数和各变量之间的关系

	SET 1	SET 2	SET 3	SET 4	SET 5	SET 6	SET 7	SET 8	SET 9	SET10
K/MPa	123.61	181.38	183.52	187.52	191.42	191.99	190.24	192.40	196.70	195.27
N/($\times10^{-2}$mm)	2.2705	3.3916	3.4449	3.5276	3.6163	3.6296	3.5637	3.5244	3.7066	3.7096
Z_1/mm	150.00	107.51	104.51	103.91	101.47	101.13	102.88	103.92	99.525	99.255
Z_2/mm	200.00	180.44	181.48	181.25	180.62	180.53	181.08	181.44	179.61	179.56
B_1/mm	70.000	68.991	69.646	62.142	62.144	62.140	62.126	62.120	62.019	61.994
B_2/mm	90.000	89.445	89.540	89.520	89.322	89.291	89.435	89.493	88.699	89.196
V/($\times10^7$mm^3)	6.4148	5.1038	5.0534	4.9577	4.8885	4.8789	4.9295	4.9601	4.8238	4.8192
可行性	可行	可行	可行	可行	可行	可行	可行	可行	可行	可行

注：K 为等效应力；N 为模板变形量；Z_1 和 Z_2 为模板厚度；B_1 和 B_2 为筋板宽度；V 为模板体积。

由图 5-2-28～图 5-2-30 可知，设计优化过程中，迭代次数为 9 时优化基本稳定，当前设计到最佳合理设计所有设计变量的变化值都小于各自允差，表明优化分析是收敛的。

其中，图 5-2-28 表明，模板原体积为 $6.4148\times10^7\text{mm}^3$，优化后体积为 $4.8192\times10^7\text{mm}^3$，在满足模板最大等效应力小于等于许用应力，模板变形小于等于规定值 0.1mm 的约束条件下，模板体积减小 $1.5956\times10^7\text{mm}^3$，目标函数下降 24.88%。

图 5-2-29 表明，模板变形量随着循环次数的增加而变化，在循环次数为 10 时，最大变形量趋于稳定 0.037096mm，远小于设定变形量值 0.1mm，满足刚度要求。

图 5-2-30 表明，等效应力随着迭代次数的增加而变化，在循环次数为 10 时，最大等效应力趋于稳定 195.27MPa，小于模板的许用应力 200MPa，满足强度要求。

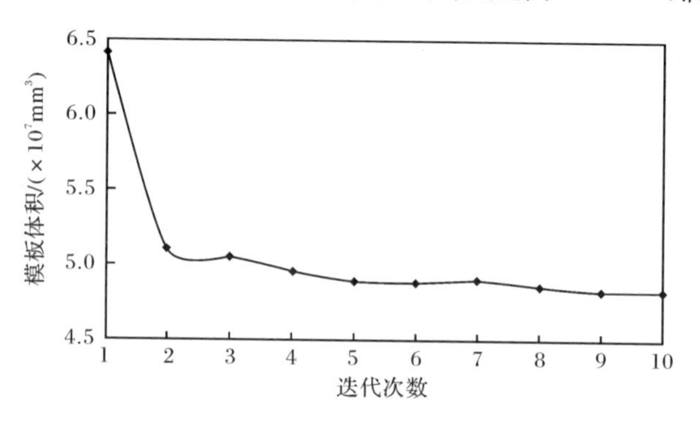

图 5-2-28　模板体积收敛图

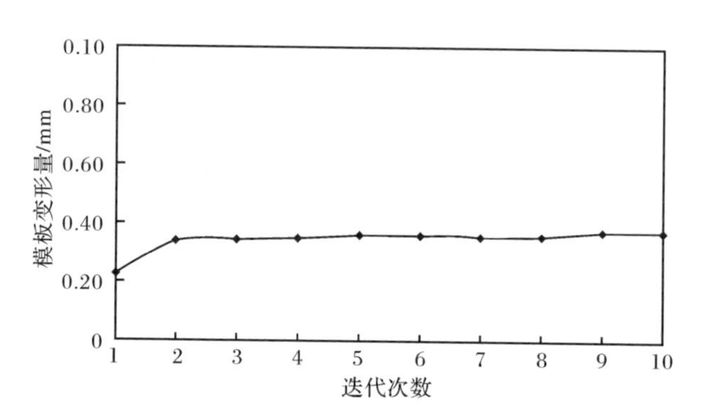

图 5-2-29　模板变形量收敛图

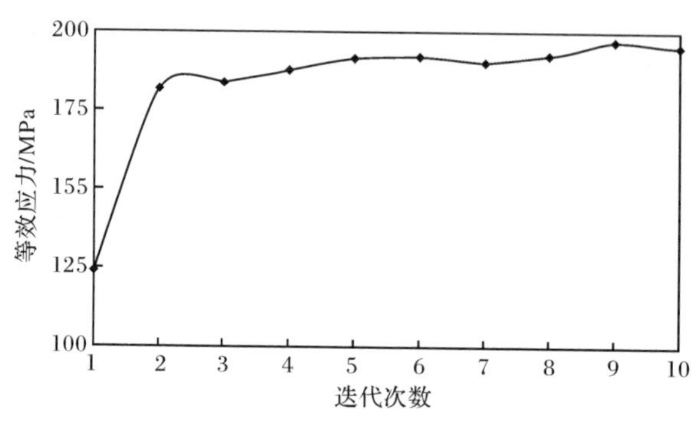

图 5-2-30　模板等效应力收敛图

由表 5-2-7 可知，在满足刚度要求和强度要求的同时，对设计变量的参数值取整分别为，模板厚度 Z_1 由 150mm 减小到 99mm、Z_2 由 200mm 减小到 180mm，筋板宽度 B_1 由 70mm 减小到 62mm，B_2 由 90mm 减小到 89mm，表明模板的厚度和筋板宽度均有减少。

通过设计优化之后，模板在满足应力和应变这两个约束条件的情况下，实现了目标函数(模板体积)最小化，优化了模板设计变量参数值(模板厚度及筋板宽度)。

由上可知，本节主要利用ANSYS软件对注塑机模板进行了优化设计，包括对模板形状的拓扑优化和对模板参数的设计优化。拓扑优化之后，对得到的X形新型模板进行了有限元分析。在同等工况下，将该分析结果与现有模板的有限元分析结果加以比较，比较结果表明，拓扑优化后的模板的局部最大应力减少7.43%，形变均减少4.35%，刚度增加，结构质量轻化8.74%，体现出明显优越性。设计优化主要是利用高精度的一阶优化方法对注塑机模板结构参数进行优化分析，优化后的模板在满足约束条件的基础上得到最佳模板结构参数值，模板厚度 $Z_1=99$mm，$Z_2=180$mm，筋板宽度 $B_1=62$mm，$B_2=89$mm，并且目标函数减小近25%，大大减少了生产成本。因此，本节的优化设计为注塑机模板的形状优化和参数优化提供了更新、更有意义的方法，为注塑机模板优化系统的研发奠定了基础。

5.3 精密注塑机模板设计优化

5.3.1 模板设计优化系统

为了解决模板设计行业的专业性需求，有必要研究开发适用于本专业且针对性较强的设计优化软件[45]，该软件不仅可以让设计人员摆脱程序式的反复试算和修改设计图纸，还可以直观地显示设计、分析及优化结果，以供设计人员参考，从而提高了模板设计能力和效率。本节基于ANSYS二次开发语言APDL和Visual Basic6.0编程语言，研发一套操作性、可靠性高的注塑机模板设计优化系统。该系统包含先进的注塑机结构设计有限元技术和简单易懂的操作界面。利用该系统，用户只需要通过VB界面就可对多种注塑机模板进行快速、方便地仿真分析指导、结构优化设计，满足了模板设计的专业化和高效化要求。

1. 系统介绍

1) 系统开发环境

本系统是基于Visual Basic6.0编程语言和ANSYS10.0开发而成的注塑机模板仿真及优化系统软件，其中采用Visual Basic6.0编程语言为开发系统界面，利用ANSYS二次开发(APDL)语言为设计平台。

2) 软件运行平台

(1) 硬件要求：Windows2000以上的操作系统支持。

(2) 软件要求：Windows2000、WindowsXP 系统、Visual Basic6.0、ANSYS10.0。

3) 系统内容及优点

系统主要包括模板的参数化设计、分析和优化功能。模板参数化设计优化过程是根据用户需要，通过 VB 界面设置调用 ANSYS 二次开发程序，对模板进行分析和优化的过程，并将分析和优化结果以网页报告形式显示和保存。本系统核心内容主要包括：注塑机基于 APDL 的参数化设计模块、注塑机模板分析模块和注塑机模板优化模块。

系统的优点有：①本系统是基于通用编程语言 Visual Basic6.0 和大型通用有限元软件 ANSYS 研发的，它利用 Visual Basic6.0 的简易交互界面，调用内置命令流使建模过程及复杂的有限元计算分析过程在后台运行，缩短计算时间，将后处理结果以网页报告的形式输出，使计算结果一目了然；②该软件系统操作简便，易于掌握，使用者无需掌握计算和分析方法，只需要了解 GUI 操作界面就可以实现产品的研发，开发周期缩短，成本降低，市场竞争力提高。

4) 软件操作流程图

软件的操作流程图如图 5-3-1 所示。

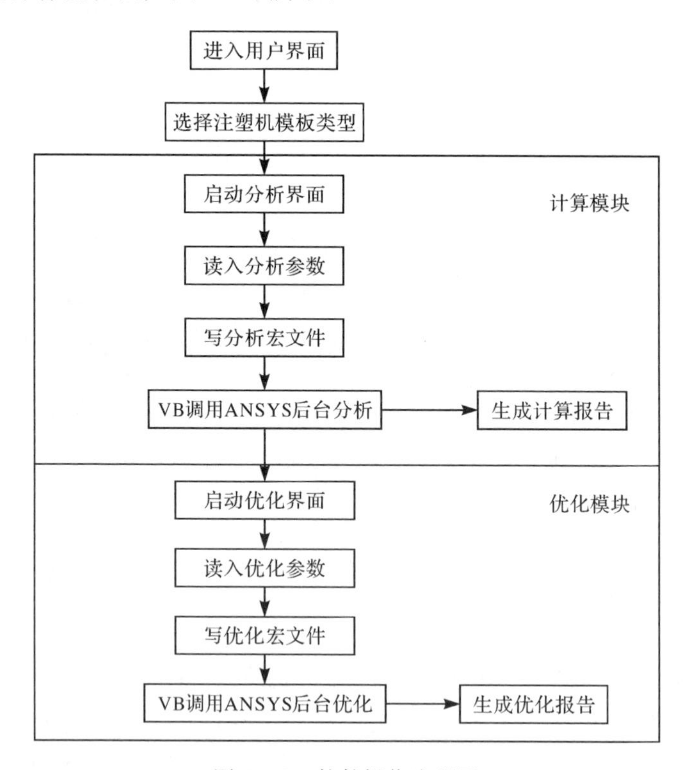

图 5-3-1　软件操作流程图

2. 模块开发

1）计算模块的开发

（1）用户基本信息界面设置。

通过用户基本信息界面，用户可以设置分析的名称和分析日期，以便方便保存。点击“下一步”按钮，进入模板选择界面；点击“取消”按钮，返回到上一步，如图5-3-2所示。

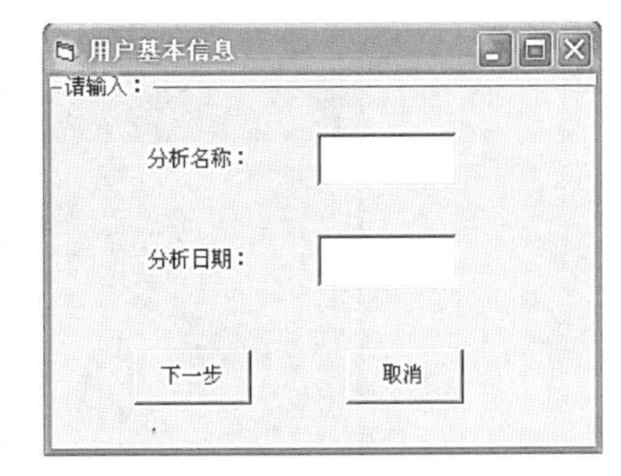

图5-3-2　基本信息界面

（2）参数输入设置。

所谓参数化设计是指用一组参数来约束几何图形的一组结果尺寸列，参数与设计对象的控制尺寸相对应，当赋予不同的参数系列值时，就可以驱动原几何图形得到新目标几何图形[46]。本系统中包含多种注塑机模板的几何图形命令流文件，当用户选择或输入不同的参数值时，APDL技术实现的命令流文件会自动更新，生成不同尺寸的模板建模宏文件，从而达到参数化建模的目的。图5-3-3为参数输入界面。参数的设定有两种方式：一种是直接在参数界面中输入相关参数值；另一种是直接在系统中读入已保存的参数文件，如图5-3-4所示。

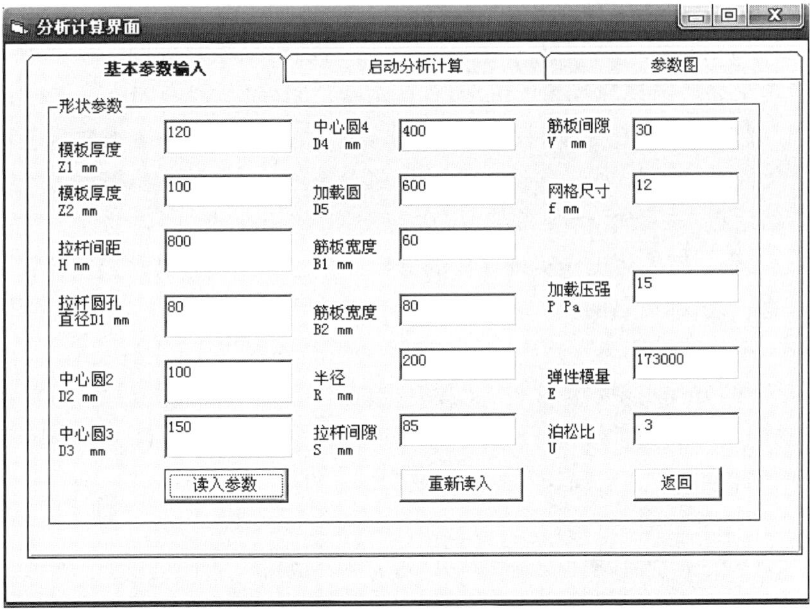

图5-3-3　参数输入界面

在分析计算界面中，可以直接在“基本参数输入”一栏中输入变量参数值，或者通过“读入参数”按钮从参数值文件夹中直接读入参数，也可以通过“重新读入”按钮，清空已输入的参数值进行重新选择；点击“返回”按钮，可以进入上一步操作。

图 5-3-4　读入参数界面

(3) ANSYS 设置。

在分析计算界面中点击进入启动分析计算界面，如图 5-3-5 所示，在界面中选择项目路径、ANSYS 安装路径和版本，设定项目名称及项目标题。以上填写均选用英文，填写之后选择“确定”按钮，会有提示项目目录已经成功建立，此时已完成 ANSYS 工作目录建立，在项目路径(如 D:/ansys)下生成了一个以项目名称(如：moban)命名的文件夹；如果项目名称与先前设定的重复，系统会提示重新输入项目名称，然后点击“写宏文件”按钮，生成宏文件，接下来点击“启动计算”按钮，调动 ANSYS 命令流后台操作实现模板的分析计算。生成的宏文件以及计算结果均保存在以项目名称命名的文件夹中。

其中，项目路径和 ANSYS 的安装路径采用 BrowseForFolder 方式，打开文件浏览对话框的方式实现定位文件、文件夹，或定位系统文件夹的目的，最后将返回用户所选的文件或文件夹的 Folder 类目标，通过对 Folder 类目标的处理得到所选目标的完整路径，点击“取消”按钮则返回。

(4) 宏文件生成。

ANSYS 的命令流文件采用 APDL 语言形式编制。如何自动形成 APDL 命令流文件，本系统采用 Visual Basic6.0 中文件读、写操作来完成 ANSYS 命令流文件即宏文件的编辑。ANSYS 的 APDL 命令流文件可以是文本文件，采用 VB

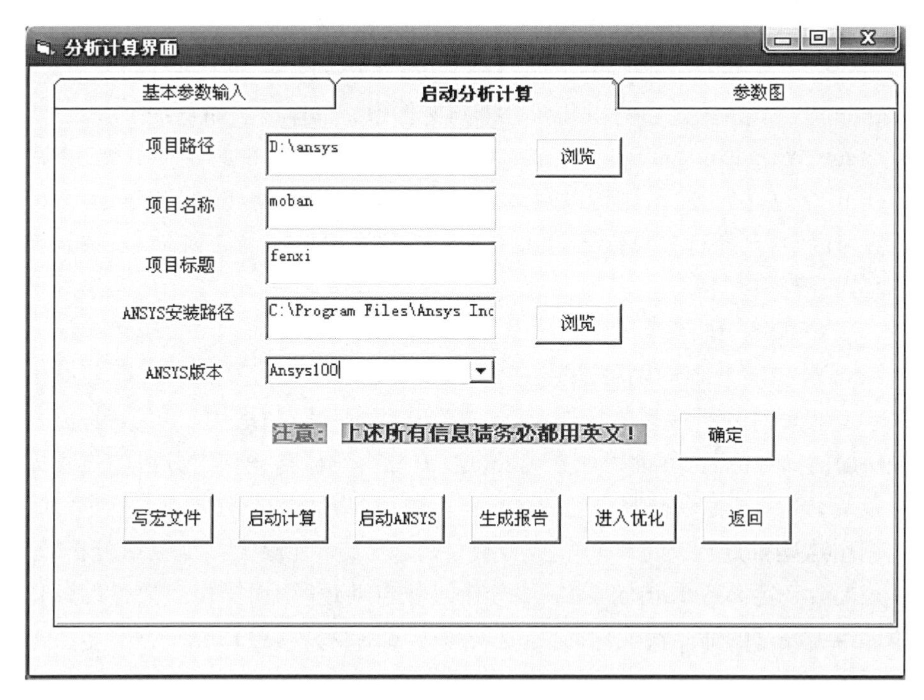

图 5-3-5　分析计算界面

中的文本文件写操作完成 ANSYS 命令流文件的编辑生成。

上节介绍了 ANSYS 进行注塑机的分析优化过程，包括单元的定义、参数设置、模型创建、施加载荷和求解等，这里不再赘述。此处主要介绍在 VB 环境下生成 ANSYS 可执行宏文件的过程。

宏命令文件的生成过程为首先建立一个另存为对话框，生成一个以项目名称命名的文本文件，后缀为. mac，之后写入命令流。

VB 提供了访问和操作文件系统的函数和语句，FileSystemObject 对象是更灵活的对象，具有访问宿主计算机磁盘上每个文件和文件夹的方法与属性。要访问计算机文件系统，可用 CreateObject( ) 函数生成 FileSystemObject 对象变量。

Set fs = CreateObject ("Scripting. FileSystemObject")，变量 fs 表示文件系统。

FileSystemObject 对象提供了操作文件系统和生成要读取或写入新文本文件的属性及方法，FileSystemObject 对象的打开、读取/写入文本文件功能在开发 Windows 脚本时非常有用。CreateTextFile 方法能够生成文本文件并返回 TextStream 对象，具体可以读取和写入数据的 CreateTextFile 方法语法如下：

Set fsOut=fs. CreateTextFile(myMacFile,True)

用 FileSystemObject 对象 CreateTextFile 方法生成 TextStream 对象后,可用 Writeline 方法写入指定字符串和新行符到文件中。具体语法如下:

fsOut. WriteLine(string),string 变量是要写入文件的文本。如果调用 WriteLine 方法不带变元,则可以写入新行符到文件中。WriteBlankLines 方法将指定数目的空行(新行符)写入到文件中。如 fsOut. WriteBlankLines(1)表示在文件中写入一行空行数。

(5) ANSYS 分析计算。

ANSYS 在操作时有两种途径:一种是 GUI 途径,即通过 ANSYS 可视化的操作菜单来实现对分析过程的操作,该方式操作直观、简单、适用于初学者;另一种就是所谓的命令流,也称批处理方式,这是一种后台操作,操作者分析的过程即是将一条条 ANSYS 命令按照自己的分析思路组织起来做成批处理文件,而ANSYS 通过调用这些批处理文件即可完成分析计算,该方式能够大大地提高分析效率,尤其是配合一定 APDL 语句,能够使分析过程自动进行,而操作者要做的仅仅是调用已经编制好的命令流文件而已,这时操作者的精力将会放在对整个分析过程的分析和研究上。

本系统的开发是利用批处理方式完成的,首先编制好模板设计分析的宏文件。该宏文件是由一系列的命令流组成的,然后通过 Visual Basic 语言调用已生成的宏文件,进行 ANSYS 后台计算。Visual Basic 语言是通过内部 Shell 函数调用 ANSYS 运行的。

图 5-3-6 为计算界面,该界面中通过进程条来显示在后台运行的分析计算过

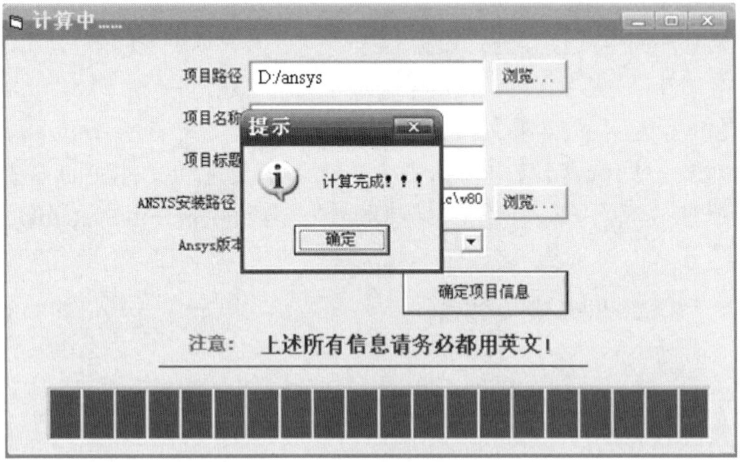

图 5-3-6　计算界面

程的进程，进程条达到 100％时，计算完成。运行过程中界面中的命令按钮不可见，运行结束后，进程条不可见，按钮可见，并会出现计算完成的提示。

(6) 计算报告的生成。

ANSYS 分析计算完成之后，点击图 5-3-5 中的“生成报告”按钮，在项目路径下会自动生成网页形式的计算报告，分析计算报告中包括单位制、工况信息、几何模型图、网格图、应力图和应变图。

ANSYS 计算结果报告的生成方式为利用 CreateObject( )函数生成 FileSystemObject 对象变量，利用 CreateTextFile 方法生成名为“分析报告. htm”的文件，用 Writeline 方法写入指定字符串到文件中，创建一个网页文件，将模板的几何模型、有限元模型、变形图、应力应变等计算结果图保存到该网页上，用 shell 函数来执行此网页文件，即完成报告的生成。

2) 优化分析模块的开发

(1) ANSYS 优化设计计算。

将有限元分析结果与模板能满足的实际应力大小和变形量比较，判断模板的强度和刚度是否满足要求，若结果不满足要求，需要对模板进行优化设计。模板优化设计基础理论设计面较广，对设计人员的数学能力要求较高。本系统引入模板优化，可以实现结构优化设计的求解程序化，大大简化了传统的优化设计。ANSYS 优化设计基本过程参照设计优化技术概述。

图 5-3-7 为优化分析过程中的参数设置图，用户需要分别输入优化项目名称和分析文件名称。其余参数的设置也是有两种方式：一种是直接在界面输入参数；另一种是在点击“读入参数”按钮，在参数值文件夹中选取优化参数，如图 5-3-4 所示。“重新读入”按钮可以清空已输入的参数值并进行重新输入或选择；“返回”按钮可以进入上一步操作。选取的设计变量分别为模板的厚度 $Z1$、$Z2$ 和筋板宽度 $B1$、$B2$，如图 5-3-8 所示。值得注意的是，要先对模板进行有限元分析之后，才能进行优化设计研究，所以在图 5-3-7 所示界面中，完成参数的读入之后，需要点击“写分析宏文件”按钮，以分析文件名称命名的文件被保存在项目路径下，分析宏文件中包含模板在优化计算之前需要进行的分析计算部分。完成写分析宏文件之后，进入启动优化计算界面，如图 5-3-9 所示，点击“写优化宏文件”按钮，以优化项目名称命名的文件被保存在项目路径下，该文件包括所有的优化信息及优化报告。

(2) 优化报告的生成。

在图 5-3-9 中，写完优化设计的宏文件之后，点击“启动计算”按钮，完成模板的优化设计计算，优化设计结束之后，以优化项目标题命名的文件夹中会自动生成一个名为 ansysListings 命名的文件，如图 5-3-10 所示，以记事本格式打开该文

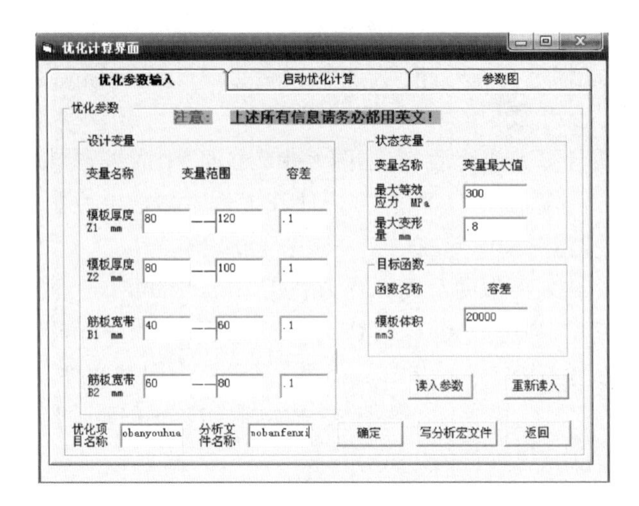

图 5-3-7　优化参数输入界面

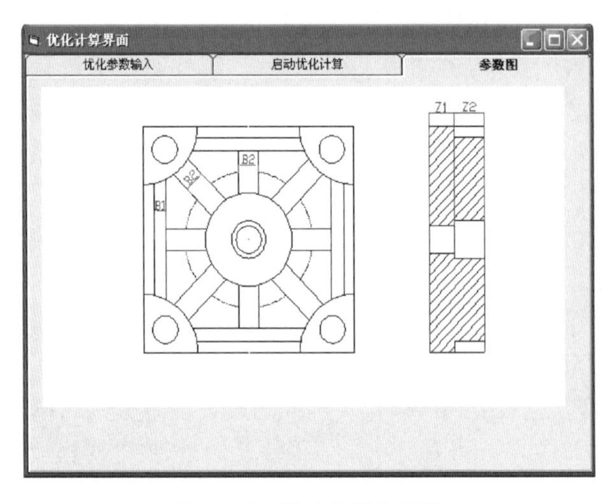

图 5-3-8　设计变量参考图

件，文件中列出了最佳优化序列，包含设计变量的最佳值、约束条件的取值和目标函数的最小值。

本节以 Visual Basic6.0 语言为平台，以 ANSYS 二次开发为核心，研发了一套界面友好、易于操作的注塑机模板设计优化系统。该系统专业性较强，设计人员无需掌握 ANSYS 软件复杂的操作过程及原理，可以直接通过 VB 简单操作界面调动 ANSYS 软件后台操作，从而实现注塑机模板的有限元设计、分析及优化，并可直接生成直观的计算报告和优化报告。通过该软件可以有效地减少模板设计、分析及优化时间，制备高性能的注塑机模板，提高工作效率。

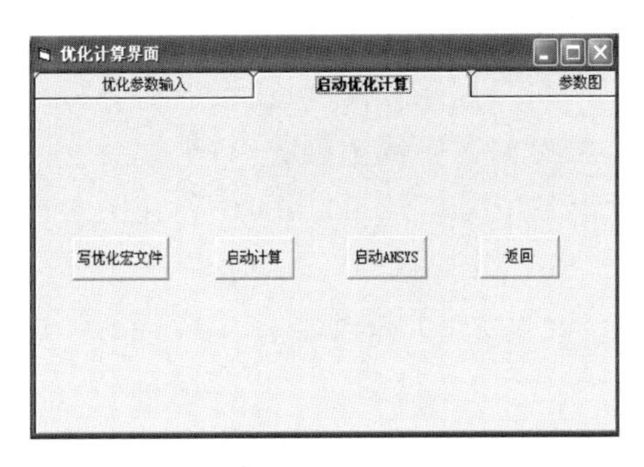

图 5-3-9　优化计算界面

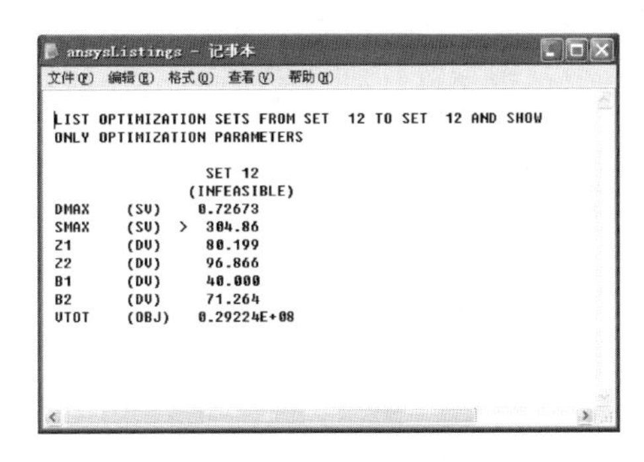

图 5-3-10　优化报告

5.3.2　弹性模板

随着时代的不断发展，对塑料制品的要求越来越严格，对注塑机的要求也越来越高，体现在对锁模部件的要求主要是锁模部件的刚性要求。而为提高该零件刚性，通常的做法是增加模板的厚度，这样就增加了零件成本，对应的加工成本和运输成本也相应增加。目前，市场上出现了一种柔性注塑机前模板，又叫弹性模板。

弹性模板是将注塑机前模板分成前后两个板：锁紧板和模具安装板，两板之间用撑筋连接。锁紧板、撑筋和模具安装板为统一的整体。锁紧板仅通过撑筋与模具安装板中心连接，不与模具安装板四角连接，改变了力的分布，减少了模具安装板的变形，改善了模板对模具的刚性。图 5-3-11 为弹性模板（前模板）示意图。

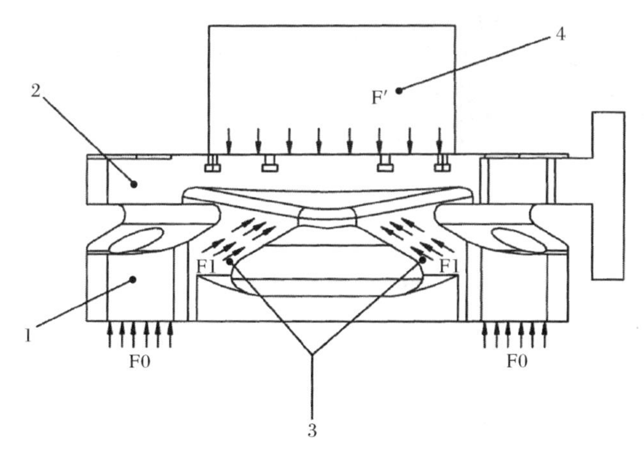

图 5-3-11　弹性模板（前模板）

1-锁紧板；2-模具支撑板；3-撑筋；4-模具

通过数值模拟发现，弹性模板在同吨位、同重量和应力水平相当的情况下，极大地改善了模具安装板弯曲变形问题。图 5-3-12 为传统前模板变形数值分析结果，最大位移在板上部，两拉杆处，模具安装板有向下倾倒的趋势，整个模具安装板发生弯曲变形；图 5-3-13 为弹性前模板变形数值分析结果，最大位移在锁紧板四角，变形主要集中在锁紧板，模具安装板有向内缩回的趋势，模具安装板整体变形水平很小，变形分布十分均匀且对称，位移分布及变形水平较之于传统前模板改善明显。

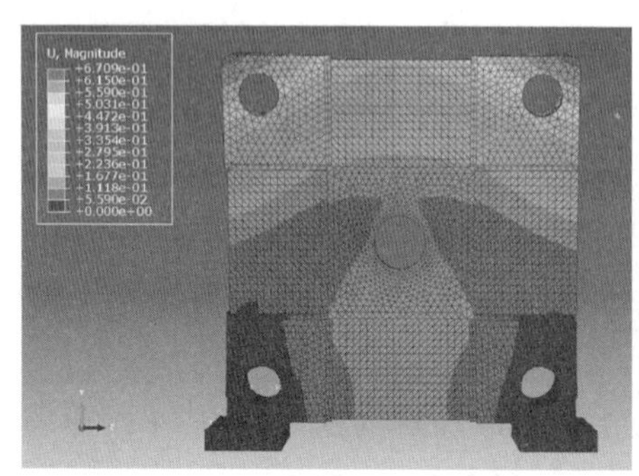

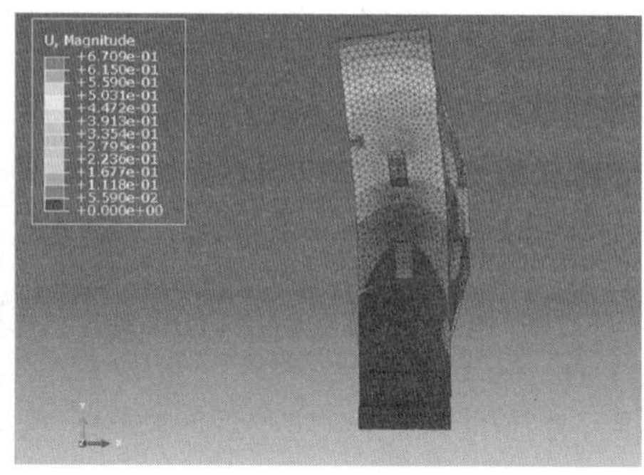

图 5-3-12　传统前模板变形数值分析结果

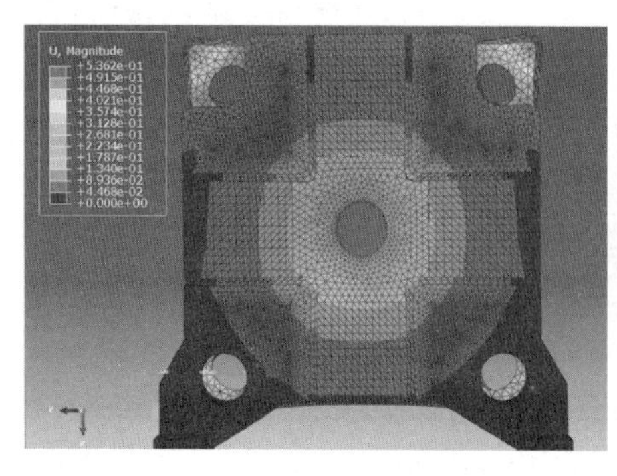

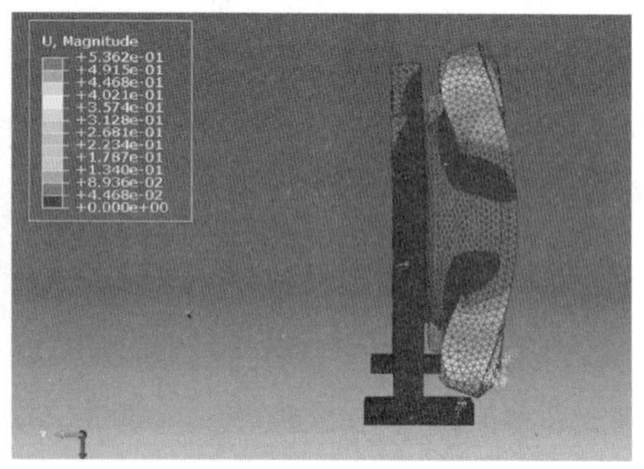

图 5-3-13　弹性前模板变形数值分析结果

弹性模板与现有技术相比具有以下优点：

(1) 撑筋传递的作用力与模具的力臂短，模具的受力均匀，刚性好。

(2) 在同等刚性条件下，弹性模板质量更轻，用材更少，节省成本。

(3) 根据受力情况，模具安装板受力从中心向四周减小，因此模具安装板设计为中心厚四周薄，减少材料使用，优化受力状况。

(4) 锁紧板仅通过撑筋与模具安装板中心连接，不与模具安装板四角连接，改变了力的分布，减少了模具安装板的变形，改善了模板对模具的刚性。

参考文献

[1] Tokuz L C, Jones J R, Power Transmission And Flow In The Hybrid Machines[C]. The 6Th International Machine Design and Production Conference, Rurkey, 1994.

[2] 张新华,张策,田汉民. 混合驱动机械系统建模的理论依据[J]. 机械科学与技术,2001,20(6):857—859.

[3] Greenough J D, et al. Design of Hybrid Machines[C]. Proceeding of the 9th IFTOMM World Congress, Milan, 1995.

[4] Herman J, van de Streate, de Schutter J. Hybrid cam mechanisms [J]. JEEE/ASME Transactions on Mechatronics, 1996, 1(4): 284—289.

[5] Connor A M. The synthesis of hybrid five-bar path generating mechanisms using genetic. Genetic Algorithms in Engineering System Innovations and Application, 1995, 10(2): 313—318.

[6] Connor A M. The kinematic synthesis of path generating mechanisms using genetic algorithm [J]. Artificial Intelligence in Engineering, 1995, 11(3): 238—244.

[7] Connor A M. The Synthesis of Hybrid Mechanism Using Genetic Algorithm[D]. Liverpool: Liverpool Polytechnic, UK, 1996.

[8] Vaddi S S, Seth B. Programmable Cam Mechanisms[C]. The 26th International Symposium on Industrial Robots, Singapore, 1995.

[9] 程光蕴. 两自由度连杆机构精确实现平面轨迹的研究[J]. 东南大学报,1990,20(3):64—67.

[10] 孔建益,Funk W. 受控机构学的研究现状和发展展望[J]. 中国机械工程,1995,9(1):55—57.

[11] 孔建益,Funk W. 具有一个受控原动件的五杆机构精确实现给定函数的研究[J]. 中国机械工程,1996,7(专刊):106—108.

[12] 孔建益,Funk W. 具有一个受控原动件的五杆机构精确实现给定传动比的研究[J]. 武汉冶金科技大学学报,1997,20(2):189—193.

[13] 周洪,邹慧君,王石刚. 混合输入型五杆轨迹机构的分析与设计[J]. 上海交通大学学报,1999,33(7):865—869.

[14] 周洪. 可控机构的设计理论及其应用研究[D]. 上海:上海交通大学,2000.

[15] 周双林,邹慧君,郭为忠,等. 平面闭链五杆机构柔性工作空间的研究[J]. 机械工程学报,2001,36(11):10—15.

[16] 周双林,邹慧君,姚燕安,等. 混合输入五杆机构构型的分析[J]. 上海交通大学学报,2001,35(7):1045—1048.

[17] 周双林. 实现轨迹的混合驱动五杆机构设计理论及其实验研究[D]. 上海:上海交通大学,2001.

[18] 刘建琴. 弹性连杆机构创成轨迹精度控制的理论与实验研究[D]. 天津:天津大学,2000.

[19] 张新华. 实现轨迹创成的混合驱动可控机构分析与综合[D]. 天津:天津大学,2002.
[20] Rockwell Automation,Press Release[EB/OL]. http:www. ab. com/encents/Presser/9706/976ld. html/. [2015-1-1].
[21] 陆永辉. 混合输入机构驱动曲柄压力机的研究[D]. 天津:天津大学,2001.
[22] 卢宗武. 可控压力机研究[D]. 天津:天津大学,2002.
[23] 李辉. 混合驱动拉深压力机运动学优化综合与仿真[J]. 机械科学与技术,2005,24(2):168-171.
[24] 陈先宝,陈延雨. 新型混合驱动飞剪的设计[J]. 机械设计与研究,2008,专刊:298-301.
[25] 陈文华,贺青川,张旦闻,等. ADAMS2007 机构设计与分析范例[M]. 北京:机械工业出版社,2009.
[26] 郭卫东. 虚拟样机技术与 ADAMS 应用实例教程[M]. 北京:北京航空航天大学出版社,2005.
[27] MSC. Software. MSC. ADAMS/View 高级培训教程[M]. 邢俊文,陶永忠,译. 北京:清华大学出版社,2004.
[28] 马棚网. 伸缩三角形自动门系统设计—牵引与传动机构单元设计[EB/OL]. http://www. mapeng. net/news/mechanical_design_paper/2008/5/mapeng_085251054213479_3. html. [2008-05-25].
[29] 马玉坤,贾策,栾延龙,等. ADAMS 软件及其在汽车动力学仿真分析中的应用[J]. 重庆交通学院学报,2004,23(4):110-114.
[30] 张越今,宋健. 多体动力学仿真软件 ADAMS 理论及应用研讨[J]. 机械科学与技术,1997,16(5):753-776.
[31] 李竞,李小平,陈宏滨. 运用 ANSYS 软件对注塑机调模板进行有限元分析[J]. 机械设计与制造,2003,3:60,61.
[32] 李竞. 注塑机模板的有限元分析及改进设计[J]. 广西大学学报,2001,26(2):115-117.
[33] 李竞,李尚平,蒲明辉,等. 注塑机模板的有限元-拓扑优化设计[J]. 机械设计与制造工程,2002,31(6):47,48.
[34] 刘旭红,尹辉峻. 注塑机模板的有限元-拓扑优化设计研究[J]. 塑料业,2008,36(1):32-35.
[35] Sun S H. Optimum topology design for the stationary platen of a plastic injection machine [J]. Computers in Industry,2004,55(2):147-158.
[36] Inou N,Uesugi T. Cellular automation self-organizing the mechanical structure(generation of various types of topological structures and a comparison)[J]. Transactions of JSME(A),1995,61(585):241-246(in Japanese).
[37] Inou N,Shimotai N,Kobayashi H. Cellular automation self organizing a mechanical structure(behavior of system generated by local rules)[J]. Transactions of JSME(A),1995,61(586):272-278(in Japanese).
[38] 应济,李长勇. 注塑机后模板顺序优化设计研究[J]. 浙江大学学报,2006,40(6):937-941.

[39] 欧笛声，周雄新. 注塑机定模板的拓扑构形及参数优化[J]. 机械设计，2008，25(4)：38－41.
[40] 洪沁. 注塑机模板集成设计软件开发[J]. 机电工程，2008，25(6)：85－88.
[41] 博嘉科技，有限元分析软件——ANSYS 融会与贯通[M]. 北京：中国水利水电出版社，2002.
[42] 左孔天，王书亭，张云清，等. 拓扑优化中两类不同优化数值算法的研究[J]. 华中科技大学学报：自然科学板，2004，32(9)：63－65.
[43] 黎满林，常晓林，周伟. 基于有限元方法的拱坝体形优化研究[J]. 水电能源科学，2003，21(2)：25－27.
[44] 谭建国. 使用 ANSYS6.0 进行有限元分析[M]. 北京：北京大学出版社，2005.
[45] 张波，盛和太. ANSYS 有限元数值分析原理与工程应用[M]. 北京：清华大学出版社，2005.
[46] 王贤坤. 机械 CAD/CAM 技术、应用与开发[M]. 北京：机械工业出版社，2000.

第6章　超高速精密注塑机

6.1　超高速注射成型进展

6.1.1　超高速注射成型概述

近年来，伴随着现代制造业的不断升级和材料科学的进步，人们对精密注塑制品提出了新的要求，为了适应市场化和产业化的需求，注射成型技术正朝着高精度、高重复性、高速高效及环保等方向发展[1]。目前，光学构件以及超轻、超薄、超精密塑料构件在生产和生活中的应用愈加广泛，且扮演着越来越重要的角色。超高速注射成型作为生产此类塑料制品的主要生产方式，具有生产效率高、成型质量稳定、重复精度高等优点，已经逐渐成为业界和学术界关注的焦点。

随着制品的壁厚减薄，聚合物熔体在模具型腔内的冷却速率急剧提高，熔体在极短的时间固化，成型难度大。为防止超薄制品由于过快冷却凝固造成的充模困难，注塑机必须通过超高速注射的方式完成熔体充模，以缩短充填时间。此外，超高速注射成型可有效减轻熔接痕，减少翘曲，成型出合格的超薄制品[2]。目前，仅依靠缩短成型周期已不能满足超高速注射成型的需求，而超高的注射速度要求注塑成型设备具有很高的响应速度，注射装置能提供超高的注射速度以及较高的注射压力，塑化质量稳定，此外要求注塑机在整个成型过程中表现稳定。

自20世纪80年代至今，超高速注射成型技术已经历了一段发展历程。最初，并没有专用的超高速注塑机，人们通过改造注塑机的注射装置实现薄壁制品的成型。但随着塑料制品壁厚的继续降低，成型精度的提高，单纯改造注塑机的注射装置已无法满足成型要求。此后，世界著名的注塑机生产厂家如德国的ARBURG 、DEMAG，日本的日精、FANUC等企业都争先恐后地研发出超高速注射成型机投入应用，并在成型超薄制品方面取得了较多的研究成果。而在我国，与超高速注射成型技术相关的研究和报道还不多见，整体还处于起步阶段，与国外先进水平还有一段距离。

如今，超高速注射成型制品的壁厚已发展到0.3mm或以下，而且成型精度要求不断提高。超高速注射成型的制品具有壁厚小、质量轻、使用性能高等特点，在IT、航空航天、生物医学工程等特殊领域有着十分广阔的应用前景[3]。如图6-1-1

所示，图 6-1-1(a)为在 IT 领域的超高速注射成型的手机导光板，图 6-1-1(b)为在 IT 领域应用的齿轮和连接器等，图 6-1-1(c)为在航空航天领域应用的一次性餐具，图 6-1-1(d)为在医学工程应用的注射器和药用器皿。

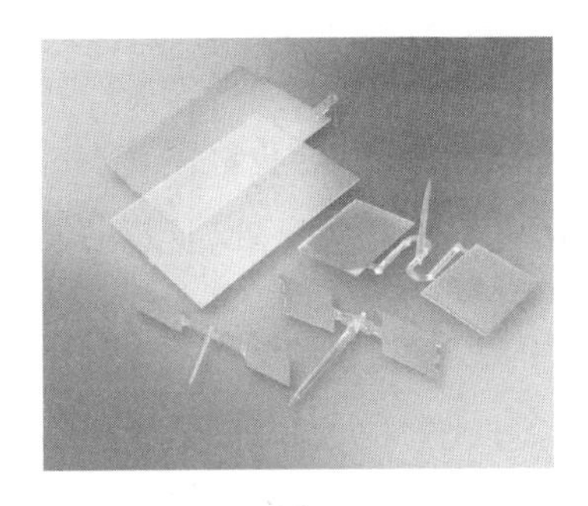

(a) 手机导光板

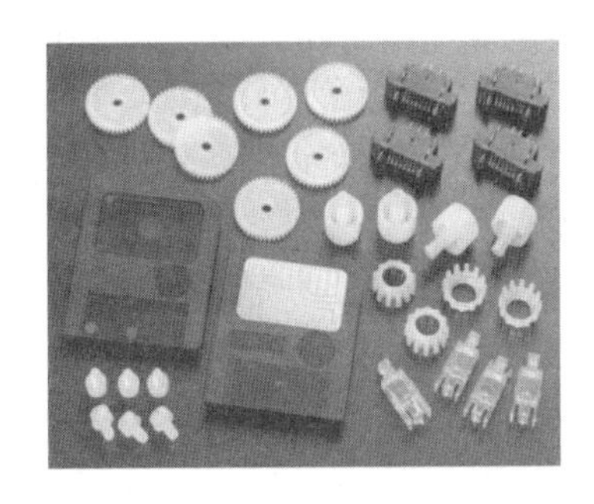

(b) 齿轮、连接器等

(c) 航空一次性餐具

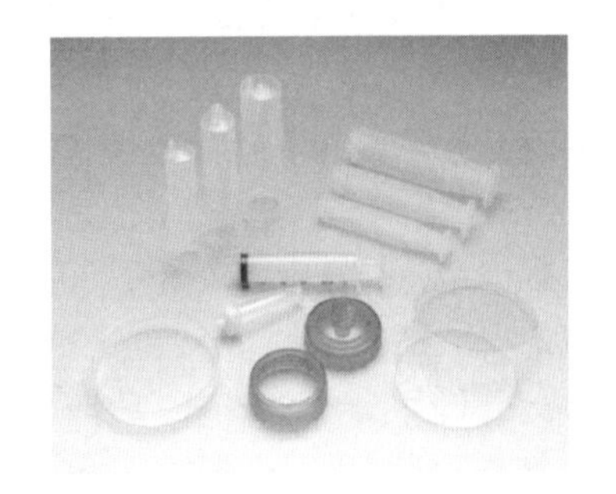

(d) 药用注射器及器皿

图 6-1-1　超高速注射成型制品

6.1.2　超高速注射成型研究现状

超高速注射成型技术自 20 世纪 80 年代发展至今，已取得了一定的研究成果。超高速注射成型技术大致可分为超高速注射成型设备和超高速注射成型工艺两个方面。下面将围绕这两方面的研究动态作简要介绍。

1. 超高速注射成型设备

超高速注塑技术发展至今已研发出各式各样的超高速成型设备，按照驱动形式来分，大体可分为液压式超高速注塑机和全电动超高速注塑机两种。起初，并没有专用于生产超薄制品的专用注塑机。为了满足薄壁制品的成型要求，人们通过改造注塑机的注射装置，克服聚合物熔体在成型过程中过快冷却而导致的成型困难。George 等[4]通过改变喷嘴的结构来实现超高速注射。通过特定的喷嘴结构，确保喷嘴保持恒定的温度，降低物料冷却的速度，从而使物料进入模腔时仍保持液态,实现超高速注射。接着,John 等[5]通过在螺杆前面附加一个可移动的柱塞蓄能器,柱塞通过液压系统控制,使注射时可以得到更大的注射压力和更高的注射速度,从而实现超高速注射成型。随着制品壁厚的减少以及成型精度的提高,仅依靠在常规注塑机上做相应的改造已难以满足超轻、超薄、超精密成型要求。为了实现高精度超薄制品的注塑成型,普遍采用专用的超高速注塑成型设备实现加工,而且当今面世的超高速注塑机有液压式、电液复合式和全电动式等驱动形式,通过此类设备最大限度提高成型精度和生产效率,以及超薄制品的使用性能。

1) 液压超高速注塑机的发展

由于液压注塑机有着悠久的应用历史和过硬的技术储备,因而超高速注射成型技术最早在液压机上实现,通过配备大容量、高响应的液压系统,注射时提供足够的能量完成注射装置的提速,此类设备也就是如今所能看到的液压式超高速注塑机。

日本日精公司推出了超高速注塑机 UH 系列,如图 6-1-2 所示,注射速度为 1000~2000mm/s。该液压超高速注塑机配备大容量的蓄能器,塑化时,蓄能器进行蓄能,注射时,蓄能器和液压系统同时工作,短时间内泵送大量的液压油到注射油缸内实现超高速注射。此外,UH 系列采用独立的机械结构和数码伺服控制,重复精度高,有利于减少熔合线、翘曲等成型缺陷的产生。2001 年,日本 JSW 也推出了 J-EL II-UPS 超高速精密注塑机[6]。其注射速度最高可达 1000mm/s,注射压力可达 280MPa。为了实现精密成型,其在喷嘴处设置两段精密温度控制,确保喷嘴温度不至于在成型过程中出现大范围波动,影响成型制品的质量。

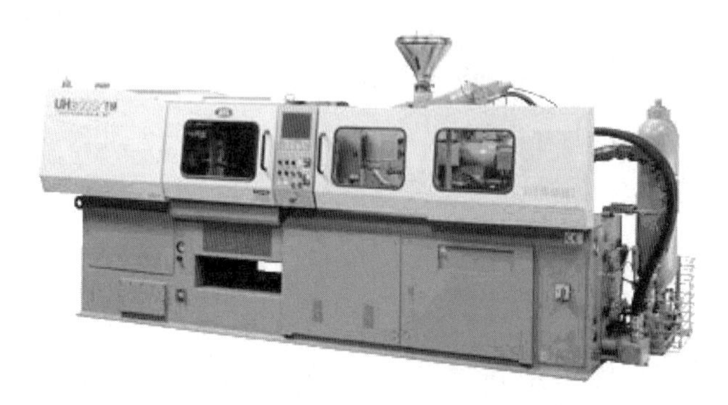

图 6-1-2　日精公司 UH2000/TM 超高速注塑机

除了设备整机的研究外,研究人员针对超高速注射,在液压系统和注射装置方面做了广泛的研究。北京化工大学杨卫民等[7~9]提出了弹簧蓄能式液压超高速注射装置,以弹簧弹性势能配合超高速注射。该装置采用在注射油缸内配备增速弹簧，利用螺杆塑化后退将弹簧压缩，待注射时，注射油缸进油，弹簧释放，以弹簧的弹性势能配合液压系统，推动螺杆向前注射。此装置解决了液压系统的响应以及螺杆瞬间提速的问题。李勇兵等[10]提出了一种新型缸内活塞装置，通过空心浮动活塞实现超高速注射。

台湾中原大学 Wang[11]通过建造一个高速注射液压系统实验平台，研究分析液压元件对液压油缸前进速度的影响，进而讨论液压元件对注射速度的影响。而 Yu[12]在上述研究的基础上，深入研究影响液压系统响应的因素，最后得出影响系统响应的最主要因素是比例伺服阀的响应初始速度。此后，Chen[13]利用 MJ7000 工业控制器搭建超高速注射伺服油压系统实验平台，研究液压元件以及 PI 参数的变化对注射速度的影响。

此外，日本研究人员利用重锤下落所具有的重力势能来实现超高速注射，如图 6-1-3 所示[14]。该超高速成型机由可控下落重物、注射柱塞、注射缸、微成型模具以及液压缸等组成。它利用重物下落撞击注射活塞，以此提速，从而实现短时间内注射装置具有较高的速度，满足微小制品的超高速注射的要求。研究发现，这种成型机不仅能实现超高速注射，而且注射速度能达到 1600mm/s，且适合成型微小精细制品，如微小齿轮、五角星等小且复杂的塑料制品。实验证明，该成型机能达到较高的控制精度。

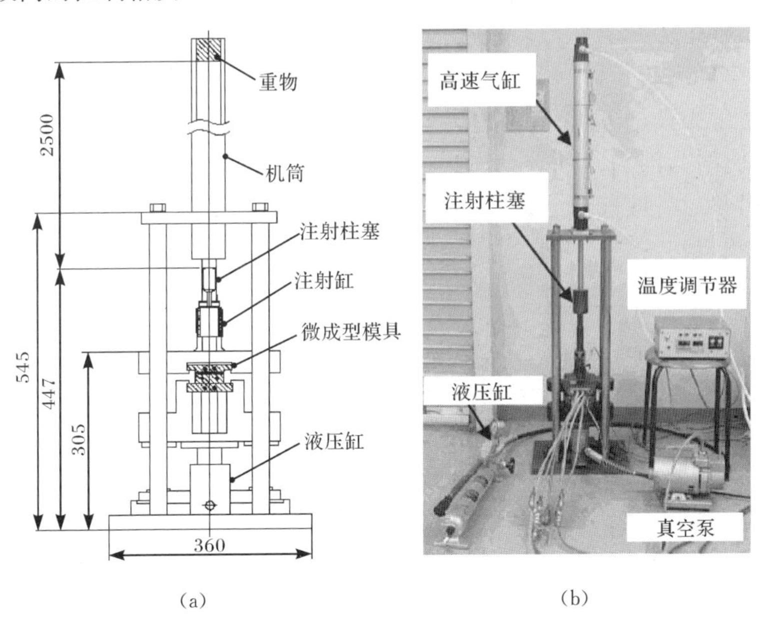

图 6-1-3　重锤下落式超高速成型示意图(单位:mm)

2）全电动超高速注塑机的发展

目前，注塑行业已经进入了“高精度、高速度、高品质”的时代。恩格尔认为，注塑机的动力技术的主流趋势将在不久的将来经历一个变革，而电动式注塑机则会成为“未来的注塑机”。全电动注塑机就是以伺服电机替代液压系统作为动力输出，驱动注塑机各部分动作，而且注射部分、合模部分、塑化部分、顶出部分和注射座移动部分分别由电机独立驱动。全电动注塑机与液压驱动相比，有着明显的优点：由于没有液压系统，电动注塑机没有油污染，更清洁环保；电动注塑机不受油温波动影响，从而排除了油温对注塑精度的影响；全电动注塑机由伺服电机驱动，可实现精确控制，而且有明显的节能优势。

日本首先提出了全电动注塑机，而且完成了全电动注射成型装备的产业化。经过多年的发展，日本全电动注射成型装备在全球全电动注塑机市场上占有很大的份额。而全电动超高速注塑机又首先在日本兴起，因而日本在此方面具有独特的优势[15～17]。

由于超高速注射成型要求注射时螺杆速度达到 1000mm/s 或以上，因而超高速注射成型设备存在机械振动、冲击等现实问题，为了解决这些问题，研究者做出了许多努力。Bang 等[18]为了避免同步带传动带来的震动，在全电动注塑机中应用高性能的高速直线电机，通过高速直线电机驱动来实现超高速注射。韩志翔等[19]研究开发出一套适合超高速注射的全电动伺服注射装置。通过此种设计，预塑电机和螺杆运动分离，不相互干扰，从而降低射出惯量，提高注射精度。傅南红等[20]研究开发了全电动注塑机分离式注射装置，其通过在机筒上增加一个丝杠轴承套，并将丝杠、轴承、过渡环、丝杠螺母、外轴承压盖和内轴承压盖都安装在丝杠轴承套中，最后将丝杠轴承套安装到射台后板上。此结构更便于安装盒拆卸，使得整个注射机构的使用寿命大大增长，为实现高速和高精度注射提供了很好的基础。

日本 FANUC 公司开发出由线性电机驱动的 SUPERSHOT100i 超高速注塑机，它采用磁悬浮列车技术的直线电机来驱动超高速注塑机，注射速度可达 2000mm/s，加速度可达 17g[21,22]。随后，FANUC 公司又推出新一代全电动超高速注塑机 S-2000i100BH，如图 6-1-4 所示，其不再使用直线电机来驱动，而是通过直连式驱动，超高输出的伺服电机直接驱动螺杆注射，注射速度可达 1000mm/s，可实现无收缩和翘曲的导光板成型。此外，其全面升级了设备的合模系统、注射装置以及控制技术，使得 V-P 切换控制、计量控制、温度控制更为精密，可控能力更强。依靠精密的机械结构，配合高速、高精度 CNC 和伺服控制技术，实现精密高速注射成型。

近日，日精公司推出了 NEX110-6EH 超高速高压注塑机，适用于筐体、导光

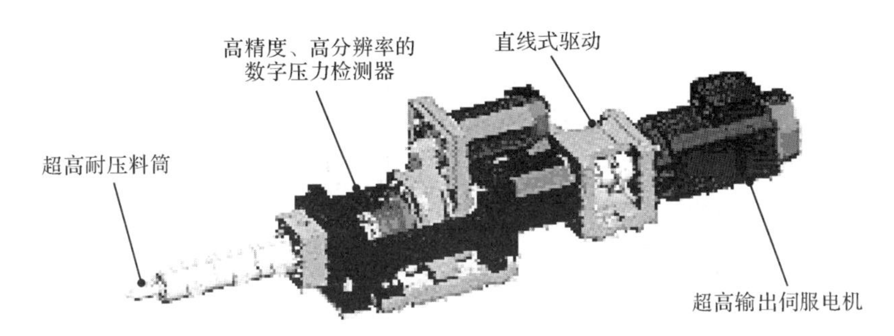

图 6-1-4　FANUC 超高速注射装置

板等薄壁产品的成型。其配备新开发的薄壁成型超高速注射机构和装备两个低惯性伺服电机，两台伺服电机通过同步带连接共同驱动螺杆注射，降低了对滚珠丝杠和伺服电机的苛刻要求，注射速度可达 1000mm/s，注射压力可达 295MPa，注射加速度提高到以前成型机的 3.5 倍[23]。

东芝机械制造有限公司推出了合模力 83t 和 110t 机型，其采用伺服电机直接驱动，是智能化全电动超高速注塑机，注射速度可达 1100mm/s。EC-SX 系列采用刚性双片式机械结构，降低了模板翘曲变形的风险，缩短了空循环时间。EC-SX 还装备了新的 Burn Free 螺杆，采用了新的涂覆处理以及新设计的几何结构，很好地避免了螺杆内出现烧焦、碳化现象。为成型高质量导光板，东洋开发出 Si-100IV 超高速高压注塑机，注射速度可达 1000mm/s，可在 20ms 内完成加速以及减速，加速度可达 5.67g，能成型厚度为 0.3mm 的手机导光板。

超高速注射成型技术发展至今，各大注塑机厂商已推出了各种各样的超高速注塑设备。人们致力于提高执行机构响应速度、注射速度、控制精度和重复精度等，为超高速注射成型实现高精度、高稳定、高质量提供了很好的基础。随着市场和生产的需要，超高速注射成型将是未来发展的一个重要突破点，因而超高速注射成型及其成型装备具有很好的发展前景。此外，鉴于电动式注塑机的独有优势，全电动超高速注塑机将会受到人们的青睐。

2. 超高速注射成型工艺

由于注射成型封闭且不可见，因而在模具内聚合物的变化难以预料及掌控。超高速注射成型有别于传统的注射成型，而且注射精度以及稳定性至关重要。目前，国内外学者对超高速注射成型展开了详细的研究。日本的企业界和科研单位已对此进行了深入的研究，并掌握了超高速注射成型的关键技术。此外，许多学者利用计算机模拟的方法对超高速注射薄壁成型的工艺特点开展了很多研究[24～26]。

奥地利的Engel公司推出了X-Melt技术，以熔体压缩蓄能来实现超高速注射[27]。此方法通过关闭可控的喷嘴，让螺杆完成对物料的塑化，其过程与一般注塑机的塑化过程类似。待达到设定的塑化量以后，塑化阶段完成。这时，可控喷嘴仍然保持闭合状态，螺杆向前移动，对熔体进行压缩，亦称为预压。预压的压力可根据不同的要求选取。预压后要将压力保持一段时间以确保熔体温度分布均匀。预压缩熔体阶段完成后，便进入充模阶段。在充模阶段，对可控喷嘴开闭并控制其开启量，以实现超高速注射。这是利用熔体预压缩而突然释放的能量以及蓄能器所弥补的压力损失的能量而实现的。研究表明，相比现行超高速注射成型设备，此种超高速注射成型设备可节能30％～50％，节能效果明显[28]。加拿大Enslt公司配合其e-motion注塑机，推出高速超薄制品注射成型X-Melt技术，能加工壁厚0.1～0.8mm、流长比400∶1的超薄精密塑料制品[29]。目前，Engel公司和瑞士Netstal公司基于该成型原理已进行了超高速注塑机及其相关设备的研究开发[30～33]。

谢鹏程等[34,35]研究发现，随着注射速度的提高，注射系统的稳定性将会降低并使控制精度下降。当注射速度为100mm/s时，螺杆启动时有小波动，螺杆速度基本平稳，螺杆运动平稳。当注射速度提升到300mm/s或600mm/s时，整个过程螺杆速度曲线都显示出波动，而且速度越高，波动越大。而当注射速度达到1000mm/s时，螺杆位置和螺杆速度都产生较大的波动。其中，螺杆在某一位置产生剧烈的震荡，并产生了负位移。实验结果表明，超高速注射引起了螺杆的震荡，而螺杆的震荡不仅引起机械设备的磨损，而且最重要的是无法达到超高速注射成型的要求。由于螺杆在注射尾段的震荡影响，物料进入型腔的流动行为影响计量精度，从而使得成型质量难以控制。如果震荡严重，还有可能导致螺杆头部抽真空的现象出现，造成严重的成型缺陷。但全电动超高速注射可以避免螺杆震荡等问题。全电动超高速注射可以通过精确的伺服电机控制，可避免注射成型过程中出现的不可控的螺杆震荡问题。全电动超高速可实现精确螺杆位置和速度的控制，并能根据具体状况对螺杆进行速度保护。例如，在注射启动时，电机非全功率驱动螺杆注射，低速启动。在注射将结束时，电机对螺杆进行降速控制，避免急停对电机损害以及对注射成型质量所造成影响。

日本JSW提出了两种新型超高速注射成型理念，配合JAD系列全电动注塑机的精密控制以及合模系统，利用合模系统的瞬间开合，实现注射式的“注压成型”。如图6-1-5所示，图(a)中，注射前，合模系统把注射模具合紧，待注射时，聚合物充模时胀模力使得模具撑开，依靠合模伺服控制系统，保证模具胀开的间隙处于可控的位置；注射完毕转入保压时，合模系统把模具合紧，制品压实冷却，完成成型。图(b)中，注射前，合模系统实现合模动作，在分型面接触前停止并保持；

随后进行注射，注射结束后转入保压时，合模系统把模具合紧，制品压实，冷却成型。此成型方法使得成型制品质量稳定，避免了聚合物在模内流动困难等问题，而且成型出来的制品光折射效果较为理想。在压紧过程中，合模系统实现 6 步微调闭环伺服控制，比直接合模压紧成型的精度高 10 倍以上。

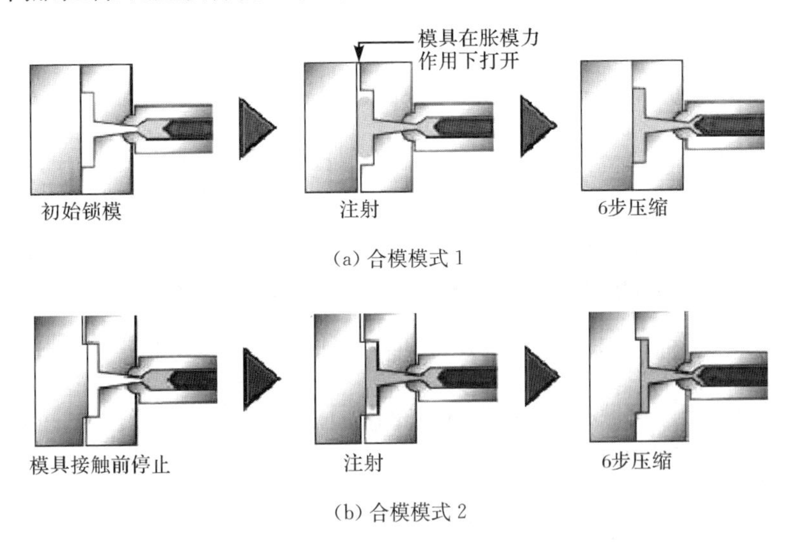

图 6-1-5　日本 JSW 超高速注射理念示意图

为了实现精密计量和精密注射，避免在超高速注射成型过程中出现质量波动，日本 FANUC 针对螺杆头部的逆流现象，研发出一套螺杆止逆装置，并对逆流防止环的密封和磨损状态进行了逆流监视，很好地保证了注射成型的稳定性。该装置能够有效防止拉丝和银条，在注射开始可以通过密封逆流防止环消除逆流，而且在计量结束后，自动消除逆流防止环前后压差，对精密成型的稳定性提供了保障。

为了避免在注射成型过程中由于异常高压造成模具或螺杆等部件损坏的问题发生，傅南红等研究开发了全电动注塑机注射压力监控方法(智能化 HPM 功能)。此种压力控制方法通过对正常注射过程的压力曲线采样以及优化计算，形成阶梯式的压力监视曲线。在高速注射过程中，一旦注射压力到达监视压力，机器瞬间自动识别和矫正，始终把压力控制在设定范围内，保证成型质量的同时保证设备的稳定和安全。

6.1.3　全电动超高速注塑机

超薄、超轻塑料的成型关键在于成型设备，因此注射成型设备的性能直接决定成型产品的质量。由于注塑模具的冷却效应，为了克服聚合物熔体的流动阻力，成型超薄、超轻塑料制品需要较高的注射速度和较高的注射压力。目前，超高速注射成型设备可以分为两大类：一类是液压驱动超高速注射成型设备，此类设备通过液压系统配备蓄能装置实现超高速注射；另一类是伺服电机驱动全电动超高速注射成型设备，此类设备以电机作为驱动力实现超高速注射。但是，无论是什么类型的成型设备，超薄、超轻制品都要求设备具备较高的注射速度、较高的注射压力和较高的响应性。此外，在成型过程中，要求塑化、注射、合模等方面都有较高的重复精度。

全电动注塑机较液压式注塑机具有控制精度高、可控范围广、高响应性、节能环保等独特的优势，因此全电动超高速注射成型设备在成型高档塑料制品以及现代加工制造业上有很好的适应性。本节主要针对目前我国超高速注射成型技术的发展现状，研究全电动超高速注射系统，以达到超高速注塑的性能要求。

1. 全电动超高速注射成型的基本原理

随着制品壁厚的减少，聚合物熔体在模内的冷却效应就愈加明显，熔体在很短的时间内就会固化，因此，传统的注射成型方法已无法满足成型需要。为克服聚合物熔体的流动阻力，避免充填不完整，除了优化成型条件和成型环境外，最重要的就是提高注射速度。

对于液压式超高速注射成型设备，普遍采用蓄能的形式完成螺杆的提速。通过在设备上配备大容量蓄能器，在注射前完成蓄能器的蓄能，在注射时液压泵和蓄能器同时供油，此时，注射油缸快速进油，推动螺杆向前注射。由于涉及液压油的泵送问题，液压式超高速注塑成型设备一般要配备大流量液压泵和蓄能器，而且要求整个液压系统要有很高的响应性，以满足在极短时间内完成螺杆的提速。而对于全电动超高速注塑机，其不再以液压油作为传动介质，以伺服电机作为驱动动力总成，全面替代液压系统。全电动超高速注塑机则普遍采用伺服电机进行驱动，通过同步齿形带及同步带轮等传动元件驱动滚珠丝杠转动，从而实现注射机构的运动。在注射时，注射伺服电机接到控制系统的注射信号立刻启动，通过齿形同步带及带轮把旋转运动传输到滚珠丝杠上，滚珠丝杠与丝杠套配合，把旋转运动转化为直线运动，从而驱动螺杆的注射动作。而在塑化时，塑化伺服电机驱动螺杆旋转塑化，待背压达到预设值后，注射伺服电机根据所设定系统信号反向启动，直至螺杆后退到预先设定的预塑位置。

2. 全电动超高速注塑机的特点

全电动超高速注塑机由伺服电机驱动，全机没有液压系统，其各部分动作都由伺服电机完成动力输出。因此，全电动超高速注塑机相比传统的液压式超高速注塑机，具有无可比拟的优势。

(1) 全电动超高速注塑机以伺服电机驱动，不再以液压油作为工作介质，因而全电动超高速注塑机不存在油污染等问题，比液压机更清洁、更环保。此外，全电动注塑机不再受油温的影响，因而系统在正常工作中不会受到油温波动的干扰。

(2) 能量转化程度高。如图 6-1-6 所示，全电动超高速注塑机能量转换直接，可以避免多次能量转换所造成的损失，能量利用效率比液压式超高速注塑机高，因而能达到很好的节能效果。

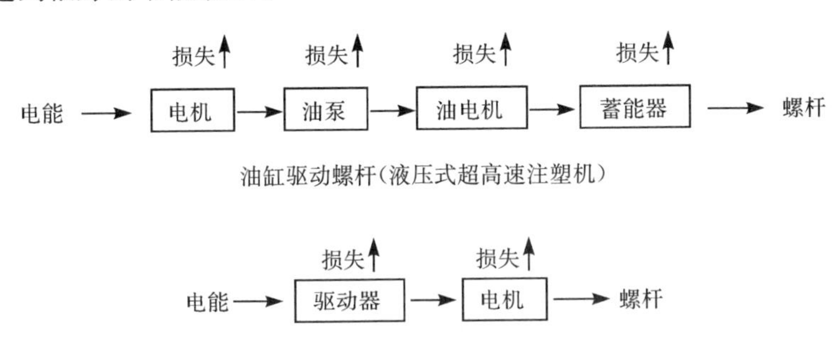

图 6-1-6　全电动超高速注塑机与液压式超高速注塑机能量转换过程比较

(3) 精度高。全电动超高速注塑机以伺服电机驱动，伺服电机的转角可由系统精确控制，控制精度高。由滚珠丝杠和同步带及同步带轮组成精密的传动机构，它的重复精度可高达 0.001%，传动精度高。因此，全电动超高速注塑机成型高精度塑料制品的优势明显。

(4) 响应性高。由于全电动超高速注塑机由伺服电机直接驱动，系统在发出注射信号后，伺服电机马上启动，从而驱动螺杆实现注射；而液压机需要等待液压泵启动，然后泵送液压油进入液压缸实现注射；因此，相比液压式超高速注塑机，全电动超高速注塑机具有更好的响应性能，没有液压系统带来的启动迟滞。

(5) 可控范围广，控制精度高。伺服电机调速范围广，应用于注塑机上自然而然注射工艺的可控程度就变高，可控的成型参数变多。此外，由于传动部件的同步性高，因而对于所控参数，执行的精度高。

3. 全电动超高速注塑机的性能研究

1) 注射装置加速性能的研究

对于超高速注射成型，注射速度对于成型质量具有决定性的作用。超薄、超轻塑料制品由于壁厚小，在模内容易冷却凝固，若注射成型时没有足够的注射速度和注射压力，往往会造成充填不完整等成型缺陷。为了避免聚合物熔体在流动过程中过快冷却凝固，超高速注射成型就是以较高的注射速度和较高的注射压力把聚合物熔体充填到模具型腔内，以高速高压使得聚合物熔体能顺利填充并冷却定型。然而，只有高的注射速度并不能完全满足超高速注射成型的要求，注射装置的加速性能亦是一项极为重要的考察指标。下面，将对全电动超高速注塑机伺服电机的加速性能进行研究。

为了研究全电动超高速注塑机注射装置的加速性能，本实验采用海天长飞亚全电动注塑机 VE-600 120h 作为测试机型，测试时，注塑机处于对空注射状态，利用专业测试软件对注射伺服电机进行监测。

海天长飞亚全电动注塑机 VE-600 120h 的主要性能参数如下：

注射轴放大器型号：22F5ABR-YU56(KEB)；

海天伺服电机型号：HS1811202E-F；

注射轴放大器参数：额定功率 80KW，额定电流 115A，短时电流 172A；

注射伺服电机参数：额定功率 25KW，额定电流 40A，额定转速 2000r/min，额定扭矩 120N · m，超速系数 1；

注射装置配置参数：注射马达轴同步齿轮数 48，注射丝杠轴同步齿轮数 51，注射丝杠导程 16mm，注射螺杆直径 22mm；

伺服电机专业测试软件：COMBIVIS 5；

监测性能参数：ru02——驱动器输出转速；

ru09——编码器反馈转速；

ru15——伺服电机视在电流；

ru42——伺服电机反电动势。

为了深入研究全电动超高速注塑机注射装置的加速性能，将以不同的预塑位置、不同的注射速度和不同的加速度对注射装置进行加速性能的测试。实验中，分别把预塑位设为 35mm、50mm、60mm、70mm、80mm、90mm；注射速度设为 100mm/s、200mm/s、300mm/s、400mm/s、500mm/s；加速度设为 10000mm/s^2、12000mm/s^2、15000mm/s^2、20000mm/s^2。通过以上不同的设置，利用专业测试软件 COMBIVIS5 对伺服电机的运行状态进行监测，并以加速时间进行表征，具体测试结果如下。

(1) 实验数据处理。

全电动注塑机注射速度的转化关系为

$$v = \frac{z_1}{z_2} \times r \times p \tag{6-1-1}$$

式中：v——注射速度，m/s；

z_1——电机轴同步带轮齿数；

z_2——丝杠轴同步带轮齿数；

r——伺服电机转速，r/s；

p——滚珠丝杠导程，m。

加速时间转化关系为

$$t = \frac{v}{a} \tag{6-1-2}$$

式中：t——加速时间，s；

v——注射速度，m/s；

a——加速度，m/s^2。

根据式(6-1-1)得出，注射速度为 100mm/s 时，电机转速为 398r/min；注射速度为 200mm/s 时，电机转速为 796r/min；注射速度为 300mm/s 时，电机转速为 1194r/min；注射速度为 400mm/s 时，电机转速为 1592r/min；注射速度为 500mm/s 时，电机转速为 1990r/min。

(2) 结果讨论。

a. 预塑位置为 35mm，注射行程 30mm

测试结果见表 6-1-1，其中，a 分别为 10000mm/s^2、12000mm/s^2、15000mm/s^2 时，最高电机转速分别为 1827r/min、1892r/min、1947r/min，即注射速度没有达到 500mm/s(1980r/min)。这是由于注射行程短，造成加速不完全。此外，从测试数据可以看出，随着注射速度的提高，实际测得的加速时间越贴近理论值，加速越充分。这表明，加速初段提速阻力大，加速难。加速度公式见式(6-1-2)。

表 6-1-1　预塑位置为 35mm 的加速测试结果　(单位：ms)

a/(mm/s^2)	100mm/s		200mm/s		300mm/s		400mm/s		500mm/s	
	理论	实际	理论	实际	理论	实际	理论	实际	理论	实际
10000	10	21	20	28	30	33	40	42	50	51
12000	8.33	21	16.67	26	25	30	33.33	35	41.67	44
15000	6.67	20	13.33	24	20	25	26.67	31	33.33	43
20000	5	19	10	22	15	23	20	26	25	34

b. 预塑位置为 50mm，注射行程 45mm

如表 6-1-2 所示，当预塑位置退后时，没有出现注射速度达不到预先设定值的情况。此外，加速性能有一定提高，加速时间有下降的趋势，跟随性能也有所提升。但是在极速(500mm/s)时出现过冲现象，最高转速达到 2147r/min，超出设定转速 1980r/min，出现超速现象。

表 6-1-2 预塑位置为 50mm 的加速测试结果 (单位:ms)

a/(mm/s^2)	100mm/s		200mm/s		300mm/s		400mm/s		500mm/s	
	理论	实际	理论	实际	理论	实际	理论	实际	理论	实际
10000	10	20	20	25	30	33	40	41	50	51
12000	8.33	20	16.67	24	25	29	33.33	37	41.67	44
15000	6.67	19	13.33	24	20	24	26.67	31	33.33	39
20000	5	19	10	22	15	24	20	27	25	34

c. 预塑位置为 60mm,注射行程 55mm

当预塑位置继续退后时,如表 6-1-3 所示,当设定注射速度为 100mm/s、200mm/s 时,加速性能有较明显提升,加速度越大,效果越明显。此外,电机的跟随性能也进一步提升,没有出现过大的偏差。但在极速(500mm/s)时也出现过冲现象,最高转速达到 2147r/min,超出设定转速 1980r/min。测试发现,在此位置出现过冲时,系统出现了调整,控制超速现象。

表 6-1-3 预塑位置为 60mm 的加速测试结果 (单位:ms)

a/(mm/s^2)	100mm/s		200mm/s		300mm/s		400mm/s		500mm/s	
	理论	实际	理论	实际	理论	实际	理论	实际	理论	实际
10000	10	20	20	25	30	33	40	41	50	51
12000	8.33	19	16.67	22	25	29	33.33	36	41.67	43
15000	6.67	17	13.33	21	20	26	26.67	32	33.33	37
20000	5	16	10	21	15	26	20	30	25	35

d. 预塑位置为 70mm,注射行程 65mm

表 6-1-4 为预塑位置 70mm 的加速测试结果,相比预塑位置 60mm,预塑位置为 70mm 的加速性能相对降低,加速时间有一定程度的增加。但在极速(500mm/s)时也会出现过冲的现象,最高转速达到 2139r/min,超出设定转速 1980r/min。测试发现,虽然系统干预超速,但整体速度曲线更平顺,表现更平稳。

表 6-1-4 预塑位置为 70mm 的加速测试结果 (单位:ms)

a/(mm/s^2)	100mm/s		200mm/s		300mm/s		400mm/s		500mm/s	
	理论	实际	理论	实际	理论	实际	理论	实际	理论	实际
10000	10	20	20	24	30	33	40	41	50	51
12000	8.33	18	16.67	24	25	30	33.33	38	41.67	44
15000	6.67	18	13.33	22	20	27	26.67	36	33.33	38
20000	5	16	10	22	15	26	20	30	25	32

e. 预塑位置为 80mm，注射行程 75mm

表 6-1-5 测试结果表明，加速性能继续降低。但是，速度跟随性能得到了提高，速度曲线更加平滑，虽然极速（500mm/s）时出现过冲现象，最高转速为 2139r/min，超出设定转速 1980r/min。但此时控制系统马上介入，超速现象得到有效抑制，此后速度跟随曲线表现平稳。

表 6-1-5　预塑位置为 80mm 的加速测试结果　　（单位：ms）

$a/(\mathrm{mm/s^2})$	100mm/s		200mm/s		300mm/s		400mm/s		500mm/s	
	理论	实际	理论	实际	理论	实际	理论	实际	理论	实际
10000	10	18	20	26	30	35	40	42	50	52
12000	8.33	18	16.67	24	25	33	33.33	39	41.67	46
15000	6.67	18	13.33	23	20	28	26.67	37	33.33	40
20000	5	16	10	22	15	27	20	31	25	37

针对以上测试结果，深入分析不同的预塑位置、不同的注射速度、不同的加速度对注射装置加速性能的影响。

f. 预塑位置为 90mm，注射行程 85mm（表 6-1-6）

a）注射速度 100mm/s

当设定速度为 100mm/s 时，从图 6-1-7 可以看出，预塑位置为 35～60mm 的区域，同一加速度的加速时间整体呈下降趋势，而且加速度越大，下降效果越明显。而预塑位置为 60～90mm 的区域，同一加速度的加速时间整体呈上升趋势，但该上升趋势比 35～60mm 段的下降趋势小。整体来说，同一加速度，随着预塑位置的增长，加速时间整体呈抛物线（开口向上）变化，即预塑位置较短或者较长时，加速时间较长，而在预塑位置适中时，加速时间较短。

表 6-1-6　预塑位置为 90mm 的加速测试结果　　（单位：ms）

$a/(\mathrm{mm/s^2})$	100mm/s		200mm/s		300mm/s		400mm/s		500mm/s	
	理论	实际	理论	实际	理论	实际	理论	实际	理论	实际
10000	10	20	20	28	30	36	40	42	50	53
12000	8.33	20	16.67	25	25	33	33.33	39	41.67	45
15000	6.67	19	13.33	24	20	30	26.67	35	33.33	41
20000	5	18	10	23	15	27	20	30	25	36

测试发现，当预塑位置继续退后时，加速性能大致呈现下降的趋势。速度跟随曲线更加平顺，跟随效果更好。但过冲现象仍然出现，最高转速 2153r/min，超出设定转速 1980r/min。但波动较小，马上转入正常工作状态。

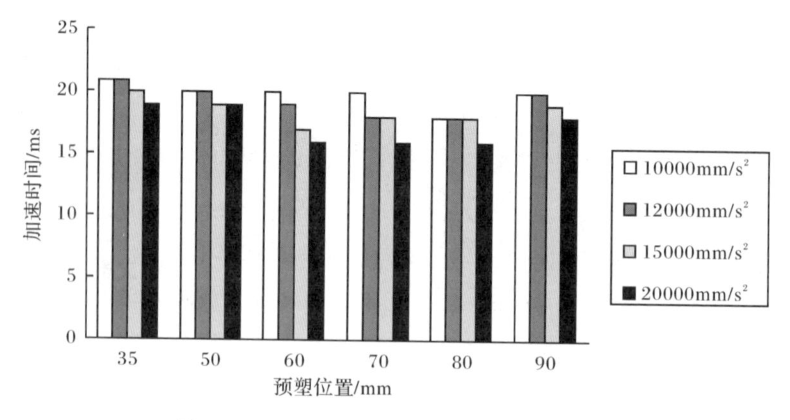

图 6-1-7　注射速度为 100mm/s 的加速时间

b) 注射速度 200mm/s

当注射速度设定为 200mm/s 时,实际测试结果的变化趋势更明显。如图 6-1-8 所示,整体加速时间呈抛物线(开口向上)式变化,抛物线的顶点出现在预塑位置 60mm 左右,与上组测试结果相似。此外,此组测试表现较为稳定,加速性能更贴近理论值,比注射速度为 100mm/s 的提速性能有所提升。

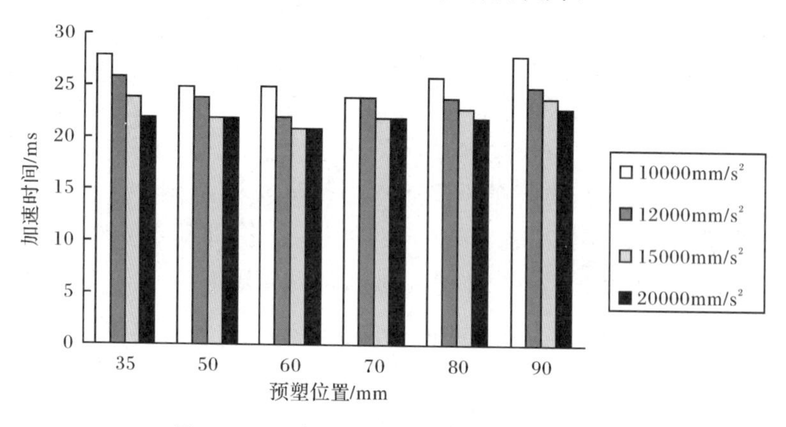

图 6-1-8　注射速度为 200mm/s 的加速时间

c) 注射速度 300mm/s

由图 6-1-9 的测试结果可知,当注射速度为 300mm/s 时可以看到,预塑位置 80mm 和 90mm 两组数据明显比前面几个预塑位置所测得的加速时间大。除少数点的波动外,整体变化趋势与注射速度 100mm/s 和 200mm/s 的测试结果相似,亦是抛物线式的变化过程。但是,相比 200mm/s 的测试结果,此组数据的抛物线的顶点向前偏移至 50mm 附近。

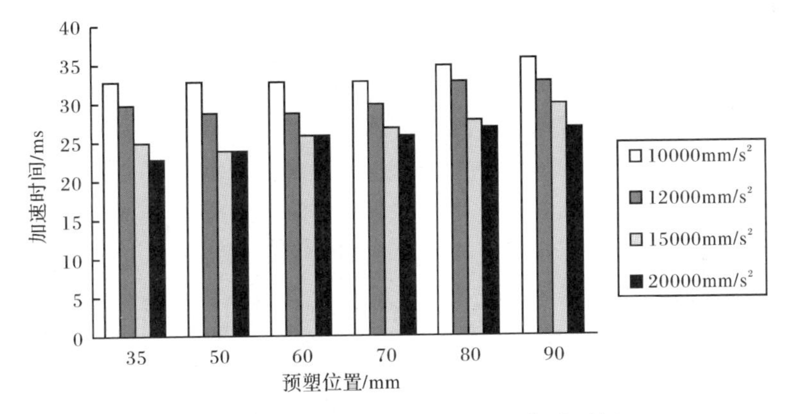

图 6-1-9　注射速度为 300mm/s 的加速时间

d) 注射速度 400mm/s

对于注射速度为 400mm/s 时，从图 6-1-10 中可以看到预塑位置在 80～90mm 的区域内，在同一加速度下，加速时间基本比预塑位置 35～70mm 区域的长。除个别测试数据外，整体变化趋势仍然呈抛物线(开口向上)式变化，整体变化趋势相对稳定，变化趋势与注射速度 300mm/s 的相似。

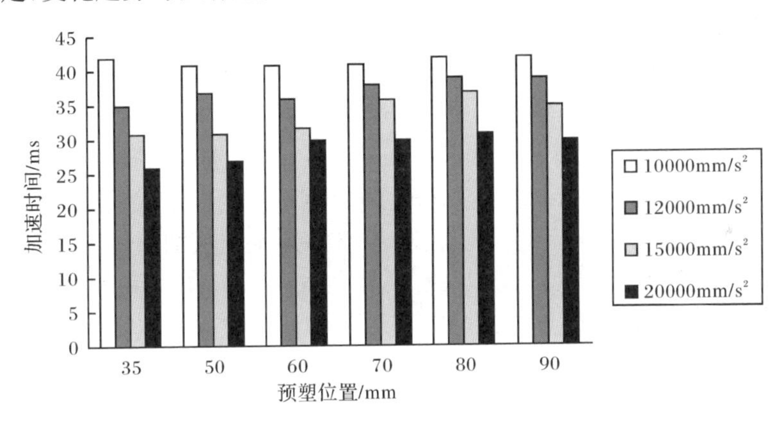

图 6-1-10　注射速度为 400mm/s 的加速时间

e) 注射速度 500mm/s

在预塑位置为 35mm，加速度为 10000mm/s^2、12000mm/s^2 和 15000mm/s^2 的三组测试中，伺服电机并没有达到预先设定的转速，也就是螺杆的注射速度没有达到 500mm/s。但是从图 6-1-11 中可以看出，在同一加速度下，预塑位置在 80～90mm 区域的加速时间较其他预塑位置的测试结果大，与前面的测试结果相近。除个别点的波动外，整体也呈抛物线(开口向上)的变化趋势，抛物线的顶点出现在 60mm 附近。而且在注射速度 500mm/s 的测试数据中，各组数据的变化幅度基本一致，同一预塑位置不同加速度的数据呈阶梯状变化，而且表现稳定。由于在注射速度为 500mm/s 时，设定的转速接近伺服电机的额定转速，伺服电机的输出波动小，由此所得的加速数据也较为稳定。

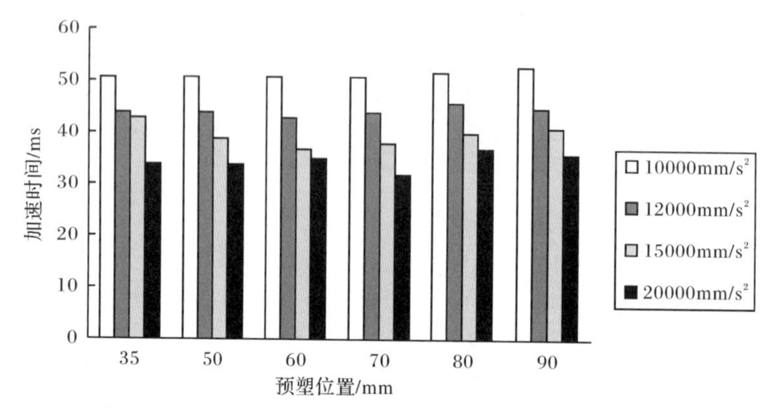

图 6-1-11　注射速度为 500mm/s 的加速时间

综合以上测试结果表明，全电动超高速注塑机在加速过程中有以下特点：

(1) 当注射速度高，而预塑位置靠前时，由于注射行程短而导致加速距离短，从而造成加速和制动时间间隔小，加速过程还没有完全完成，控制系统就介入制动减速，最终容易导致达不到设定的注射速度。

(2) 预塑位置过短或过长都会影响加速性能，研究发现预塑位置为注射行程一半左右加速性能最佳。预塑位置过短，因加速不充分而造成加速性能不佳；预塑位置过长，受注射阻力、能量损耗等复杂因素影响而造成加速性能不佳。

(3) 当注射速度为 500mm/s 时，整组测试数据表现稳定。由于当注射速度达到 500mm/s 时，伺服电机处于额定工作状态，伺服电机在此状态下波动小，输出稳定。因此，注塑机在此注射速度下性能稳定。

(4) 系统加速度小，注射装置的加速时间与理论加速时间的差距小，而系统加速度加大，注射装置的加速时间与理论加速时间的差距也增大。

2) 注射装置低惯量设计的性能研究

超高速注射成型除了要求注射装置在极短的时间内完成螺杆的提速。一般影响注射装置提速性能的因素主要是系统的响应时间和伺服电机的性能。然而，伺服电机的性能参数是固定不变的，所以，降低注射装置的惯量，从而提高系统的响应性是目前的研究重点。

低惯量设计已在日本主要注塑机厂商成功应用，并取得了较大的成果。采用低惯量设计，不仅能减少制造所需的金属材料，节约成本，而且能减少驱动和刹车所需的能量。此外，通过减少注射机构的惯量，有利于提高系统的控制精度，更有利于提升注射装置的加速性能。本节通过对比研究常规注射机构和低惯量设计的注射机构对注射装置的加速性能的影响。

图 6-1-12 为本次测试的两种超高速注射机构的实验样机。低惯量设计注射机构是在常规注射机构上改造而得的。低惯量设计的最终目的是提高注射结构整体性能，有效降低制造成本，并能达到节能环保的目的。低惯量设计注射机构通过射出部件的紧凑设计，减小部分零件的尺寸，降低注射机构的质量，提高注射装置的可控精度。

(a) 低惯量设计注射机构

(b) 常规注射机构

图 6-1-12　全电动超高速注射机构实验样机图

本节通过测试两种不同注射机构的加速性能来达到研究目的。其中，这两种注射机构同属一个机型，一种是常规的全电动注塑机注射机构，另一种是低惯量设计的全电动注射机构。通过配备同一型号的伺服电机和同一型号的注射轴放大器，安装在上述的注射机构上，进行加速测试。

测试中，通过专业软件 COMBIVIS 5 所记录的伺服电机运动状态，计算出所需的加速时间。实验中分别把预塑位置设为 40mm、70mm 和 100mm；注射速度设为 100mm/s、200mm/s、300mm/s、400mm/s 和 500mm/s；加速度设为：10000mm/s^2 和 20000mm/s^2。其中，为了描述方便，对图中标示作以下定义：

□ 10000mm/s^2-1：常规注射机构在系统加速度 10000mm/s^2 下的加速测试结果；

▩ 10000mm/s^2-2：低惯量设计注射机构在系统加速度 10000mm/s^2 下的加速测试结果；

□ 20000mm/s^2-1：常规注射机构在系统加速度 20000mm/s^2 下的加速测试结果；

■ 20000mm/s^2-2：低惯量设计注射机构在系统加速度 20000mm/s^2 下的加速

测试结果。

下面对测试结果进行讨论。

图 6-1-13 为预塑位置 40mm 的加速测试结果。测试结果显示，在注射速度 100mm/s 处，常规注射机构和低惯量注射机构的加速时间一样。而在注射速度 200mm/s 处，低惯量设计注射机构在 10000mm/s^2 的加速时间高于常规注射机构的加速时间，这是由于系统的波动所造成的。在注射速度 300mm/s、400mm/s 和 500mm/s 处，从图 6-1-13 中清楚看到，在同一加速度下，低惯量设计注射机构的加速时间比常规注射机构小，而且变化趋势一致。从测试结果中不难看出，随着注射速度的增大，加速时间的变化更明显。以注射速度为 500mm/s 的测试结果为例，加速度为 10000mm/s^2 时，低惯量设计注射机构的加速时间明显小于常规注射机构，变化幅度较大。在 20000mm/s^2 时的测试结果也是如此。此外，对于加速度 10000mm/s^2 和 20000mm/s^2 的测试结果，随着注射速度的增大，两者的加速性能差距也愈加明显。

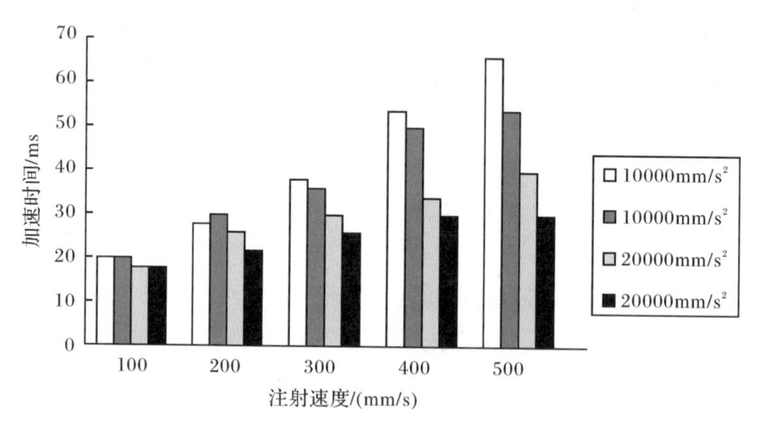

图 6-1-13　预塑位置 40mm 的加速测试结果

预塑位置 70mm 的加速测试结果如图 6-1-14 所示。从加速时间来看，相比预塑位置 40mm，预塑位置 70mm 的加速性能有一定程度的提升。在注射速度 100mm/s 处，低惯量设计注射机构和常规注射机构的测试结果相近，而且常规注射机构在加速度 10000mm/s^2 和 20000mm/s^2 处的加速时间一样。这是由于注射速度为 100mm/s 的加速时间短，受系统波动的影响大所造成的。而在注射速度为 200mms、300mm/s、400mm/s 和 500mm/s 的测试结果中清楚看到了低惯量设计注射机构的加速性能高于常规注射机构。由于预塑位置 70mm 的加速性能有所提升，所以对于同一注射速度或者同一加速度的测试结果加速时间差距缩小，但变化趋势与预塑位置 40mm 的变化趋势一致。

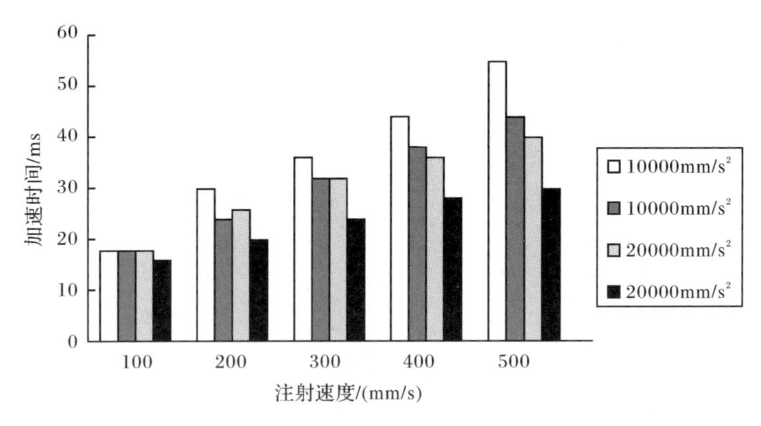

图 6-1-14　预塑位置 70mm 的加速测试结果

图 6-1-15 为预塑位置 100mm 的加速测试结果。预塑位置 100mm 和预塑位置 70mm 的加速性能相近，在同一注射速度或同一加速下的加速时间基本一致。因此，得出的柱状图也与预塑位置 70mm 的相似，除了数值有偏差外，整体的变化趋势基本一致。在此就不再重复叙述。

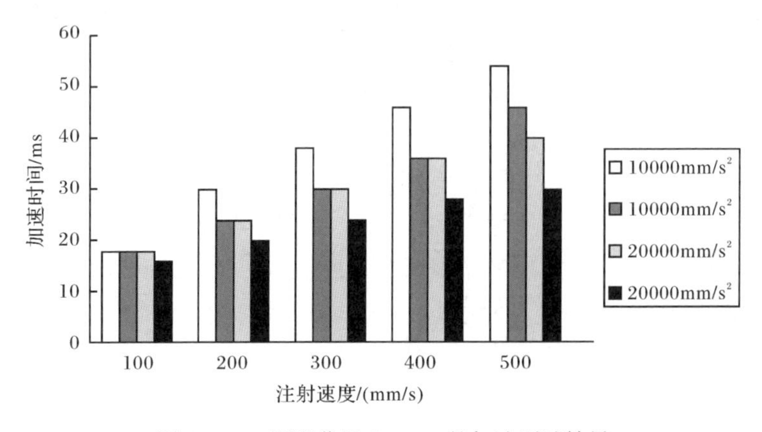

图 6-1-15　预塑位置 100mm 的加速测试结果

通过测试常规注射机构和低惯量设计注射机构加速性能，得到了低惯量设计对注射机构加速性能的影响关系。实验中通过预塑位置 40mm、70mm 和 100mm 和加速度 $10000mm/s^2$ 和 $20000mm/s^2$ 等不同参数设置的加速性能测试，都得到了低惯量设计注射机构的加速性能优于常规注射机构的测试结果，并且优势明显。因此，低惯量设计注射机构对加速性能的提升有着重要的意义，其不仅可以提高响应性能，而且因其惯量低，对注射机构的控制精度的提高、机械结构的寿命延长也具有积极意义。

4. 注射装置的振动研究

随着机械结构的复杂化，机构运动速度的高速化，机械设备在工作过程中会产生一定量的机械振动。而这些机械振动，不仅会影响机械设备的工作性能，严重时将会导致部分零部件过早失效，更甚的会引起机械事故。而在注塑成型中，注射机构执行的是间歇的运动，注射信号发出时，伺服电机启动带动滚珠丝杠转动，从而带动注射座和螺杆向前完成注射动作，注射结束后直至塑化前，注射机构保持静止。塑化时，塑化电机启动带动螺杆旋转塑化，注射电机反向启动带动螺杆后退。在注射座和螺杆启动和停止的瞬间，对注射装置的机械机构存在一定的冲击，而且对于超高速注塑成型设备，运动速度高，对系统造成的影响更为明显。本节将针对超高速注射成型过程中，注射机构的急启动和急刹车所造成的振动进行研究。

为了开展全电动超高速注塑机注射装置振动的研究，本实验采用海天长飞亚全电动注塑机 VE-600 120h 作为测试机型，用 BH550 综合分析诊断仪及设备诊断维修管理系统进行振动测试。如图 6-1-16 所示，本次振动将选取 A、B、C、D 四个点进行振动研究。其中，A 为注射台前板；B 为注射座；C 为注射台后板；D 为伺服电机支撑座。测试中，通过设定不同的注射速度，100mm/s、200mm/s、300mm/s、400mm/s 及 500mm/s 测定 A 点、B 点、C 点和 D 点的振动数据，并截取其中的峰值以作讨论。为确保得到的数据具有可靠性和可比性，进行振动测试时，为贴近真实注塑成型的现场工况，特做以下规定：

(1) 合模机构装备注塑成型模具，并处于合模锁紧状态。

(2) 注射台前移到喷嘴顶紧注塑成型模具为止，并在此位置锁止，机筒处于加热状态，螺杆可在机筒内做轴向运动。

(3) 伺服电机的加速度设为 10000mm/s^2，除注射速度外，其他工艺参数在测试过程中都保持不变。

(4) 测试过程中，注塑机设定为手动状态，每次读取振动数据后，待测试条件稳定后再进行下一次测试。

(5) 对每个注射速度和每个测试点，都进行三次振动测试，所得的数据进行平均值处理，处理后作为该注射速度和该位置的振动量。

(6) 图 6-1-16 所示的是注射装置的振动测量点，而在测试时，在点 A、B、C 和 D 处的振动测试是有三维方向的。即在每个测量点中的振动测试都有三个方向的测量值，并定义为 H 向、A 向和 V 向。图 6-1-17 为振动测试的三维方向示意图。

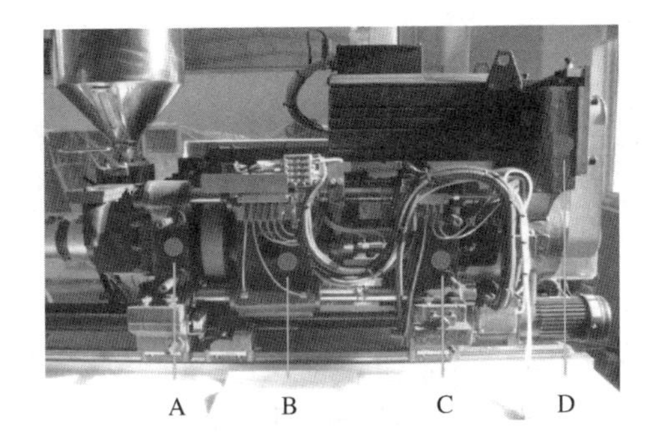

图 6-1-16 振动测试测量点示意图

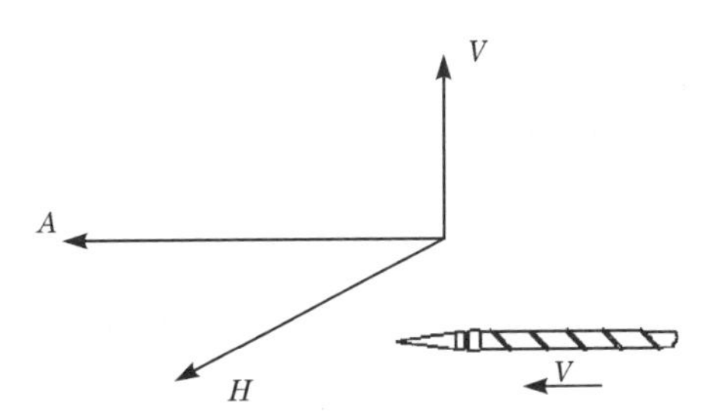

图 6-1-17 振动测试三维方向示意图

本实验所涉及的主要测试设备如下:

测试机型:海天长飞亚全电动注塑机 VE-600 120h;

测试仪器:北京博华信智 BH550 综合分析诊断仪及设备诊断维修管理系统;

处理设备:联想 Y460 系列笔记本。

1) *H* 向振动测试结果分析

H 向垂直于螺杆运动的方向,并平行于地面。由于测试仪器不能同时对点 A、B、C 和 D 点进行振动测试,所以在测试时保持其他参数不变,分别对以上四点进行测试。图 6-1-18 为 *H* 向振动测试结果。

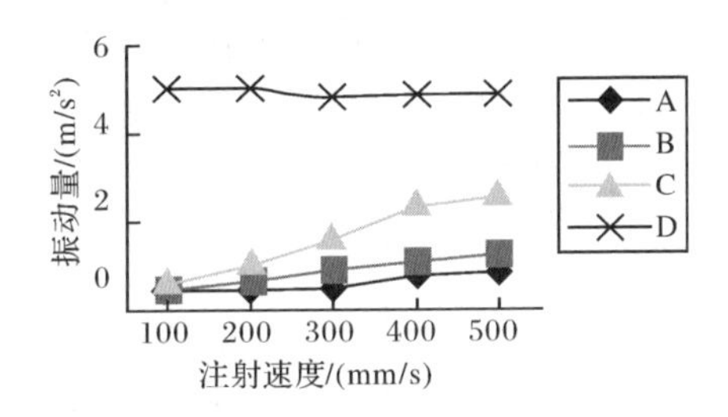

图 6-1-18 *H* 向振动测试结果

测试结果表明,*H* 方向上,点 A、B、C 和 D 的振动量都随注射速度的升高而增大。在 A 点,振动量随注射速度的升高的变化量小,变化趋势平缓,这是因为 A 为非运动部件,并且远离传动机构,因而受到的振动影响小。而 B、C 和 D 点的振动量则随注射速度的变化趋势明显,其中 B 点和 C 点的变化趋势相近,而 D 点的变化最为剧烈。因为 D 为悬臂结构,并且伺服电机安装在此,随着注射速度的提高,伺服电机的运动条件逐渐变得苛刻,因而由伺服电机以及传动机构所带来的振动就更为明显。

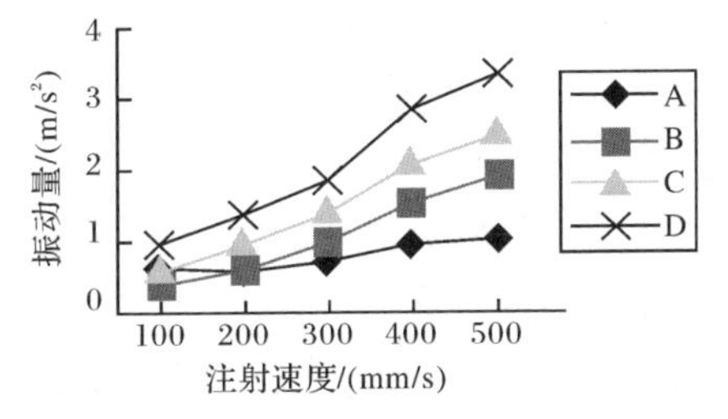

图 6-1-19 *V* 向振动测试结果

2) *V* 向振动测试结果分析

V 向垂直于螺杆运动的方向,并垂直于地面。同样,A、B、C 和 D 的测量数据都在同一条件下测得。*V* 向的振动测试结果如图 6-1-19 所示。

从图 6-1-19 中可看出，点 A、点 B 和点 C 的振动量都随注射速度的升高而增大。点 A 和点 B 的振动量变化趋势平缓，斜率不大。点 C 则变化趋势明显，斜率较点 A 和点 B 的大。而在 D 点，振动量明显大于其他三个测量点，而其注射速度的变化不明显，振动数值基本保持在同一水平。D 点测量值在 V 向表现出此种变化趋势，很大程度上是受机械结构的影响所致。因为伺服电机安装在 D(伺服电机支撑座)上，并且电机通过法兰固定，可视为一种悬臂结构，所以在运动过程中，伺服电机本身的振动以及同步带等传动结构的振动对 D 点的测量结果都有较大的影响。因此，D 点的振动量受振动源以及机械结构的影响，振动量表现出此种变化特性，也是合理的。

3) A 向振动测试结果分析

A 向与螺杆运动的方向一致，并平行于地面。测试方法与上述的一致。图 6-1-20 为A 向振动测试结果。从图 6-1-20 中看出，点 A、点 B、点 C 和点 D 的振动量都随注射速度的增大而增大。点 A、点 C 和点 D 三点的测试结果变化趋势相近，而 B 点的变化幅度较大，曲线斜率大，而且振动量的数值也大。这是由于 B 是运动部件的原因，B(注射座)随螺杆的运动而运动，而且 A 向是螺杆运动的方向，所以在测量中测出 B 点的数据较大，而且变化斜率大。

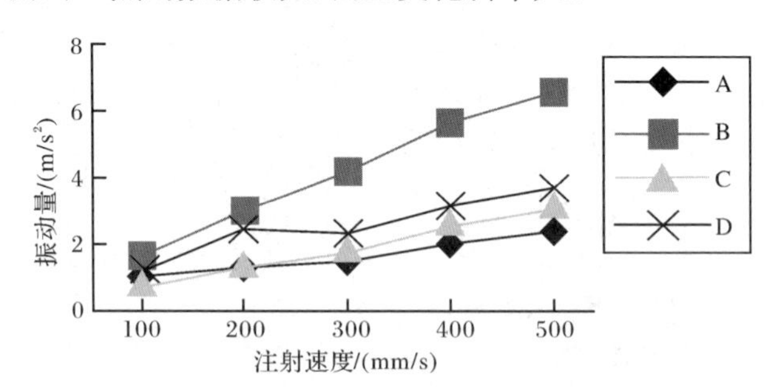

图 6-1-20　A 向振动测试结果

通过点 A、点 B、点 C 和点 D 四个测量点和三个方向的振动测试，掌握了注射速度对振动的影响关系。除 D 点在 V 向的测试结果外，振动量随注射速度的增大而增大。而在 H、V 和 A 三向的振动测试中，A 向的测试结果较大，这与螺杆的运动方向有关。在点 A 在 H 向、V 向和 A 向的振动测试中，振动量都是四点中最小的，这是由于注射台前板为固定连接，注射过程中保持静止，而且离振动源远。点 B 在 A 向的振动测试振动量大，这是由于注射座是运动部件，受螺杆运动影响所致。点 C 在 H 向、V 向和 A 向的振动测试中，振动量表现平稳，变化趋势稳定。而 D 点在 H、V 和 A 三向的振动测试中，振动量都比较大，而且在 V 向的测试中，振动量保持在一个较大的水平。

本节基于全电动超高速注射成型的基本原理和全电动超高速成型设备的性能特征，以制备合格的超薄制品为目标，对全电动注塑装备的注射装置展开以下研究：一是针对超高速注射成型设备的响应性能，研究注射装置的加速性能；二是注射装置低惯量设计的性能研究，以降低注射结构的惯量，提高系统的控制精度，提升注射装置的加速性能；三是针对高速注射时产生的机械振动，研究注射速度对注射装置振动的影响规律。

通过对不同注射速度、不同预塑位置以及不同加速度对注射装置的加速性能进行实验研究，结果表明，预塑位置过短会造成加速不完全，预塑位置过长加速性能会下降，伺服电机在额定转速时注射速度表现较稳定。

针对全电动注射成型设备高响应、高控制精度的要求，对比低惯量设计注射装置和常规注射装置的加速性能，结果显示，低惯量设计的注射装置具有更好的加速性能，从而验证了低惯量设计对注射装置加速性能的提升、控制精度的提高以及响应性的优化具有突出的贡献。

针对高速注射所引起的机械振动，对注射装置振动展开实验研究。研究结果表示，自身的机械结构以及运动部件的运动形式都会对机械振动造成影响。此外，注射速度越大，机械机构的振动越明显。

6.2　超高速注射成型工艺研究

超高速注射成型是塑料制品满足“瘦身工程”以及现代工业需求的必由之路。如今薄壁制品壁厚已发展到 0.1mm 以下，而且尺寸精度要求不断提高。在注塑成型过程中，聚合物熔体的流动会受到壁厚和模具温度的影响。如图 6-2-1 所示，随着制品壁厚的减少，聚合物熔体在模具型腔内的冷却速率急剧提高，熔融层和凝固层的相对厚度之比减少，熔体的流动阻力增大并在短时间固化，成型难度大，容易造成填充缺陷。

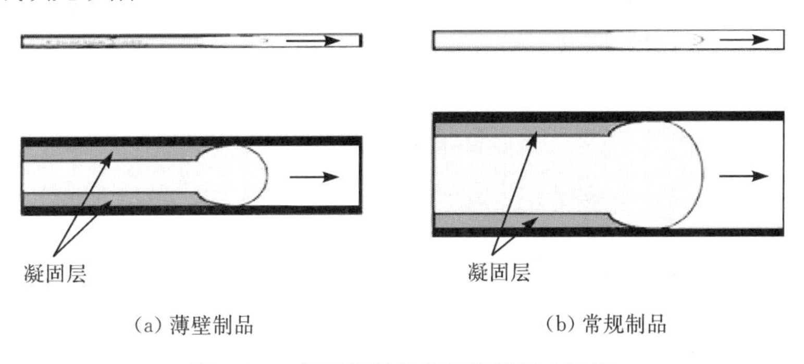

图 6-2-1　薄壁注射和常规注射填充过程

为防止超薄制品由于过快冷却凝固造成的填充困难,注塑机通过超高速注射的方式以缩短填充时间,使得熔体在模内冷却前完成薄壁结构的填充,此种成型方法就称为超高速注射成型。注射成型封闭且不可见,因而在模具内聚合物的变化难以预料及掌控。而超高速注射成型又有别于传统的成型方法,而且成型精度以及稳定性是至关重要的。超高速注射成型不仅要求成型设备能提供超高的注射速度,也要求有稳定上乘的成型工艺,保证能成型出合格的产品。本节将针对超高速注射成型工艺展开系列研究,为超高速注射成型提供理论指导。

6.2.1　超高速注塑机螺杆特性

随着注射速度的提高,螺杆在高速运动后静止的性能有别于常规注射。这并不是螺杆高速运动引起的,根本原因是机械结构在高速运动后静止的精度问题。螺杆的定位精度具有特别的意义,其不仅影响注射成型的精度,而且影响注塑机的寿命。

1. 液压超高速注射螺杆特性

液压式超高速注塑机通过液压系统驱动螺杆实现注射。在螺杆位置的控制上,液压式注塑机通过位移传感器控制注射缸活塞的行程,从而实现螺杆的定位。因此,螺杆的位置是由注射缸的活塞定位位置决定的。

研究发现,随着注射速度的提高,螺杆的终止位置精度下降。当注射速度达到 1000mm/s 时,螺杆在终止位置发生震荡,并产生了负位移。这是由于注射缸活塞的运动与停止都由系统供给的液压油决定,而液压油又是可压缩流体,活塞在液压缸内可自由滑动,因而注射缸活塞在高速运动到静止时不可避免地存在抖动,从而最终造成螺杆在注射末端终止位置出现震荡,并且这种现象注射速度越高越严重。

超高速注射引起了螺杆的震荡,而且引起机械设备的磨损,最重要的是无法达到超高速注塑成型的要求。螺杆在注射尾段的震荡会影响物料进入型腔的流动行为,影响计量精度,使得成型质量难以控制。如果震荡严重,还有可能导致螺杆头部抽真空的现象,出现严重的成型缺陷。

2. 全电动超高速注射螺杆特性

全电动超高速注塑机由伺服电机驱动,全面取代了液压系统。在螺杆位置的控制上,全电动超高速注塑机通过高精度编码器监测伺服电机所转过的角度,以此控制螺杆的位置。

伺服电机通过滚珠丝杠和丝杠座驱动螺杆注射,滚珠丝杠与丝杠座的机械配合能确保传动的精确度，并且其不同于液压缸存在多余运动的间隙，因此，在注射末端，只要伺服电机停止，滚珠丝杠停止转动，螺杆就会停止运动。所以，全电动注塑机通过伺服电机的转角能精确控制螺杆注射终止位置。

从原理上看，全电动超高速注塑机因其独特的机械构造能有效避免螺杆在高速注射末端位置的震荡，确保了螺杆的位置精度，使成型质量得到保证。然而，当注射速度提高，螺杆位置的控制要求也相应提高，最终对滚珠丝杠和丝杠座的传动精度和寿命提出更苛刻的要求。

3. 全电动超高速注射螺杆位置精度实验研究

螺杆的位置精度直接影响成型的质量。为满足超薄、超精密的成型需要，螺杆不能在终止产生震荡，由此产生抽真空的现象，而严重影响注塑成型的精度控制。下面，将对全电动超高速注塑成型螺杆末端的定位精度进行实验研究。

通过在不同注射速度下测试注塑成型中螺杆末端的终止位置，研究注射速度对螺杆终止位置精度的影响。本实验将分别在注射速度 200mm/s、300mm/s、400mm/s 和 500mm/s 下进行，测试中，将在同一注射速度下连续测试 20 次，并记录测试数据。以下是本实验所涉及的设备参数以及工艺参数的设定：

实验机型：海天长飞亚 VE600-120h；

注射装置配置参数：注射马达轴同步齿轮数 48，注射丝杠轴同步齿轮数 51，注射丝杠导程 16mm，注射螺杆直径 22mm；

编码器：德国海德汉 ERN 系列；

工艺参数：预塑位置 35mm，V/P 转换位置 11mm，注射压力 230MPa；

处理设备：联想 Y460 系列笔记本。

下面，将对螺杆终止位置的测试结果进行讨论。

图 6-2-2 为注射速度在 200mm/s 的螺杆位置测试结果。从图中可以看出，螺杆的终止位置在 10.7mm 附近小幅波动，其平均值为 10.6985mm，最大波动量小于 0.1mm。图中螺杆位置的最小刻度为 0.1mm，测试曲线线性度较高，螺杆终止位置在 20 次测试中都表现稳定，精度较高。

注射速度 300mm/s 的螺杆位置测试结果如图 6-2-3 所示。20 次螺杆位置的测试结果平均值为 10.637mm，与注射速度 200mm/s 的测试结果相近。虽然平均值相近，但是螺杆位置的波动情况却不一样。注射速度 300mm/s 的测试结果中，螺杆位置在 10.6mm 处波动，最大波动量为 0.2mm。此外，螺杆终止位置的波动高于注射速度 200mm/s 的测试结果。显然，注射速度达到为 300mm/s 时，螺杆终止位置的波动幅度有所增大，但波动量仍然保持在一个很小的范围内，螺杆末端的位置精度还很高。

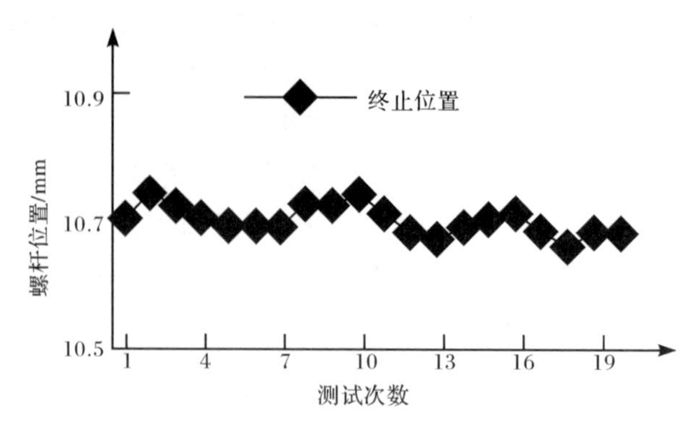

图 6-2-2 注射速度 200mm/s 的螺杆位置测试结果

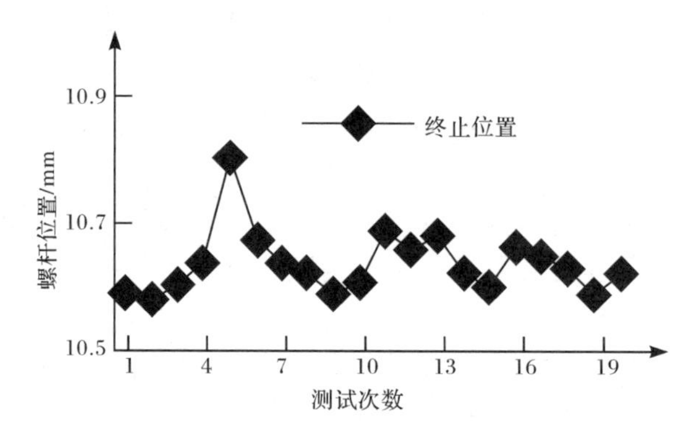

图 6-2-3 注射速度 300mm/s 的螺杆位置测试结果

图 6-2-4 为注射速度 400mm/s 的螺杆位置测试结果。由图中可见，在 5、6 和 17 处螺杆终止位置出现了较大的波动，螺杆位置停留在 11mm 处，最大波动量为 0.4mm。除了以上三个点出现较大波动外，其余测试点在 10.6mm 附近波动，变化幅度较小。而 20 次螺杆位置的测试结果平均值为 10.669mm，与上两组的测试数据相近。虽然个别点的螺杆位置出现较大的波动，但整体的测试结果表明，螺杆末端的位置精度并没有大幅度的降低。

图 6-2-5 为注射速度 500mm/s 螺杆位置测试结果。当注射速度达到 500mm/s 时，螺杆末端位置出现了较大的波动。虽然 20 次螺杆位置测试结果平均值为 10.681mm，与前几组的测试基本相似，但测试点之间的位置波动明显大于注射速度 200mm/s、300mm/s 和 400mm/s 的测试结果，最大波动量达到 0.6mm。

通过以上测试得知，随着注射速度的提高，螺杆末端位置精度就会下降。测试结果表明，注射速度为 200mm/s 时，螺杆末端位置波动小，位置精度高。随着注射速度的增大，螺杆末端位置的波动就会增加，位置精度有所下降，注射速度达

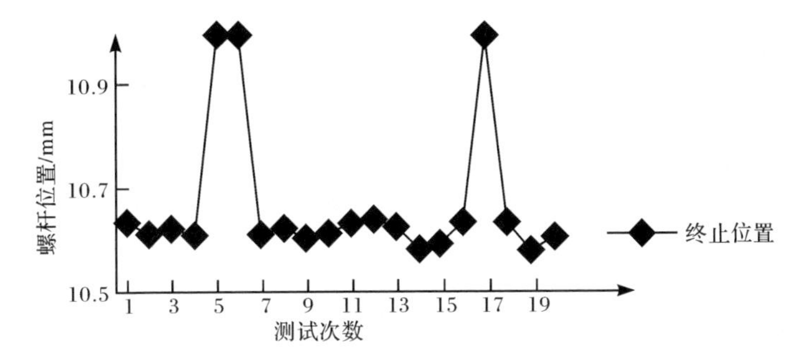

图 6-2-4　注射速度 400mm/s 的螺杆位置测试结果

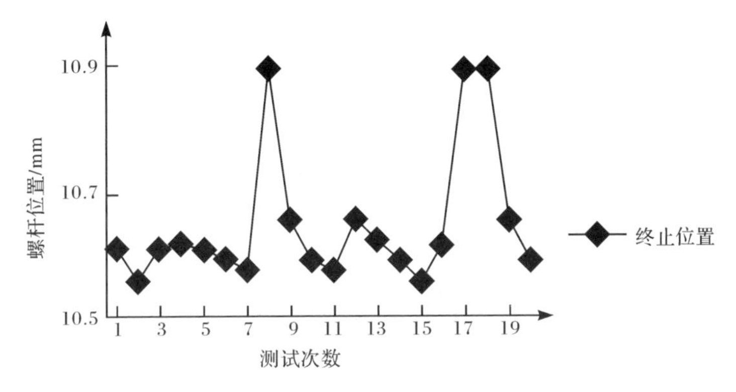

图 6-2-5　注射速度 500mm/s 的螺杆位置测试结果

到 500mm/s 时尤为明显。尽管如此，螺杆末端位置的波动都保持在 1mm 以内，因此，全电动超高速注塑螺杆末端的位置精度远高于液压式超高速注塑成型设备。

6.2.2　微结构表面导光板超高速注射成型工艺研究

导光板是精密超薄塑料制品的典型代表，并且广泛应用于电子产品的显示屏上。注射成型是导光板制备的主要成型方式，而且随着成型精度的提高和壁厚的减小，导光板的成型工艺越来越得到人们的重视。

导光板在工业化生产中容易出现黑点、焦黄等成型缺陷，不仅不能得到合格的制品，而且还浪费材料。为了得到良好的使用性能，导光板一般都采用 PC 成型，而导光板的壁厚小，PC 的黏度大，所以成型难度较大。目前，业界通过升高加工温度或者提高注射速度来达到成型目的。升高加工温度有利于降低 PC 在注射时的黏度，从而提高其充模的流动性。提高注射速度可以缩短填充时间，从而克服过快冷却造成的填充不完全。由于导光板是重要的光学器件，因而在注塑过程中所产生的内应力问题值得关注。

1. 实验准备

1) 实验材料

聚碳酸酯(PC LC1500),粒料,是日本出光导光板专用材料。图 6-2-6 为 PC LC1500 的材料性能参数。

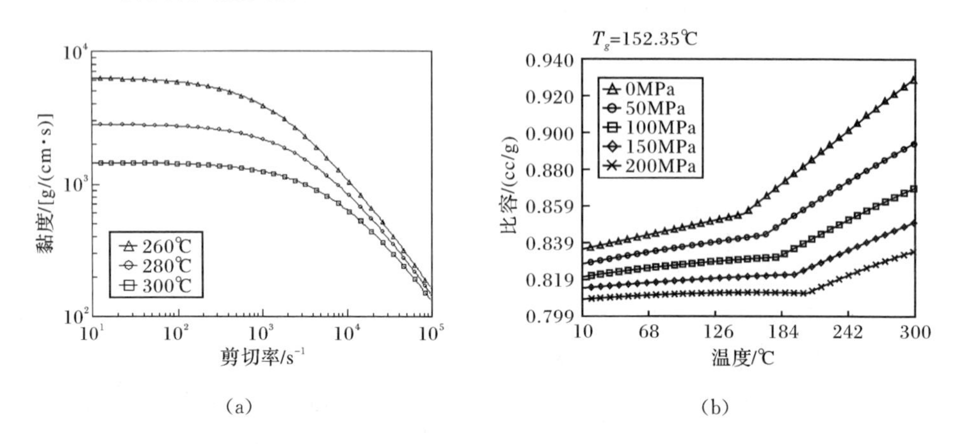

(a)　　(b)

图 6-2-6　日本出光 PC LC1500 的材料性能参数

2) 实验仪器及设备

注塑机采用宁波长飞亚天锐 VE 系列,即 VE600 120h 全电动注塑机,它配备 PC 专用螺杆机筒,螺杆直径 22mm,最高注射速度 500mm/s,最大锁模力 600kN,最小模厚 150mm,最大模厚 350mm。VE600 120h 全电动注塑机配备高精度合模系统,开合模动作可配合注塑成型工艺自由编程,可应用于射出压缩成型工艺。图 6-2-7 为本次实验所使用的 VE600 120h 全电动注塑机。

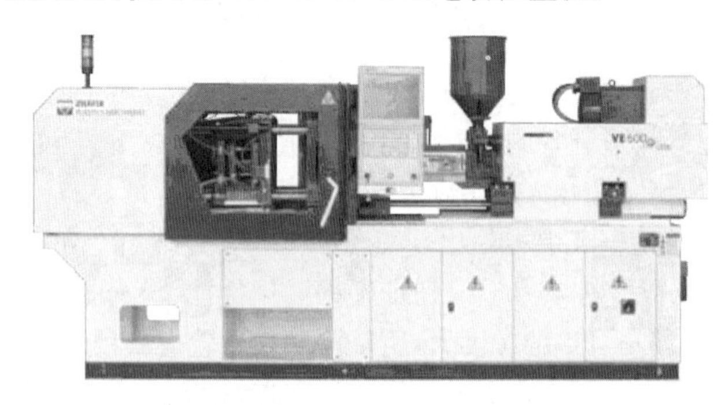

图 6-2-7　VE600 120h 全电动注塑机

实验模具为一出二对称式带有微结构的薄壁导光板精密模具，导光板尺寸为62mm×46mm×0.5mm。图 6-2-8 为本次实验的导光板成型模具。

图 6-2-8　导光板实验模具

烘料机为 KAWATA（川田机械制造有限公司）CHALLENGER 系列，即DF-25ZB-KS烘料混料机，其料斗容量 42L，总电气容量 4.8kW，加热器容量 4kW。图 6-2-9 为本次实验所用的烘料机，用以干燥 PC 材料。

模具控温机为 SHINI（信易塑胶科技）STM-607-W/O 油温机，总功率6550W，尺寸为 73.5cm×28cm×63cm。图 6-2-10 为本次实验所用信易 STM 系列模具控温机，用以加热导光板模具。

图 6-2-9　CHALLENGER 烘料混料机

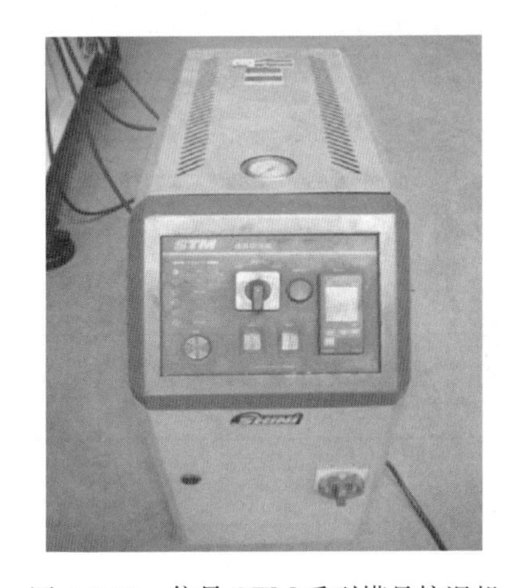

图 6-2-10　信易 STM 系列模具控温机

内应力测试仪为 Moldex3D 应力偏光仪，其通过穿透式的方法，可以直接观察到制品内部内应力的分布情况。图 6-2-11 为本次实验所使用的 Moldex3D 应力偏光仪。

2. 注射速度对制品内应力的影响

导光板是现代电子产品中极为重要的性能元件，其主要作用就是将发光二极

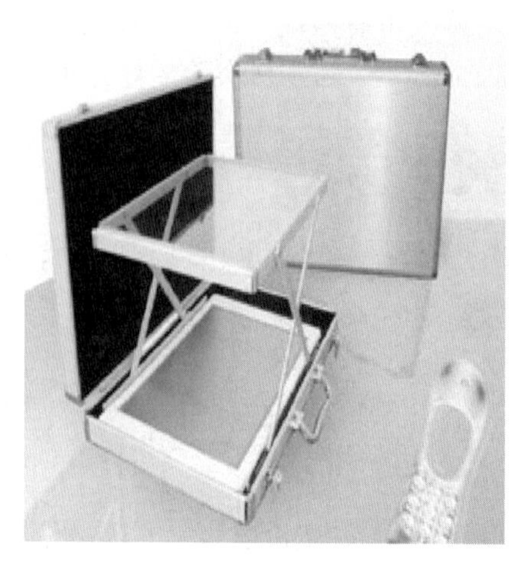

图 6-2-11 Moldex3D 应力偏光仪

管或其他光源发出的点或线光散射出均匀、柔和的光，以满足屏幕显示的需要。因此，导光板的光学性能尤为重要。下面将对注射速度对制品内应力的影响进行实验研究。

为研究注射速度对制品内应力的影响，实验中设置不同注射的速度实行导光板注塑成型实验，并对成型制品进行内应力分析。通过实验研究表明，能保证成型最低注射速度为 250mm/s，因此本实验从注射速度 250mm/s 开始进行分组实验，间隔 50mm/s，直到 500mm/s。关于实验成型工艺参数的设定如表 6-2-1 和表 6-2-2 所示。

表 6-2-1 料筒温度设定(一) （单位：℃）

第一段	第二段	第三段	第四段	落料口
315	310	310	275	120

表 6-2-2 导光板成型工艺参数(一)

工艺参数	数值
注射速度/(mm/s)	250、300、350、400、450、500
预塑位置/mm	30
V/P 转换位置/mm	10
注射压力/MPa	230
塑化转速/(r/min)	100
背压/MPa	5

续表

工艺参数	数值
模具温度/℃	120
保压时间/s	0
冷却时间/s	10

图 6-2-12 为注射速度为 250～350mm/s 时导光板内应力分布情况。其中，导光板上部梯形部分为进浇口。当注射速度为 250mm/s 时，制品的内应力集中在靠近浇口处，而且导光板的上角处最为明显，而且内应力分布情况左右对称。注射速度为 300mm/s 时，内应力分布情况与 250mm/s 的结果基本一致，内应力的大小也基本相同，内应力条纹的分布呈波纹状，与熔体流动方向相一致。而当注射速度为 350mm/s 时，内应力的集中程度有所增加，条纹颜色加深，而且内应力条纹的波纹状分布更明显。

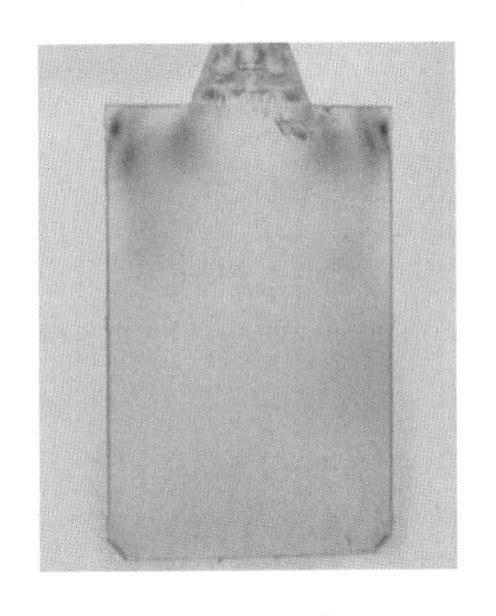

(a) 250mm/s

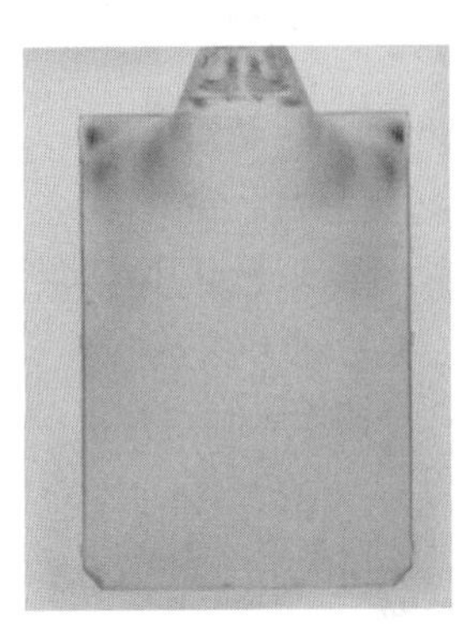

(b) 300mm/s

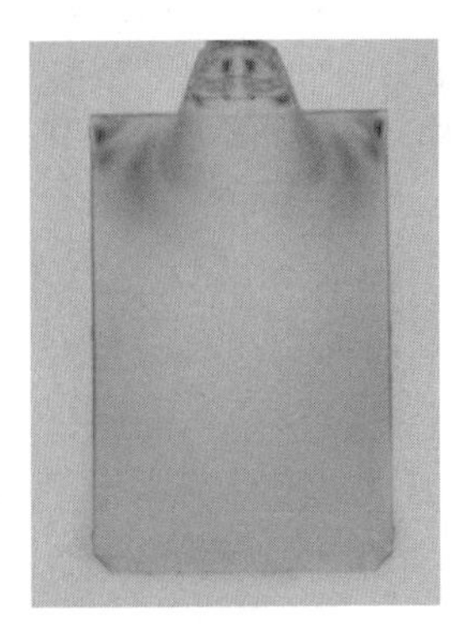

(c) 350mm/s

图 6-2-12　注射速度为 250～350mm/s 时导光板内应力分布

图 6-2-13 为注射速度为 400～500mm/s 时导光板内应力分布情况。注射速度为 400mm/s 时，内应力的大小与注射速度 300mm/s 和注射速度 350mm/s 的测试结果相近，但内应力的波纹状分布趋势减弱。当注射速度为 450mm/s 时，内应力的测试结果出现明显变化。

从图中可知，内应力的条纹加宽，颜色加深，内应力在导光板的上角更集中。此外，内应力的波纹状分布趋势进一步减弱。当注射速度为 500mm/s 时，内应力分布与注射速度 450mm/s 的测试结果相近。随着注射速度的提高，内应力的分布趋于集中在导光板的上角，即熔体填充最晚的位置，而且内应力分布向导光板的两边以及上角转移。

(a) 400mm/s

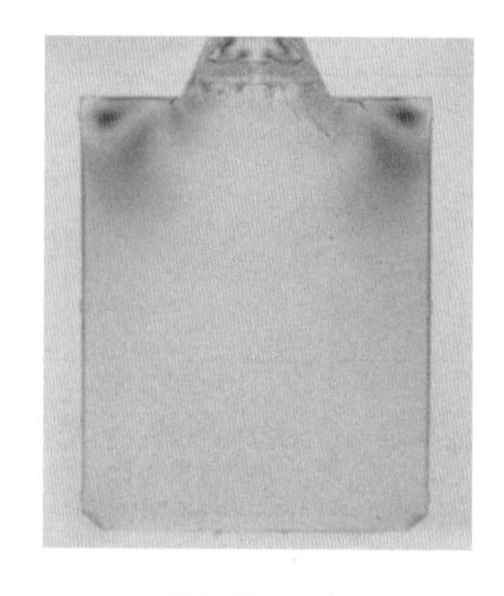

(b) 450mm/s

(c) 500mm/s

图 6-2-13　注射速度为 400～500mm/s 导光板内应力分布

通过不同注射速度的导光板成型实验，得到了注射速度对导光板内应力的影响关系。研究表明，内应力的分布主要集中于浇口附近，并随着注射速度的提高，内应力的集中程度越高。

3. 射出压缩对制品内应力的影响

利用宁波长飞亚 VE 系列全电动注塑机的合模系统的射出压缩功能实现导光板的成型。如图 6-2-14 所示，合模系统具有初次合模可调功能、吸入开模功能以

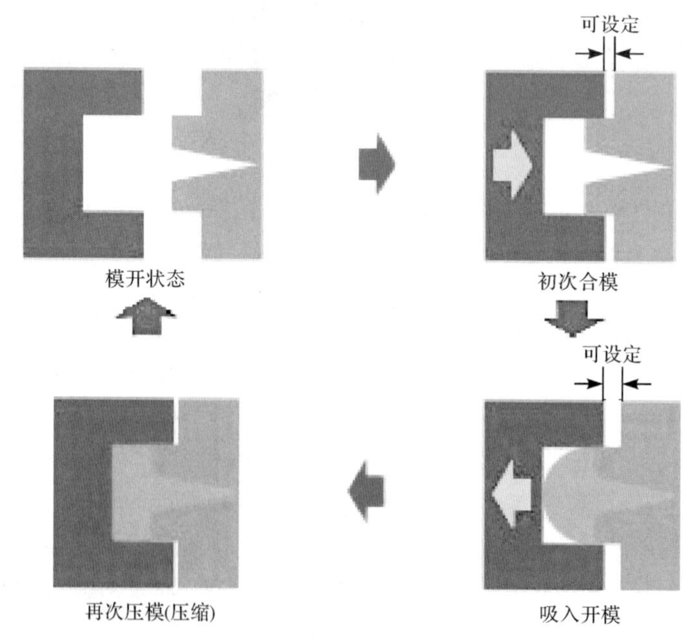

图 6-2-14　合模系统射出压缩功能

及再次压缩功能。通过射出压缩工艺，可以改善成型产品的内应力特性、减少产品翘曲，成型出表面质量更好的制品，并且能降低对注射装置的性能要求。通过导光板射出压缩成型实验，研究射出压缩对制品内应力的影响关系。

通过对比常规注塑和射出压缩两种成型方式，研究射出压缩对导光板内应力分布的影响关系。由于射出压缩模具位置和压缩的时间影响成型制品的质量。因此，通过其他成型工艺参数不变的情况下不同合模位置的调机试验，确保导光板成型没有飞边等成型缺陷，最终确定了以下这种射出压缩方式：

首次合模，动模于离模具锁紧位置 0.2mm 处停止；

射出压缩，螺杆注射时，动模板锁模并保持；

冷却定型，开模。

为研究射出压缩对制品内应力的影响，设置不同注射的速度实行导光板注塑成型实验，并与常规成型制品进行内应力对比分析。从注射速度 250mm/s 开始进行分组实验，间隔 50mm/s，直到 500mm/s。本次实验成型工艺参数的设定如表 6-2-3 和表 6-2-4 所示。

表 6-2-3　料筒温度设定(二)　(单位：℃)

第一段	第二段	第三段	第四段	落料口
315	310	310	275	120

表 6-2-4　导光板成型工艺参数(二)

工艺参数	数值
注射速度/(mm/s)	250、300、350、400、450、500
预塑位置/mm	30
V/P 转换位置/mm	10
注射压力/MPa	200
塑化转速/(r/min)	100
背压/MPa	5
模具温度/℃	120
保压时间/s	0
冷却时间/s	10
压缩位置/mm	0.2

图 6-2-15 为注射速度 250～500mm/s 射出压缩和常规成型的导光板内应力分布。从图中得知，注射速度为 250mm/s 时，制品的内应力分布情况与常规注塑

成型的导光板测试结果相近，没有明显的特征。而注射速度为 300mm/s 和 350mm/s 时，内应力的部分呈波纹状，变化趋势缓和。与常规注塑成型的测试结果相比，射出压缩的内应力分布更均匀，波纹形状连续并呈现半圆形。当注射速度为 400mm/s 时，半圆形的波纹逐渐消失，内应力集中程度增加，条纹颜色加深。而注射速度达到 450mm/s 和 500mm/s 时，内应力的集中分布更加明显，分布趋势从中间往两边扩散。

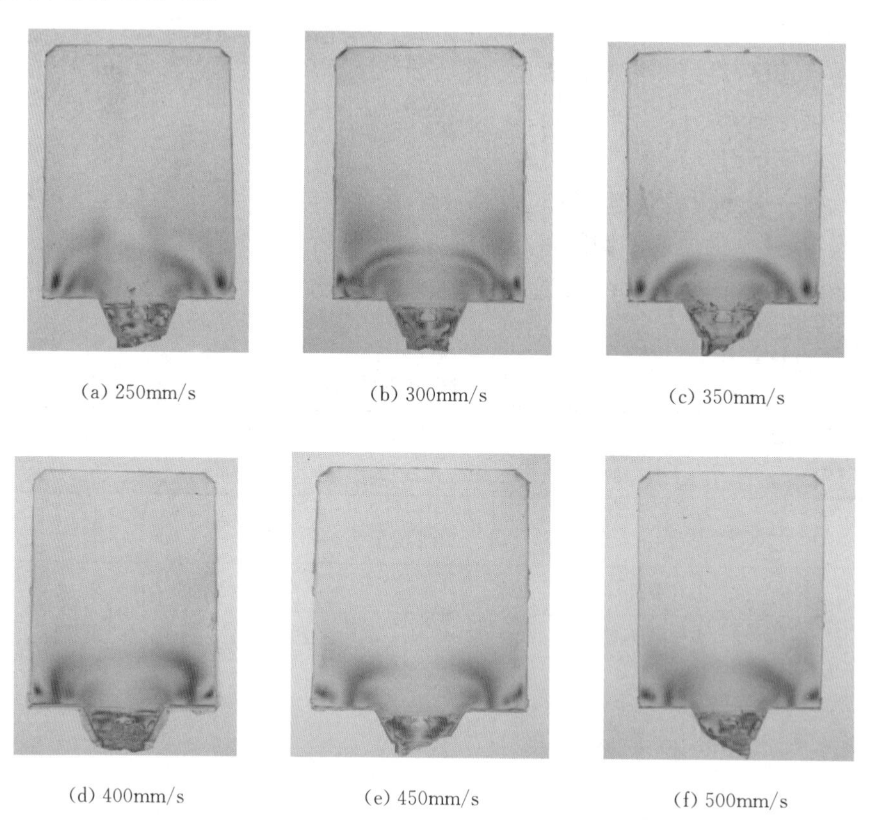

(a) 250mm/s　(b) 300mm/s　(c) 350mm/s　(d) 400mm/s　(e) 450mm/s　(f) 500mm/s

图 6-2-15　注射速度 250～500mm/s 射出压缩导光板内应力分布

6.2.3　塑料超高速注射成型 PVT 关系特性的研究

超高速注射成型的注射速度达到 1000～2000mm/s 以上，是普通注射速度的几倍到十几倍。对于成型加工工艺条件趋于极限化的超高速注射成型而言，单从设备方面还难以完全保证超薄注塑制品尺寸及重复精度要求。前期研究结果表明，高分子材料压力-比容积-温度之间的关系，即 PVT 特性是决定其成型制品精度的关键材料物性参数。图 6-2-16 为 PP 不同成型过程 PVT 曲线路径图。超高速注射成型所产生的高剪切速率、超高制品冷却速率等极限加工条件对于材料PVT特性关系的影响十分显著。

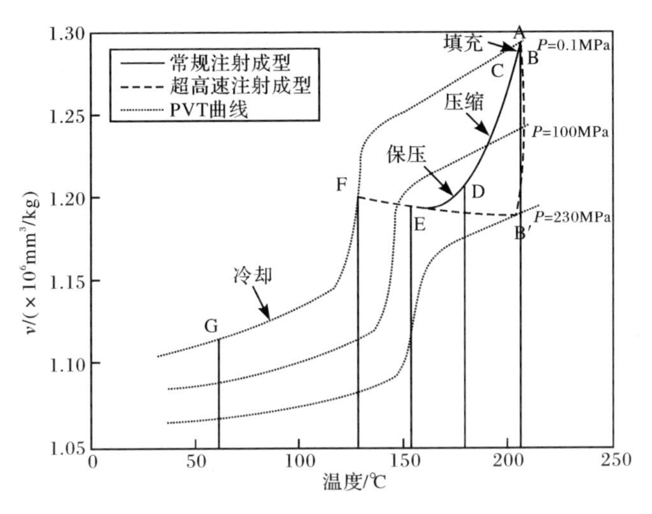

图 6-2-16 PP不同成型过程PVT曲线路径图

1. 超高速注射成型PVT关系的CAE研究

通过Fluent软件研究超高速注射过程中螺杆头部聚合物熔体的PVT特性。由于注射成型中，熔体经历的是一个动态非稳态的流动过程，在Fluent模拟中采用动网格模拟。在CAE模拟过程中，为了减少计算的复杂程度，特作以下近似和假设：

(1) 忽略超高速注射成型过程中螺杆的加速和减速过程，模拟过程中将螺杆的运动简化为匀速直线运动。

(2) 在螺杆注射的瞬间，聚合物熔体的黏度保持不变。

(3) 忽略螺杆几何形状在注塑过程中对熔体PVT关系的影响，模拟过程中将螺杆近似成柱塞。

(4) 机筒内的聚合物熔体都塑化均匀，且所处的状态一致。

(5) 忽略喷嘴处的出口压力。

1) 仿真模型的建立及网格划分

鉴于以上5项基本假设，CAE模型得到极大地简化。利用GAMBIT直接建立模型，机筒直径为16cm，喷嘴出口直径为5cm。模型建立后，直接在GAMBIT对模型进行网格划分。网格划分后，文件保存为.msh格式，然后导出网格文件。网格处理好的仿真模型如图6-2-17所示。

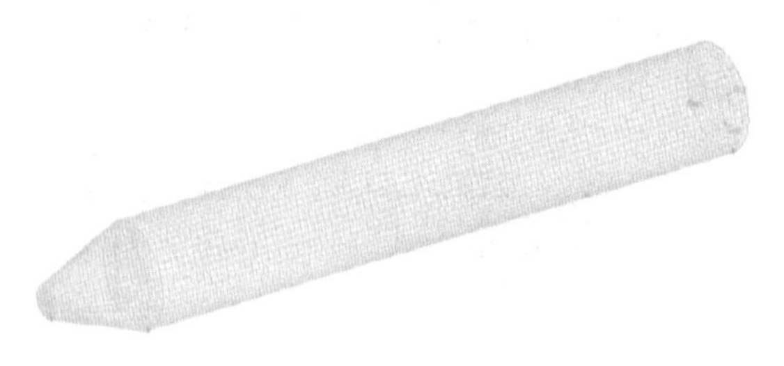

图 6-2-17　仿真模型

2) 设定边界条件

在 Fluent 软件中,通过边界条件设定(Boundary Conditions)选项进行边界设定。将机筒表面设置为壁面(wall),命名为 barrel;将螺杆表面设置为壁面(wall),命名为 screw;将喷嘴出口设置为压力出口(pressure-outlet),命名为 nozzle;将整体熔体区域设置为流体(fluid),命名为 polymer。

3) 设置求解参数

基于聚合物熔体是可压缩流体以及注塑过程中熔体的流动为非定常流动,因此在 Fluent 软件中的求解器(slover)选项中,点选 Density Based 选项和 Unsteady 选项。基于聚合物熔体的流动状况,在黏度模型(Viscous Model)选型中,点选 k-epsion 的湍流模型。在能量方程(Energy)选型中,点选 Energy Equation 选型。

4) 设置动网格

在动网格设置中,通过导入动边界文件(Profile)来实现动边界运动的定义。在 Fluent 软件中,点选 Define 选项中的 Profile 命令,在 Boundary Profiles 对话框中导入 Profile 文件。

5) 材料设置

采用日本出光 PC LC1500 透明导光板专用材料,从 Moldex3D 材料库中提取 PC LC1500 的材料物性参数在 Fluent 中进行具体设置。Density:0. 9kg/m^3;Cp:2200J/kg · ℃;Thermal Conductivity:300w/m · ℃;Viscosity:140. 6kg/m · s。

2. 超高速注射成型 PVT 在线控制方法

PVT 特性关系是聚合物材料的固有特性,是决定制品形状、尺寸精度的基础性数据,并为制品结构设计和成型工艺参数优化提供依据。基于上述的超高速注射成型材料的 PVT 特性规律,以此为基础研发出超高速注射成型 PVT 关系特性的控制方法 。

超高速注射成型 PVT 控制原理就是将螺杆前端至模具型腔内空间作为熔体高压膨胀的连续空间,以熔体高压压缩时与膨胀释放后作为材料 PVT 热力学状态变化初始与结束节点，通过材料极限加工条件下获得的 PVT 特性关系确定成型工艺参数。如图 6-2-18 所示，以塑料制品的比容积 V_m 为最终目标，对超高速注射成型过程中的 P(压力)、V(比容积)和 T(温度)进行监控。为了方便描述，把注射时受螺杆高速压缩后的聚合物熔体的 PVT 关系定义为(P_0，T_0，V_0)，并以此为控制起点，把注射后机筒内聚合物熔体的 PVT 关系定义为(P_1，T_1，V_1)，并以此为控制终止点，把最终成型后聚合物熔体在模具型腔的 PVT 关系定义为(P_m，T_m，V_m)。在注塑成型过程中，控制系统根据材料固有的 PVT 关系特性进行运算，计算结果将得出成型过程中的熔体压力(P_0，P_1)和螺杆位置(V_0，V_1)，脱模时压力 P_m 和脱模温度 T_m 视为已知量，以此为依据进行成型工艺参数的设定。

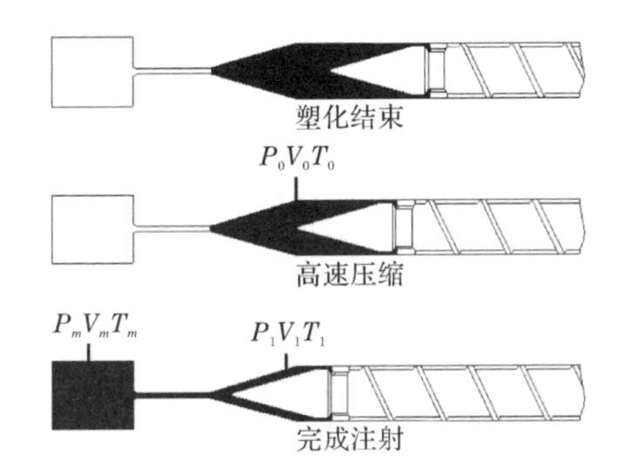

图 6-2-18　全电动超高速注塑成型 PVT 控制原理

关键工艺参数如螺杆前端熔体压力 P、温度 T 可通过在设备上安装高精度、高灵敏度的压力-温度传感器获得，比容积 V 则通过注射结束时螺杆精确定位来实现，全电动注塑机采用的滚珠丝杠传动可为其比容积 V 精确控制提供保障。

本节针对超高速注射成型工艺展开了以下三方面的研究：一是超高速螺杆注射特性，通过螺杆位置精度实验，研究了注射速度对螺杆位置精度的影响；二是通过开展导光板成型的实验，掌握了注射速度和射出压缩对导光板内应力的影响；三是利用 Fluent 模拟软件研究了超高速注射成型 PVT 的变化关系，并基于研究结果提出了超高速注射成型的 PVT 在线控制方法。

基于液压式超高速注射成型的螺杆注射特性，通过螺杆末端位置精度的实验研究，得到注射速度对螺杆末端位置精度的影响。虽然随着注射速度的增大，螺杆末端位置的波动就会增加，位置精度有所下降，但螺杆末端位置的波动都保持在 1mm 以内。因此，全电动超高速注塑螺杆终止位置的精度远高于液压超高速注射成型装备，这为超高速注射成型的 PVT 在线控制方法奠定了基础。

针对超薄制品的光学性能要求，开展导光板成型实验研究。研究得到注射速度和射出压缩对导光板内应力分布的影响，并对比得出射出压缩对导光板内应力的改善效果。

研究了超高速注射成型 PVT 的变化关系。首先利用 Fluent 模拟软件对超高速注射成型的熔体 PVT 关系进行 CAE 研究，研究发现螺杆头部聚合物熔体的 PVT 变化关系特性。然后，基于此研究结果和材料的固有特性，提出了超高速注射成型 PVT 控制方法，并通过此方法实现超高速注射成型的精密控制。

参考文献

[1] 黄步明，许忠斌. 高速超精密注塑机的技术进展及发展动向[J]. 工程塑料应用，2002，30(12)：47－49.

[2] 李红林. 超高速注射成型及模具技术[J]. 新技术新工艺，2005，(3)：44，45.

[3] 杨卫民，丁玉梅，谢鹏程. 注射成型新技术[M]. 北京：化学工业出版社，2008.

[4] George V S，Willow S L，Calif G. High speed injection for molding machines[P]：USA，4212625. 1980.

[5] John J F，Green B N J. High-speed injection molding apparatus and method[P]：USA，5135701. 1992.

[6] 胡正隆. 日开发出超高速精密注射成型机[J]. 机床与液压，2002，1(11)：153.

[7] 我国研制成功高速精密注塑机[J]. 中国塑料，2006，5：52.

[8] 杨卫民，焦志伟，谢鹏程，等. 一种超高速注射成型机[P]：中国，CN102039648B. 2013.

[9] 谢鹏程，郭小龙，丁玉梅，等. 后置蓄能式超高速塑化注射装置[P]：中国，CN102069574B. 2013.

[10] 李勇兵，张涛，隋铁军，等. 注射机的超高速注射机构[P]：中国，CN201380580. 2010.

[11] Wang Y S. The Investigation of Hydraulic Servo System Design for High-speed Injection Molding[D]. Jhongli：Chung Yuan University，2001.

[12] Yu C Y. A Study on the Regulating Response Characteristics of Hydraulic Servo System for the High-speed Injection Molding[D]. Jhongli：Chung Yuan University，2002.

[13] Chen P C. Study on the Response Time for a Super High Speed Servo-hydraulic System and Components[D]. Jhongli：Chung Yuan University，2003.

[14] Murata Y，Tsutsumi T，Nakazato D，et al. Plastic micro molding technology using ultra high speed injection molding machine applying dropping force of weight and micro mold prepared by focused ion beam[J]. Journal of the Japan Society for Precision Engineering，2008，74(1)：67－71.

[15] 蔡文远，张锋杰，陈明，等. 诱导式全电动注塑机的研究及开发[J]. 中国塑料，2004，18(6)：84－86.

[16] 林宏权，蒋卫东，林达. 全电动式注塑机的发展现状及展望[J]. 塑料工业，2005，33(4)：1－4.

[17] 向鹏，李绣峰，杜遥雪. 全电动注塑机的特点及应用领域[J]. 现代塑料加工应用，2007，

19(1):52—54.

[18] Bang Y B, Ito S. Linear motor drive ultrahigh-speed injection moulding machine[J]. Proceedings of the Institution of Mechanical Engineers Part B Journal of Engineering Manufacture, 2002, 216(5):773—781.

[19] 韩志翔,胡保全,刘玉鹏. 全电动伺服注塑机射出机构[P]:中国,CN201685417U. 2010.

[20] 傅南红,陈邦锋,徐煜. 全电动注塑机分离式注射装置[P]:中国,CN201856356U. 2011.

[21] Inaba Y. The latest technologies of plastic injection molding[C]. JSPP'01 Technology, Tokyo, 2001.

[22] Bang Y B, Lee K M. Linear motor for ejector mechanism[J]. International Journal of Advanced Manufacturing Technology, 2004, 24(7/8):582—589.

[23] Tatsuno M. Recent trend of the injection molding system[J]. Asian Wrokshop on Polymer 2011 in China, 2011.

[24] Shen Y K, Yeh P H, Wu J S. Numerical simulation for thin wall injection molding of fiber-reinforced thermoplastics[J]. International Communications in Heat Mass Transfer, 2001, (8):1035—1042.

[25] 谷净巍. 薄壳注塑成型中熔体冲填过程的模拟研究[D]. 长春:吉林大学, 2001.

[26] Keun P, Byung K, Yao D G. Numerical simulation for injection molding with a rapidly heated mold, part I: Flow simulation for thin wall parts[J]. Polymer-plastics Technology and Engineering, 2006, 45(7-9):897—902.

[27] X-melt Expansion Melt Technology[R]. Issue 2002-5-23, ENGEL.

[28] Rogelj S, Krajnc M Pressure and temperature behavior of thermoplastic polymer melts during high-pressure expansion injection molding[J]. Polymer Engineering & Science 2008, 48(9)1815:1823.

[29] Enslt公司推出高速超薄制品注塑技术[R]. 机电工程技术, 2008, 37(1):3.

[30] Kudlik N. Precompression as a supplementary stage in high-speed injection moulding: New possibilities for the injection moulding of thin-wall parts. Kunststoffe International, 2002, (5):8—10.

[31] Naitove M H. High-speed thin-wall molding doesn't need an accumulator[J]. Plastics Technology, 2001, 47(8):49.

[32] Vetter K, Jungmeier A, Kühnert I, et al. Expansion-injection-molding(EIM) by cavity near melt compression[J]. CIRP Journal of Manufacturing Science and Technology, 2011, 4(4):376—381.

[33] 谢鹏程,丁玉梅,杨卫民. 前端控制式新型超高速精密注射成型原理的研究[J]. 中国塑料, 2005, 19(10):60—63.

[34] 谢鹏程. 精密注射成型若干关键问题的研究[D]. 北京:北京化工大学, 2007.

[35] 傅南红,金镖,叶立永. 全电动注塑机的注射压力监控方法[P]:中国, CN101537692A. 2009.

第7章　熔体微分精密注塑机

7.1　高分子材料加工成型的微积分思想

人类文明的进步在很大程度上取决于制造业的发展。现代制造业主要是将金属、无机非金属和有机高分子材料加工成各种用途的制品。自1907年出现合成酚醛树脂的一百多年以来，高分子材料的合成、加工和应用取得了突飞猛进的发展。高分子材料由于具有良好的低温加工性能、高度的设计自由性和集成功能性、低密度、高韧性等诸多优点，正越来越多地取代金属和无机非金属，成为现代制造业重要的基础材料。从小至万分之一克的微型精密齿轮到大至数吨重的巨型工程轮胎，可以体现出高分子材料加工制造技术的发展前沿和明显趋势。目前，高分子材料加工成型仍然延续着传统制造业的惯性思维模式：用小型设备制造小型制品，用大型设备制造大型制品。沿着这一思路发展而成的工艺路线给高分子材料加工成型装备提出了越来越严峻的挑战。例如，在高分子材料的微注射成型装备方面，当塑化注射螺杆缩小到12mm时，已接近强度极限，进一步微小化就被迫回到了柱塞式注射成型的原始方法上；而在巨型工程轮胎制造装备方面，每开发一种更大规格的轮胎就需要配套相应的加工成型装备，设备投资规模和加工制造难度大幅度提高。这些问题已经成为制约高分子材料加工制造业继续发展的一大瓶颈。本书作者在研究解决这些问题的过程中，受到高等数学经典微积分原理的启迪，提出了高分子材料先进制造的“微积分”思想。近年来，带领研究团队围绕高分子材料加工成型和制品应用的“微积分”原理及可行方法，开展了较为系统的研究，主要包括“微积分”思想在注射成型、挤出成型、静电纺丝及纳米复合材料加工制备方面的研究。目前，有些研究课题已进展到工业化应用阶段，并取得了很好的效果。本章主要讨论关于“微积分”注射成型原理与方法的研究探索和所取得成果的概要介绍。需要特别指出的是，尽管这一研究思路的萌生是源于经典数学的微积分原理，但在工程实际应用中不可能也无必要达到严格数学意义上的极限状态，因此，所提及的微积分概念加上了引号。

基于高分子材料先进制造的“微积分”思想，本书作者提出了熔体微分静电纺丝技术。随着纳米技术的发展，静电纺丝作为一种简便、高效制备超细纤维的新型加工技术，其纺丝产品可应用于生物医学、过滤及防护、催化、能源、光电食品工程、航空航天材料等领域发挥巨大作用。例如,新型膜分离材料一纳米纤维复合膜并用于乳液废水过滤(water filtration)体系;基于静电纺丝纳米纤维膜的新型复合滤膜呈现比商业复合膜高 10 倍以上的水通量,有望进一步进行超薄选择层的优化用于脱盐淡化处理,取代传统的反渗透膜,获得高的通量;美国军方和阿克隆大学开发的新型多功能防护服,利用纳米纤维代替活性炭作为吸附介质,透气性好,过滤效果优良。近些年,熔体静电纺丝得到了一定程度的发展,如无针盘式熔体静电纺丝、单泵多喷头静电纺丝、多泵多喷头静电纺丝等。本章提出的熔体微分静电纺丝技术,经过多年时间的研究和开发,已实现熔体微分静电纺丝设备的开发,正准备产业化。图 7-1-1 为熔体微分静电纺丝,图 7-1-2 为熔体微分静电纺丝工业化装置。

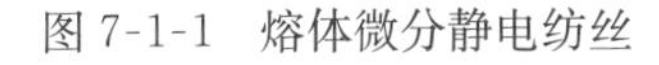

图 7-1-1　熔体微分静电纺丝

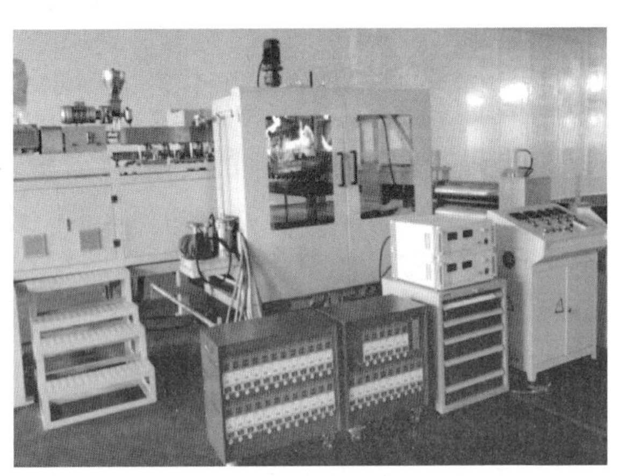

图 7-1-2　熔体微分静电纺丝工业化装置

熔体微分静电纺丝与溶液静电纺丝相比,具有以下特点:

(1) 无溶剂、无污染,工艺简单,可以制备溶液电纺常温下无法制备的 PP、PE、PPS 等聚合物超细纤维,而且纤维直径更细,直径分布更加均一;

(2) 原料转化率 100%,同等条件下纺丝效率比溶液电纺高一个数量级;

(3) 纤维表面光滑,无溶剂挥发留下的孔隙同等细度的纤维具有更高的强度。

基于高分子材料先进制造的“微积分”思想,本书作者提出了熔体微积分叠层复合成型方法及装置,如图 7-1-3 所示。美国 Shrenk 等发明的层叠器(美国专利 3557265),采用了立交层叠的方法,EDI 公司将该种层叠器实现了产业化。3M 公司则采用该技术生产纳米叠层复合膜。但是美国专利的层叠器存在微层不均匀的问题,且经过层叠器后压力损失较大,针对美国专利层叠器的不足,作者发明了熔体微积分叠层复合成型方法及装置,采用扭转层叠的方法。新型的微积分层叠复合成型方法实现了一分四、四分十六、再分六十四的目的,而且层叠器的流道更加的对称。通过新型的熔体微积分叠层器制备的纳米复合材料制品微层更均匀、压力损失小。

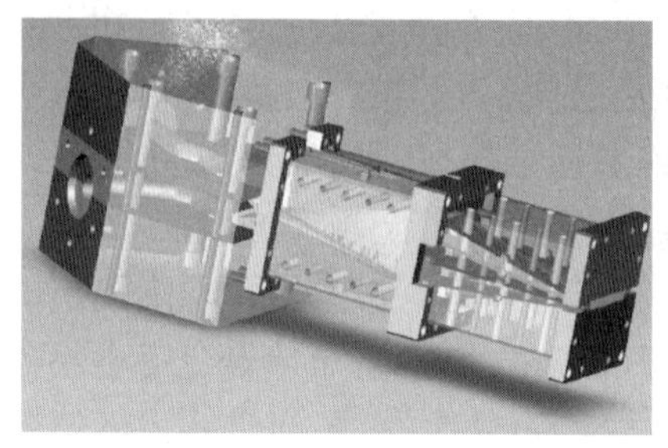

图 7-1-3　新型分叠器的数字样机与新型分叠器流道

基于高分子材料先进制造的“微积分”思想，本书作者提出了微分注射成型的概念，发明了一种微分注塑机。微分注塑机的关键是在高分子聚合物熔融塑化注射系统的前端设置微分泵，如图 7-1-4 所示。微分注塑机的基本结构和工作原理如图 7-1-5 所示。行星齿轮式熔体微分泵具有一进多出且均匀分割计量的功能，对高分子熔体进行分流、输送、增压和计量注射，配合相应的模具实现微分注射成型。采用微分注射成型方法，可用一台微分注塑机达到多台微注塑机的效果，高效率、低成本、大批量地制造微型高分子制品。

积分注射成型原理是与微分注射成型相逆的流程，将相对较小的多股聚合物熔体汇聚，完成大容量注射成型加工作业。一种可行的实现方案是将图 7-1-5 所示的微分泵逆向设置，成为积分泵，用多台小型塑化装置分别塑化供料，通过积分泵汇流后进入模腔，实现大型制品的精密注射成型。采用积分成型方法，有利于实现注射成型装备的模块化和标准化，可根据制品大小组合成为相应规格的成型装备。

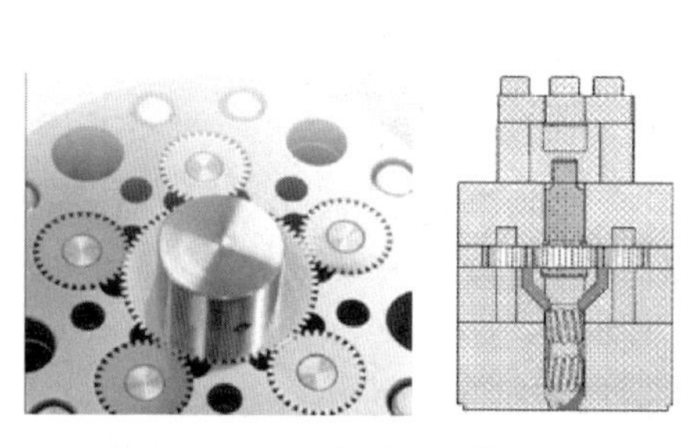
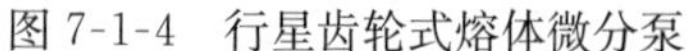

图 7-1-4　行星齿轮式熔体微分泵

图 7-1-5　微分注射成型原理示意图

高分子制品在国民经济诸多领域应用已十分广泛，而且还在不断扩展。为了满足一些复杂系统和大型化应用场合的要求，根据“微积分”思想，采取化整为零、积小成大的技术路线，可以大幅度提高制品的使用性能并且降低制造成本。

7.2　微分注射成型系统及其理论模型

如 7.1 节所述，一般对微分注射成型设备的注塑单元进行专门设计。本节研究的微分注射成型系统是双阶注塑单元的一部分。本节提出一种全新的微分注射成型结构，可实现双阶注塑单元的注射功能，并研究其设计思想、机械机构及其工作机理和控制系统；在此基础上，建立微分注射成型系统以及微分注射成型机的三维虚拟样机；根据微分注射成型的结构及工作原理，建立微分注射的注射量模型，为微分注射成型机的设计原理和工作性能的研究提供理论依据。

7.2.1　微分注射成型系统的结构及工作原理

本节研发了一种全新的微分注射成型方法及设备，利用常规注射成型机的平台，采用微分注射成型系统，避免了现有微型注射成型机螺杆尺寸小、加工难度大的不足。微分注射成型系统的特点为精密分流、高效成型。

1. 设计思想

图 7-2-1 为新型微分注射成型机的设计思路。

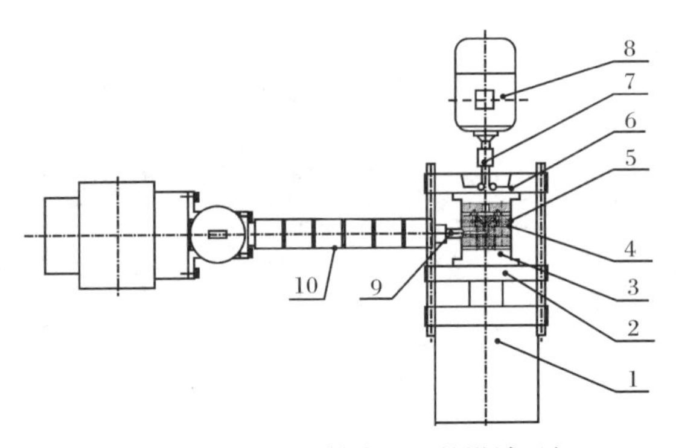

图 7-2-1　微分注射成型机的设计思想

1-合模系统；2-动模板；3-模具；4-微分泵；5-加热装置；6-定模板；7-联轴器；8-驱动电机；9-喷嘴；10-塑化系统

微分注射成型系统是微分注射成型机的核心部件，该系统由动模板、定模板、微分泵、分流板、加热器、浇口套、驱动电机、喷嘴及控制系统等组成。微分泵的选择可以根据实际的需要进行设计制造。本章中采用的微分泵具有如图 7-2-2 所示的一个主齿轮和六个从动齿轮，对应一个进口和六个出口，每个出口通过分流板与喷嘴相连，通过微分齿轮的精确计量分流，将熔体通过喷嘴注射到型腔之中实现微型制品的快速成型。微分注射成型系统的设计与传统的模具的设计有相似之处，动模板的设计与模具的动模板设计一致，安装在注射成型机的动模部分；微分泵、分流板、加热器、浇口套、喷嘴等与定模板安装在一起，固定在定模板上。微分注射成型系统的合模动作就采用普通注射成型机的合模机构即可实施。动模板的型腔板采用特殊的模块化设计。在成型不同制品时，无需将动模拆卸下来，只需更换型腔块即可，见图 7-2-3。与此同时，微分注射成型系统的设计采用与模具合为一体的设计方式，既简化了机构的设计，又使整体结构紧凑。

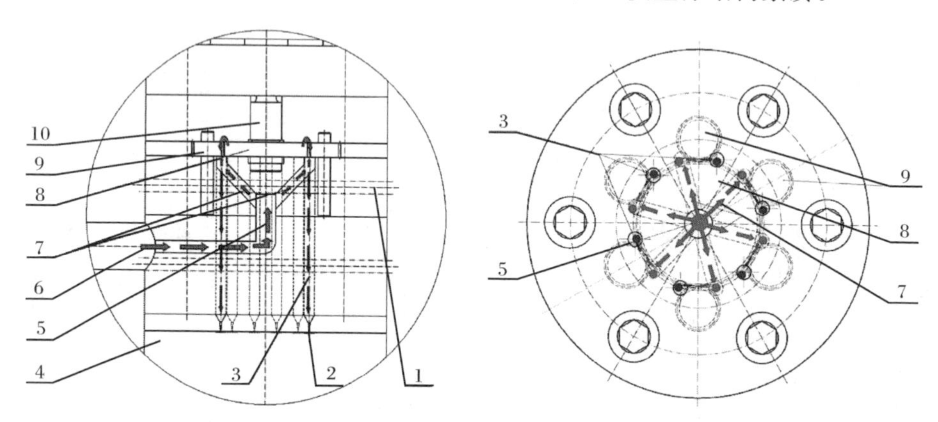

图 7-2-2　熔体在微分注射成型系统内流动示意图

1-加热装置；2-微型制品；3-出口；4-模具；5-主进口；6-喷嘴；7-进口分支；8-主动齿轮；9-从动齿轮；10-齿轮驱动轴

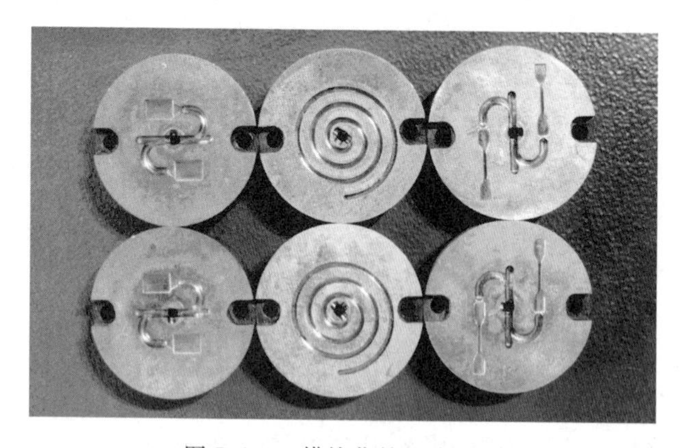

图 7-2-3　模块化的型腔设计

1）微分注射成型系统的驱动及控制

为了达到精密控制微分注射成型系统，实施精密微分制品成型的目的，微分注射成型系统的驱动采用伺服电机,伺服电机通过联轴器与微分泵联结,直接为微分注射成型系统提供动力。通过控制系统对电机实施转速、转角等的检测及控制。

2) 微分注射成型机整机平台选择与结构设计

如前所述,为了避免传统微型注射成型机螺杆尺寸小、加工难度大的不足,本微分注射成型系统选择常规注射成型机的平台进行设计,即采用合模力为600kN的注射成型机的塑化单元和合模单元;考虑到微分注射成型系统中微分泵的结构,为了便于微分注射成型系统驱动系统的安装布置,微分注射成型机采用侧面注射的直角式空间结构形式。

2. 微分注射成型系统组成和工作原理

图7-2-4为微分注射成型系统的三维模型,其主要包括定模部分和动模部分。动模部分与传统的模具的动模设计并无大异。定模部分主要包括一个伺服电机、一个联轴器、一个微分泵、一个分流板、一个压力传感器、一套加热系统、一套隔热系统、一套喷嘴以及一套控制系统组成。伺服电机通过联轴器与微分泵相连;微分泵与分流板连接在一起,分流板(图7-2-5)上装有压力传感器以检测分流板及微分泵的入口压力。喷嘴安装在分流板上,微分泵的出口通过分流板上的流道设计与喷嘴连接。本微分注射成型系统选用的微分泵具有一个进口、六个出口,因此与之配套六个喷嘴。微分泵、分流板以及喷嘴均需加热,对其检测并进行控制。为了避免高温下各零部件彼此的温度传导,在定模板的各零件安装隔热元器件。控制系统对微分注射成型系统的压力、温度以及伺服电机进行控制。微分注射成型机的控制系统可以与微分注射成型系统的控制独立开来,也可以与注射成型机的控制系统整合在一起。

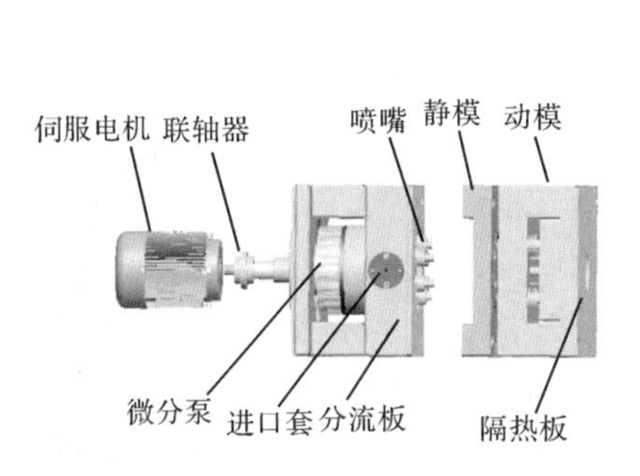

图7-2-4 微分注射成型系统的三维模型

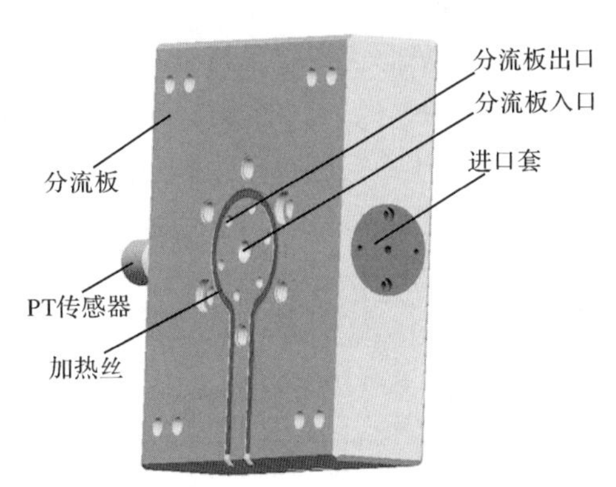

图7-2-5 微分注射成型系统分流板结构示意图

微分注射成型系统的安装方式与常规的注塑模具的安装方式相同，动模部分安装在注射成型机合模系统的动模板上，定模部分安装在定模板上。伺服电机通过定模板上的安装孔安装在定模板外侧。微分注射成型系统是微分注射成型机的重要组成部分，微分泵是微分注射成型系统的核心。

微分注射成型机的工作原理如图 7-2-6 所示。

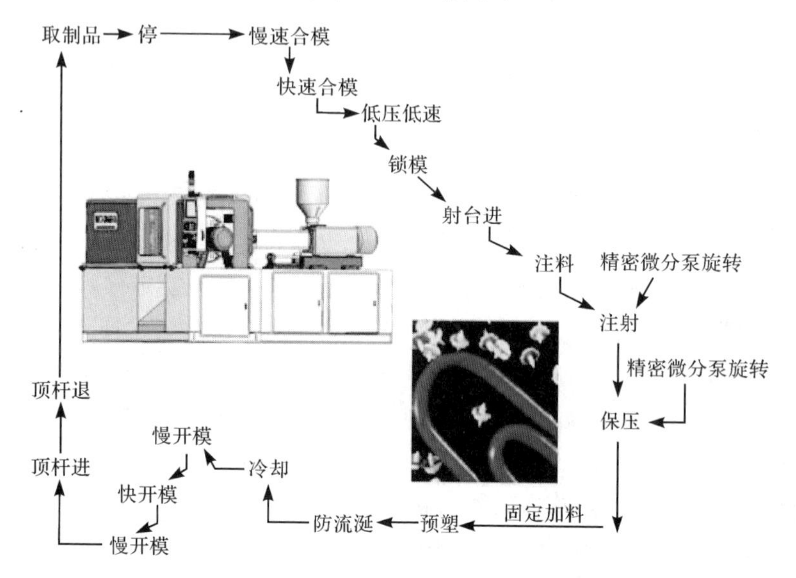

图 7-2-6　微分注射成型控制流程图

微分注射成型首先将塑料颗粒或者粉末加入机筒内，并通过螺杆旋转和机筒外壁加热使固态塑料颗粒塑化成熔融状态；然后注射成型机动模板上的微分成型模具与定模板上固定的精密微分注射成型系统闭合完成合模过程；此后注射座低速前移，喷嘴贴紧微分注射成型系统的浇口套，接着螺杆在滚珠丝杠或者液压马达的控制下向前推进，从而将高分子熔体以较高的压力和较快的速度将熔料注入微分注射成型系统的微分泵中，安装在微分注射成型系统熔体入口处的传感器检测到压力，当压力达到一定值，泵中充满聚合物熔体后，微分注射成型系统的伺服电机按照控制器设定的转速转动，熔体在微分泵的作用下将高分子熔体以相同的压力和速度注射到成型模具的型腔中。经过一定时间保压和冷却，成型模具中的高分子熔体固化成型，便可开模取出制品。如此反复，周期性完成微分注射成型。

其中微分泵的精密控制是确保微制品成型的关键，也是微分注射与常规的微注射最大的区别所在。在微分注射过程中，物料经过螺杆的旋转塑化形成熔体，螺杆将熔体经分流板注射到齿轮泵中，齿轮泵的入口压力作为微分注塑控制的触发信号，在齿轮泵旋转注射过程中始终检测熔体压力并确保压力的恒定。与常规注射成型设定螺杆的终止位置相似，微分注射成型通过设定泵内齿轮的旋转角度来实现注射量的控制。

注塑过程中，微分注射成型机没有注射座后退的动作，其喷嘴始终与浇口套紧密接触；停机时，需排空微分注射成型系统内的残余物料。

3. 控制系统原理

微型注射成型机的控制系统虽然会因不同的机型而有所不同，但是其控制基本原理相同。由于微分注射成型机的主机采用常规的注射成型机，因此微分注射成型机的合模单元以及预塑化单元的控制并没有很大不同。下面将重点介绍微分注射成型系统的控制原理及要求。

微分注射成型系统包含伺服电机、压力传感器、温度传感器、加热器等，涉及伺服电机和温度的控制，以及用压力传感器检测微分注射成型系统内部的压力，反馈到塑化部分，因此通过注射成型机的内部通信协议与主机进行连接。实际注射成型过程中，物料通过主机塑化单元的注塑螺杆旋转对高分子材料进行熔融塑化，熔融的物料在注射压力的作用下由浇口套经分流板的流道进入微分注射成型系统并维持熔体压力的恒定，见图 7-2-7。

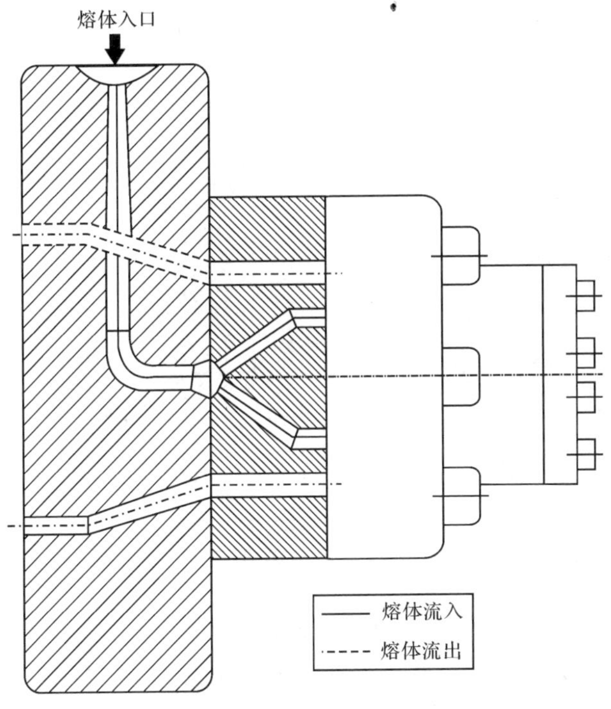

图 7-2-7　熔体在微分注射成型系统中的流动示意图

将齿轮泵的入口压力作为微分注塑机注射控制的触发信号，在齿轮泵旋转注射过程中始终检测熔体压力并确保压力的恒定。熔体压力达到设定值,触发伺服电机旋转;伺服电机通过联轴器带动齿轮泵旋转,通过齿轮泵的精密计量、增压将塑料熔体通过喷嘴注射到模具型腔中。通过设定齿轮泵的旋转角度,可控制进入模具型腔内的物料体积。在转角的控制中采用闭环控制,其控制框图见图 7-2-8。

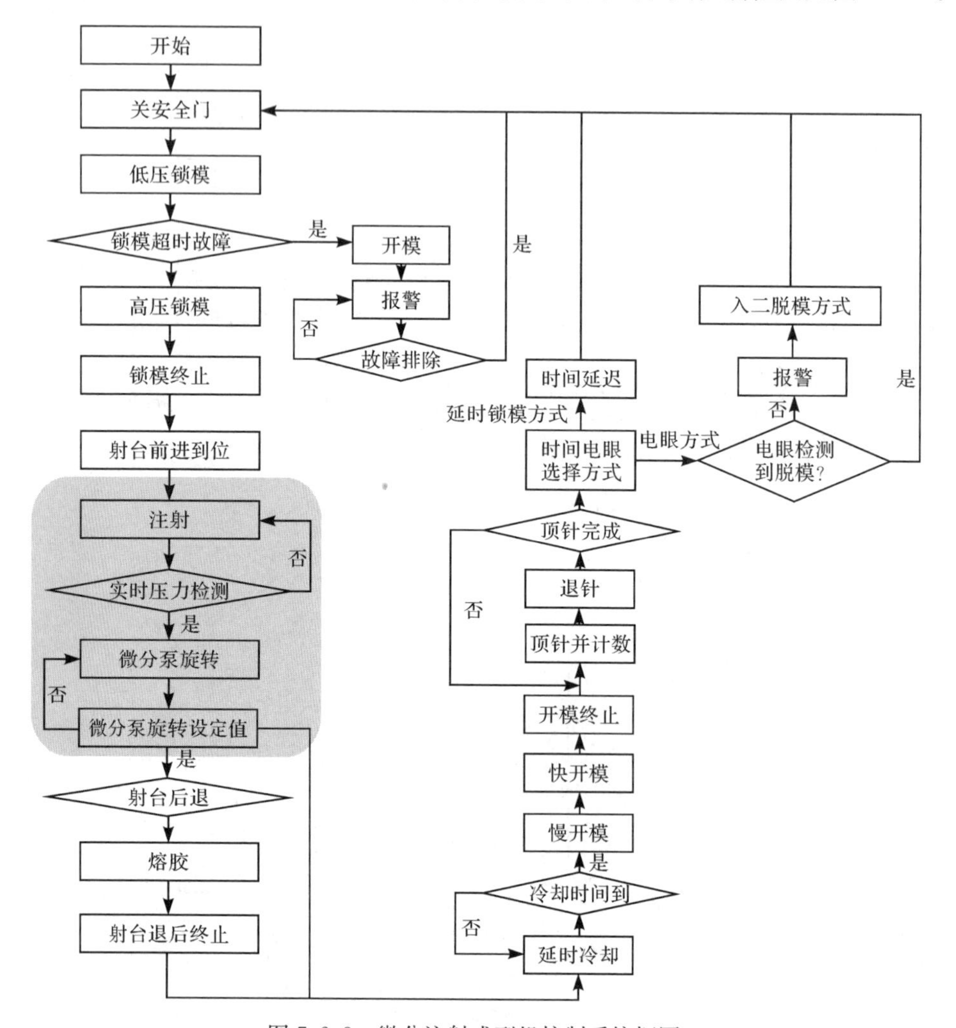

图 7-2-8 微分注射成型机控制系统框图

针对微分注射成型系统的控制有以下几点具体的要求:

(1) 微分注射成型系统具有与主机控制器独立的控制系统或者嵌入在主控制器内的独立模块。在全液压微分注射成型机中,采用独立的控制系统。在全电动微分注射成型机中,采用在主控制器中开发独立的微分控制界面。

(2) 微分注射成型系统与注射成型机控制器的通信,通过压力/时间信号线进行，确保设备运行平稳。

(3) 应控制微分注射成型系统的参数，使微分注射成型系统参数达到设定的工艺参数，具体要求如下：

① 温度(℃)(精度要求：±1℃)，包括微分泵体温度、分流板温度、微分注射成型系统喷嘴温度、模具温度。注射成型机的微分注射成型系统具有六个热嘴加热部件、两个分流板加热丝以及微分泵加热圈的温度控制，在电气部分留有足够的加热接线端子。

② 压力(bar)(精度要求：±1bar)。微分泵体内压力要求注射压力不高于15MPa。微分注射成型系统对入口压力敏感，注射部件的注射压力不能超过15MPa，并且具有良好的低压控制特性，压力波动小，控制平稳。

③ 注射量(cm^3)，即微分注射成型系统的每个喷嘴的出料量。注射量设置确定后，根据设定的伺服电机转速自动实现转角(精度：±0.1°)的换算，同时可对注塑速度进行控制。

(4) 防护及报警设置：转速防护及压力极限报警，当转速超过警戒值时，系统自动防护无法旋转，同时在设定压力时，将压力维持在安全值范围内。

7.2.2　微分注射成型机虚拟样机的建立

虚拟制造技术，或者虚拟样机技术(virtual prototyping technology)是一种基于虚拟样机的数字化现代设计方法，是用来替代物理产品的计算机数字模型[1~6]，是进行产品设计、系列化与参数化设计的重要工具，是改善产品开发周期、提高质量和降低成本，进而提高企业市场竞争力的重要手段[7,8]。注射成型机是机、电、液、控高度一体化的设备，其虚拟样机模型包括注射成型机系统产品主模型、机械子系统模型、液压子系统模型和控制子系统模型[9]。

微分注射成型机在常规注射成型机的基础上，配备专门的微分注射成型系统。如图7-2-9和图7-2-10所示为锁模力规格为600kN的微分注射成型机虚拟样机的微分注射成型系统以及整机模型。其塑化部分和合模部分采用技术已成熟的普通注射成型机的设计。

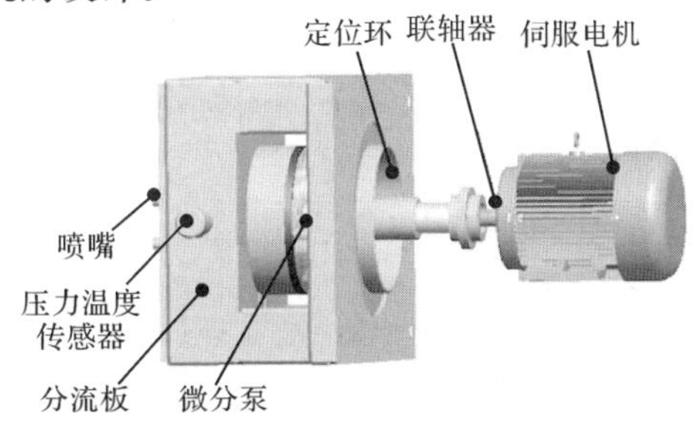

图7-2-9　微分注射成型机虚拟样机的微分注射成型系统模型

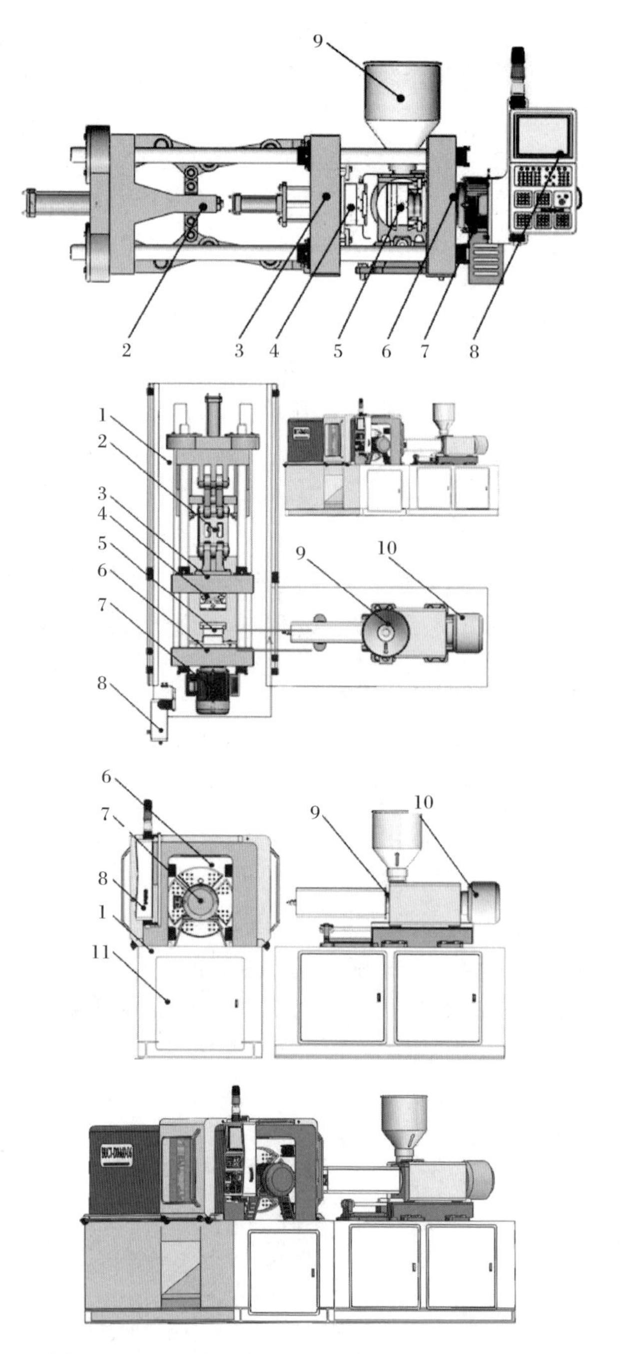

图 7-2-10　微分注射成型机虚拟样机的整机模型

1-机台；2-肘杆机构；3-动模板；4-模具；5-微分注射成型系统；6-定模板；7-伺服电机；8-控制器；9-塑化部分；10-马达；11-电气控制柜

7.2.3　微分注射成型系统的注射量模型

微分注射成型系统将塑化单元提供的高分子熔体，通过微分泵的计量分流，注射到微型制品型腔中完成塑料制品的成型。微分注射成型系统的注射量主要取决于微分泵的特性。微分泵采用行星齿轮泵的结构形式，为齿轮泵的一种，结构见图 7-2-11。

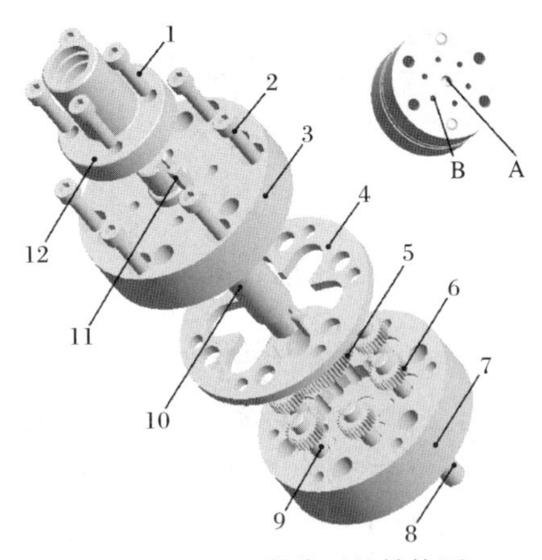

图 7-2-11　微分泵的结构图

1-密封套固定螺栓；2-后板固定螺栓；3-后板；4-齿轮板；5-主动齿轮；6-从动齿轮；7-前板；8-定位销；9-从动齿轮轴；10-主动齿轮轴；11-键；12-密封套；A-微分泵入口；B-微分泵出口

以双齿轮齿轮泵的结构图为例，如图 7-2-12 所示，介绍微分泵的工作原理，主动齿轮 5 与从动齿轮 6 的厚度相同，宽度和泵体接近且互相啮合，主动齿轮 5 和从动齿轮 6 与齿轮板 4、前板 7 以及后板 3 形成密闭的腔室，该密闭腔被齿轮的啮合线分成熔体吸入区和熔体排出区两部分。主动齿轮和从动齿轮由键固定安装在主动齿轮轴 10 和从动齿轮轴 9 上，伺服电机带动主动齿轮轴 10 旋转。

当微分泵的主动齿轮在伺服电机驱动下按照图 7-2-12 所示方向旋转时，微分泵右侧熔体吸入区的齿轮开始脱离啮合区，轮齿从齿间脱离开来，啮合区的密闭容积逐渐增大，形成真空，微分注射成型系统的进料口中的高分子熔体在塑化部分的注射压力以及大气压作用下，经分流板的进料口、微分泵的入口在吸入区进入齿轮的齿间。随着齿轮的旋转，吸入齿间的高分子熔体被带到另一侧，进入排出区。这时轮齿进入啮合，使密封容积逐渐减小，齿轮间部分的熔体被挤出，形成了微分泵的增压输送熔体的过程。

齿轮啮合时齿向接触线把吸入区和排出区分开，起到熔体隔离作用。当微分泵的主动齿轮由伺服电机带动不断旋转时，轮齿脱开啮合的一侧，由于密封容积

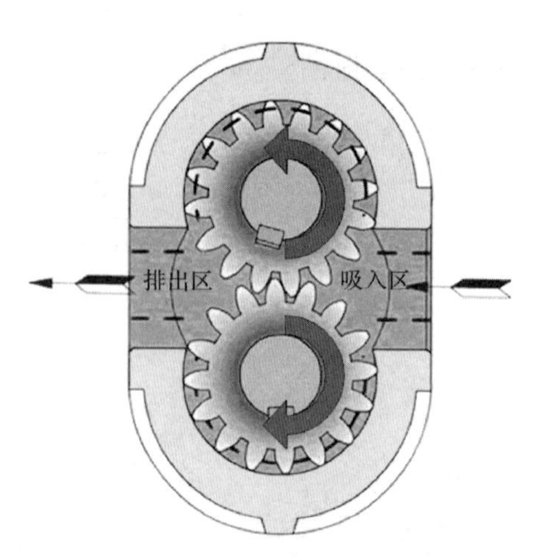

图 7-2-12　齿轮输送熔体示意图

变大,熔体不断从进料口进入齿轮间隙;轮齿进入啮合的一侧,由于密封容积减小,不断地将高分子熔体压出,这就是齿轮泵的基本工作原理。泵的前板 7、后板 3 以及齿轮板 4 和泵体由两个定位销 8 定位,用 6 只螺钉 2 固紧。为了防止熔体在主动轴方向的泄漏,利用四个螺栓 1 将密封套 12 固定在后板上。

由图 7-2-13 可知,作用于齿轮 A_1O_1 的力为 pr_1b,作用于 O_1B 的力为 pa_1b,以齿轮中心转轴 O_1 为中心点的转矩分别为

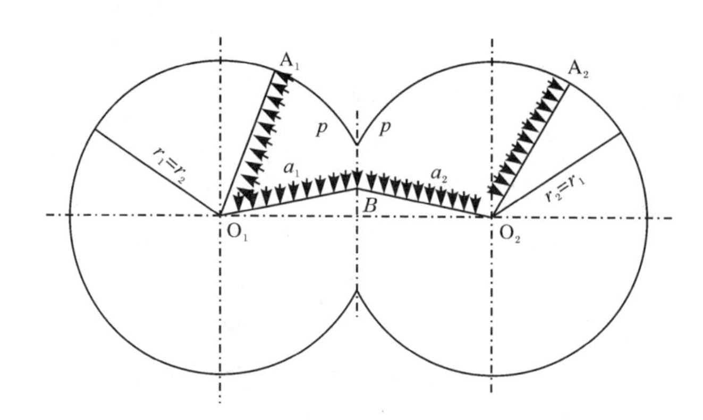

图 7-2-13　微分泵工作时齿轮受力情况

$$M_{11} = p\frac{r_1^2}{2}b \tag{7-2-1}$$

$$M_{12} = p\frac{a_1^2}{2}b \tag{7-2-2}$$

因此作用在 $\triangle A_1O_1B$ 中的总转矩为

$$M_1 = \frac{1}{2}pb(r_1^2 - a_1^2) \tag{7-2-3}$$

采用同样的思路可以得到△A_2O_2B 中的总转矩为

$$M_2 = \frac{1}{2}pb(r_1^2 - a_2^2) \tag{7-2-4}$$

在工作时该齿轮受到的总转矩为

$$M_1 + M_2 = \frac{1}{2}pb(2r_1^2 - a_1^2 - a_2^2) \tag{7-2-5}$$

根据余弦定理，由图 7-2-14 可以分别求出

在△O_1BO 中

$$a_1^2 = r^2 + x^2 - 2rx(90° + \alpha) \tag{7-2-6}$$

在△O_2BO 中

$$a_2^2 = r^2 + x^2 - 2rx(90° - \alpha) \tag{7-2-7}$$

二式相加得

$$a_1^2 + a_2^2 = 2(r^2 + x^2) \tag{7-2-8}$$

代入总转矩公式得

$$M_1 + M_2 = pb(r_1^2 - r^2 - x^2) \tag{7-2-9}$$

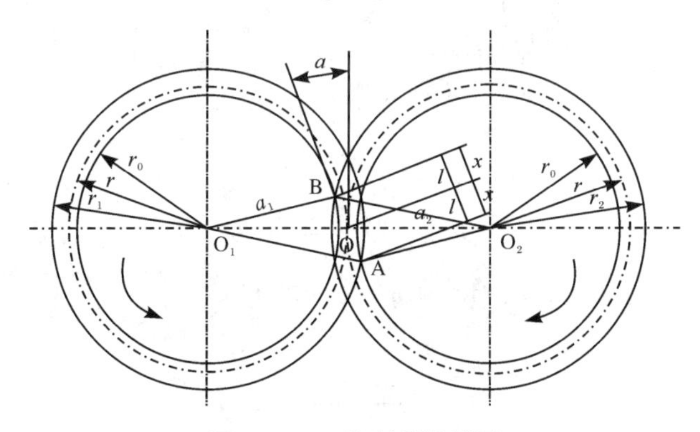

图 7-2-14　注射量计算图

工作时，齿轮在旋转单位角度内所做的功等于熔体的排出量与压力的乘积，同时也等于工作齿轮所受总转矩与转角的乘积，因此可以得到

$$Q_\beta p\beta = pb(r_1^2 - r^2 - x^2)\beta \tag{7-2-10}$$

最后将式(7-2-10)化简得到微分泵单位转角的注射量公式为

$$Q_\beta = b(r_1^2 - r^2 - x^2) \tag{7-2-11}$$

式中：Q_β ——单位转角的熔体排出量，cm^3/r；

p ——工作压力，bar；

b ——齿轮宽度，cm；

r_1 ——齿顶圆半径,cm;

r ——分度圆半径,cm;

a_1 ——齿轮啮合点 B 与中心 O_1 点的距离,cm;

a_2 ——齿轮啮合点 B 与中心 O_2 点的距离,cm;

x ——齿轮转动 β 角时相应啮合线长,cm;

β ——齿轮转角,r;

α ——啮合角(压力角),°。

根据单位转角排出量的公式,排出量 Q_β 是啮合线长度 x 的函数,也是转角 β 的函数。

当齿轮啮合点在中心点 O 时,即 $x = O$ 时,则得最大排出量

$$Q_{\beta大} = b(r_1^2 - r^2) \tag{7-2-12}$$

当齿轮啮合点在起始点 A 与终止点 B 时,即 $x = -l$,或 $x = l$,则得最小的排出量

$$Q_{\beta小} = b(r_1^2 - r^2 - l^2) \tag{7-2-13}$$

式中:l ——在中心线一边的啮合线长度。

根据上述所知,微分泵的熔体排出量是由小到大,再由大到小重复变化着的。当稳定运动时,微分泵排出量的这种周期性波动称为脉动。这种排出量不均匀程度称为脉动度。波动次数等于工作齿轮的齿数。

脉动度 δ 可用两种形式来表示:

$$\delta = \frac{Q_{\beta大} - Q_{\beta小}}{Q_{\beta平均}} \times 100\% \tag{7-2-14}$$

其中

$$Q_{\beta平均} = \frac{Q_{\beta大} + Q_{\beta小}}{2} \tag{7-2-15}$$

由于确定平均排出量比较困难,所以脉动度通常相对于最大输液量 $Q_{\beta大}$ 来计算。

$$\delta = \frac{Q_{\beta大} - Q_{\beta小}}{Q_{\beta大}} \times 100\% \tag{7-2-16}$$

$$\Delta Q_\beta = Q_{\beta大} - Q_{\beta小} = b(r_1^2 - r^2) - b(r_1^2 - r^2 - l^2) \tag{7-2-17}$$

则

$$\begin{aligned}\delta &= \frac{Q_{\beta大} - Q_{\beta小}}{b(r_1^2 - r^2)} \times 100\% \\ &= \frac{\Delta Q_\beta}{b(r_1^2 - r^2)} \times 100\% \\ &= \frac{bl^2}{b(r_1^2 - r^2)} \times 100\% \\ &= \frac{l^2}{r_1^2 - r^2} \times 100\% \end{aligned} \tag{7-2-18}$$

为了便于分析脉动度 δ 与齿轮各参数之间的关系，将上述公式变化如下。

由于重叠系数为

$$\varepsilon = \frac{2l}{t_0} \tag{7-2-19}$$

齿轮基圆节距为

$$t_0 = \pi m\cos\alpha \tag{7-2-20}$$

$$l^2 = \frac{\varepsilon^2 t_0^2}{4} = \frac{\varepsilon^2 \pi^2 m^2 \cos^2\alpha}{4} \tag{7-2-21}$$

又由于

$$r_1 = r + f_0 m \tag{7-2-22}$$

$$r = \frac{mZ}{2} \tag{7-2-23}$$

则

$$r_1^2 = \frac{m^2 Z^2}{4} + m^2 f_0 Z + f_0^2 m^2 \tag{7-2-24}$$

$$r^2 = \frac{m^2 Z^2}{4} \tag{7-2-25}$$

所以

$$\delta = \frac{\varepsilon^2 \pi^2 m^2 \cos^2\alpha}{4\left(\frac{m^2 Z^2}{4} + m^2 f_0 Z + f_0^2 m^2 - \frac{m^2 Z^2}{4}\right)} \times 100\% \tag{7-2-26}$$

如果 $f_0 = 1$，则有

$$\delta = \frac{\varepsilon^2 \pi^2 \cos^2\alpha}{4(Z+1)} \times 100\% \tag{7-2-27}$$

式中：ε ——重叠系数；

m ——齿轮模数，mm；

Z ——齿轮齿数；

α ——齿轮啮合角，°；

f_0 ——齿轮齿顶高系数；

t_0 ——齿轮基圆节距，mm。

由上述公式可知，脉动度与齿轮模数、齿宽、转速无关，而与齿顶高系数有关。随着齿轮啮合角增大，脉动度减小；随着重叠系数增加，脉动度也增加；随着工作齿轮齿数增加，脉动度减小。

为保证微分泵正常工作，均匀地输送高分子熔体，同时将微分泵在制造和装配上的误差考虑在内，齿轮啮合的重合度应该大于 1。在这种情况下，在一定时间内有两对轮齿处于啮合状态，这两对轮齿、齿轮板和微分泵体内表面之间就形成了熔体吸入腔和熔体排出腔两个体积均不相同的密闭区，该密闭空间会随着齿轮不断的旋转而发生变化,从而导致聚合物熔体发生周期性的压缩和膨胀。该现象会使密闭空间内的聚合物熔体的压力随着空间变化而发生巨大的变化,从而形成困油现象。

由于聚合物熔体自身的性质其可压缩性较小,在图 7-2-15 中,当齿轮啮合区由图(a)所示的位置向(b)所示的位置变化时,区域 1 内的“困油”容积会由大变小,该阶段称为“困油”的压缩,在这种情况下被封闭的聚合物熔体内的压力会随着齿轮的啮合挤压而快速升高,可能超过微分泵的输出压力。当齿轮啮合由图(b)所示的位置向(c)所示的位置变化时,区域 2 内的“困油”容积就会由小变大,该阶段是“困油”的膨胀,该情况下“困油腔”在一定区域内会形成真空,从而产生“气穴”现象[11]。

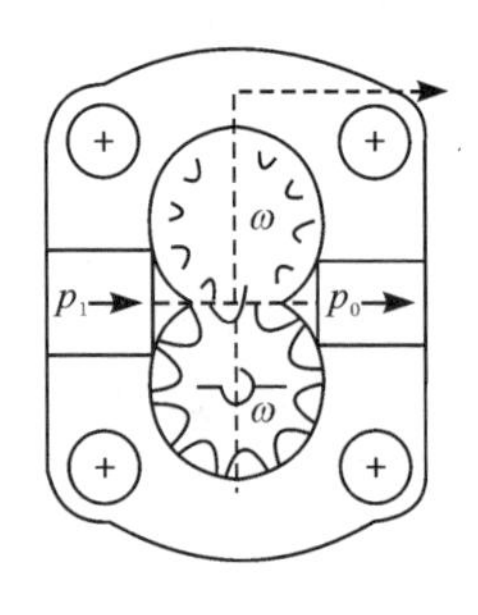

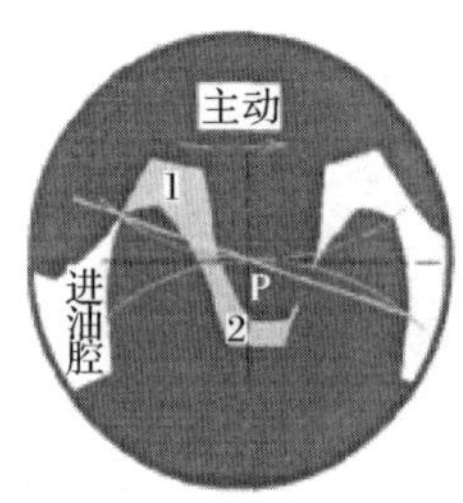

(a) 后一对齿轮进入啮合

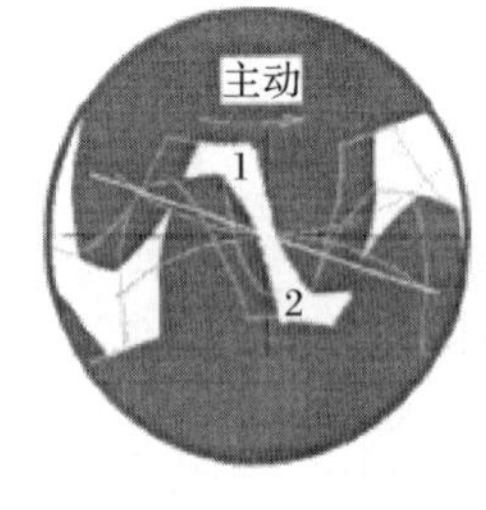

(b) 闭死容积由大变小

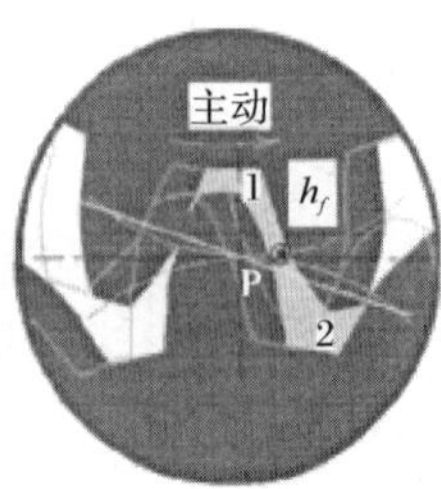

(c) 闭死容积由小变大

图 7-2-15 微分泵内的困油示意图

在实际的应用过程中,通常在齿轮板开设卸载槽以缓解“困油”问题。澳大利亚莫纳什大学等研究发现,通过合理的设计卸载槽可以有效地减轻微分泵等齿轮泵的“困油”现象。但是,卸载槽的存在也会带来负面影响,比如会在一定程度上降低泵体的容积效率;如果设计不合理就会加剧泵体压力脉动[12,13]。

为了近似计算,微分泵的排量采用以下公式计算:

$$Q_z = 2\pi dbm \tag{7-2-28}$$

式中:Q_z ——微分泵每转注射量,cm^3/r;

b ——齿轮宽度,cm;

d ——齿轮分度圆直径,cm;

m ——齿轮模数,cm。

在微分注射成型过程中,熔体经过注射成型机主机的塑化单元经分流板进入微分泵的进口,经过微分泵的计量分流,再经过分流板六个流道进入各个喷嘴。因此在整个过程中,为了综合考虑微分泵、分流板等部件的设计加工以及安装过程可能带来的影响,每个喷嘴的实际注射量采用以下公式计算:

$$Q_s = Q_z - Q_x - Q_w \tag{7-2-29}$$

式中：Q_s ——单一喷嘴实际注射量，cm^3；

Q_z ——微分泵理论注射量，cm^3；

Q_x ——微分注射成型系统的泄漏量，cm^3；

Q_w ——微分注射成型系统各部件的加工误差导致的注射量差异，cm^3。

本章所采用的微分注射成型系统中有六个从动齿轮，对应六个分流道、六个注射喷嘴。上述公式对微分注射成型的具体作用，将在7.5节微分注射成型系统各个喷嘴的注射量测试中得到体现。

7.3　微分泵内塑料熔体流动行为的理论研究

本研究设计的微分注射成型系统采用微分泵实现对熔体均匀分流的功能，因此微分注射成型中微分泵的动力学性能以及熔体在微分泵内的流动行为直接影响熔体分流的效果，从而影响微分注射成型机的工作性能及成型制品的质量。本节利用机械动力学分析软件对微分注射成型系统内微分泵的动力学特性进行仿真，研究了微分泵的运动平稳性，同时利用流体分析软件Fluent仿真研究了微分泵内熔体的流动行为，得到了不同工艺参数和结构参数对微分泵内熔体流动行为的影响规律。

7.3.1　微分泵的动力学仿真模型

1. 微分泵机械系统模型

机械动力学分析软件(automatic dynamic analysis of mechanical systems, ADAMS)是目前国际上应用最为广泛的机械系统动态模拟软件。它采用模拟样机技术，将强大的大位移、非线性分析解决功能与使用方便的用户界面相结合，并可以方便地与其他CAE软件如MATLAB、ANSYS等集成扩展。ADAMS分为VIEW、CAR、RAIL等若干模块，在汽车、铁路等领域得到了广泛的应用[14,15]。

微分注射成型系统用到的微分泵的结构如图7-3-1所示，其主要工作部件为主动齿轮与从动齿轮，其参数见表7-3-1。

主动齿轮通过主轴经联轴器与伺服电机连接，伺服电机为齿轮泵工作提供动力。采用三维建模软件Solidworks对主动齿轮和从动齿轮进行建模，并另存为IGES格式以方便后期的模型导入。

为了研究行星齿轮泵的动力学特性，采用ADAMS/VIEW对主动齿轮和从动齿轮的运动关系进行模拟。在该模拟中，主动齿轮和一个从动齿轮被导入ADAMS/VIEW中，见图7-3-2。同时，在主动齿轮和从动齿轮之间添加如下约束关系。

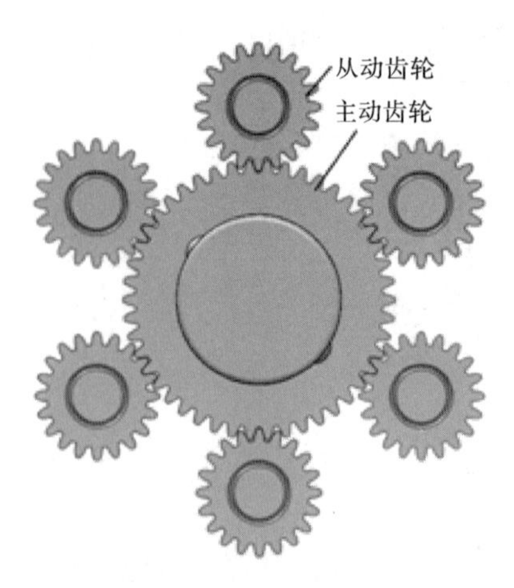

图 7-3-1　微分泵内行星齿轮的空间排布方式

表 7-3-1　微分泵主动齿轮及从动齿轮参数

类别	齿数	模数	压力角/(°)	齿根圆直径/mm	齿顶圆直径/mm	分度圆直径/mm
主动齿轮	62	1	20	45	48	46.5
从动齿轮	26	1	20	17.6	21	20.2

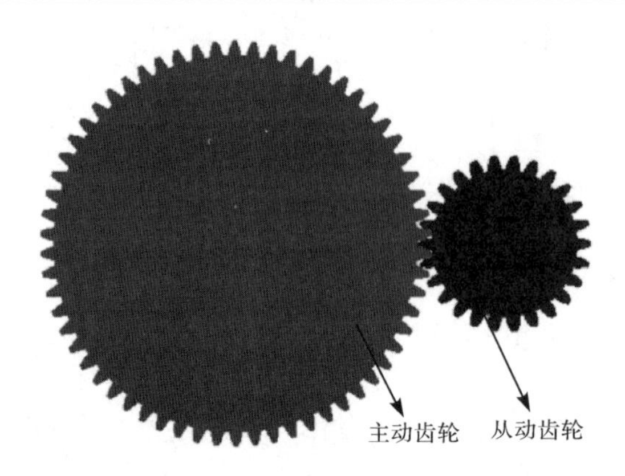

图 7-3-2　导入到 ADAMS 的主动齿轮与从动齿轮

旋转副:主动齿轮、从动齿轮与地面之间分别施加旋转副。根据微分泵的运动特性,泵的驱动选为旋转运动。同时在主动齿轮与地面之间形成的旋转副上定义样机的驱动,泵施加的驱动由伺服电机提供,在虚拟样机模型中,选择旋转运动模块 MOTION 模拟驱动电机运动,驱动电机的转速 $V=28\text{r/min}$,研究分析齿轮的传动特性。

齿轮副:微分泵主动齿轮与每个从动齿轮之间都需设定齿轮副。在设置齿轮副的过程中，要准确定位速度标记点，该标记点需要位于两个齿轮的啮合点，速度标记点处的 Z 轴应指向齿轮啮合运动的方向[16~23]。添加完约束和定义驱动的主动齿轮和从动齿轮的结构见图 7-3-3。

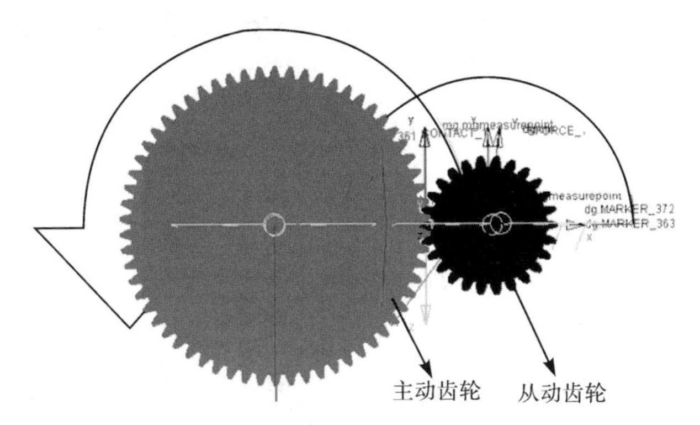

图 7-3-3　施加约束后的齿轮系统

2. 参数设置及其仿真

微分泵的运动仿真时间设置为 5s，时间步长为 0.1，定义主动齿轮的转速为 28r/min，上述参数设定完成之后，点击计算。计算完成后即可得到 ADAMS 从动齿轮的运动虚拟仿真结果。

3. 仿真结果及分析

由图 7-3-4 可知，主动齿轮的转速为 168°/s(28r/min)，通过齿轮转动，从动齿轮的转速为 400.9°/s(66.8r/min)，根据齿轮的齿数，传动比 $i=\frac{62}{26}=2.385$，计算得到的从动齿轮的转速为 $V=\frac{168\times 62}{26}=400.6°/s$，$i_1=\frac{400.6}{168}=2.386$，仿真误差为 0.07%。

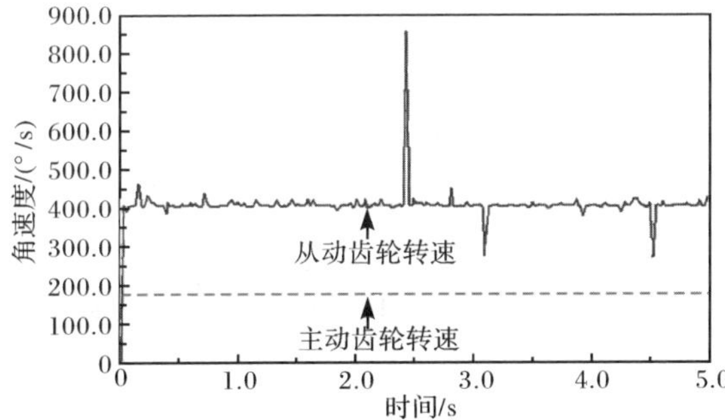

图 7-3-4　在主动齿轮转速为 28r/min 动齿轮从动齿轮动力学特性曲线

此外，对不同主动齿轮转速下的从动齿轮的运动情况进行了模拟。主动齿轮的转速分别设定为 20r/min，28r/min，35r/min，40r/min，50r/min，通过 ADAMS 模拟得到对应的从动齿轮转速，见图 7-3-5。在不同转速的主动齿轮转速下，从总体情况来看从动齿轮的转动较为平稳，从模拟结果可以预测，在实际工作中由于齿轮运动不平稳所造成的注射量波动可以忽略。

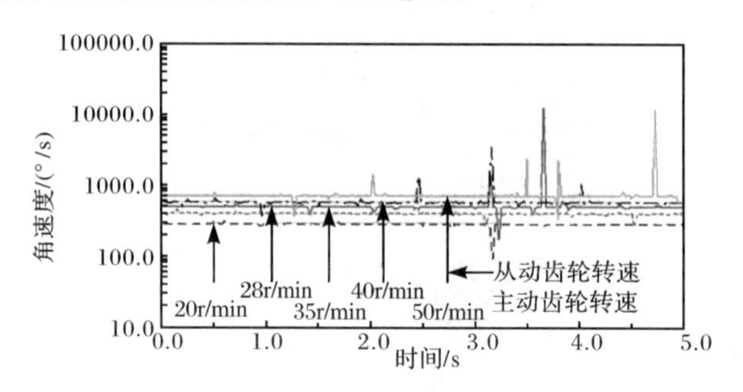

图 7-3-5　不同主动齿轮转速下的从动齿轮运动特性

7.3.2　微分泵内塑料熔体的流动行为研究

1. 问题描述及模型选择

在流体动力学(CFD)分析过程，首先要对分析对象进行模型的建立和网格的划分，此时需要采用 Fluent 的前处理软件 Gambit 模块，采用该模块可以实现复杂模型的导入，例如通过 Solidworks 或者 Pro/E 建立的模型可导入 Gambit 中；同时对于较简单的模型可以在 Gambit 模块中直接建模，利用该模块可以自动生成网格，通过对网格进行调整可以控制计算过程中网格的数量和质量。

本研究所涉及的流体材料为聚合物熔体。聚合物熔体在微分泵齿轮间的流动状态仿真属于高黏度流体不可压缩状态分析。在聚合物熔体的流动过程中，熔体压力和熔体速度等关键物理量都与时间有关。流体状态会随着时间而发生改变，此时静网格技术已经满足不了对问题的分析，对此需要采用动网格技术对流动状态进行仿真研究。Fluent 软件除了具有 Gambit 有力的前处理功能外，还可以利用先进的网格技术以及成熟的物理模型对可压缩及不可压缩等流体的流动状态进行分析[24]。因此，采用大型 CFD 软件 Fluent 对微分泵内流体的流动状态进行模拟分析。

与其他流体材料相比，聚合物熔体自身有其复杂性，为了提高本模拟的计算效率，减小分析误差，对聚合物熔体在微分注射成型系统中的流动情况进行一定简化并作出以下假设：

(1) 高分子熔体在微分泵内流动时，此过程为绝热，为恒温状态；

(2) 高分子熔体为非牛顿流体,密度变化与压力线性无关,不可压缩;

(3) 微分泵中主动齿轮的转速为定值,并不考虑入口和出口效应;

(4) 高分子熔体完全充满齿轮间隙,其流动为层流;

(5) 高分子熔体黏度较高,不考虑惯性力和重力的影响。

在微分注射过程中,微分注射成型系统的伺服电机带动微分泵的主动齿轮旋转,通过齿轮传动带动从动齿轮转动。在本研究中,设定主动齿轮的旋转方向是逆时针,根据齿轮传动,从动齿轮的旋转方向是顺时针,如图 7-3-6 所示。为了对微分泵熔体的流动行为进行研究,采用流体分析软件 Fluent 对微分泵内高分子熔体的流动行为进行仿真分析,分别对不同主动齿轮转速以及不同主动齿轮和从动齿轮中心距等微分注射成型系统参数对微分泵内高分子熔体的速度场、压力场以及剪切速率场的影响进行分析,并总结得到相应的分布规律。

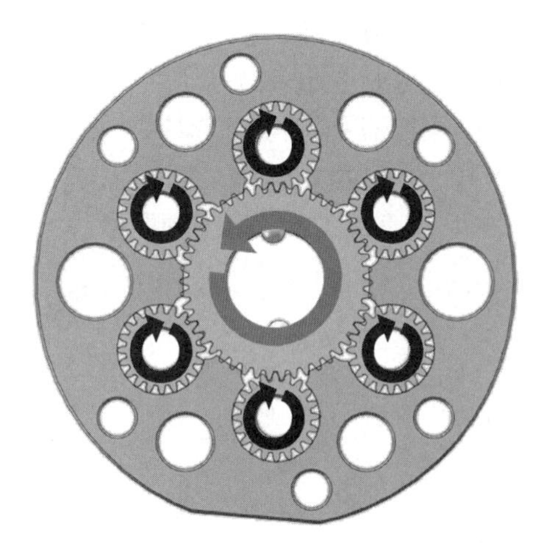

图 7-3-6　微分泵内主动齿轮与从动齿轮的旋转方向设置

2. 求解器的选取

在 Fluent 6.3.26 中有两种不同的求解器,分别是基于压力法(pressure-based)求解器和基于密度法(density-based)求解器。表 7-3-2 显示了这两种求解器的不同点。

表 7-3-2　不同求解器的各自特点

求解器	修正算法	求解控制方程	求解范围
基于压力法	压力	标量形式	可压缩/不可压缩流动
基于密度法	Couple	矢量形式	低速

由于基于密度法求解器目前发展尚未完善，同时基于压力法求解器对于可压缩流动工况具有普遍的适用性，因此本节研究采用基于压力法求解器。

3. 微分泵内熔体模型建立及其网格划分

经过测量，微分注射成型系统微分泵的主动齿轮及从动齿轮的中心距为33.10mm，主动齿轮和从动齿轮的相关参数见表7-3-1。

根据前面的描述，采用的微分泵为一个进口和六个出口，分别对应一个主动齿轮和六个从动齿轮。为了减少计算量，本节仅对主动齿轮和一个从动齿轮之间的聚合物熔体进行模拟。主动齿轮和从动齿轮之间的熔体如图7-3-7所示，图中边界区域之内剖面线表示区域为聚合物熔体。根据前面叙述的主动齿轮和从动齿轮的旋转方向设置，以及微分泵的实际结构，将入口和出口简化，直径分别设置为5mm和4mm。通过Gambit对上述的模型完成网格划分，为了便于计算及计算过程的稳定和精确，采用三角形单元对高分子熔体区域进行划分。网格设置为三角形，类型选择为Pave，网格密度选择为0.2，网格划分完成后，共有节点2.7×10^4个，单元个数为5.4×10^4个，三角形单位个数为4.8×10^4个，其中最小的网格体积为$1.3\times10^{-9}m^3$。在齿轮啮合区域的熔体的网格放大图见图7-3-8。

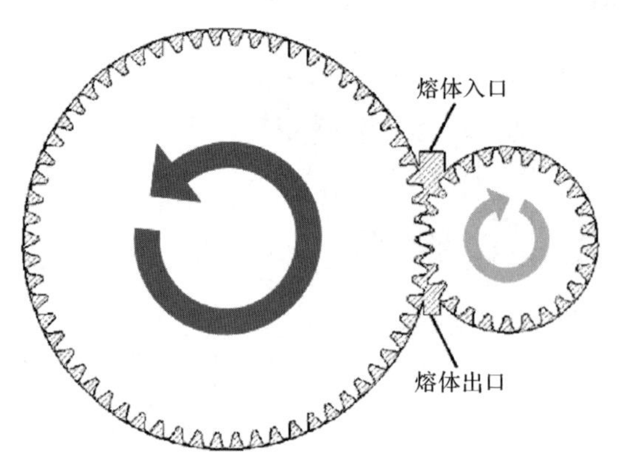

图7-3-7　Gambit中的熔体模型

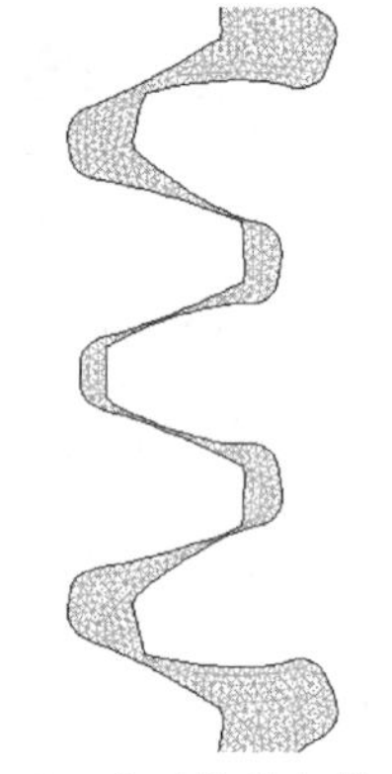

图7-3-8　主动齿轮与从动齿轮啮合区网格

4. 计算过程参数设置

在计算开始前，需要在前处理软件Gambit中对模型设置边界条件。在微分泵内熔体的入口选择为压力入口边界，命名为inlet，熔体的出口选择为压力出口边界，命名为outlet。微分泵内高分子熔体与主动齿轮的接触区域为墙边界(wall)，命名为left-wall，高分子熔体从动齿轮的接触区域也设置为墙边界置(wall)，命名为right-wall，整个区域设定为流体状态，保存上述设置；选择求解器为 Fluent5/6,同时将 mesh 网格输出。

对微分注射成型系统微分泵选取动网格技术进行计算,这样可以有效解决主动齿轮与从动齿轮在运动过程中,高分子熔体计算区域随时间变化的问题。按照高分子熔体在微分泵内的流动情况,选择层流模型,采用 PISO 的压力-速度耦合形式控制求解器,同时采用二阶迎风格式进行计算,时间步长设定为 1×10^{-3}。编写微分注射成型系统的主动齿轮的动边界条件为:

((left-wall 3 points)

(time 0 1 60)

(omega_z M M M))

编写的从动齿轮的动边界条件为:

(right-wall 3 points)

(time 0 1 60)

(omega_z D D D))

将以上编写的动边界条件导入,通过设置使动网格边界更新方式按照上述文件进行更新。在动边界设置中,"M"与"D"分别表示主动齿轮转动角速度和从动齿轮转动角速度。

对材料属性进行设置,由于采用的材料是聚丙烯(PP),其密度为0.9g/cm^3,高分子熔体表观黏度与其剪切速率的关系可由选择的 Cross 模型计算出来:

$$\eta=\frac{\eta_0}{1+(\lambda\dot{\gamma})m_0} \tag{7-3-1}$$

式中:η_0 ——零切黏度,Pa · s;

λ ——时间常数,s;

$\dot{\gamma}$ ——剪切速率,s^{-1};

m_0 ——Cross 模型指数。

由于选用聚丙烯(PP)作为模拟采用的材料,根据它的物理性质,填写材料设置如图 7-3-9 所示,该物料的零切黏度 η_0 为 4020Pa · s,时间常数 λ 为 0.3648s,Cross 模型指数 m_0 为 0.6669。

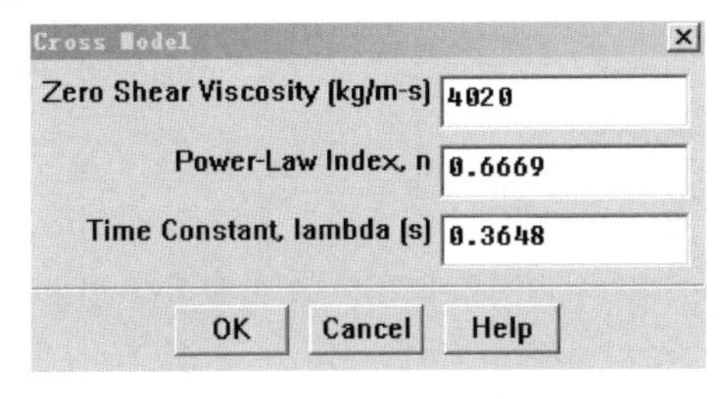

图 7-3-9　材料的基本参数设置

7.3.3　微分泵内熔体流动模拟结果及讨论

经过对微分注射成型系统内熔体流动行为研究，通过 Fluent 计算得到熔体在微分泵内流动的速度场和压力场。调整主动齿轮的旋转速度以及主动齿轮和从动齿轮安装的中心距，计算得到不同工艺条件下高分子熔体在微分泵内的压力场和速度场分布特点。

1. 熔体在微分泵内的压力场

首先设定微分泵主动齿轮与从动齿轮的中心距为 33.08mm，主动齿轮转速设定为 10r/min，入口压力设定为 8MPa，出口压力设定为 38MPa，通过计算获得微分泵内的流体的压力分布。

当齿轮转动时，熔体随着齿轮旋转，位于齿轮齿槽之间的熔体逆时针旋转到微分泵的熔体排出区，此时齿轮进入啮合区，齿槽空间逐渐减小，压力增大，并顺着微分注射成型系统的出口排出。在图 7-3-10(a)中，当主、从动齿轮随着齿轮旋转进入啮合区域，啮合区域的高分子熔体会发生周期性的压缩及膨胀，由于高分子熔体本身的压缩性比较小，因此随着齿轮啮合周期性压缩及膨胀，高分子熔体的压力会发生急剧上升及下降；在图 7-3-10(b)中，通过啮合区的放大图可以发现，高分子熔体在微分泵内的 N 处，即主动齿轮与从动齿轮进入啮合的区域，此处的压力值为 42MPa，高分子熔体体积在啮合区域受到齿轮的挤压作用，使熔体压力急剧升高；高分子熔体在微分泵内的 M 处，即主动齿轮与从动齿轮脱离啮合的区域，此处的压力值为 4.03MPa。随着啮合齿轮的转动，主动齿轮迫使高分子熔体从出口排出，在啮合区域的熔体逐渐减少，压力值减小。

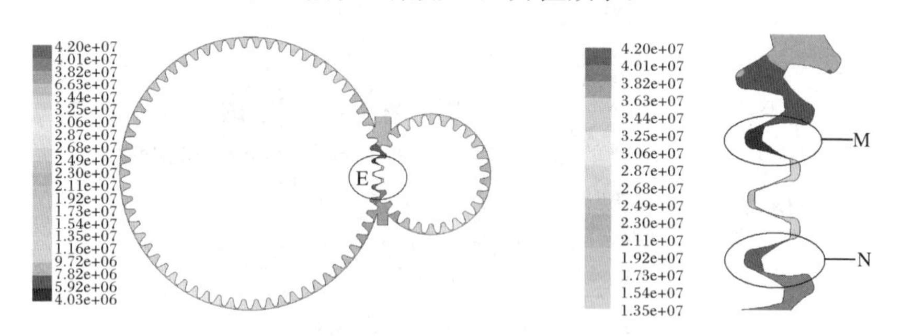

(a) 微分泵聚合物流场压力总体分布图(转速为 10r/min)　　(b) E 处压力分布的放大图

图 7-3-10　微分泵内高分子熔体压力分布图(转速为 10r/min)

通过 Fluent 软件分析，高分子熔体的速度分布如图 7-3-11 所示，当主动齿轮和从动齿轮在进入啮合之前，主动齿轮和从动齿轮齿槽间高分子熔体的流动速度分布比较均匀，齿轮与熔体接触区域以及齿轮齿顶区域与齿轮板的壁面所形成的区域有明显的速度分布。

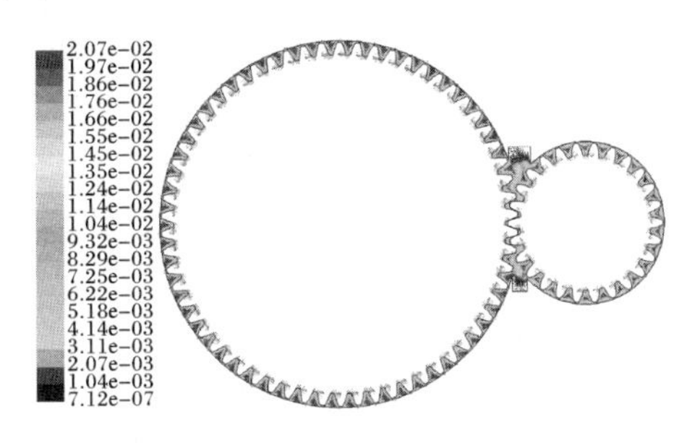

图 7-3-11　熔体在流场内的总体速度分布云图

通过截取熔体流场内最大速度分布图可以表明，如图 7-3-12 所示，微分泵内流体的最大速度位于主动齿轮和从动齿轮齿根处。之所以在齿根处产生最大速度是因为高分子熔体具有较高的黏度，随着齿轮旋转，对高分子熔体产生拖曳作用，从而提高了速度。

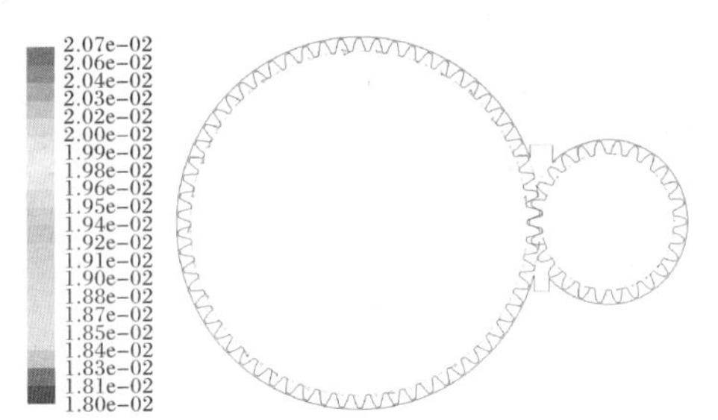

图 7-3-12　高分子熔体最大速度分布

由图 7-3-13 所示啮合区域的局部放大图可以看出，在主动齿轮和从动齿轮啮合的齿槽间熔体速度分布比较复杂。产生这种情况的原因有两方面：一方面，随着主动齿轮旋转，高分子熔体受到推动作用，所以高分子熔体沿着主、从动齿轮齿顶的切线方向的速度最大；另一方面，在齿轮齿槽之间，熔体随着齿轮转动会产生回流现象。研究表明，回流现象的产生及存在会在一定程度上降低微分注射成型系统中微分泵对高分子熔体的输送效率，也会对泵体的运转稳定性产生一定影响，从而对齿轮寿命产生消极影响[25]。

2. 微分泵转速对熔体压力的影响

在本节模拟过程中，主、从动齿轮的中心距为 33.08mm，设置入口压力为 8MPa，设置出口压力为 38MPa，通过改变微分泵的转速研究不同齿轮转速对微分泵压力分布的影响规律。

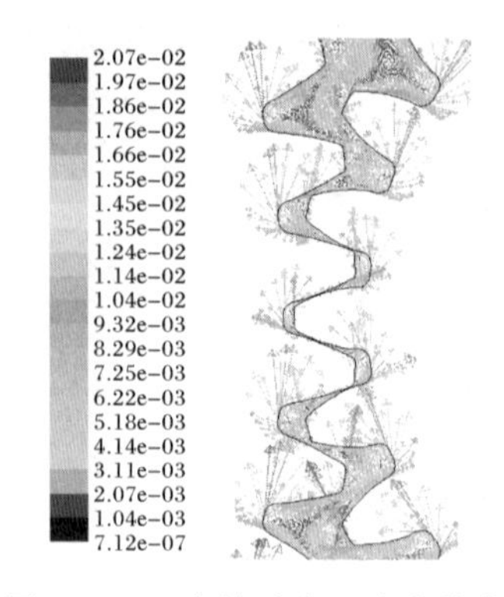

图 7-3-13　齿轮啮合区速度分布

将齿轮的转速分别设定为 10r/min、15r/min、20r/min、25r/min、30r/min，模拟得到了对应上述转速的高分子熔体压力的最大值及最小值。从图 7-3-14 中可以看出，在微分泵的啮合区域，随着微分泵主动齿轮转速的增加，微分泵啮合处熔体压力的最大值也随之增加。从前述的模拟结果可知，微分泵内压力最小值在微分主、从动齿轮的脱离啮合的位置。图 7-3-15 说明，随着微分泵主动齿轮转速增加，微分泵啮合处脱离啮合区域的最小压力值反而减小。当齿轮转速达到一定值后，微分泵啮合处的熔体会出现负压。例如，当转速达到 25r/min 时，就会出现负压，而且当转速为 30r/min 时，压力负值达到 1.6MPa。因此，在实际工作过程中，压力并不能设置过低或者过高，应该在合理的范围之内。

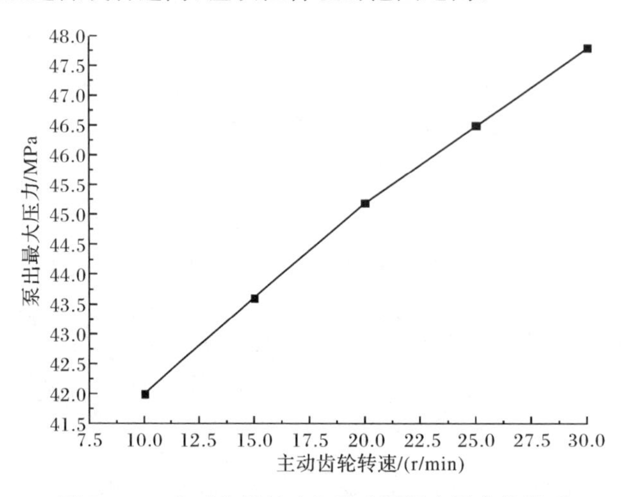

图 7-3-14　主动齿轮转速与微分泵最大压力的关系

与此同时，通过模拟发现，聚合物熔体在微分泵齿轮啮合区的流动速度与微分泵的转速成正比（见图 7-3-16），即微分泵转速越快，越能提高高分子熔体在齿轮

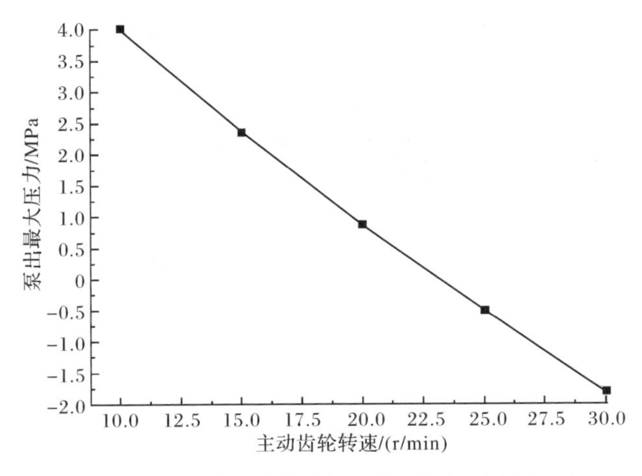

图 7-3-15　主动齿轮转速与微分泵最低压力的关系

啮合区内的流动速度，这样就会缩短聚合物熔体在微分泵内的停留时间，越有利于微分注射成型。

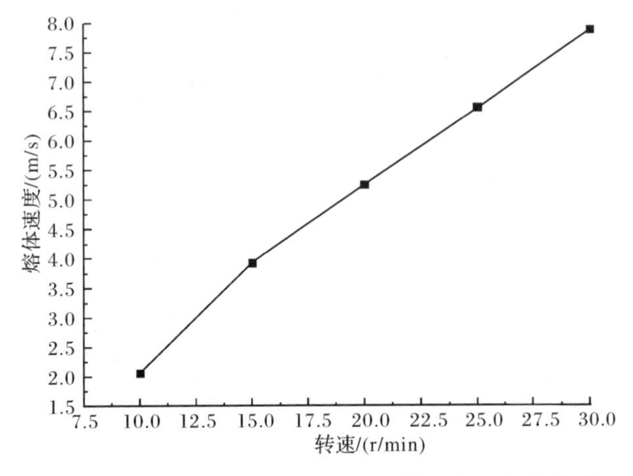

图 7-3-16　微分泵转速与高分子熔体最大速度的关系

3. 微分泵主、从动齿轮中心距与输出压力的关系

由于微分泵为微分注射成型系统的关键部件，为了较系统地探究微分泵工艺参数对微分注射成型过程的影响，通过调节微分泵主、从动齿轮的中心距，模拟该物理量对聚合物熔体的影响，分别设定中心距为 33. 08mm、33. 10mm、33. 12mm 以及 33. 14mm。

模拟结果(图 7-3-17)显示微分泵主、从动齿轮的中心距与微分泵最大的出口压力呈现线性关系，其总体趋势是微分泵转速越高，出口压力的最大值也随之增加。

在设定的转速条件下,微分泵的出口压力会随着中心距的增大而降低,呈现反比。

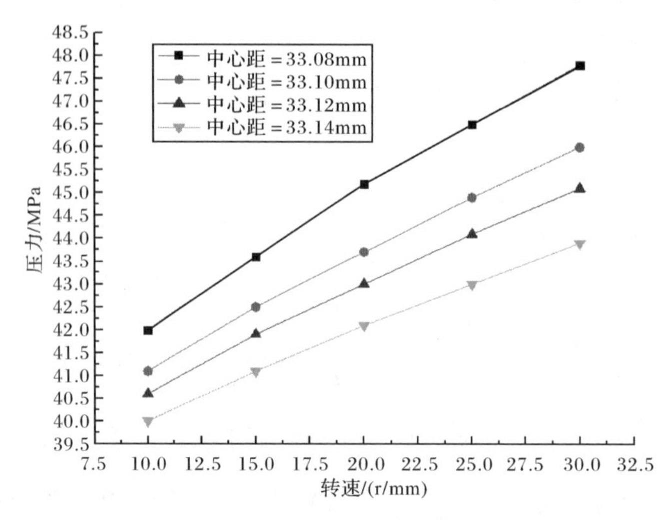

图 7-3-17 齿轮中心距与微分泵最大压力的关系

模拟同时得到微分泵主、从动齿轮中心与高分子熔体在微分泵内的最低压力的关系,见图 7-3-18。随着主、从动齿轮中心距的增大,主、从动齿轮的齿顶圆间的距离随之减小,这样就会使微分泵齿轮啮合区域的高分子熔体体积减小。这种情况会导致流入到啮合区域的高分子熔体发生急剧变化,但是中心距的增大也会在一定程度上改善负压的影响。例如,由图 7-3-18 发现,在 33. 12mm 以及33. 14mm 中心距情况下,微分泵内高分子熔体并不会产生负压。

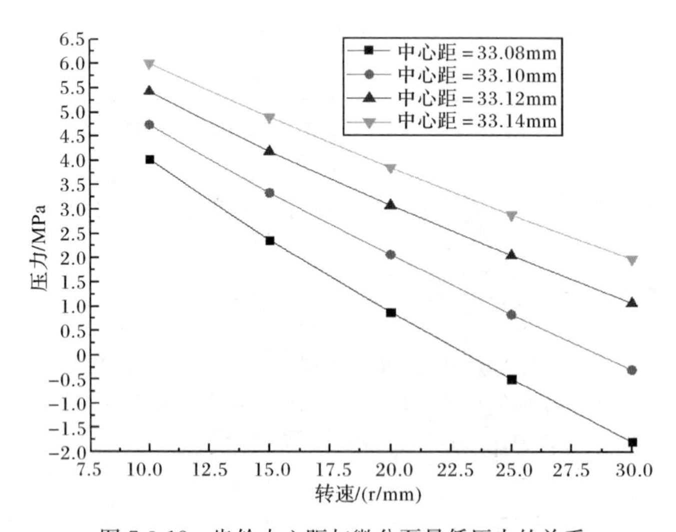

图 7-3-18 齿轮中心距与微分泵最低压力的关系

7.4 典型制品的微分注射成型理论研究

微分注射成型模拟是在传统注射成型模拟的基础上，将微分注射成型的特点融入其中，通过有限元分析软件对微分注射过程中聚合物熔体经微分注射成型系统注射到型腔的过程进行模拟，获得熔体充填过程中在型腔内的温度、压力分布等重要参数，为微分注射成型系统的工艺条件优化以及模具的优化提供必要的指导。

对于微型制品的注射成型模拟，一般采用 Moldflow、Moldex3D 等商业软件对微注射成型进行模拟，但是由于受到软件本身的不足，为了获得较好的模拟结果，需要采用正交试验和微注射成型[26]。

本研究选用的微分泵具有六个出口，对应六个注射喷嘴；每个注射喷嘴对应一个模具型腔。在进行微型制品微分注射成型模拟分析时，为了简化计算过程，在模拟时仅对一个喷嘴单一型腔进行模拟分析。

本节利用模流分析软件 Moldex3D 计算平台，选取微螺旋制品、微型芯片、微型齿轮等为仿真模拟对象，以制品的充填体积及各方向翘曲量为评价指标，对影响微分注射成型的注射压力、保压时间、模具温度等成型工艺参数进行评估，为微分注射成型的实验研究提供指导，并评估微分注射成型过程中成型工艺参数对微型制品成型质量的影响。

7.4.1 微螺旋制品微分注射成型的模拟

1. 微型制品模型的建立、导入及网格划分

首先需要对微型制品进行建模，本节采用三维设计软件 Solidworks 2008 建立微型制品(图 7-4-1)，保存成. STL 格式，并导入 Moldex3D 前处理模块中，对微型制品划分网格，网格划分完成后微螺旋制品如图 7-4-2 所示。在微螺旋制品网

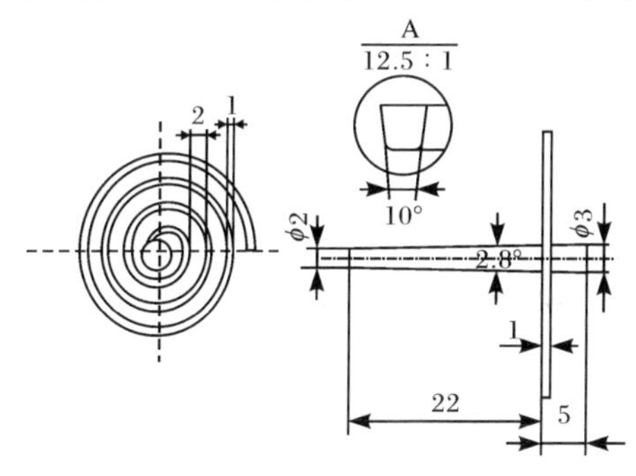

(a) 微螺旋制品尺寸图

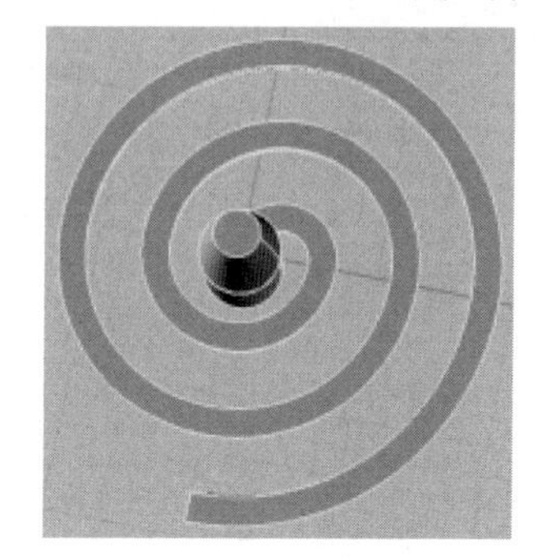

(b) 微螺旋制品模型

图 7-4-1 螺旋形制件尺寸及外形图

格划分时,网格密度设定为 0.1,生成的节点数目为 5.1×10^4,三角形单元的数目为 1.0×10^5,通过网格诊断对可能存在的网格缺陷进行修复;修复完成后,生成四面体单元,本模型共有 9.3×10^5 个四面体单元。

图 7-4-2 微螺旋制品网格

2. 材料选择及其工艺参数设置

Dai[28]在微齿轮注射成型的材料选择中提到材料的选择优先顺序是 ABS>PP>PC。Shen 等[29]也提到在微注射成型中,材料选择的优先顺序分别是 ABS,PP,PA,PC。因此选用 ABS,牌号为 Polylacpa756S,生产厂家为 CHI-MEI,其推荐成型工艺参数如表 7-4-1 所示。该材料黏度与剪切速率的关系以及 PVT 特性分别如图 7-4-3 与图 7-4-4 所示。

表 7-4-1 选用材料的参数

制造商	MFI (230℃,2.16kg,g/min)	玻璃化温度/℃	推荐熔体温度/℃	推荐模具温度/℃	顶出温度/℃
CHI-MEI	7.6/10	100.69	180~240	50~110	101

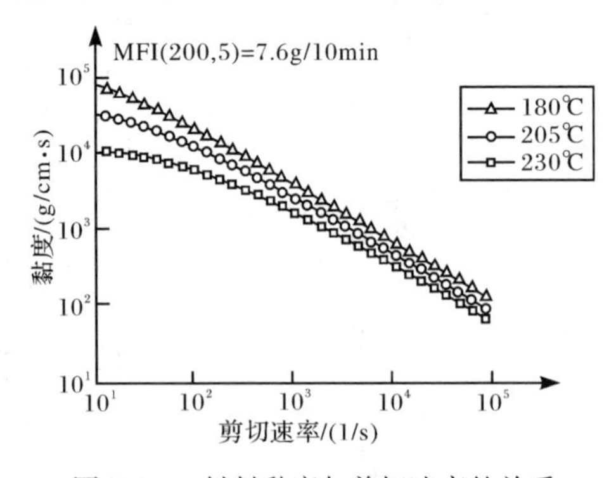

图 7-4-3 材料黏度与剪切速率的关系

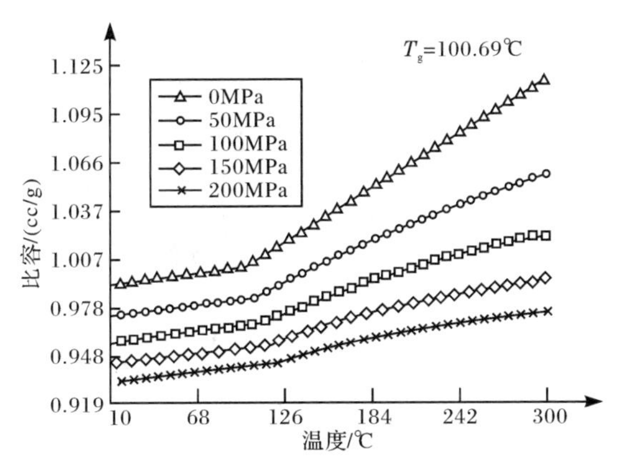

图 7-4-4　材料 PVT 关系曲线

表 7-4-2 列出了用于模拟的相关的工艺参数。

表 7-4-2　模拟工艺条件设置

注射时间/s	注射压力/MPa	熔体温度/℃	模具温度/℃
0.5	38	210	60～110
0.5	38	220	60～110
0.5	38	230	60～110
0.5	38	210～260	140

3. 结果及讨论

在注射时间为 0.5s,熔体温度为 260℃以及模具温度为 140℃时,图 7-4-5(a)～(d)和图 7-4-6 分别显示 20%、50%、80%和 100%充填情况下熔体的流动状态,以及熔体完全充满型腔内的温度。填充最后状态温度分布比较均匀,翘曲比较小。

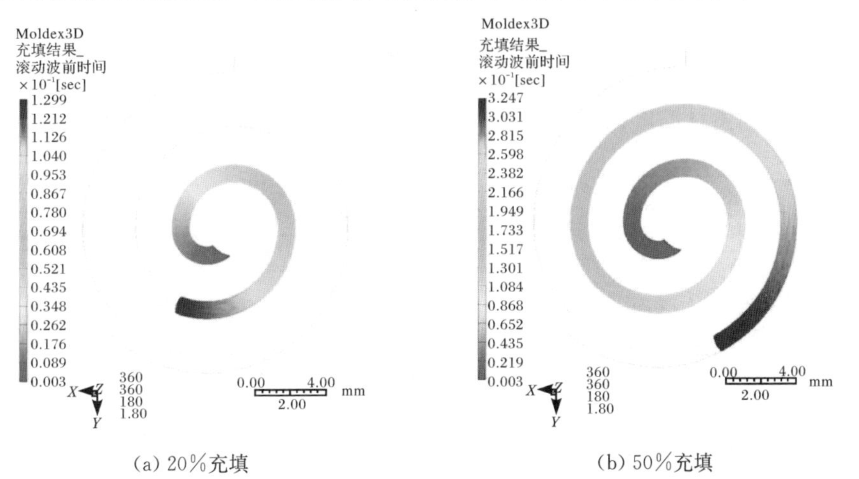

(a) 20%充填　　(b) 50%充填

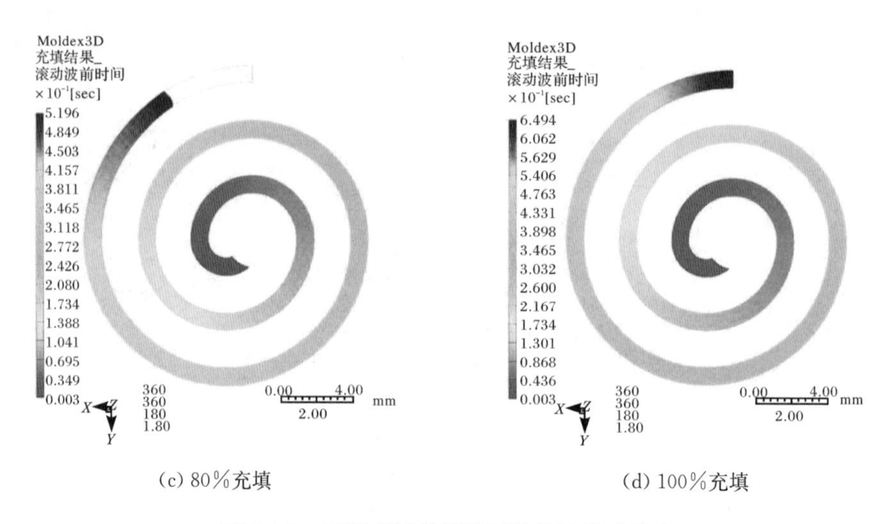

(c) 80%充填　　(d) 100%充填

图 7-4-5　不同充填量情况下的熔体流动状态

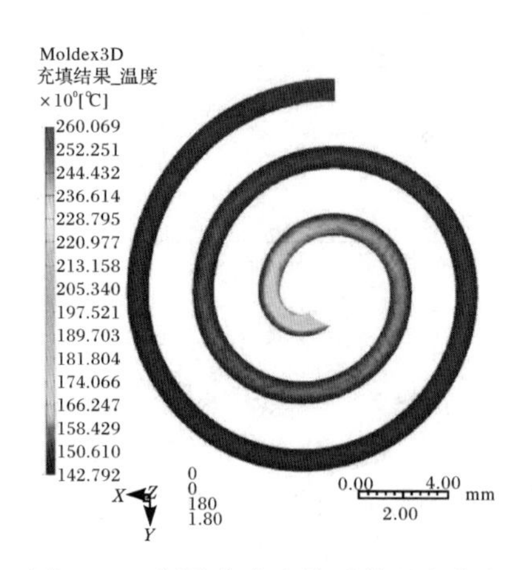

图 7-4-6　制品完全充填后的温度分布

对不同的模具温度以及不同熔体温度下(表 7-4-3)熔体的微型螺旋充填进行了模拟。

表 7-4-3　不同加工工艺参数下的制品充填体积

熔体温度/℃	210					
模具温度/℃	60	70	80	90	100	110
充填体积/($\times10^{-2}$cm^3)	2.278	2.397	2.529	2.663	2.912	2.973

续表

熔体温度/℃	220					
模具温度/℃	60	70	80	90	100	110
充填体积/($\times10^{-2}cm^3$)	2.382	2.521	2.659	2.814	2.978	3.150
熔体温度/℃	230					
模具温度/℃	60	70	80	90	100	110
充填体积/($\times10^{-2}cm^3$)	2.565	2.67	2.800	2.957	3.140	3.329

不同工艺参数条件下，微型螺旋的模拟结果见图 7-4-7 和图 7-4-8，可以发现随着模具温度的升高以及熔体温度的提高，螺旋流道的充填长度增加；在一定的模具温度下，熔体温度的增加利于流道充填。

当高分子熔体温度设定值较低时，高分子材料的黏度大，聚合物材料分子链取向程度高，在熔体注射充填到模具型腔这一过程中会受到较大流动阻力，从而造成制品的充填不完整，获得的制品就会发生翘曲；但升高高分子熔体温度后，制品的充填会得到一定程度的改善，这是由于熔体温度升高，黏度会相应下降，易于流动，利于微型型腔的充填。但当熔体温度升到一定数值后，单靠提高熔体温度的方法并不能进一步改善制品的充填，这是因为温度过高之后，模具的冷却时间会增加，对成型不利。当温度再继续升高，模具型腔内部的气体会受热从而造成成型制品出现变色、气泡的缺陷；同时过高的熔体温度容易使聚合物材料结构发生变化，产生降解，从而降低制品的力学强度，对制品的使用性能产生不利影响[29～32]。

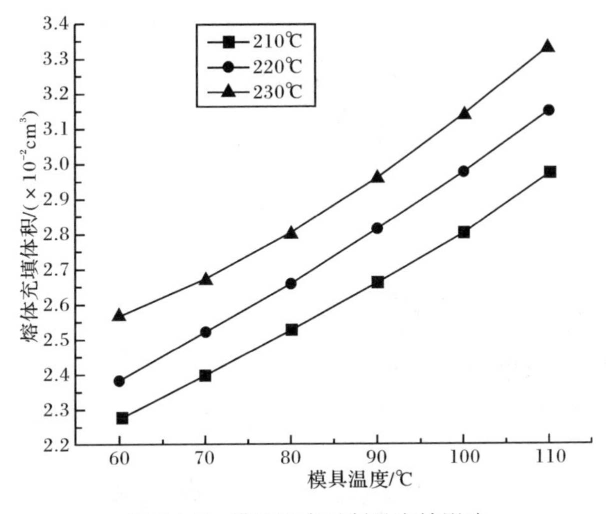

图 7-4-7　模具温度对制品充填影响

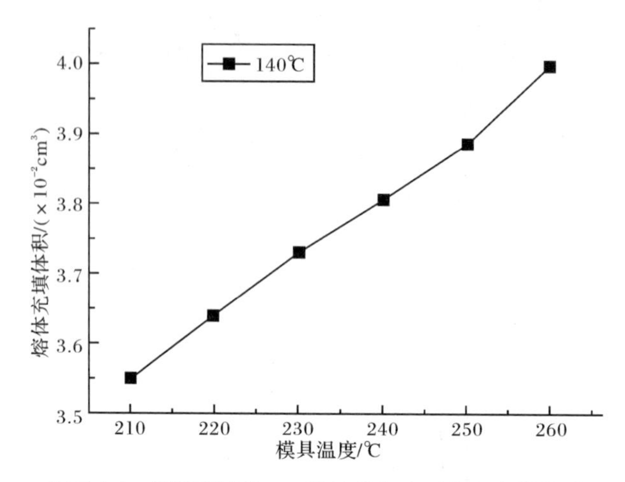

图 7-4-8　模具温度为 140℃熔体温度对制品充填影响

7.4.2　微型齿轮微分成型模拟

1. 微型齿轮三维模型建立

微型齿轮广泛应用于航空航天汽车电子等行业。本微型齿轮为渐开线齿轮，其尺寸图和外观图见图 7-4-9。将微型齿轮导入 Moldex3D 并划分网格，见图 7-4-10。

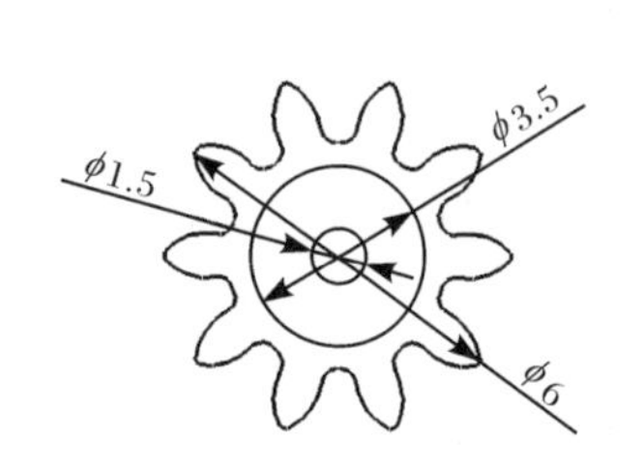

图 7-4-9　微型齿轮的尺寸及外观

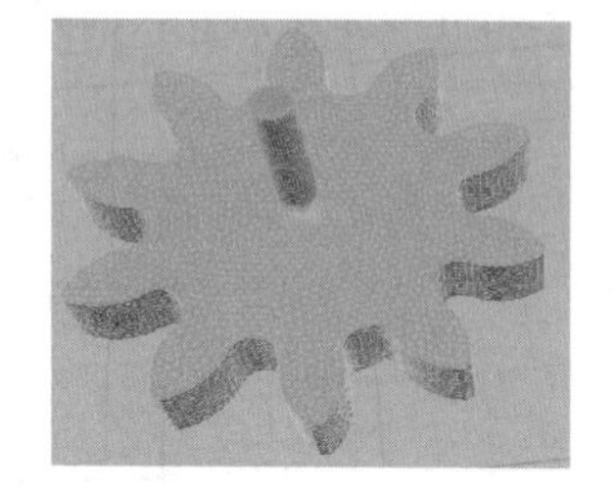

图 7-4-10　微型齿轮网格划分

2. 材料选择及工艺参数设置

基于现有的研究，本模拟选择 PP-LUBAN1148TC 作为微分注射成型模拟的高分子材料。该材料的黏度与剪切速率的关系如图 7-4-11 所示。图 7-4-12 显示了 PP-LUBAN1148TC 的 PVT 关系特性。

模拟数据库给定该材料的基本加工工艺参数见表 7-4-4。

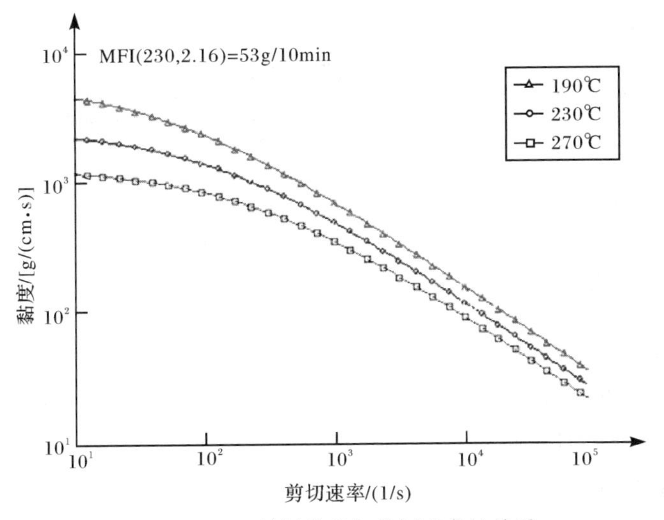

图 7-4-11　材料黏度与剪切速率的关系

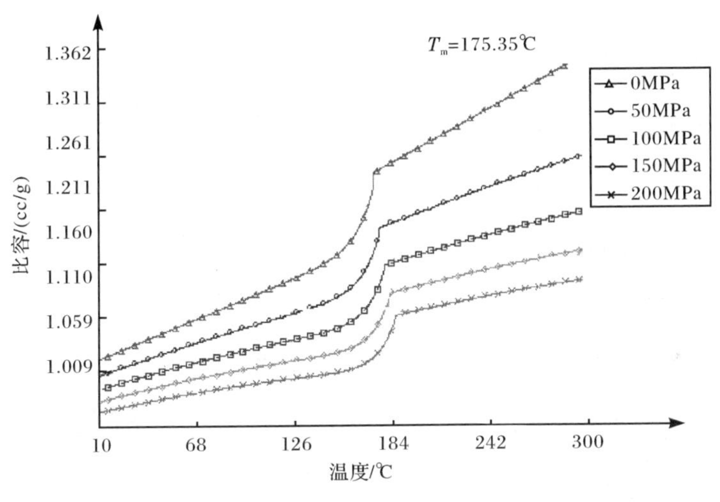

图 7-4-12　材料 PVT 关系曲线

表 7-4-4　PP-LUBAN1148TC 加工参数

生产商	注射时间/s	MFI/(230℃,2.16kg)/(g/10min)	玻璃化温度/℃	推荐熔融温度/℃	推荐模具温度/℃
Omsn	0.1～0.6(0.05s 间隔)	53	100.69	190～270	20～50

采用 Moldex3D 对加工参数,如熔体和模具温度、注射时间以及保压时间等进行模拟研究。对微型齿轮在 X、Y、Z 以及总体的翘曲变形量进行分析研究。采用

的主要参数见表 7-4-5。

表 7-4-5　齿轮模拟主要工艺参数

注射压力/MPa	注射时间/s	保压时间/s	冷却时间/s	熔体温度/℃	模具温度/℃
38	0.1～0.6 (0.05s 间隔)	0.5，1，1.5，2，2.5，3，3.5，4，4.5，5.6.7.8.9.10	5	200～270 (10℃间隔)	25～45 (10℃间隔)

3. 结果及讨论

通过调整熔体温度、模具温度、注射时间以及保压时间，获得熔体温度、模具温度与微型齿轮的收缩关系。图 7-4-13～图 7-4-16 显示了上述参数对微型齿轮在 X、Y、Z 方向以及总体翘曲变形量。

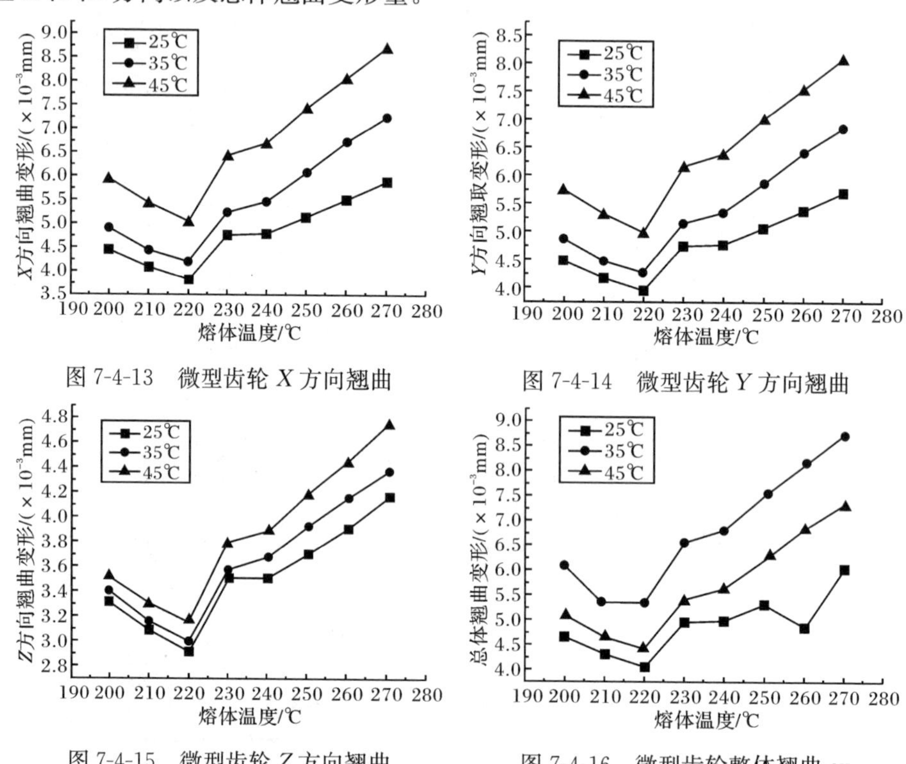

图 7-4-13　微型齿轮 X 方向翘曲

图 7-4-14　微型齿轮 Y 方向翘曲

图 7-4-15　微型齿轮 Z 方向翘曲

图 7-4-16　微型齿轮整体翘曲 cv

在模具温度高于 25℃时，齿轮的翘曲随着温度的升高而增大；当模具温度为 25℃，熔体温度为 220℃时，齿轮在 X、Y、Z 方向翘曲变形量和总体翘曲变形量要比其他条件下的小。因此对于 PP 材料来说，最佳的熔融温度为 220℃。当模具温度高于某一特定值，随着模具温度的升高，制品的顶出就会有困难。

图 7-4-17 为注射时间与各方向翘曲的关系曲线。图 7-4-18 为保压时间与微

型齿轮各方向翘曲的关系曲线。上述的两个关系曲线都是在 25℃模具温度和 220℃熔融温度下获得的。

从上述的模拟曲线可以看到，注射时间为 0. 1s 时，各方向的翘曲是最小的。当注射时间小于 0. 1s，就容易发生短射的现象。同时可以发现当保压时间达到 2s，对翘曲的影响最小。

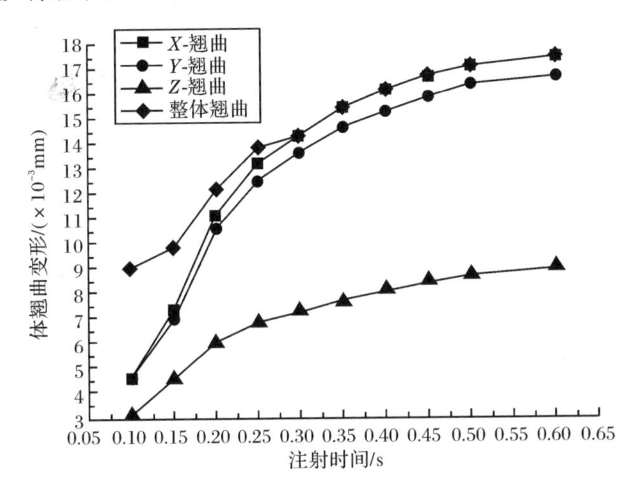

图 7-4-17　注射时间与翘曲的关系曲线

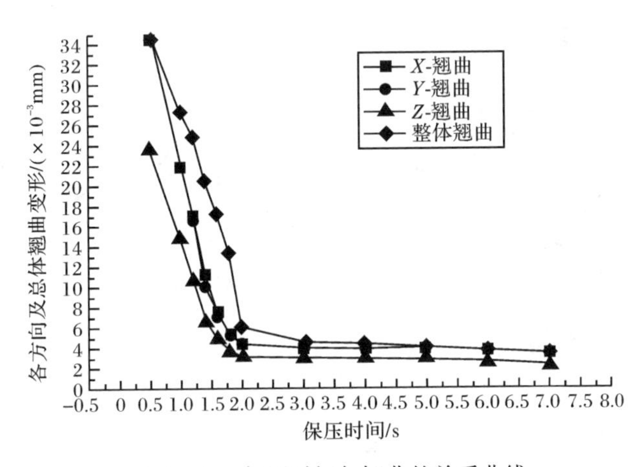

图 7-4-18　保压时间与翘曲的关系曲线

7.4.3　微型芯片微分成型模拟

1. 微型芯片模型建立

微型芯片的尺寸见图 7-4-19。制品采用一模两腔的型腔结构设计，制品厚度为 500μm,体积为 0.012cm³。

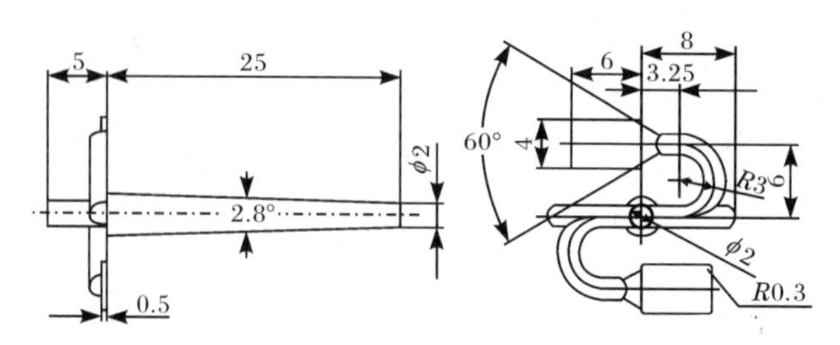

图 7-4-19　微型芯片的外形尺寸

2. 结果及讨论

采用和微型齿轮模拟相同的材料:聚丙烯(PP-LUBAN1148TC),材料的熔融温度选择为 210℃,模具温度为 80℃,根据 60%、65%、100%不同的充填比例得到如图 7-4-20 所示的模拟结果。

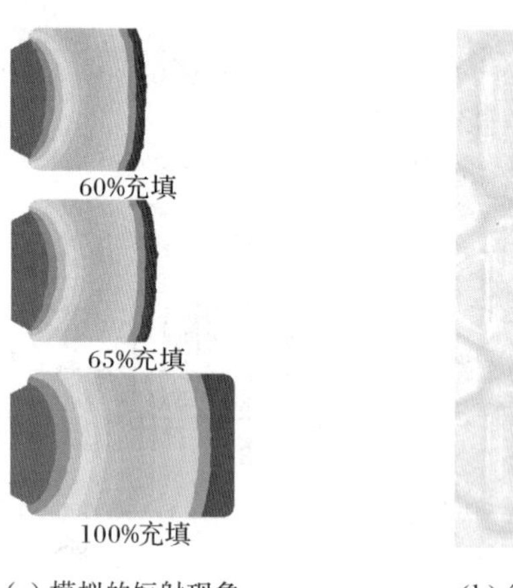

(a) 模拟的短射现象

(b) 微分成型短射实验

图 7-4-20　微型芯片的短射实验

在微分注射成型短射实验中,通过调整不同的注射角度实现不同的注射量以研究微分注射成型的成型性能。从图 7-4-20 中可以发现,在充填开始阶段,随着熔体从左侧浇口充填到型腔中,熔体流动前沿逐渐变平,直到熔体填满型腔[33]。

设定多组成型工艺参数进行模拟实验,分别分析制品的剪切应力分布、体积收缩率分布、翘曲变形量分布等,比较获取最优化成型工艺参数。在微型芯片注射成型过程中,如图 7-4-21 所示,微型芯片注射充填过程流动性良好,没有充填流动不平衡现象。通过改变注射压力、熔体温度、保压压力、保压时间等多组工艺参数,观察比较制品的成型质量。模拟结果显示,最优化成型工艺参数对应的最高充填压力为 26.7MPa，最高充填温度为 230℃，最高剪切应力为 0.60MPa，最高体积收缩率为 4.0%，最大翘曲变形量为 0.82mm。

微分注射成型系统要求最高注射压力不高于 40MPa，上述模拟结果符合成型要求。最高剪切应力的极限值为 1.0MPa，若制品最高剪切应力大于 1.0MPa，则产生应力开裂现象，模拟结果符合成型要求，因此最优化成型工艺参数见表 7-4-7。

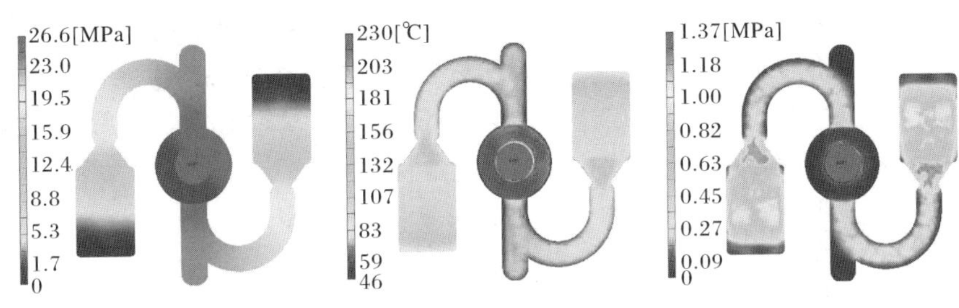

(a) 注射充填压力分布　(b) 注射充填温度分布　(c) 剪切应力分布

图 7-4-21　微型芯片注射充填模拟结果

表 7-4-7　微型芯片的最优化注射成型工艺参数

成型阶段	工艺参数	最优值
充填	充填时间/s	0.5
	塑料温度/℃	230.0
	模具温度/℃	40.0
	最高射压/MPa	38.0
	实际射压/MPa	26.6
	注射容积/cm^3	0.25
保压	保压时间/s	5.0
	保压压力/MPa	20.0

7.5　微分注射成型压力特性及工艺参数的试验研究

压力特性是注射成型的重要特性，也是影响成型制品质量的关键参数。聚合物的 PVT(压力-比容-温度)关系是聚合物的基本性质，也可用来表明注射成型中可能产生的翘曲、收缩等原因[34～36]。李海梅等[37]分析了压力对塑件残余应力和翘曲变形的影响，并通过数值模拟方法对影响过程进行了综合性模拟。华中科技大学的赵朋等[38]利用有限元差分法，在已知工艺参数(注射压力、注射时间、模具温度等)的条件下，建立了注射成型过程中注射压力的快速预测方法。

本节搭建微分注射压力测试平台，对微分注射过程中压力进行采集处理，分析微分注射成型过程中的压力特性;同时利用该采集平台对微分注射成型系统入口压力与出口压力的影响关系进行较系统地研究;通过采取与常规不同的控制方法,评估延时注射对压力的影响。

第7.3节的模拟显示转速等因素对微分注射成型系统的压力特性有重要影响。本节为了综合研究注射转角、注射压力、电机转速、分流板温度等主要微分注射成型工艺参数对微分注射成型系统成型稳定性的影响,使用正交试验法(三水平四因素:3^4)研究各因素对注射量重复精度的影响。通过极差、方差分析法处理,确定各因素之间的相互作用对试验指标影响的主次程度及优先顺序,分析各因素与试验指标的关系,得出试验各因素的最优水平。

7.5.1 微分注射成型压力测试平台搭建

压力是注射成型的重要特性,为了进一步研究微分注射成型过程中经过微分注射成型系统的压力变化,本节搭建压力采集平台。该采集平台主要包括压力传感器、NI采集卡、信号解调器和电脑等,见图7-5-1。传感器采用上海朝辉压力传感器,PT124B-112型,压力范围为0~50MPa。NI的采集卡型号为NI-USB5250,16通道输入,16通道输出,输入为电压或者电流信号均可。

前面叙述过在微分注射成型系统安装压力传感器,利用该压力传感器获取微分注射成型系统微分泵出口的压力值,微分泵入口的压力值则利用微分注射成型机的注射压力传感器测得。

微分注射成型系统的采集程序采用LabVIEW 8.2编写,主要包括数据采集模块DAQ、滤波模块Filter、数据分流模块以及数据存储模块,见图7-5-2。本程序采集到的数据会保存到预先设置的目录下,可以对数据进行导出分析。采集程序的前端界面如图7-5-3所示。

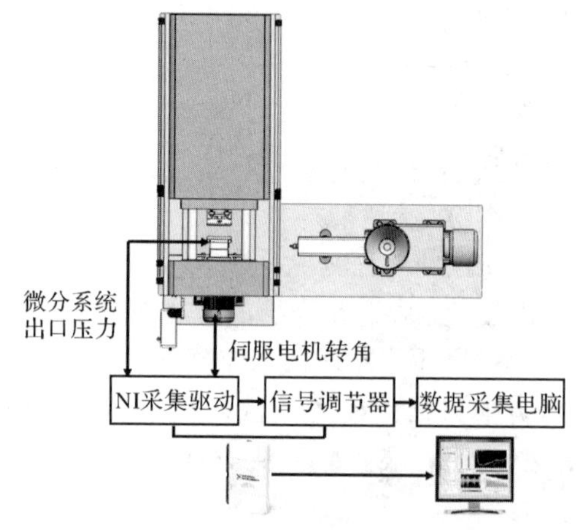

图7-5-1 压力采集系统组成图

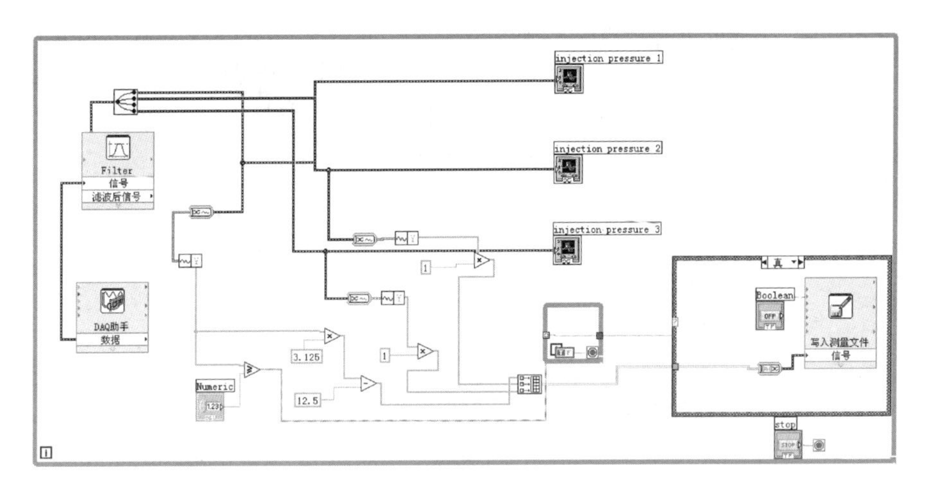

图 7-5-2　LabVIEW 数据采集框图

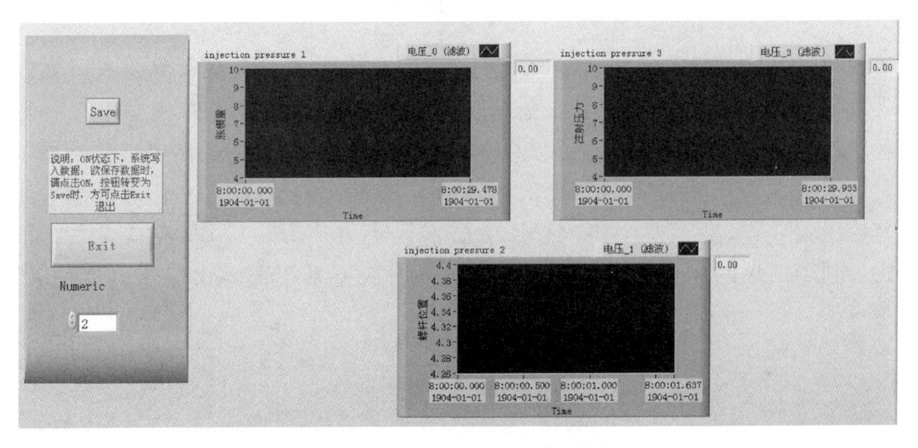

图 7-5-3　LabVIEW 数据采集前端窗口

7.5.2　微分注射成型的压力特性

1. 微分注射成型压力特点

在微分注射成型中，微分泵的用途之一就是增压。通过安装在微分注射成型系统喷嘴上的压力传感器检测在注射成型过程中的压力变化，见图 7-5-4。以 750°的转角设定为例，微分注射成型机的工作状态设置为半自动，模具闭合，主机塑化部分将塑料熔体通过微分注射成型系统入口注射到微分注射成型系统中，安装在入口端部的压力传感器检测到压力触发微分泵旋转。从图 7-5-4 中可发现，随着熔体不断充填型腔，压力逐渐建立，增大，在注射阶段压力上升迅速，并达到最大值，且维持在一定的水平。经过注射、保压和冷却阶段，模具打开，传感器检测到的压力急剧下降。此时微分泵的转速为 36r/min，随着转速的增加，可以进一步降低系统的建压时间。

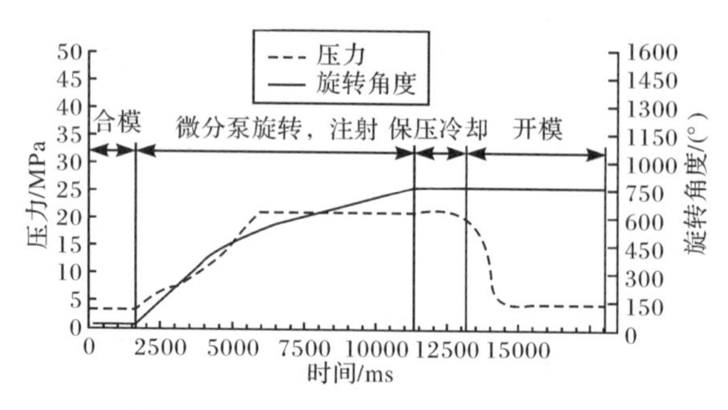

图 7-5-4　注射成型转角与压力的关系

2. 微分注射成型入口压力与出口压力关系

在微分注射成型系统中，主机的塑化单元为微分注射成型系统的入口提供初始压力和熔体。因此微分注射成型系统的入口压力对微分注射成型系统有直接影响。通过调节微分注射成型系统的入口压力，可系统地研究微分注射成型系统的出口压力。微分注射成型系统的入口压力通过注射成型机主机的塑化单元的压力传感器获得，在实验中将入口压力分别设定为 5MPa、6MPa、7MPa、8MPa 和 9MPa，利用前述的压力采集系统采集微分注射成型系统喷嘴出口压力变化曲线，见图 7-5-5。

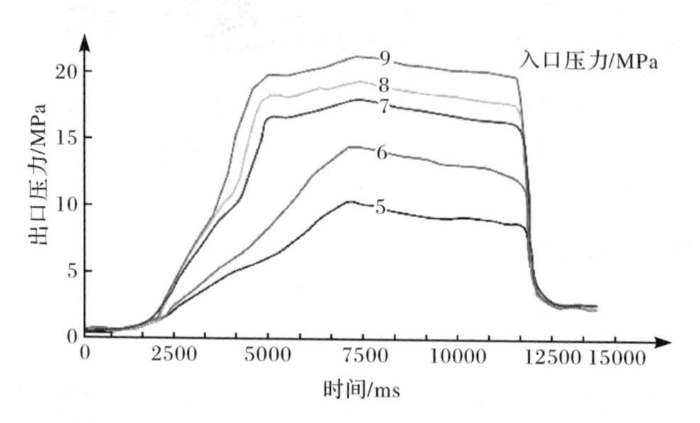

图 7-5-5　主机注射压力对微分泵出口压力的影响

实验发现，随着入口压力的增大，微分注射成型系统的喷嘴出口压力显著增大。当入口压力达到一定数值之后，如当压力为 7MPa、8MPa、9MPa 时，压力的曲线趋于一致，建压时间较快，压力增加最大，可增加到 22MPa。由图 7-5-5 还可以发现，在较低的入口压力情况下，建压时间长，速度较慢，并不利于制品的成型；当入口压力达到一定值时，出口压力随入口压力的变化程度逐渐减小，最后不再随着入口压力的增大而增大了。

因此，在实际成型过程中，要选择高于 7MPa 的入口压力，这样才能取得较好的注射成型效果。

3. 延时注射入口压力与出口压力的影响

在程序上对控制程序进行修改，当微分注射成型机主机注射之后，在一定时间后触发微分注射成型系统的伺服电机工作，评估该控制方法对微分注射成型压力特性的影响。实验过程中，采用时间继电器将伺服电机的触发信号延迟输送，见图 7-5-6，并对不同延长时间内出口压力的变化及出料情况进行观察和记录。实验发现，在入口压力为 9MPa 时，采用不同触发时间（分别为即时触发、延时 3s 触发、延时 5s 触发）对出口压力进行采集，实验发现（图 7-5-7）除了压力的起点不同之外，建压时间、建压速度以及最大压力均相同，说明触发时间的变化不会影响微分注射成型系统的建压特性。

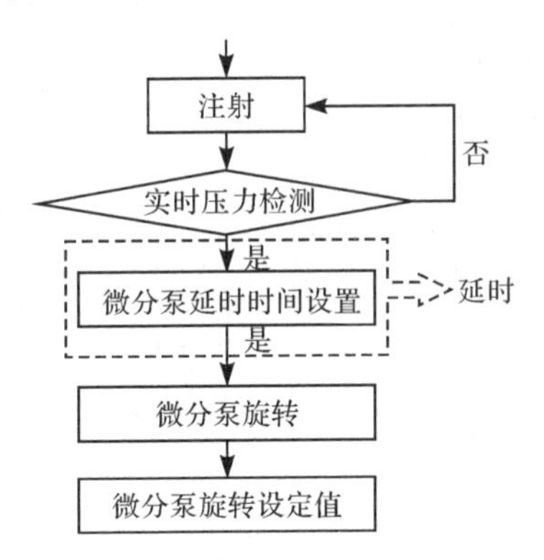

图 7-5-6　微分泵延时触发注射实验框图

7.5.3　微分注射成型各微分出口注射量研究

微分成型系统具有六个成型喷嘴，因此在微分注射成型中对每个喷嘴的注射量进行标定，采用的方法是在某一设定注射角度下对每一个喷嘴进行对空注射进行采样统计。在该研究中，首先对喷嘴编号如图 7-5-8 所示。

实验过程中，将微分注射成型机的入口注射压力保持 10MPa 不变，微分注射成型系统的伺服电机转速为 32r/min，注射转角设定为 300°、750°和 1000°，分别对不同转角条件的注射性能采样，称量统计。

研究过程中采用精密电子秤对各个喷嘴注射样品进行称量统计，实验结果可

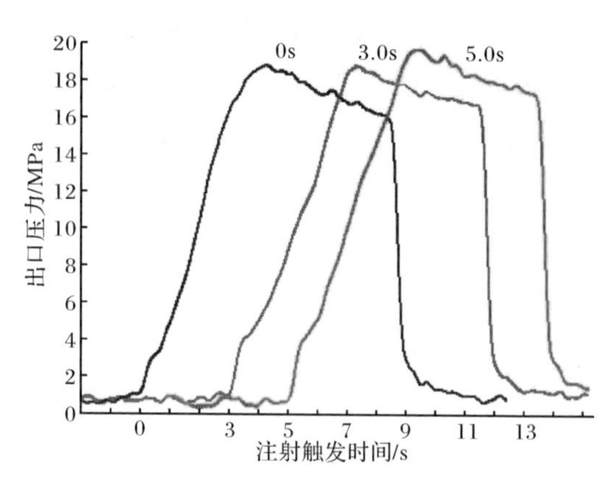

图 7-5-7　入口压力为 9MPa,不同延时情况下出口压力变化曲线

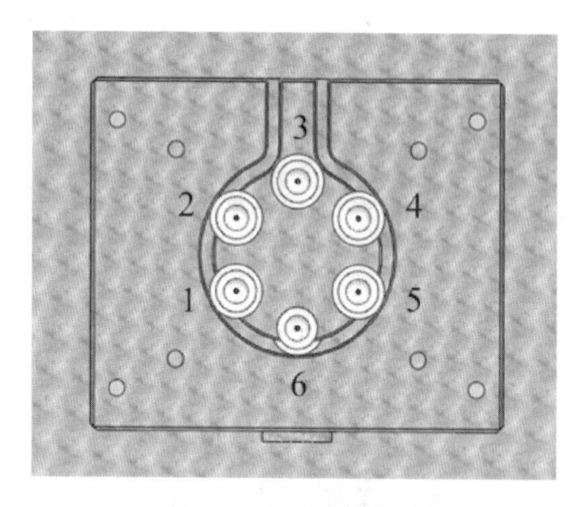

图 7-5-8　喷嘴的序号布置

以发现通过喷嘴 1、2、3、4、5、6 获得的注射样品的平均质量之间存在差异。图 7-5-9、图 7-5-10 和图 7-5-11 分别显示的是注射转角设定为 300°、750°以及 1000°下的注射样品的质量波动。从图中可以发现,喷嘴的注射量会随着注射转角的不同而不同;注射转角设置越大,注射量越大,因为较大的转角设置会使微分注射成型系统将更多的聚合物熔体从喷嘴中注射出来。同时可以发现在这三个不同的转角设定条件下,750°转角下注射量相比 300°和 1000°转角下的注射量要稳定;当注射转角设定为 1000°时,注射的样品质量不稳定,波动较大。

对于不同注射转角设置条件下,同一位置的喷嘴的注射量进行统计也可以发现,喷嘴 1 与 6 的平均注射量要高于喷嘴 2、3、4、5 对应的平均注射量;对于 300°、750°以及 1000°的注射量统计,也会发现相同的趋势:其中喷嘴 6 的注射量最大,其次是喷嘴 1 的出料量;而喷嘴 5 的注射量比喷嘴 1 小,喷嘴 3 的注射量次之;喷嘴 2 的注射量与喷嘴 4 基本相同,为最小。对于同一位置的喷嘴注射样品的质量重

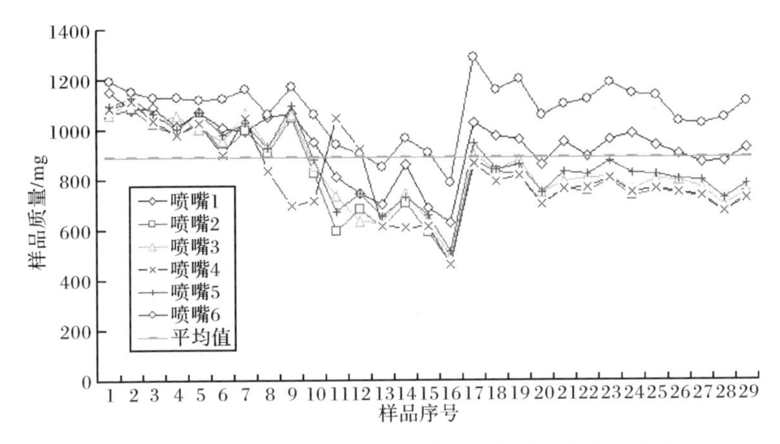

图 7-5-9　注射转角为 300°时喷嘴的注射样品的质量分布

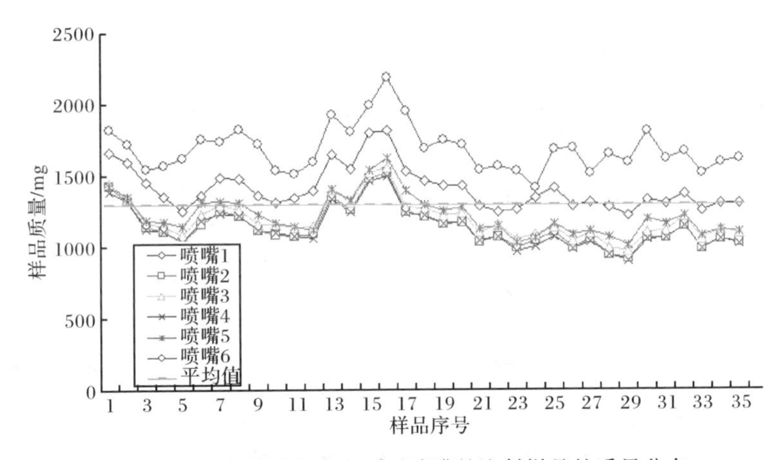

图 7-5-10　注射转角为 750°时喷嘴的注射样品的质量分布

复精度进行计算发现，各个喷嘴对应的注射量重复精度与平均注射量之间存在一定的相关性。平均注射量大的喷嘴对应的质量重复精度小。喷嘴 6 的质量重复精度最小，喷嘴 2 与 4 的质量重复精度基本相同，为最差。

图 7-5-12 的实验结果表明，在微分注射成型系统中，各喷嘴注射的物料存在波动，其中喷嘴 6 设置在微分注射成型系统的最底端，注射量最大。从注射角为 300°、750°以及 1000°下的注射量结果来看，设置在对称位置，相同高度上的喷嘴 1 与喷嘴 5 注射量差别较大，但是处于同一高度的喷嘴 2 与 4 的注射量基本相同；由于喷嘴 1 与 5 所处的高度相同，基本可以排除重力作用对微分注射量影响的可能性。在实际成型过程中，微分注射成型系统的各部件结合面并无漏料现象发生，根据注射量公式 $Q_s = Q_z - Q_x - Q_w$ ，微分泵理论注射量 Q_z 和微分注射成型系统

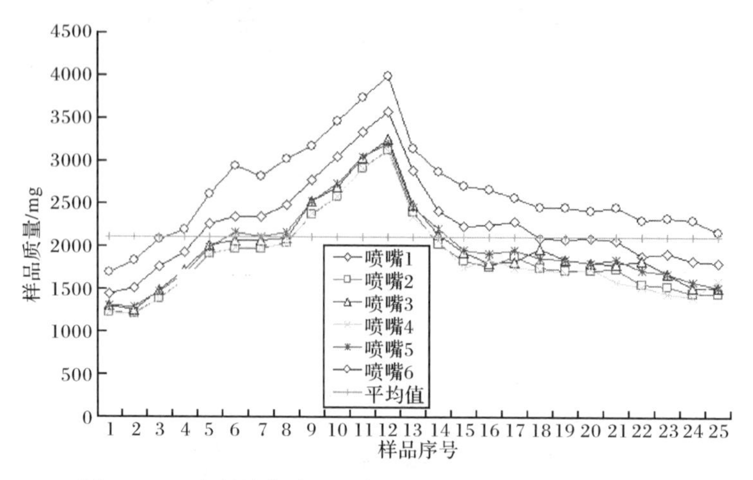

图 7-5-11　注射转角为 1000°时喷嘴的注射样品的质量分布

的泄漏量 Q_x 对各个注射量的影响可以忽略，从而得到分流板各分流道的加工误差引起的注射量差异 Q_w 是影响单一喷嘴注射量 Q_s 波动的主要原因。微分注射成型系统的分流板设置了较为复杂的倾斜流道，这是可能产生误差的重要原因。

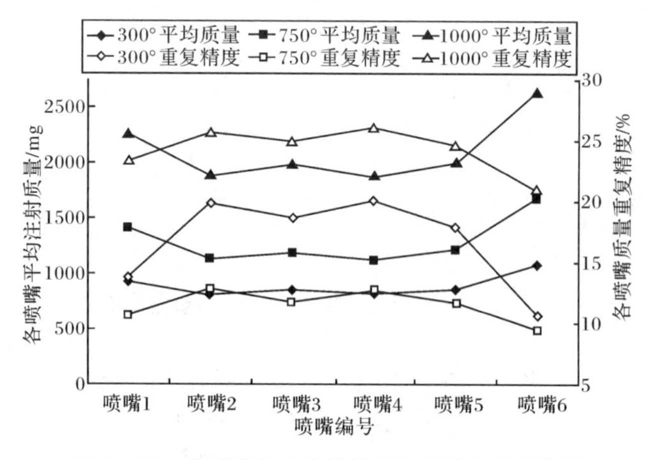

图 7-5-12　各喷嘴的平均质量及各喷嘴的重复精度

7.5.4　微分注射工艺参数正交试验研究

为了综合研究注射转角、注射压力、电机转速、分流板温度等主要微分注射成型工艺参数对微分注射成型系统成型稳定性的影响，使用正交试验法（三水平四因素：3^4）研究上述各因素对注射量重复精度的影响，编写的正交试验因素水平表和试验方案表见表 7-5-1 和表 7-5-2。试验设定不同的注射转角、注射压力、电机转速、分流板温度，对空注射取样，使用电子天平(JA5300：上海精密仪器有限公司；精度：0.001g)称量其质量，试验结果详见表 7-5-3。

表 7-5-1　正交试验因素水平表

试验因素	试验比较条件		
注射转角 A/(°)	50	100	200
注射压力 B/MPa	8	10	12
电机转速 C/(r/min)	24	32	40
分流板温度 D/℃	190	200	210

表 7-5-2　正交试验方案表

因素水平	注射转角/(°)	注射压力/MPa	电机转速/(r/min)	分流板温度/℃
1	50	8	24	190
2	50	10	32	200
3	50	12	40	210
4	100	8	32	210
5	100	10	40	190
6	100	12	24	200
7	200	8	40	200
8	200	10	24	210
9	200	12	32	190

表 7-5-3　正交试验结果

试验号	因子				注射量重复精度/%
	A	B	C	D	
1	1	1	1	1	6.00
2	1	2	2	2	1.97
3	1	3	3	3	2.99
4	2	1	2	3	3.49
5	2	2	3	1	8.06
6	2	3	1	2	3.93
7	3	1	3	2	4.39
8	3	2	1	3	3.49
9	3	3	2	1	2.70

续表

试验号	因子				注射量重复精度/%
	A	B	C	D	
K1	10.96	13.88	13.42	16.76	
K2	15.48	13.52	8.16	10.29	
K3	10.58	9.62	15.44	9.97	
k1	3.65	4.63	4.47	5.59	$\sum = 37.02$
k2	5.16	4.51	2.72	3.43	
k3	3.53	3.21	5.15	3.32	
R	0.13	1.42	2.43	2.26	

从实验的重复精度以及计算的极差数据显示影响注射量重复精度的优先顺序为C(电机转速)、D(分流板温度)、B(注射压力)、A(注射转角),即电机转速对微分注射重复精度的影响最大,分流板温度对其影响次之,注射压力对注射的影响要高于注射转角的影响,注射转角对微分注射成型的影响最小。在微分注射成型系统中,微分泵的驱动伺服电机转速直接影响熔体泵的压力建立速度,转速越高,系统的压力建立时间越短,熔体压力稳定性越好,因此电机转速是影响注射量重复精度的主要因素。分流板温度则直接影响用于微分注射成型聚合物熔体的特性,尤其是黏度;随着分流板温度的升高,聚合物熔体的黏度下降,越容易流动,微分注射成型不稳定的可能性也随之降低。同时由于微分泵属于行星齿轮泵的一种,齿轮之间存在啮合间隙,在较高的注射压力作用下,容易造成聚合物熔体的泄露,因此注射压力的大小同样直接影响微分注射的重复精度。在微分注射工艺参数中,注射转角会随着齿轮的加工精度的高低而对重复精度产生影响,由于微分泵经过出厂合格检验,保证了微分泵轮齿的加工精度,因此注射转角对微分注射重复精度的影响最不明显。从上述实验结果可以得到微分注射成型最佳工艺参数组合为A3B3C2D3,即注射转角设定为200°;注射压力为12MPa;电机转速为32r/min;分流板温度为210℃。

7.6 微分注塑机样机试制及成型实验评测

在前面研究的基础上,将微分注射成型系统与常规注射成型机进行安装调试,从而建立了全液压式微分注射成型机物理样机,通过调试对微分注射成型系统的温度控制等进行了优化升级,进而成功搭建全电动式微分注射成型机物理样机。在此基础上,采用微分注射成型机对微型圆柱体、微型芯片以及微型齿轮进行实验研究,并由此归纳了微分注射成型机的性能特点。

7.6.1 微分注塑机的样机试制

1. 全液压微分注射成型机的样机试制

1）全液压微分注射成型机技术参数

全液压微分注射成型机 HDIM60 技术参数如表 7-6-1 所示。

表 7-6-1 全液压微分注射成型机的技术参数

类别	参数值
螺杆直径/mm	22
螺杆长径比	24
理论注射容量/cm^3	38
注射重量/g	35(PS)
注射速率/(g/s)	47
注射压力/MPa	20
塑化能力/(g/s)	4.6(PS)
螺杆转速/(r/min)	0～260
锁模力/kN	600
移模行程/mm	270
拉杆内间距/mm	360×360
最小最大模厚/mm	150～380
顶出行程/mm	70
外形尺寸($L\times W\times H$)/m	4.6×1.4×1.8
机器重量/t	6
泵的额定压力/MPa	10

2）技术方案

全液压微分注射成型机采用锁模力为 600kN 的全液压注射成型机为平台，三板式合模机构，直角式空间布置方式，其结构和工作原理前述章节已经提及，此处不再详细描述。其余机械部分采用下述的技术方案：

(1) 采用液压马达对螺杆直接驱动进行工作，完成微分注射成型机的预塑化动作；

(2) 采用电脑智能控制系统对微分注射成型机进行控制；

(3) 采用专门控制器，通过即时通信实施微分注射成型机精确平稳控制；

(4) 采用高效电热圈，料筒加热速度快、时间短，采用多段 PID 温度控制，温控精度可以达到±1℃；

(5) 预塑比例背压调整装置，运行平稳、快速，调整方便；

(6) 采用低转速高扭矩伺服电机对微分泵进行驱动；

(7) 采用高精度位移传感系统对开合模位置实时监测；

(8) 采用精密内卷式五点肘杆锁模机构，可在瞬间提供足够的模具锁紧力。

3) 物理样机

全液压微分注射成型机的物理样机如图 7-6-1 所示。经过前期的调试，设备可以完成微分注射成型基本原理测试以及成型实验。

图 7-6-1 全液压微分注射成型机的物理样机

2. 全电动微分注射成型机的样机试制

在前期全液压微分注射成型机试制的基础上，通过对控制系统和微分注射成型系统的改进升级，完成全电动微分注射成型机 EDIM50 的试制。

1) 全电动微分注射成型机技术参数

全电动微分注射成型机技术参数如表 7-6-2 所示。

表 7-6-2 全电动微分注射成型机的技术参数

类别	参数值
螺杆直径/mm	32
螺杆长径比	24
理论注射容量/cm^3	38
注射重量/g	40(PS)
注射速率/(cm^3/s)	114
注射压力/MPa	20
塑化能力/(g/s)	5.3(PS)
螺杆转速/(r/min)	0～400

续表

类别	参数值
锁模力/kN	600
移模行程/mm	270
拉杆内间距/mm	360×310
最小最大模厚/mm	150～350
顶出行程/mm	70
外形尺寸($L\times W\times H$)/m	3.65×1.02×1.865
机器重量/t	3.2
泵的额定压力/MPa	10

2) 技术方案

全电动微分注射成型机采用锁模力为 600kN 的全电动注射成型机为平台，三板式合模机构，其结构和工作原理前已述及，这里不再赘述。其主要技术方案如下：

(1) 开锁模、推顶、塑化、注射等动作采用 AC 伺服电机控制，其中开锁模、顶料、注射等动作还配有高精度的滚珠丝杆传动，大大提高了注射成型机的控制精度和传动精度。

(2) 模具调整和射座移动的动作采用配有精密减速器的三相异步电机来驱动，可以大幅度节省电力，并能长时间维持高精度。调模电机上配装的编码器、精密减速器，可以更有效地控制调模的精度，精密地维持模板的平行度以及锁模力的平衡。射座移动电机驱动射座前移后，喷嘴与模具的接触力是由两组模具弹簧维持，可以保证力的平衡与稳定。

(3) 采用压力传感器直接检测螺杆的反作用力，可以准确地控制背压获得稳定的精密注塑。

(4) 伺服电机与滚珠丝杆之间的传动采用同步带轮及同步带，结构简单，便于安装，精度高，噪声低。

(5) 采用精密的伺服电机对微分泵直接驱动，大大提高了微分注射成型系统的控制精度。

采用微分注射成型系统，配合常规全电动注射成型机平台搭建的全电动微分注射成型机的特点如下：

(1) 节能：全电动微分注射成型机无需采用液压油驱动，节省了液压油冷却等环节；同时采用伺服电机驱动方式，比采用液压驱动能量消耗减少 50％以上。

(2) 环保：在工作过程中避免了液压油的使用，极大地降低了污染；同时采用电机驱动系统工作，噪声小，它的噪声是液压驱动注射成型机的 2/3，可提供优良的工作环境，适合现代加工业对环保的要求。

(3) 高效：全电动注射成型机的伺服电机有优良的高速性，在生产高精密塑料制品时，重复精度高；工作中相关工序可以同时进行，如在开模的同时可以实现物料添加以及制品顶出动作，大大地提高制品的生产效率。此外，伺服电机有优良的高速性，也可极大地提高生产效率。

(4) 精密：采用GSK6000控制系统对系统进行闭环控制，控制性能得到大幅度改善，实现了生产高效率及精密稳定性。高性能的控制器拥有便捷的操作面板，提高了机器的操作性。

3) 物理样机

在全电动微分注射成型机的虚拟样机(图7-6-2)基础上，广州数控设备有限公司成功制造了全电动微分注射成型机的物理样机，见图7-6-3。该物理样机是在前期全液压微分注射成型机的基础上，对微分注射成型系统的设计和控制进行了优化升级。

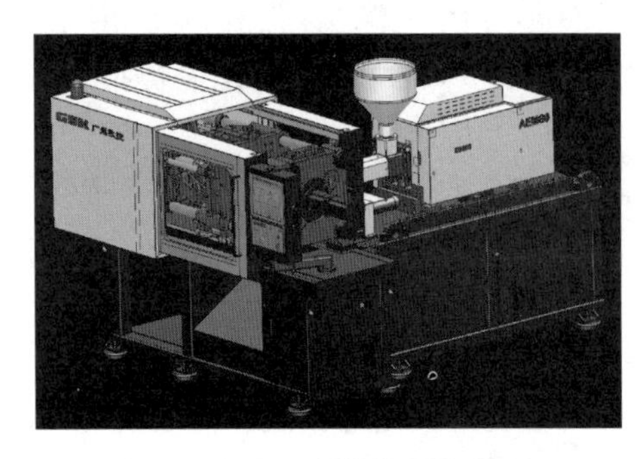

图7-6-2　全电动微分注射成型机的虚拟样机

图7-6-3　全电动微分注射成型机的物理样机

7.6.2　微分注塑机的性能测试

本节对微分注射成型机终止位置、注射触发压力、周期循环时间等进行了测试。该测试在全自动运行状况下进行。

全自动运行统计数据现场采集全自动工况下微分注射成型机的成型统计数据，包括注射终止位置(图7-6-4)、注射触发压力(图7-6-5)、周期循环时间(图7-6-6)等。从图7-6-4中可以看出，注射终止位置最大误差为29.19－28.80＝0.39mm；从图7-6-5中注射触发压力(设定值7.5MPa)最大值为7.9MPa，最小值为6.5MPa，最大误差为1.4MPa；设定周期循环时间为18.00s，通过对周期循环时间的测试(图7-6-6)可以发现，周期循环最大值为18.23s，周期循环最小值为18.02s，最大误差为0.21s。实验结果表明，注射终止位置与周期循环时间基本满足精密注射成型机的要求，但注射触发压力误差较大，波动度达到5.20％，控制精度有待提高。

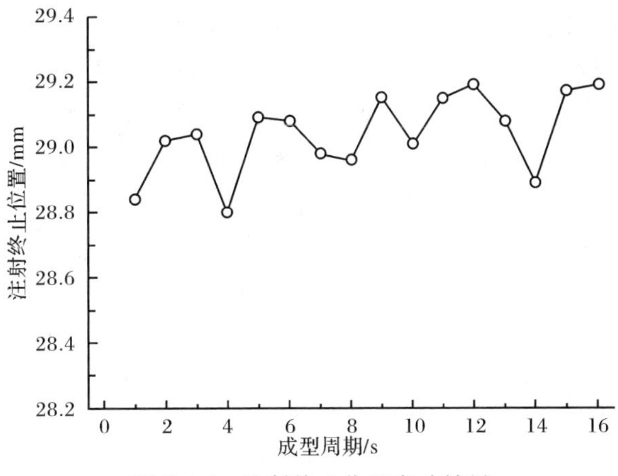

图 7-6-4　注射终止位置实验结果

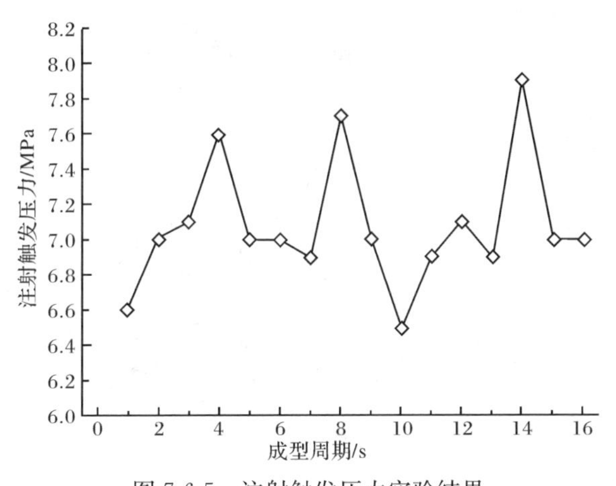

图 7-6-5　注射触发压力实验结果

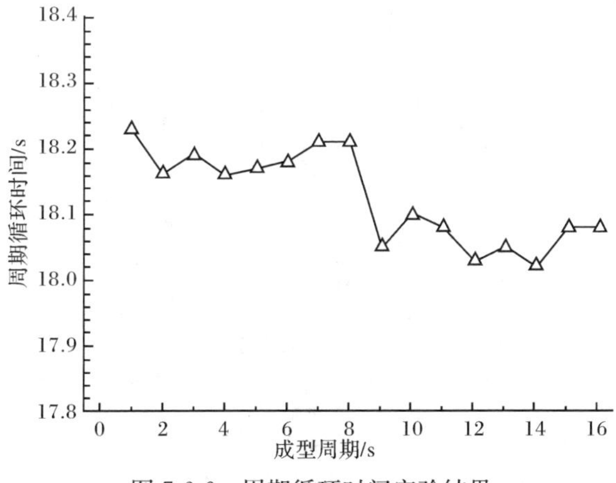

图 7-6-6　周期循环时间实验结果

图 7-6-7 为全自动运行统计数据的波动度分析结果,实验设定不同的成型系统入口压力值进行全自动运行操作,观察不同入口压力下注射终止位置、注射初始压力、注射触发压力、计量终止位置等参数的波动情况。图示 Y 轴表示波动度,数值越大表示参数波动越严重,稳定性越差。从图中可以看出,随着入口压力的增大,注射初始压力波动先增大后减小,最大波动度高达 18.60%;注射触发压力波动随着入口压力的增大而减弱;计量终止位置波动则随着入口压力增大而加剧;注射终止位置随入口压力变化的波动量最小,波动量在 7.0MPa 的入口压力下达到最大值。实验结果表明,压力的控制精度远小于螺杆位置的控制精度,需要对系统进行进一步的优化提升。

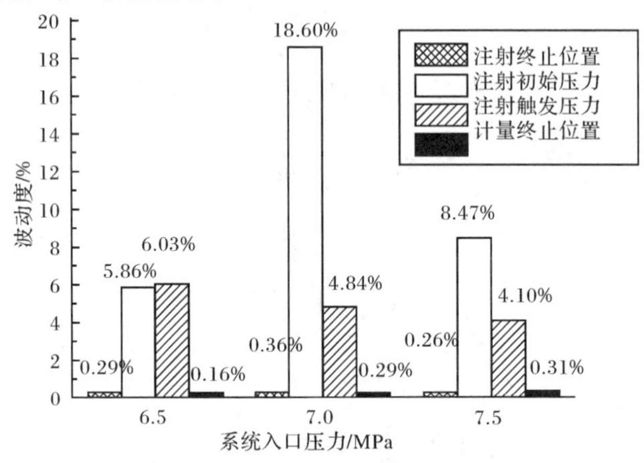

图 7-6-7 全自动运行统计数据波动度分析结果

7.6.3 微分注射成型的实验研究

1. 微型圆柱体的微分注射成型

本次试验在全电动微分注射成型机上进行。在进行微分注射成型实验时,首先采用较容易充填的圆柱形制品,该制品的尺寸见图 7-6-8。

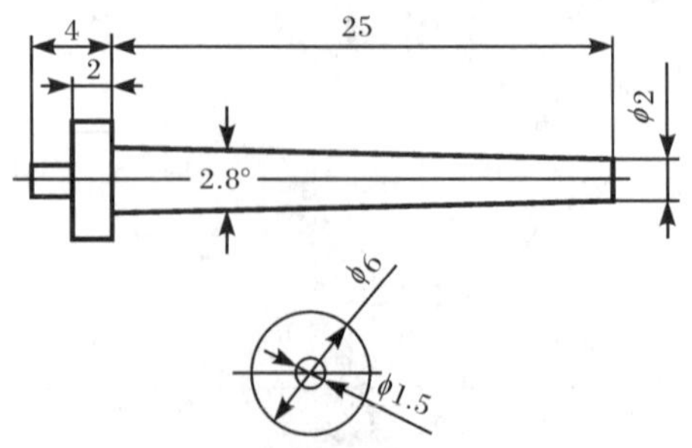

图 7-6-8 圆柱形制品尺寸图

实验材料采用聚丙烯PP(REPSOL 040G1E),其为半结晶通用性塑料,熔融指数(MFI)为3g/10min(2.16kg,230℃),密度为905kg/m³,热变形温度为91℃,屈服应力为35MPa,物料特性曲线如图7-6-9所示。

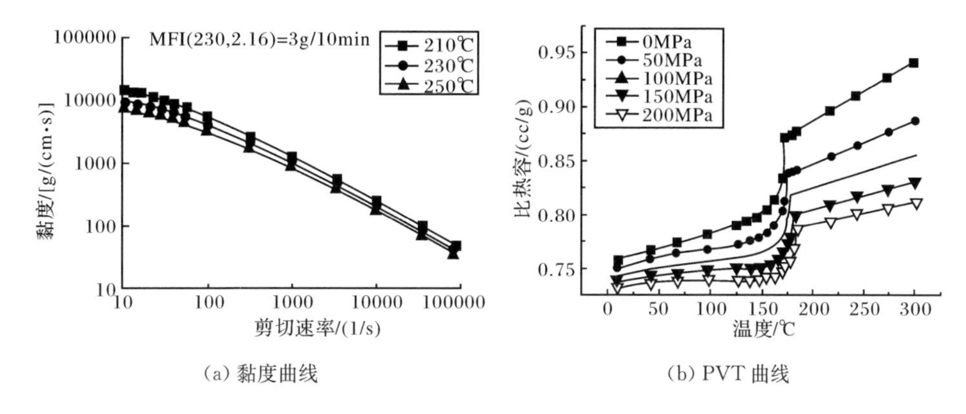

(a) 黏度曲线　　(b) PVT曲线

图7-6-9　成型材料PP的特性曲线

在微分注射成型中采用如表7-6-3所示的加工工艺参数。成型实验发现,在给定的工艺参数下,六个微型圆柱形制品得以成型,如图7-6-10所示。

表7-6-3　圆柱形制品注射成型参数

材料	型腔形状	注射量/cm³	注射压力/MPa	保压×时间/(MPa×s)	注射转角/(°)
PP	圆片	0.196	8	8×6	493.2

图7-6-10　注射成型的圆柱形制品

通过若干成型周期的制品进行统计分析,实验发现制品的质量波动情况如图7-6-11所示,平均质量为151.1mg,最大质量与最小质量的差值为15.4mg。

2. 微型芯片的微分注射成型

本部分实验采用全液压微分注射成型机进行。微型芯片的尺寸见图7-6-12,厚度为500 μm,每个喷嘴采用一模两腔的型腔结构,由于微分注射成型系统具有六个喷嘴,对应六个型腔块(图7-6-13)。因此,在进行微型制品的成型时,一个成

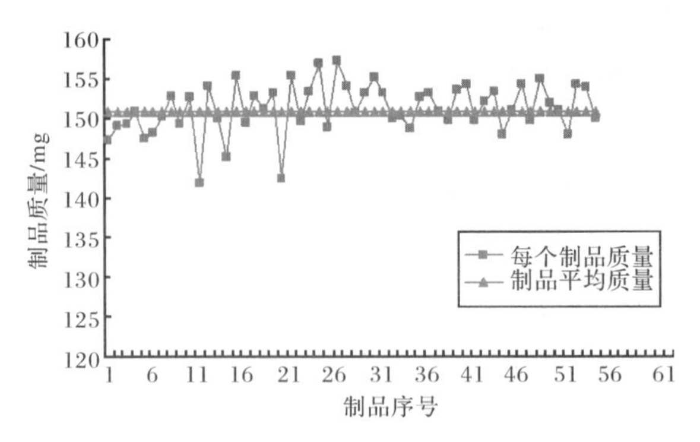

图 7-6-11　圆柱形制品的质量波动

型周期可以成型 12 个微型芯片。

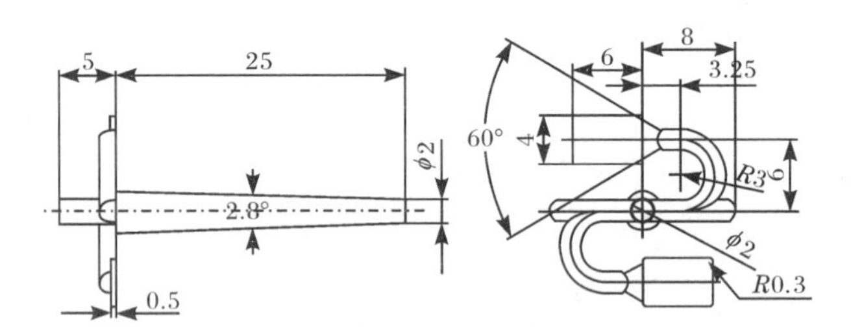

图 7-6-12　微型芯片的尺寸

图 7-6-13　成型微型薄片的型腔块

实验材料采用和上节相同的聚丙烯材料，用如表 7-6-4 所示的微分注射成型工艺参数成型微型芯片，见图 7-6-14。

表 7-6-4　微型芯片的注射成型参数

材料	型腔形状	注射量/cm^3	注射压力/MPa	保压×时间/(MPa×s)	注射转角/(°)
PP	微型芯片	0.247	8	8×10	620.7

图 7-6-14　注射成型的芯片

为了更好地研究微型芯片在微尺度方向的成型特点，利用蔡司体式显微镜(ZEISS Discovery V20steREO 8)对微型薄片放大 8 倍进行观察(图 7-6-15)。从图中可以发现，芯片在厚度方向上具有较好的均一性。

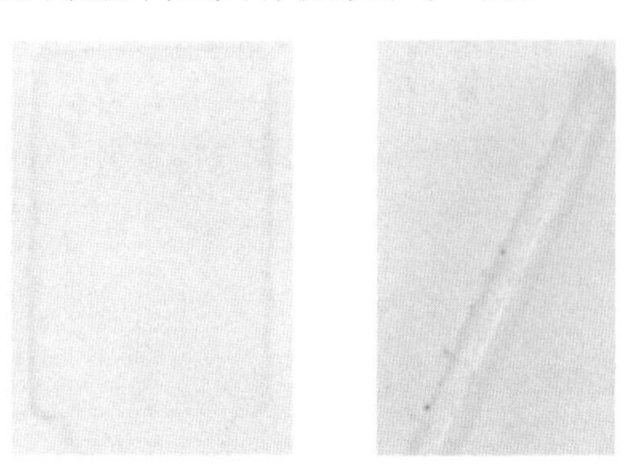

图 7-6-15　微型芯片的放大图

3. 微型齿轮的微分注射成型

目前，微型齿轮广泛应用于航空航天、电子通信等高科技领域。本文在研制的全电动微分注射成型机基础上，采用微型齿轮成型研究微分成型的成型效果。微型齿轮的齿数为 10，模数为 2，压力角为 20°，齿顶高系数为 1，间隙系数为 0.25，见图 7-6-16。

在进行齿轮成型实验时，采用每个喷嘴对应单型腔的结构形式，见图 7-6-17，

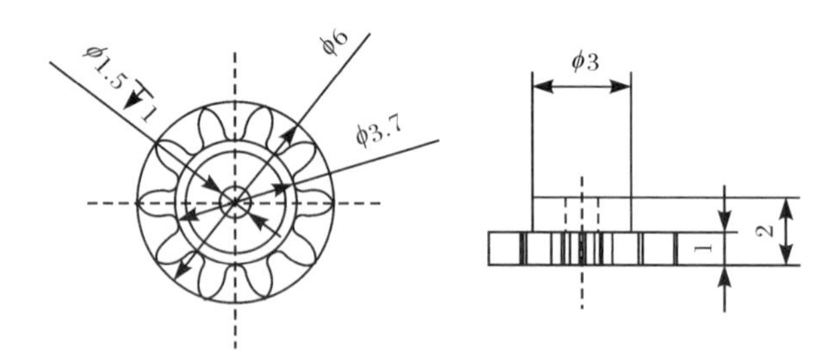

图 7-6-16　微型齿轮的尺寸图

因此单一周期可以成型六个齿轮(图 7-6-18)。

图 7-6-17　微型齿轮型腔块

图 7-6-18　微分注射成型的微型齿轮

在成型的开始采用半自动模式进行生产,之后进行全自动进行生产,并对不同生产模式的齿轮进行称重测量(图 7-6-19),根据式(7-6-1)计算微型齿轮的质量重复精度实验,比较半自动工况与全自动工况下的微型齿轮成型稳定性。

$$m_a = \frac{\sqrt{\frac{1}{n-1}\sum_{i=1}^{n}(m_i - \overline{m})^2}}{\overline{m}} \times 100\% \qquad (7\text{-}6\text{-}1)$$

式中:m_a ——制品质量重复精度,%;

m_i ——第 i 个制品质量,g;

$\overline{m}$ ——制品的平均质量,g;

n ——试验制品数量。

实验结果如图 7-6-20 所示,半自动工况下微型齿轮的质量重复精度为 4.64%,全自动工况下微型齿轮的质量重复精度为 3.16%。实验结果表明,全自动工况下的制品质量重复精度高于半自动工况下的制品质量重复精度。微分注射成型机全自动运行功能的满足是实现设备产业化的重要一步。

为了进一步评估微型齿轮成型的齿轮轮齿的尺寸,对齿轮的轮齿的外径进行测量统计,采用游标卡尺(电子数显卡尺,型号:060557;量程:0～150mm;北京北量机电工量具有限责任公司)对齿轮轮齿外径的三个不同区域进行测量,然后求

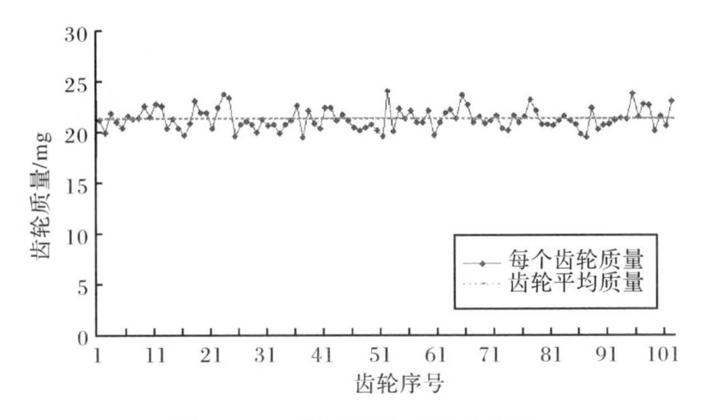

图 7-6-19　微型齿轮质量分布图

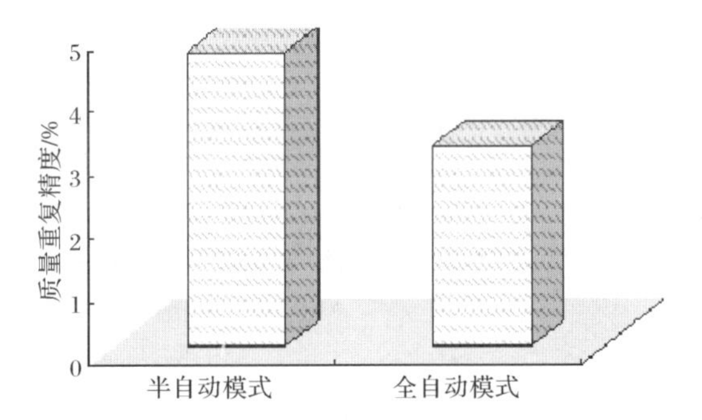

图 7-6-20　不同生产模式下微型齿轮质量重复精度

其平均值，并根据式(7-6-2)计算其在外径方向上的收缩率。

$$\mathrm{Pe} = \frac{A-B}{B} \times 100\ \% \tag{7-6-2}$$

式中：Pe——收缩率，%；

A ——模具在室温下单向尺寸，mm；

B ——注塑件在室温下单向尺寸，mm。

从计算结果表 7-6-5 中可以看出，齿轮外径方向上的收缩并不明显。

表 7-6-5　微型齿轮轮齿外径

序号	直径一/mm	直径二/mm	直径三/mm	平均值/mm	收缩率/%
1	5.98	5.99	5.97	5.98	0.3
2	5.97	5.95	5.98	5.97	0.6
3	5.99	5.98	5.96	5.98	0.4
4	5.95	5.98	5.96	5.96	0.6
5	5.98	5.94	5.99	5.97	0.5
6	5.95	5.98	5.96	5.96	0.6

续表

序号	直径一/mm	直径二/mm	直径三/mm	平均值/mm	收缩率/%
7	5.98	5.96	5.99	5.98	0.4
8	5.99	5.96	5.95	5.97	0.6
9	5.95	5.96	5.99	5.97	0.6
10	5.98	5.96	5.95	5.96	0.6
11	5.99	5.98	5.99	5.99	0.2
12	5.94	5.96	5.93	5.94	1.0
13	5.98	5.96	5.97	5.97	0.5
14	5.96	5.95	5.98	5.96	0.6
15	5.95	5.98	5.99	5.97	0.4
16	5.98	5.96	5.93	5.96	0.7
17	5.94	5.99	5.97	5.97	0.6
18	5.98	5.96	5.89	5.94	1.0
19	5.96	5.97	5.97	5.97	0.6
20	5.96	5.95	5.99	5.97	0.6
21	5.96	5.98	5.96	5.97	0.6
22	5.94	5.99	5.96	5.96	0.6
23	5.98	5.95	5.96	5.96	0.6
24	5.96	5.98	5.96	5.97	0.6
25	5.96	5.99	5.98	5.98	0.4
26	5.96	5.94	5.96	5.95	0.8
27	5.96	5.98	5.96	5.97	0.6
28	5.98	5.96	5.95	5.96	0.6
29	5.96	5.95	5.98	5.96	0.6
30	5.96	5.98	5.96	5.97	0.6

7.6.4　微分注塑机的特点

对微分注射成型机的研制和性能测试可发现，微分注射是实现微注射成型的一种方式；与常规注射不同，微分注射要求对常规注射成型机塑化单元提供的熔体进行均匀分流。同时由于微分注射采用微分泵转角进行注射量的控制，因此微分注射的注射量控制很灵活。微注射成型机、微分注射成型机以及常规注塑机的基本对比情况，见表 7-6-6。其中表格中理论注射容量 0.6 表示微分注射成型机的微分泵主动齿轮旋转 360°时微分系统各喷嘴的理论注射容量。微分注射成型机的计量精度是由控制系统决定的。

表 7-6-6　不同注射成型机比较

注射成型机类别	机型	塑化单元	注射单元	理论注射容量/cm^3	理论计量精度/cm^3
微注射成型机	Sodick TR30EH	18mm 螺杆	14mm 柱塞	4.5	0.00565
常规注射成型机	GSK AE50	22mm 螺杆	22mm 螺杆	38	0.1
微分注射成型机	EDIM 50	22mm 螺杆	微分泵	0.6	0.000167(0.1°)

微分注射成型机相比常规的微型注射成型机主要有以下特点：结构简单，零部件易加工，高效成型，高性价比。微分注射成型不存在传统微型注射成型机的小螺杆难以加工、容易损坏等问题；它采用微分注射成型系统可以将预塑化单元提供的大股高分子熔体精密分流成微细熔体，注射到模具型腔中，进而实现利用普通注射成型机实现高效微型制品成型的目的。基于上述特点，微分注射成型机与其他微型注射成型机相比具有精密分流、高效、高性价比的特点。

高分子材料先进制造的“微积分”思想给高分子材料加工成型及制品应用研究开启了一扇风景秀美的窗户。本章在该思想的指导下，开展了微分注射成型机的研究。

首先介绍了微分注射成型机的设计理念与设计思想，详细地分析了其微分注射成型系统的机械结构、工作原理和整机的控制系统原理，提出了微分注射成型系统的控制要求，建立了微分注射成型机的虚拟样机。对微分泵的工作原理进行了分析，推导出了微分注射成型系统的注射量模型，分析了影响微分注射成型注射量的微分泵参数对微分注射成型系统性能的影响，为后续章节微分注射成型机的性能研究提供了理论依据。

利用流体分析软件 Fluent 对微分泵内的高分子熔体进行仿真模拟，计算得出高分子熔体在微分泵内啮合区域的压力分布和流场分布，主要得到以下结论：

(1) 不同主动齿轮转速情况下，从动齿轮的旋转均比较平稳。平稳的微分泵转动利于微分注射成型过程的稳定。

(2) 高分子熔体在微分泵主动齿轮与从动齿轮进入啮合区的压力值最高，在主、从动齿轮即将脱离啮合的区域压力值最小；模拟发现微分泵内部齿轮啮合间存在“困油”现象；为了达到良好的微分注射成型效果，在进行微分泵设计时需要将微分泵的聚合物熔体入口设在压力值最小处，而聚合物熔体出口设置在压力值最大处。

(3) 通过对微分泵转速以及不同主、从动齿轮中心距对聚合物熔体的流动行为模拟发现，微分泵内高分子熔体的压力最大值随着微分泵转速的增大而增加，并呈现正比关系;随着微分泵主动齿轮转速增加,微分泵啮合处脱离啮合区域的最小压力值反而减小。当齿轮转速达到一定值之后,微分泵啮合处的熔体会出现负压。

(4) 微分泵主、从动齿轮的中心距与微分泵最大的出口压力呈现线性关系,其总体趋势是微分泵转速越高,出口压力的最大值也随之增加。在设定的转速条件下,微分泵的出口压力会随着中心距的增大而降低,呈现反比。

利用 Moldex3D 计算平台,选取微螺旋制品、微型芯片、微型齿轮等为仿真模拟对象,以制品的充填体积或者充填率及各方向翘曲量为评价指标,对影响微分注射成型的注射压力、保压时间、模具温度等成型工艺参数进行评估,提出最优化的实验条件。同时对微分注射成型过程中熔体通过微分注射成型系统的压力特性进行采集测试,获得了微分注射成型的压力特性;同时对不同入口压力条件下,出口的压力变化进行了比较分析;另外也对入口压力延时触发控制条件下的压力情况进行研究,发现延时触发对出口压力的最大值并无影响。与此同时对微分注射成型系统六个喷嘴的注射量根据第 2 章注射量模型分别进行了研究,发现受到分流板等关键部件加工精度的影响,各喷嘴的注射量会产生差异。

对微分注射成型过程中主要的工艺参数:注射转角、注射压力、电机转速、分流板温度进行了正交试验研究,获得了影响微分注射成型的工艺参数的优先次序为电机转速、分流板温度、注射压力、注射转角。

最后试制了全液压微分注射成型机,对其进行了性能测试,在此基础上对微分注射成型系统及控制系统进行优化升级,并成功研制了全电动微分注射成型机,对其性能进行了测试,利用上述研发的微分注射成型机成功地成型了微型圆柱体、微型芯片、微型齿轮等微型制品,测试结果表明,微分注射成型可以成功用于微型齿轮等微型制品的成型。在上述的基础上总结微分注射成型具有结构简单、高效成型、高性价比的特点。

参考文献

[1] 杨卫民,童义,李锋祥,等.一种单元组合式强化传热装置[P]:中国,CN1010813437B. 2012.
[2] 李瑞涛,方湄,张文明,等. 虚拟样机技术的概念及应用[J]. 金属矿山,2000,7(5):38—40.
[3] 祖旭,黄洪钟,张旭. 虚拟样机技术及其发展[J]. 农业机械学报,2004,35(2):168—171.
[4] 席俊杰. 虚拟样机技术的发展与应用[J]. 制造业自动化,2006,28(11):19—22.
[5] 陈伟文. 注射成型机可视化虚拟设计平台的开发[J]. 轻工机械,2006,24(4):1—3.
[6] 熊光楞,李伯虎,柴旭东. 虚拟样机技术[J]. 系统仿真学报,2001,13(1):114—117.
[7] 赵志平,李新勇. 虚拟样机技术及其应用和发展[J]. 机械研究与应用,2006,1:6,7.

[8] 李伯虎,柴旭东. 复杂产品虚拟样机工程[J]. 计算机集成制造系统,2002,9:678—683.
[9] 王国宝,程珩,李福,等. 注射成型机双屈肘合模机构的优化设计研究[J]. 工程塑料应用,2011,5:87—90.
[10] 胡斌. 虚拟样机技术及其在注射成型机设计中的应用[J]. 轻工机械,2007,25(5):4—7.
[11] 何存兴. 液压组件[M]. 北京:机械工业出版社,1982.
[12] 李玉龙. 外啮合齿轮泵困油机理、模型及试验研究[D]. 合肥:合肥工业大学,2009.
[13] 杨元模,吴霞,刘朝晖. 外啮合齿轮泵产生噪声的原因探究及解决办法[J]. 南昌航空工业学院学报(自然科学版),2006,2(4):73—76.
[14] Kojima E, Shinada M. Characteristics of fluid borne noise generated by fluid power pump [J]. Bulletin of the JSME,1984,27(2):2188—2195.
[15] 王国强. 虚拟样机技术及其在 ADAMS 上的实践[M]. 西安:西北工业大学出版社,2002.
[16] 王成,王效岳. 虚拟样机技术及 ADAMS[J]. 机械工程及自动化,2004,(6):66—75.
[17] 范伯琦. 渐开线内啮合齿轮泵的性能分析[D]. 上海:上海交通大学,1990.
[18] 周泉,孔建益,杨金堂. 基于 ADAMS/View 的内啮合齿轮运动学仿真[J]. 计算机应用技术,2009,4:50—52.
[19] 陈立平. 机械系统动力学分析及 ADAMS 应用教程[M]. 北京:清华大学出版社,2005.
[20] 田会方,林喜镇,赵恒. 基于 Pro/E 和 ADAMS 齿轮啮合的动力学仿真[J]. 机械传动,2006,30(6):66—69.
[21] MSC. ADAMS/VIEW. MSC. ADAMS/VIEW 高级教程[M]. 邢俊文,陶永忠,译. 北京:清华大学出版社,2004.
[22] 芮执元,程林章. 基于 Pro/E 与 ADAMS 结合的虚拟样机动态仿真[J]. 现代制造工程,2005,(1):56—583.
[23] 李金玉,勾志践,李媛. 基于 ADAMS 的齿轮啮合过程中齿轮力的动态仿真[J]. 设计与研究,2005,(3):15—17.
[24] 刘俊,林砺宗,刘小平. ADAMS 柔性体运动仿真分析研究及运用[J]. 现代制造工程,2004,(5):53—55.
[25] 刘荣,陶乐仁. Fluent 数值模拟在制冷与空调领域中的应用[J]. 低温与超导,2010,38(10):77—80.
[26] 齐丽君,门文强. 基于 FLUENT 的液压齿轮泵二维流场性能研究[J]. 黑龙江科技信息,2011,22:47.
[27] 林权,陈冲. 塑料微齿轮微流道注塑模充填研究[J]. 工程塑料应用,2011,39(4):38—41.
[28] Dai Y C, Wang Y, Zhou J Z, et al. Injection molding micro-gear orthogonal optimization and numerical simulation[J]. Material Technology,2010,7:46—48.
[29] Shen Y K, Shie Y J, Wu W Y. Extension method and numerical simulation of micro-injection molding[J]. International Communications in Heat & Mass Transfer, 2004,31:795—804.
[30] 利蕾. 微分注射成型方法数值模拟研究[D]. 北京:北京化工大学,2012.
[31] 周玉浜. 微注塑成型数值模拟仿真研究[D]. 杭州:浙江工业大学,2009.
[32] 朱俊杰. 基于模具浇注系统结构属性的注塑工艺参数的分析[D]. 广州:广东工业大

学,2009.
[33] Chu J S, Kamal M R, Derdouri S, et al. Characterization of the microinjection molding process[J]. Pdymer Engineering and Science, 2010, 50 (6) : 1214－1225.
[34] 王建. 基于注塑装备的聚合物 PVT 关系测控技术的研究[D]. 北京：北京化工大学,2010.
[35] 郭齐健,何雪涛,杨卫民. 注射成型 CAE 与聚合物参数 PVT 的测试[J]. 塑料设计,2004, 4(3): 21,22.
[36] Wang J, Xie P C, Yang W M. Study on adaptive control for injection molding machine based on the on-line testing equipment of polymer PVT property[C]. Third World Congress on Engineering Asset Management and Intelligent Maintenance system Conference, Beijing, 2008.
[37] 李海梅,谢英. 注射压力对塑件残余应力和翘曲变形的影响[J]. 模具工业,1999,7: 27－30.
[38] 赵朋,周华民,严波,等. 塑料注射成型中注射压力和熔体温度的快速预测[J]. 中国塑料,2007,21(9): 53－56.

符 号 说 明

p	工作压力,bar
r_1	齿顶圆半径,cm
b	齿轮宽度,cm
a_1	齿轮啮合点 B 与中心 O_1 点的距离,cm
a_2	齿轮啮合点 B 与中心 O_2 点的距离,cm
$Q_{\beta大}$	最大注射量,cm^3
$Q_{\beta小}$	最小注射量,cm^3
δ	脉动度
x	齿轮转动 β 角时相应啮合线长,cm
l	在中心线一边的啮合线长度
$Q_{\beta平均}$	平均注射量,cm^3
β	齿轮转角,r
ΔQ_β	注射量波动量,cm^3
r	分度圆半径,cm
t_0	齿轮基圆节距,mm
ε	重叠系数
m	齿轮模数,mm
α	齿轮啮合角(压力角),°
f_0	齿轮齿顶高系数
Z	齿轮齿数

d　齿轮分度圆直径,cm
Q_s　单一喷嘴实际注射量,cm^3
Q_z　微分泵每转的注射量,cm^3/r
Q_x　微分注射成型系统的泄漏量,cm^3
Q_w　微分注射成型系统各部件的加工误差导致的注射量差异,cm^3
η　黏度,Pa·s
Q_β　单位转角的熔体排出量,cm^3/r
V　从动齿轮转速,°/s
η_0　零切黏度,Pa·s
λ　时间常数,s
γ　剪切速率,s^{-1}
m_0　Cross 模型指数
m_a　制品质量重复精度,%
m_i　第 i 个制品质量,g
$\overline{m}$　制品的平均质量, g
n　试验制品数量
M　常数
N　常数
P_{outlet}　微分注射成型系统出口压力,MPa
P_{inlet}　微分注射成型系统入口压力,MPa
C　常数,MPa
Pe　收缩率,%
A　模具在室温下单向尺寸,mm
B　注塑件在室温下单向尺寸,mm

附　　录

附录1 《精密塑料注射成型机》标准

1　范围

本标准规定了精密塑料注射成型机的型号、基本参数、要求、试验方法、检验规则以及标志、包装、运输和储存。

本标准适用于合模力不大于5000kN的单螺杆、单工位、卧式精密塑料注射成型机（以下简称“精密注塑机”）。

2　引用标准

除GB/T 25156—2010第二章的引用标准外，还引用下列标准。

Q/NHT J001—2008 产品和技术文件编号方法

3　型号

参见Q/NHT J001—2008第二章进行编制。

4　基本参数

4.1　销售合同（协议书）或产品使用说明书等应提供的参数：

a）锁模力（kN）推荐在GB/T 321—2005中的优先数R 10或R 20系列中选取规格参数值；

b）理论注射容积；

c）塑化能力；

d）注射速率；

e）注射压力；

f）实际注射质量。

4.2　制造厂应向用户提供的参数：

a）拉杆有效间距（水平、垂直）；

b）模具定位孔直径；

c）移动模板行程；

d）最大模厚（或模板最大开距）；

e）最小模厚；

f）电动机功率、加热功率；

g）整机重量、机器外形尺寸。

4.3　制造厂可向用户提供的参数：制品质量重复精度。

5 要求

5.1 技术要求

5.1.1 精密注塑机应符合本标准的规定,并按照经规定程序批准的图样及其技术文件制造。

5.1.2 精密注塑机至少应具备手动、半自动两种操作控制方式。

5.1.3 运动部件的动作应正确、平稳、可靠。当系统油压为其额定值的25%时,不应发生爬行、卡死和明显的冲击现象。

5.1.4 精密注塑机移动模板与固定模板的模具安装面间允许的平行度误差应符合表1的规定。

表1 允许的平行度误差

拉杆有效间距/mm	移动模板与固定模板的模具安装面的平行度/mm	
	合模力为零时	合模力为最大时
≤250	≤0.18	≤0.09
>250～315	≤0.21	≤0.10
>315～400	≤0.23	≤0.11
>400～500	≤0.25	≤0.12
>500～630	≤0.28	≤0.14
>630	≤0.34	≤0.18

注:当水平和垂直两个方向上的拉杆有效间距不一致时,取较大值对应的平行度误差。

5.1.5 液压系统应符合以下要求:

a) 工作油温不超过55℃。

b) 在额定工作压力下,应无漏油现象,渗油处数为0。

注:渗油处——将渗油擦干净,但在注塑机运行10min后重新出现渗油,且每分钟不大于一滴的部位。

5.1.6 整机外观要求:

a) 整机外观应符合HG/T 3120的规定。

b) 涂漆表面应符合HG/T 3228—2001中的3.4.5的规定。

5.2 性能要求

5.2.1 单项性能要求

a) 锁模力重复精度应不超过1%。

b) 拉杆受力偏载率应不超过4%。

c) 对空注射质量重复精度应不大于0.12%。

d) 料筒温度偏差应不大于±0.5℃。

e) 预塑位置重复精度应不大于1mm。

f) 注射终止位置重复精度应符合表2的规定。

g) 开模终止位置重复精度应不大于1.5mm。

h) 油温控制精度应不大于2℃。

表2　注射位置重复精度要求

螺杆直径/mm	注射位置重复精度/mm
≤25	≤0.80
>25～40	≤0.80
>40	≤0.90

5.2.2 综合性能要求

制品质量重复精度应不大于0.1%。

6　检测方法

6.1　基本参数的检测方法

6.1.1 理论注射容积的检测

理论注射容积按式(1)进行计算。

$$V_C = \frac{\pi}{4} d_S^2 S \tag{1}$$

式中：V_C——理论注射容积，单位为立方厘米(cm^3)；

d_S——螺杆或料筒柱塞直径，单位为厘米(cm)；

S——额定注射行程，单位为厘米(cm)。

6.1.2 塑化能力的检测

6.1.2.1 检测条件

a) 塑化能力、注射速率、实际注射质量和预塑位置重复精度四项可同时检测；

b) 物料推荐：聚苯乙烯(PS)；

c) 喷嘴处加热温度设定为216℃；

d) 在检测过程中，背压设定完后不应再作调节；

e) 预塑时注射喷嘴处于闭锁状态；

f) 额定注射行程；

g) 螺杆为额定转速，转动时间与停止时间为1∶1。

6.1.2.2 检测方法

用秒表或其他更精确的记时装置记录塑化全行程1/4处至塑化全行程3/4处的塑化时间($t_{塑化}$)，然后对空注射，待物料冷却后用标准衡器称出其质量($\omega_{塑化}$)，再计算塑化能力(G),$G=\omega_{塑化}/2\ t_{塑化}$。如此塑化检测三次,最后取三次计算结果的算术平均值,作为塑化能力值。

6.1.3　注射速率的检测

6.1.3.1 检测条件

注射速率的检测条件按 6.1.2.1 的 a) ~d)的规定。

6.1.3.2 检测方法

进行对空注射,并用秒表或其他更精确的记时装置记录其注射时间($t_{注射}$),待物料冷却后用标准衡器称出其质量($\omega_{注射}$),再计算注射速率(q),$q=\omega_{注射}/t_{注射}$。如此检测三次,最后取三次计算结果的算术平均值,作为注射速率值。

6.1.4 实际注射质量的检测

6.1.4.1 检测条件

实际注射质量的检测条件按 6.1.2.1 的 a) ~d)的规定。

6.1.4.2 检测方法

进行对空注射:待物料冷却后用标准衡器称出其质量,检测三次,最后取三次检测结果的算术平均值,作为实际注射质量值。

6.1.5 注射压力的检测

在机器空载运行条件下,注射活塞到底,根据压力表确定系统工作压力(p_0),然后以式(2)计算注射压力(p)。

$$p=\frac{A_0 p_0}{A_S}n \tag{2}$$

式中:p——注射压力,单位为兆帕(MPa);

A_0——注射活塞有效截面积,单位为平方厘米(cm^2);

p_0——系统工作压力,单位为兆帕(MPa);

A_S——螺杆或料筒柱塞的截面积,单位为平方厘米(cm^2);

n——注射油缸数量。

6.1.6 锁模力的检测

6.1.6.1 检测条件

a) 被测拉杆和试验块的温度为室温;

b) 液压系统额定工作压力下。

6.1.6.2 检测方法

a) 采用应变仪测量拉杆最大应变量的方法(也允许采用精度相当的锁模力测试仪进行检测)。

b) 把试验块安装在固定模板中心位置处(见图 1,试验块材料、尺寸按表 3,试验块形式二选一。

注:当拉杆内间距在水平与垂直方向上不一致时,取较小值对应的试验块

尺寸。

c) 在每根拉杆上，按图 1 粘贴灵敏应变片，灵敏应变片到固定模板的距离小于 1.5 倍的拉杆直径，并粘贴两个以上(偶数个)。

d) 测出拉杆应变量 ε_i(在合模机构锁紧状态下进行)。

e) 按式(3)计算锁模力 $F_{锁}$(kN)。

$$F_{锁}=\sum_{i=1}^{n=4}F_1=\sum_{i=1}^{n=4}AE\varepsilon_i \tag{3}$$

式中：$F_{锁}$——锁模力，单位为千牛顿(kN)；

F_i—— 第 i 根拉杆上的轴向力，单位为千牛顿(kN)；

A—— 拉杆测试处截面积，单位为平方厘米(cm^2)；

E——拉杆材料的弹性模量，单位为千牛顿每平方厘米(kN/cm^2)；

ε_i——第 i 根拉杆的应变量；

n——拉杆的数量。

连续检测 3 次，取算术平均值作为锁模力。

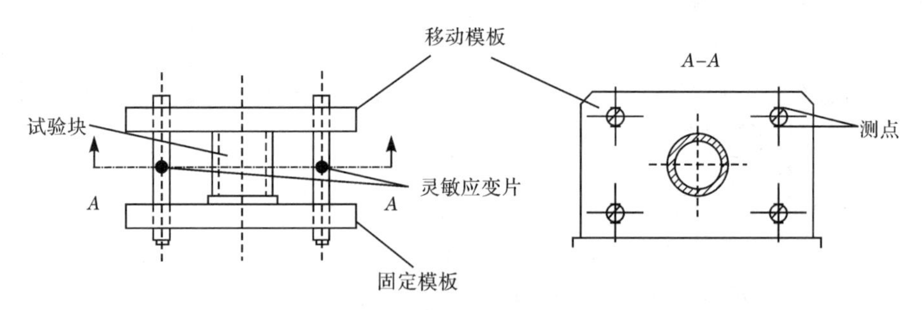

图 1　试验块安装位置

表 3　试验块　　(单位：mm)

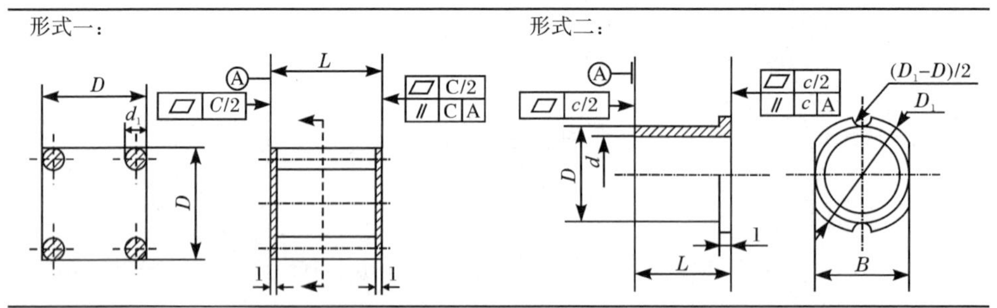

续表

<table>
<tr><th>拉杆有效间距</th><th>D、B</th><th>d</th><th>L</th><th>D1</th><th>d1</th><th>l</th><th>C</th></tr>
<tr><td>200～223</td><td>170</td><td>140</td><td>170</td><td>210</td><td>55</td><td rowspan="3">20</td><td rowspan="5">≤0.032</td></tr>
<tr><td>224～249</td><td>200</td><td>160</td><td>200</td><td>240</td><td>60</td></tr>
<tr><td>250～279</td><td>225</td><td>180</td><td>225</td><td>265</td><td>65</td></tr>
<tr><td>280～314</td><td>250</td><td>200</td><td>250</td><td>300</td><td>75</td><td rowspan="4">30</td></tr>
<tr><td>315～354</td><td>280</td><td>225</td><td>280</td><td>330</td><td>85</td></tr>
<tr><td>355～399</td><td>315</td><td>250</td><td>315</td><td>365</td><td>95</td><td rowspan="4">≤0.04</td></tr>
<tr><td>400～449</td><td>350</td><td>280</td><td>350</td><td>400</td><td>105</td></tr>
<tr><td>450～499</td><td>400</td><td>315</td><td>400</td><td>460</td><td>120</td><td rowspan="4">40</td></tr>
<tr><td>500～559</td><td>450</td><td>360</td><td>450</td><td>510</td><td>135</td></tr>
<tr><td>560～629</td><td>500</td><td>400</td><td>500</td><td>560</td><td>150</td><td rowspan="2">≤0.05</td></tr>
<tr><td>630～709</td><td>560</td><td>450</td><td>560</td><td>620</td><td>170</td></tr>
<tr><td>710～799</td><td>630</td><td>500</td><td>630</td><td>700</td><td>190</td><td rowspan="4">50</td><td rowspan="2"></td></tr>
<tr><td>800～899</td><td>720</td><td>560</td><td>720</td><td>780</td><td>215</td></tr>
<tr><td>900～999</td><td>800</td><td>630</td><td>800</td><td>870</td><td>240</td><td rowspan="4">≤0.066</td></tr>
<tr><td>1000～1119</td><td>900</td><td>720</td><td>900</td><td>970</td><td>270</td></tr>
<tr><td>1120～1249</td><td>1000</td><td>800</td><td>1000</td><td>1070</td><td>300</td><td rowspan="4">70</td></tr>
<tr><td>1250～1399</td><td>1100</td><td>900</td><td>1100</td><td>1200</td><td>335</td></tr>
<tr><td>1400～1599</td><td>1250</td><td>1000</td><td>1250</td><td>1350</td><td>370</td><td rowspan="4">≤0.11</td></tr>
<tr><td>1600～1799</td><td>1400</td><td>1100</td><td>1400</td><td>1500</td><td>420</td></tr>
<tr><td>1800～1999</td><td>1600</td><td>1250</td><td>1600</td><td>1700</td><td>470</td><td rowspan="3">100</td></tr>
<tr><td>2000～2239</td><td>1800</td><td>1400</td><td>1800</td><td>1950</td><td>530</td></tr>
<tr><td>≥2240</td><td>2000</td><td>1600</td><td>2000</td><td>2150</td><td>600</td><td>≤0.135</td></tr>
</table>

注：(1)材料为抗拉强度不少于370MPa的钢或铸铁。

(2)注射成型机实际模厚小于 L 值时，应取小一档的 L 值。

6.1.7 模板上定位孔直径的检测

定位孔直径采用内径千分尺检测。

6.1.8 拉杆有效间距，移动模板行程、最大模厚、最小模厚的检测和电动机功率、加热功率

6.1.8.1 拉杆有效间距(水平、垂直)的检测

用长度尺分别测量拉杆水平与垂直方向内侧距离的长度与宽度。

6.1.8.2 移动模板行程、最大模厚、最小模厚的检测(三项一同检测)

a) 曲肘连杆式合模装置：

(a) 用长度尺测出最大模厚 H_{max}、最小模厚 H_{min} 和模板最大开距 L_{max}；

(b) 计算移动模板行程 S_m ($S_m = L_{max} - H_{max}$)。

b) 液压式(直压式)合模装置用长度尺测出模板最大开距 L_{max} 和最小模厚 H_{min}，如果有最大模厚 H_{max}，则测量最大模厚。

c) 电动机功率、加热功率，查看机器铭牌上标注的电动机功率和加热功率。

6.2　技术要求的检测方法

6.2.1 合模部分运动部件动作的检测

分别设定系统油压为其额定值的 25％、50％、100％及其他空载运行条件后，并分别用手动操作、半自动操作、自动操作做启闭模动作、液压顶出与退回动作、注射喷嘴前进与后退动作各三次，并检查以下项目：

a) 手动操作控制方式是否具备且有效；

b) 半自动操作控制方式是否具备且有效；

c) 自动操作控制方式是否具备且有效；

d) 运动部件的动作有无爬行、卡死和明显的冲击现象。

6.2.2 移动模板与固定模板的模具安装面的平行度检测

a) 把试验块安装在固定模板的中心位置处，试验块材料、尺寸按表 1 规定，试验块形式二选一。

注：当拉杆内间距在水平与垂直方向上不一致时，取较小值对应的试验块尺寸。

b) 按图 2 确定四个测量点。

c) 当锁模力为零和锁模力为额定值时，分别用内径千分尺在各测量点测出四个值，并取最大值和最小值之差作为平行度误差。

6.2.3 液压系统的检测

6.2.3.1 工作油温的检测(负载试验完毕后且冷却水温度不大于 28℃)

a)检测位置在油箱(泵)的吸油侧；

b)用普通温度计检测。

6.2.3.2 渗油处数的检测

a)擦干净已渗油部位；

b)设定系统油压为其额定值的 100％，使机器运行 10min 后，把出现油量每分钟不大于一滴的部位作为渗油处数。

6.2.4 整机外观(包括涂漆表面)的检测

整机外观(包括涂漆表面)的检测采用目测。

6.3　性能要求的检测方法

6.3.1 锁模力重复精度的检测

注：锁模力重复精度、拉杆受力偏载率可同时检测。

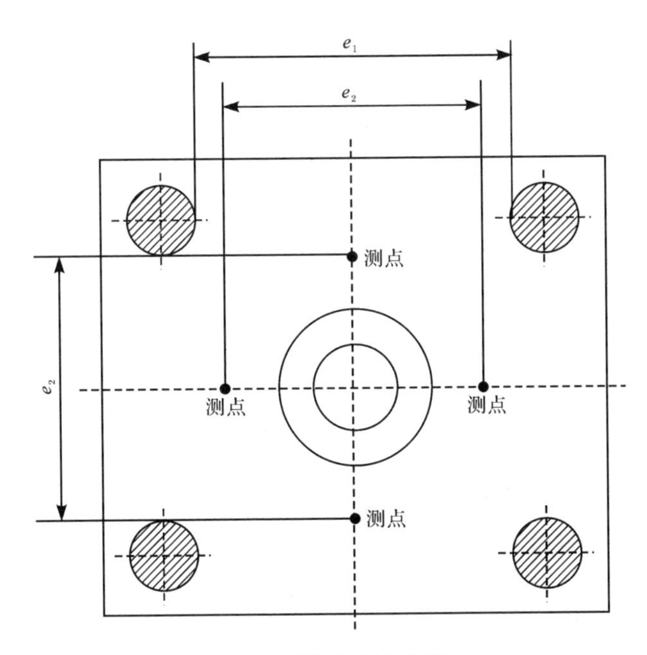

图 2　平行度测点位置

e_1为拉杆有效间距较长边；e_2为拉杆有效间距较短边

6.3.1.1 检测条件

锁模力重复精度的检测条件按 6.1.6.1 的规定。

6.3.1.2 检测方法

按 6.1.6.2 中 a)～e)的方法进行检测，连续检测 10 次以上，按式(4)计算锁模力偏差率。

$$P_{锁}=\frac{\sqrt{\frac{1}{n-1}\sum_{i=1}^{n}(F_{锁}=\overline{F_{锁}})^2}}{\overline{F_{锁}}}\times 100\% \tag{4}$$

式中：$P_{锁}$——锁模力重复精度；

$F_{锁i}$—— 第 i 次测得的锁模力，单位为千牛顿(kN)；

$\overline{F_{锁}}$——i 次测得的锁模力算术平均值，单位为千牛顿(kN)；

n——测试次数。

6.3.2 拉杆受力偏载率的检测

6.3.2.1 检测条件

拉杆受力偏载率的检测条件按 6.1.6.1 规定。

6.3.2.2 检测方法

拉杆受力偏载率按 6.1.6.2 中 a)～d)的方法进行检测，按式(5)计算每根拉杆的轴向力。

$$F_i = AE\varepsilon_i \tag{5}$$

式中：F_i——第 i 根拉杆的轴向力，单位为千牛顿(kN)；

A——拉杆测试处的截面积，单位为平方厘米(cm^2)；

E——拉杆材料的弹性模量，单位为千牛顿每平方厘米(kN/cm^2)；

ε_i——第 i 根拉杆的应变量。

按式(6)计算拉杆的受力偏载率。

$$P = \frac{\sqrt{\frac{1}{n-1}\sum_{i=1}^{n}(F-\overline{F})^2}}{\overline{F}} \times 100\% \tag{6}$$

式中：P—— 拉杆的受力偏载率；

F_i—— 第 i 根拉杆的轴向力，单位为千牛顿(kN)；

$\overline{F}$——拉杆轴向力的算术平均值，单位为千牛顿(kN)；

n——拉杆的数量。

连续检测 3 次，取算术平均值作为拉杆受力偏载率。

6.3.3 对空注射质量重复精度的检测

6.3.3.1 检测条件

a)～e)按 6.1.2.1 的 a)～e)的规定；

f)对空注射质量为额定注射量的 60%～80%；

g)全自动运行。

6.3.3.2 检测方法

进行对空注射。待物料冷却后用标准衡器称出其质量，连续检测 10 次以上，按式(7)计算对空注射质量重复精度。

$$\delta_m = \frac{\sqrt{\frac{1}{n-1}\sum_{i=1}^{n}(m_i-\overline{m})^2}}{\overline{m}} \times 100\% \tag{7}$$

式中：δ_m ——对空注射质量重复精度；

m_i ——第 i 次对空注射物料的质量，单位为克(g)；

$\overline{m}$——对空注射物料质量的算术平均值，单位为克(g)；

n——检测次数。

6.3.4 料筒温度偏差的检测

将热电偶一端伸入注射料筒计量段，另一端接入温度记录仪。将注射温度设定为 216℃并使注射机在空载下运行，在料筒控温装置显示温度达到稳定状态并保持 30min 后，启动温度记录仪记录此后 10min 内的温度变化状态，读出温度变化曲线中的最大温度值和最小温度值，其与设定值的差值即为料筒温度波动值。

6.3.5 预塑位置重复精度的检测

6.3.5.1 检测条件

a)～f)按 6.1.2.1 的 a)～f)的规定；

g)全自动运行。

6.3.5.2 检测方法

用位移传感器测量每次预塑完成时螺杆的位置，连续检测 10 次以上，按式(8)计算预塑位置重复精度。

$$\delta_s = S_{max} - S_{min} \quad (8)$$

式中：δ_s ——预塑位置重复精度，单位为毫米(mm)；

S_{max} ——实际预塑位置的最大值，单位为毫米(mm)；

S_{min} ——实际预塑位置的最小值，单位为毫米(mm)。

6.3.6 注射终止位置重复精度的检测

6.3.6.1 检测条件

a) 注塑机空载运行；

b) 全自动运行；

c) 注射停止位置距离终点≥5mm；

d) 注射行程和注射速度的设定见表 4。

表 4　注射行程与注射速度的设定

设定值	第一段	第二段	第三段
速度	最大注射速度的 20%	最大注射速度的 80%	最大注射速度的 20%
行程	全行程的 10%	全行程的 50%	全行程的 10%

6.3.6.2 检测方法

进行空载注射。用位移传感器测量每次注射完成时螺杆的位置，连续检测 10 次以上，按式(9)计算注射位置重复精度。

$$\delta_z = S_{max} - S_{min} \quad (9)$$

式中：δ_z——注射终止位置重复精度，mm；

S_{max}——实际注射终止位置的最大值，mm；

S_{min}——实际注射终止位置的最小值，mm。

6.3.7 开模位置重复精度的检测

6.3.7.1 检测条件

a)全自动启闭模动作(无模具)；

b)模板运动行程与速度的设定见表 5。

表 5 模板运动行程与速度的设定

设定值	第一段	第二段	第三段
速度	最大速度的 20%	最大速度的 80%	最大速度的 20%
行程	全行程的 10%	全行程的 50%	全行程的 10%

6.3.7.2 检测方法

用位移传感器测量每次开模位置，连续检测 10 次以上，按式(10)计算开模位置重复精度。

$$\delta_k = S_{max} - S_{min} \quad (10)$$

式中：δ_z——开模位置重复精度，单位为毫米(mm)；

S_{max}——实际开模位置的最大值，单位为毫米(mm)；

S_{min}——实际开模位置的最小值，单位为毫米(mm)。

6.3.8 油温控制精度的检测

使注塑机负载运行至油温达到稳定状态，用测量范围为 0～100℃的温度测试仪器检测油箱(泵)吸油侧的油温。每隔 2min 记录一次温度测试仪器的示数，连续检测 10 次以上，按式(11)计算油温的控制精度。

$$\delta_z = T_{max} - T_{min} \quad (11)$$

式中：δ_z——工作油温的控制精度，单位为摄氏度(℃)；

T_{max}——实际工作油温的最大值，单位为摄氏度(℃)；

T_{min}——实际工作油温的最小值，单位为摄氏度(℃)。

注：当注塑机油箱(泵)侧的油温的变化率不大于 2℃/h 时，即认为油温已达到稳定状态。

6.3.9 制品质量重复精度的检测

按 GB/T 25157—2010 中的 3.1.7 的要求进行。

7 检验规则

精密注塑机的检验规则应符合 GB/T 25156—2010 中的 6 的规定。

8 标志、包装、运输及储存

精密注塑机的标志、包装、运输及储存应符合 GB/T 25156—2010 中的 7 的规定。

附录 2　注射模具值得关注的 24 个特色技术

1. 立方体模具

立方体技术具有许多明显的优势，可实现高品质和短周期时间的批量生产。在模具上可使用的四个立方体面上可同时进行充型、冷却和取出零件，从而显著地减少成型周期。图 1 为采用立方体模具的包装成型技术。

图 1　采用立方体模具的包装成型技术

2. T 模

英文标准名称叫 Tandem Mold，一台注塑机同样的锁模力可以生产两套一样的制品，或者左右对称的一对制品。图 2 为 Husky 在 K2007 展出的汽车左右侧门板零件成型。

图 2　Husky 在 K2007 展出的汽车左右侧门板零件成型

3. 注射压缩模

主要目的是通过低压注射,实现厚壁或容易出现成型缺陷的制品加工。图 3 为光学制件注射压缩成型技术。

图 3 光学制件注射压缩成型技术

4. 失芯制造

用于一些复杂中空结构,无法用传统的抽芯技术或倒芯加工的制品。

5. 水辅助、气辅助注射

或其他介质注射。主要目的是得到优异表面质量的同时,缩短成型周期,减少成型压力,节约材料。图 4 为 Engel 在 K2007 展示的水辅助注射成型汽车发动机周边管路的技术。

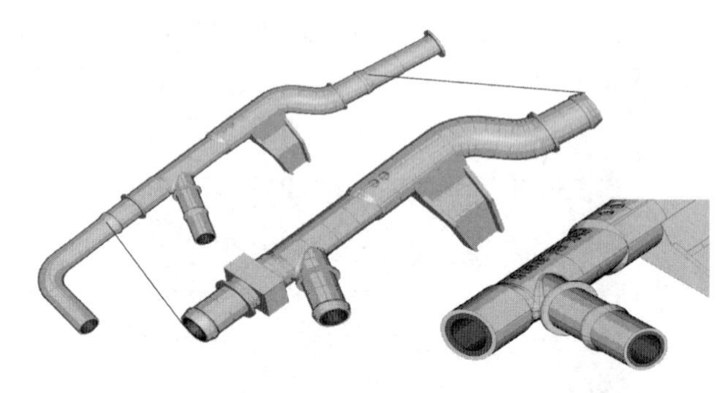

图 4 Engel 在 K2007 展示的水辅助注射成型汽车发动机周边管路的技术

6. 仿形冷却

主要是通过仿形冷却结构实现高光表面质量。很多急冷急热模具通常也会采用仿形冷却流道。

7. 模腔压力检测

主要用于一些高品质制品的成型,确保每个型腔都生产出完好的制品(很多光学制品成型也有使用)。

8. 多色模具

包括多色或多物料的形式。针对该方面的转盘结构越来越丰富，包括水平转盘、立式转盘、型芯旋转、分度盘结构，包括上边的立方体模具通常都是用于双色或多色成型，图 5 为 Billion 公司在 K2010 展示的技术。

图 5　Billion 公司在 K2010 展示的多色成型技术

9. 插件成型

插件成型也叫嵌件成型。特别是在各种电子产品中应用非常普遍。图 6 为巴顿菲尔注射(现威猛巴顿菲尔)在 K2007 展出的微型带插件制件成型。

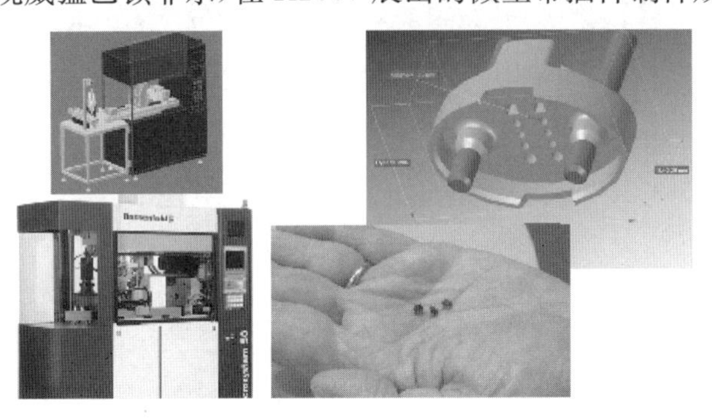

图 6　巴顿菲尔注射(现威猛巴顿菲尔)在 K2007 展出的微型带插件制件成型

10. 模内贴标

模内贴标，尤其是贴透明表所具有的无标签效果，是这一技术近年来备受关注的原因之一，更是很多高档制品的必然选择，是比较成熟的生产单元技术之一。图 7 为 IFW 在 K2007 展出的带模内贴标的管接头模具。更多的模内贴标面向包装领域。

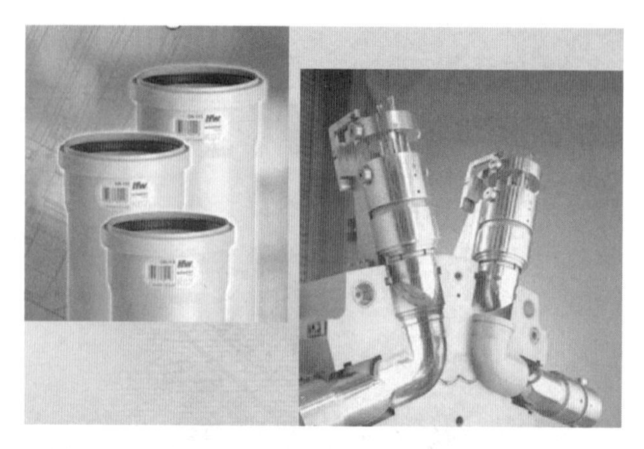

图 7　IFW 在 K2007 展出的带模内贴标的管接头模具

11. 模内组装

模内组装通常是用于一套模具通过分次成型，完成组装过程。图 8 为 Billion 在 K2010 展出的 SD 卡成型模具是带模内自动去浇口的模内组装技术。

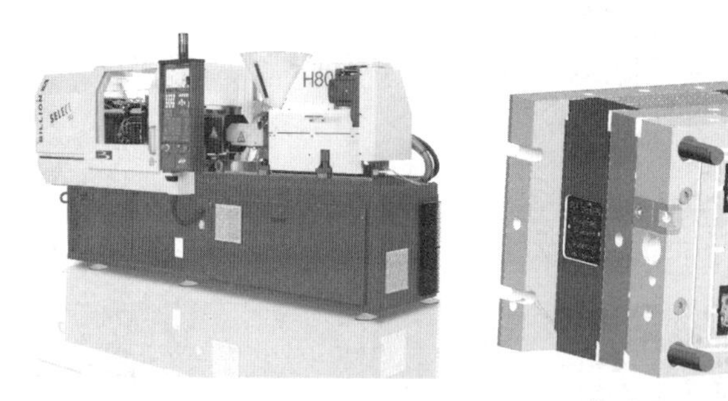

图 8　Billion 在 K2010 展出的 SD 卡模内组装成型设备

12. 模内喷涂

模内喷涂或模内装饰技术。图 9 为 Negril Bossi 在 K2007 展出的模内金属化表面处理的技术。

图 9　Negril Bossi 在 K2007 展出的模内金属化表面处理技术

13. 特殊功能材料重叠模塑

图 10 为 GK 展示的多款带不同功能的模内成型技术。

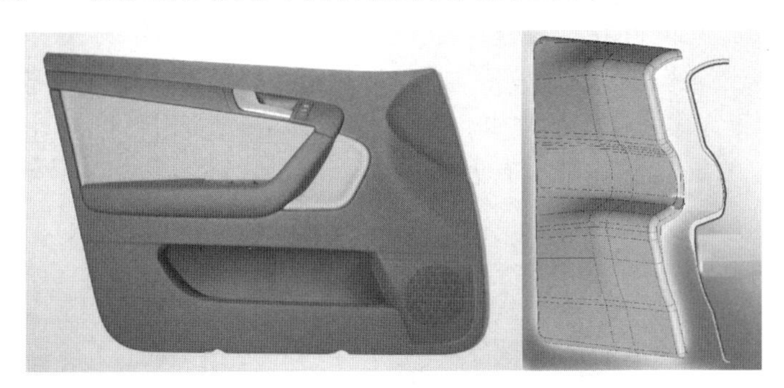

图 10　GK 展示多款带不同功能的模内成型技术

14. 微成型模具

微成型模具相应的加工技术与成型技术选择。图 11 为 Dr. Boy 在 K2007 展出的微成型齿轮，重量仅 0.001g。

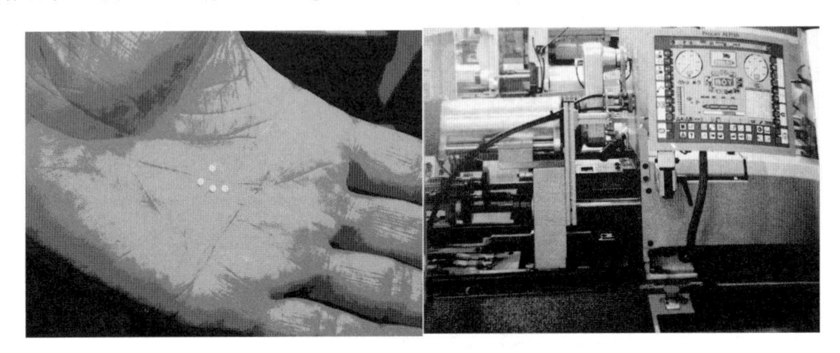

图 11　Dr. Boy 在 K2007 展出的微成型齿轮

15. 熔体旋转模

首次见到这一技术介绍是在塑机协会主办的第一届注射年会上(图 12)，由郑州大学陈静波教授介绍，后来陆续了解更多。

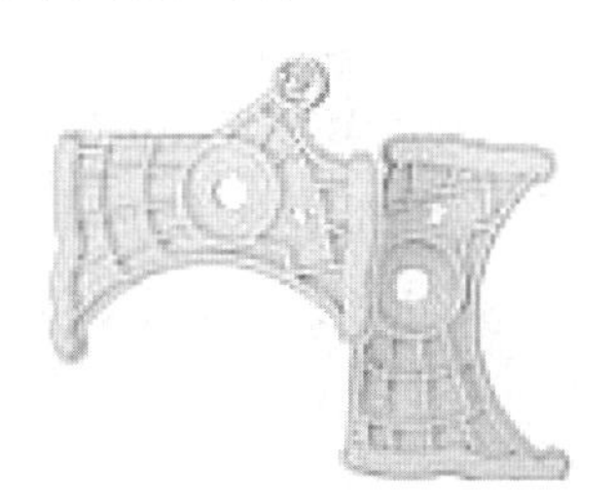

图 12　熔体旋转模技术

16. 高腔数模具

为了提高效率,通常而言,腔数越多越好。但腔数增多,也带来设备规格增大、设计复杂性增加等问题。例如,瓶坯模具在经过早前几年的大腔数竞争后,基本上综合考虑还是以96腔、144腔为主,而更多腔数如192腔、216腔虽然也有开发成功,但真正大面积应用的很少。图13为Arburg在K2013展出的滴灌平滴头成型技术,在Arburg技术节也有展出。

图13　Arburg在K2013展出的滴灌平滴头成型技术

17. 重叠模塑

主要也用于双材或双物料成型,尤其是在塑料表面加入其他材料效果的成型,如木材、皮革等。图14为Gerog Kaufmann公司的重叠模塑技术。

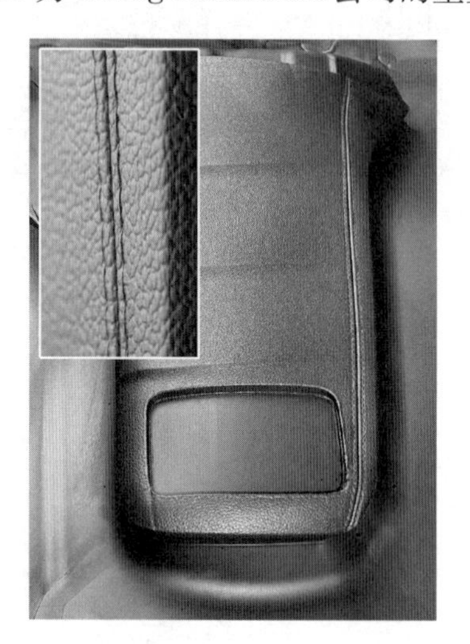

图14　Gerog Kaufmann公司的重叠模塑技术

18. 微孔发泡

微孔发泡技术近年来在模具技术中的应用日渐增多,在电子电器、包装等领域都有大量成功应用。图 15 为 Netstal 在 K2007 展出的薄壁带微发泡的制品。

图 15　Netstal 在 K2007 展出的薄壁带微发泡的制品

19. E-Mold

接触 E-Mold 大约在 2007、2008 年，其原理也是采用交替加热、冷却技术，有些类似急冷急热的原理，如图 16 所示。

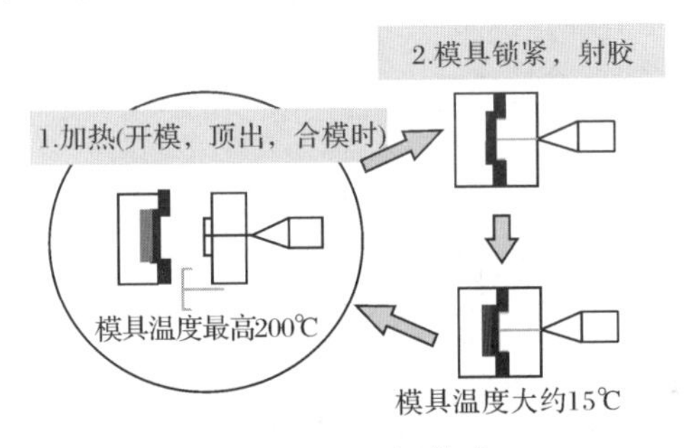

图 16　E-Mold 技术

20. 合模时脱模

在合模过程中脱模，也是近年来较多展示的一种模具技术。对于多工位生产而言，可以缩短一个工位的成型周期。图 17 为 KraussMaffei 在 K2007 展出的 4 工位模具，其中第四工位可在合模状态下脱模。

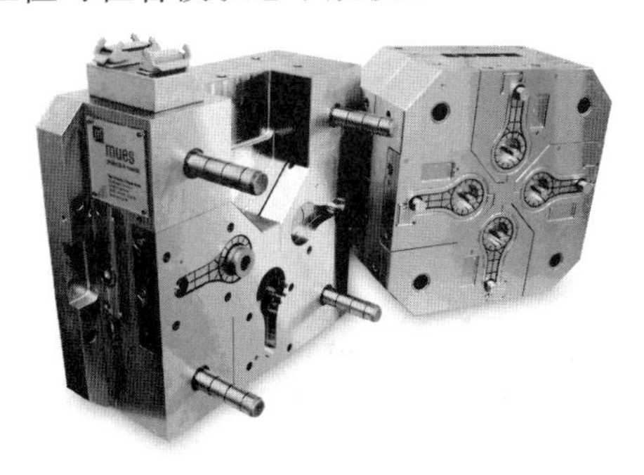

图 17　KraussMaffei 在 K2007 展出的 4 工位模具(图片提供:Guether)

21. 挤注成型模具

在 K2007，Engel 和 Arburg 各展出一款挤注成型系统（图 18），相应的模具技术也是对类似制品成型的一个有益参考。

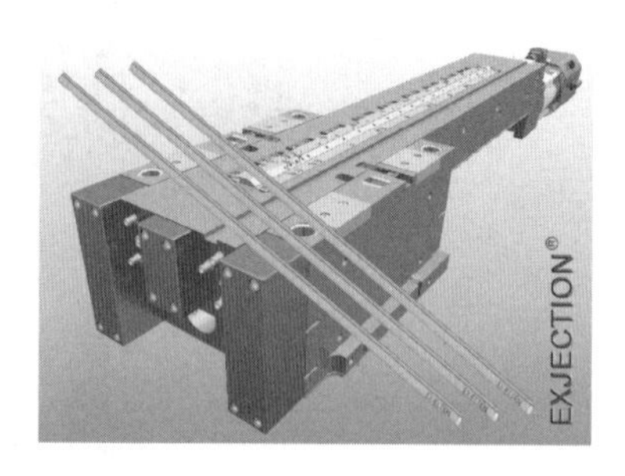

图 18 挤注成型系统

22. DSI 成型模具

JSW 在 IPF 2008/2011 均有展出这一技术。图 19 为 DSI 成型制品。

图 19 DSI 成型制品

23. CoverForm

通过模内成型耐磨层，代替传统的涂层处理，使原有的成型工序从 14 步减少到 4 步。图 20 为 CoverForm 成型工序。

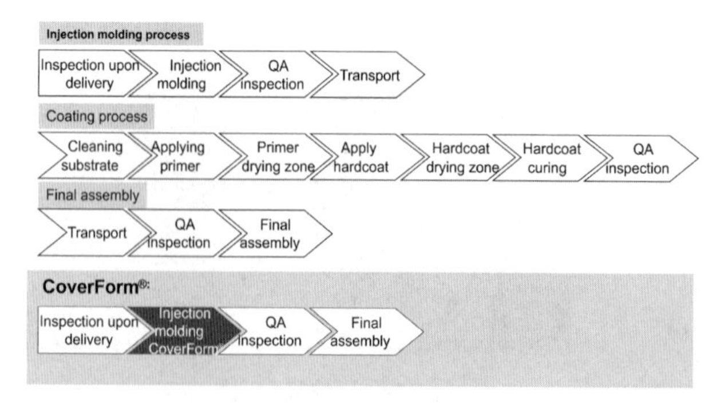

图 20 CoverForm 成型工序

24. 家族模具

对于一套组装件的一次成型，可以避免由于生产效率不同而带来的装配不配套的浪费等问题，同时可以减少产品切换所需时间。图 21 为家族模具。

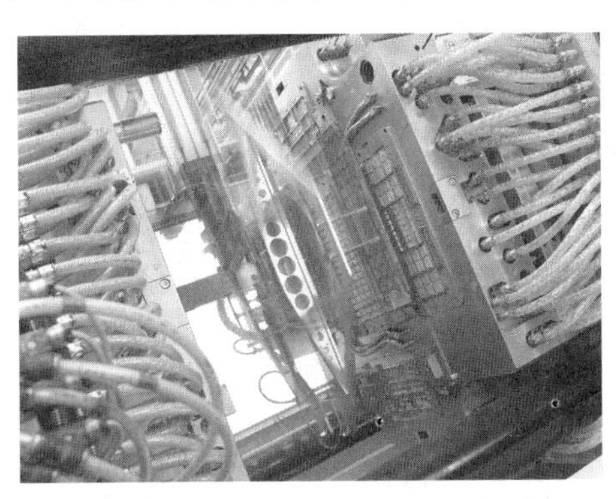

图 21　家族模具